U0185372

熔盐电脱氧法还原固态阴极制备金属、合金和化合物

翟玉春　谢宏伟 ◇ 著

内容简介

Introduction

本书是熔盐电脱氧法还原固态阴极制备金属、合金和化合物的专著。涵盖了近20年来我们团队在这方面的研究工作。内容共16章，主要有氧化铝、五氧化二铌、氧化铬、氧化镝、二氧化钛、二氧化硅、氧化镝/氧化铁、氧化镝/氧化铽/氧化铁、二氧化钛/氧化铁、二氧化钛/氧化镍、氧化铝/氧化钪、碳/氧化铬、碳/二氧化钛、碳/五氧化二钒、氧化钙/氧化硼等熔盐电脱氧还原制备单质、合金和化合物，包括固态阴极制备、恒电压电解工艺条件、设备构成、电极反应机理及产品状态。该方法以金属氧化物或氧化物复合物等固体为阴极、石墨为阳极、$CaCl_2$ 或 $CaCl_2$ 基（$CaCl_2-NaCl$、$CaCl_2-KCl$）复合熔盐为电解质，采用恒电压电解，制得的金属、合金及化合物阴极产物以固态形式存在收集，阳极产物为 CO_x（$x=1$ 或 2）。若采用惰性阳极，阳极产物则为氧气，成为绿色的冶金技术。

本书可供冶金、材料、化学、化工、环境等专业的本科生、研究生、教师、科技人员学习和参考。

作者简介

About the Author

翟玉春　1946年生，辽宁鞍山人，博士、教授、博士生导师，国家级教学名师奖获得者。第三、第四届国务院学位委员会学科评议组成员，第四、第五、第六、第七、第八届国家博士后管理委员会专家组成员，曾任中国金属学会冶金物理化学委员会副主任，中国有色金属学会冶金物理化学专业委员会副主任，中国物理学会相图委员会委员，国际机械化学学会理事。

主要研究领域：冶金热力学、动力学和电化学，资源清洁、高附加值综合利用，材料制备的物理化学，非平衡态热力学，熔盐电化学，电池材料与技术。

为本科生、研究生讲授冶金物理化学、结构化学、非平衡态热力学、量子化学、材料化学、现代物质结构研究方法、非平衡态冶金热力学、冶金概论、纳米材料与纳米技术、资源绿色化高附加值综合利用等课程。获国家级教学成果二等奖3项，辽宁省教学成果一等奖3项、二等奖1项；完成973项目课题3项，国家自然科学基金重点项目1项，国家自然科学基金项目6项，国家重大专项2项，省部级项目9项，企业横向课题27项；获省科技进步奖一等奖1项、二等奖1项、三等奖1项，省自然科学奖三等奖1项；发表论文1000余篇，出版专著5部、教材8部，授权发明专利36项。

谢宏伟　1977年生，辽宁辽阳人，博士、研究员、博士生导师。东北大学化学工程与技术学科学术带头人、中国有色金属学会熔盐化学与技术专业委员会委员、有色金属科学与工程期刊编委。

主要研究领域：熔盐及熔盐电化学、高纯材料及材料高纯化物理化学、低碳绿色冶金及电化学储能电池材料。

为本科生、研究生讲授冶金物理化学、结构化学、冶金实验研究方法、冶金概论等课程。主持国家“十三五”重点专项子课题1项、国家自然科学基金青年项目1项，教育部中央高校基本业务费重大创新项目2项、辽宁省基金项目1项、横向课题4项；参与国家自然科学基金重点项目2项、面上项目2项，发表SCI检索论文60余篇，授权国家发明专利22项。

学术委员会

Academic Committee

国家出版基金项目
有色金属理论与技术前沿丛书

总序

Preface

当今有色金属已成为决定一个国家经济、科学技术、国防建设等发展的重要物质基础，是提升国家综合实力和保障国家安全的关键性战略资源。作为有色金属生产第一大国，我国在有色金属研究领域，特别是在复杂低品位有色金属资源的开发与利用上取得了长足进展。

我国有色金属工业近30年来发展迅速，产量连年来居世界首位，有色金属科技在国民经济建设和现代化国防建设中发挥着越来越重要的作用。与此同时，有色金属资源短缺与国民经济发展需求之间的矛盾也日益突出，对国外资源的依赖程度逐年增加，严重影响我国国民经济的健康发展。

随着经济的发展，已探明的优质矿产资源接近枯竭，不仅使我国面临有色金属材料总量供应严重短缺的危机，而且因为“难探、难采、难选、难冶”的复杂低品位矿石资源或二次资源逐步成为主体原料后，对传统的地质、采矿、选矿、冶金、材料、加工、环境等科学技术提出了巨大挑战。资源的低质化将会使我国有色金属工业及相关产业面临生存竞争的危机。我国有色金属工业的发展迫切需要适应我国资源特点的新理论、新技术。系统完整、水平领先和相互融合的有色金属科技图书的出版，对于提高我国有色金属工业的自主创新能力，促进高效、低耗、无污染、综合利用有色金属资源的新理论与新技术的应用，确保我国有色金属产业的可持续发展，具有重大的推动作用。

作为国家出版基金资助的国家重大出版项目，“有色金属理论与技术前沿丛书”计划出版100种图书，涵盖材料、冶金、矿业、地学和机电等学科。丛书的作者荟萃了有色金属研究领域的院士、国家重大科研计划项目的首席科学家、长江学者特聘教授、国家杰出青年科学基金获得者、全国优秀博士论文奖获得者、国家重大人才计划入选者、有色金属大型研究院所及骨干企业的顶尖专家。

国家出版基金由国家设立，用于鼓励和支持优秀公益性出版项目，代表我国学术出版的最高水平。“有色金属理论与技术前沿丛书”瞄准有色金属研究发展前沿，把握国内外有色金属学科的最新动态，全面、及时、准确地反映有色金属科学与工程技术方面的新理论、新技术和新应用，发掘与采集极富价值的研究成果，具有很高的学术价值。

中南大学出版社长期倾力服务有色金属的图书出版，在“有色金属理论与技术前沿丛书”的策划与出版过程中做了大量极富成效的工作，大力推动了我国有色金属行业优秀科技著作的出版，对高等院校、研究院所及大中型企业的有色金属学科人才培养具有直接而重大的促进作用。

王淀佐

前言

Foreword

熔盐电脱氧法还原固态阴极法又称FFC法，是在20世纪90年代由德里克·J.弗雷(Derek J. Fray)、汤姆·W.法辛(Tom W. Farthing)、陈政(George Zheng Chen)姓氏名称的首字母命名的。与传统熔盐电解法不同，该方法电解池由固态氧化物或含氧化物复合物阴极、熔融氯化钙或氯化钙基盐电解质和石墨阳极构成。电脱氧过程为：在阴、阳极间施加低于熔盐分解而高于阴极氧化物分解的电压，阴极生成金属或合金或合金化合物，石墨阳极析出碳氧化物CO_x(x=1或2)。电极过程为：阴极上氧化物得电子生成自由氧离子、氧离子溶解到熔盐中在阳极失电子。若采用惰性阳极，阳极产物则为氧气，成为绿色的冶金技术。

自2002年以来，我和许茜教授、谢宏伟研究员指导研究生开展了氧化铝、五氧化二铌、氧化铬、氧化镝、二氧化钛、二氧化硅、氧化镝/氧化铁、氧化镝/氧化铽/氧化铁、二氧化钛/氧化铁、二氧化钛/氧化镍、氧化铝/氧化钪、碳/氧化铬、碳/二氧化钛、碳/五氧化二钒、氧化钙/氧化硼等体系的熔盐电脱氧还原制备单质、合金和化合物的研究，包括电解过程的机理、固态阴极制备、电解工艺技术、设备构建和产品分析检测等。参加这些研究工作的有硕士研究生7人、博士研究生7人、教师3人。发表相关论文40余篇、授权发明专利5项。这些研究成果凝结了众人的聪明才智和辛勤汗水，是大家共同努力的结果。在这里向所有参加过这些工作的人员表示衷心的感谢！

本书对我们课题组近20年来开展熔盐电脱氧法还原制备金属、合金和化合物的研究工作进行了系统的梳理、归纳和总结。

全书共分十六章，由我确定写作内容、写作提纲和目录。由我和谢宏伟研究员统筹。参与本书内容研究和写作的人还有许茜教授、邓丽琴博士、王旭博士、廖先杰博士、邹祥宇博士、金炳勋博士(Kim Pyonghun)、郎晓川博士、宋秋实博士……由我和谢宏伟完成全书的统稿、修改和内容补充及编辑、校对、定稿工作。谢宏伟还完成全书的文字录入和样图绘制工作。

感谢中南大学出版社的大力支持，感谢史海燕编辑！为完成本书，史海燕编辑倾注了大量的心血和精力。

感谢参考文献的作者们！

感谢所有支持和帮助我们完成本书的人！

由于水平有限，书中存在不妥和错误之处，请读者指正。

翟玉春

2022 年 2 月 16 日

目录

Contents

第1章　固态阴极熔盐电脱氧法

1.1　固态阴极熔盐电脱氧法的原理

固态阴极熔盐电脱氧法又称FFC法[1, 2]，是20世纪90年代以德里克·J. 弗雷(Derek J. Fray)、汤姆·W. 法辛(Tom W. Farthing)、陈政(George Zheng Chen)姓氏的首字母命名的。与传统熔盐电解不同，该方法电解池由固态氧化物或含氧化物复合物阴极、熔融氯化钙或氯化钙基盐电解质和石墨阳极构成。电脱氧过程为：在阴、阳极间施加低于熔盐分解而高于氧化物分解的电压，阴极上析出金属、合金或化合物，阳极析出碳氧化物 CO_x(x=1或2)。

固态阴极熔盐电脱氧法的电解池构成为：

$$C_{(阳极)} \mid CaCl_2(或添加其他盐) \mid MeO \mid Me_{(阴极)}$$

阴极反应　$MeO+2e^- = Me+O^{2-}$

阳极反应　$xO^{2-}+C-2xe^- = CO_x(x=1, 2)$

总反应　$MeO(s)+C(s) = Me(s)+CO(g)$

$2MeO(s)+C(s) = 2Me(s)+CO_2(g)$

如果采用惰性阳极，则：

阳极反应　$2O^{2-}-4e^- = O_2$

总反应　$2MeO(s) = 2Me(s)+O_2(g)$

上述阴极反应只有在 $Me_{(阴极)} \mid MeO \mid CaCl_2$(或添加其他盐)三相共存界面(3PIs)上才能进行，金属氧化物电脱氧还原出的固态金属只有在其表面形成多孔固态金属或迅速离开才能保证三相界面存在，电脱氧才能深入进行。该方法通常要求产物金属的摩尔体积与其氧化物相应摩尔体积比 $V_{金属}/V_{氧化物} \leqslant 1.0$(如表1-1所示[3])。此外，从热力学计算所得部分氧化物分解电极电动势(如表1-2所示[4])可见，该法电脱氧制备金属过程中不排除一些与氧化钙分解电位相近的氧化物(例如氧化锆、氧化铝、氧化钛、氧化铪、氧化铀等)在电脱氧过程中有活性金属钙析出并作为还原剂还原氧化物的可能。

表 1-1　金属-金属氧化物摩尔体积比[3]

Ta/Ta_2O_5	Cr/Cr_2O_3	Zr/ZrO_2	Al/Al_2O_3	Mg/MgO	Ti/TiO_2	Ti/Ti_2O_3	Ti/TiO
0.40	0.50	0.66	0.78	1.25	0.63	0.74	0.91

表 1-2　700℃氯化物熔盐中一些氧化物分解电极电动势(vs. $E^0_{Na^+/Na}$)[4]

电极反应	电动势 E^0/V
$O_2+4e^-=2O^{2-}$	2.713
$2PbO+4e^-=2O^{2-}+2Pb$	2.082
$SnO_2+4e^-=2O^{2-}+Sn$	1.734
$MoO_2+4e^-=2O^{2-}+Mo$	1.650
$2/5Nb_2O_5+4e^-=2O^{2-}+4/5Nb$	1.209
$2/3Cr_2O_3+4e^-=2O^{2-}+4/3Cr$	1.189
$2/5Ta_2O_5+4e^-=2O^{2-}+4/5Ta$	1.038
$TiO_2+4e^-=2O^{2-}+Ti$	0.750
$ZrO_2+4e^-=2O^{2-}+Zr$	0.349
$2/3Al_2O_3+4e^-=2O^{2-}+4/3Al$	0.348
$TiO+2e^-=O^{2-}+Ti$	0.338
$UO_2+4e^-=2O^{2-}+U$	0.337
$HfO_2+4e^-=2O^{2-}+Hf$	0.211
$MgO+2e^-=O^{2-}+Mg$	0.143
$Ca^{2+}+2e^-=Ca$	-0.060

1.2　设备与仪器

1.2.1　固态阴极熔盐电脱氧设备

图 1-1 为固态阴极熔盐电脱氧系统示意图。图 1-2 为固态阴极熔盐电脱氧反应装置示意图及熔盐电脱氧加热炉图。加热炉炉温由 ZWK-1000 智能程序控温仪控制；电脱氧电压由直流稳压电源控制；电化学法研究电极反应过程由电化学工作站进行测量。

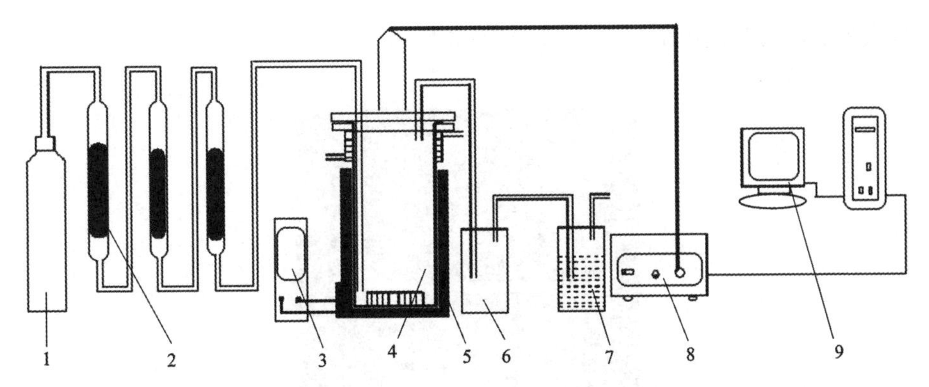

1—氩气瓶；2—气体干燥系统；3—ZWK-1000智能程序控温仪；4—熔盐电脱氧反应装置；5—熔盐电脱氧加热炉；6—缓冲瓶；7—尾气吸收瓶；8—电源；9—计算机。

图1-1　固态阴极熔盐电脱氧系统示意图

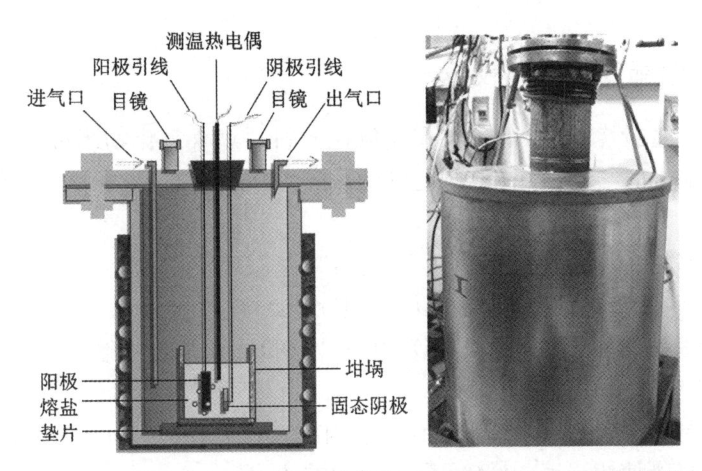

图1-2　固态阴极熔盐电脱氧反应装置示意图及熔盐电脱氧加热炉图

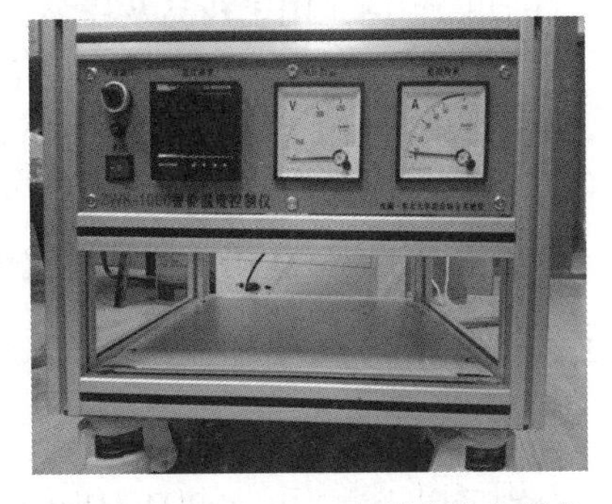

图1-3　ZWK-1000智能程序控温仪

(1)熔盐电脱氧加热炉：采用铁铬铝丝发热体，最高使用温度1000℃。

(2)ZWK-1000智能程序控温仪：配有K型控温热电偶，控温精度±1℃，如图1-3所示。

(3)电脱氧直流稳压电源：额定输出电压±15 V，最大输出电流±40 A。

(4)电化学工作站：AUTOLABPGSTAT302N，工作电压±10 V，BSTR10A. X电

流放大器，最大输出电流±10 A，如图 1-4 所示。

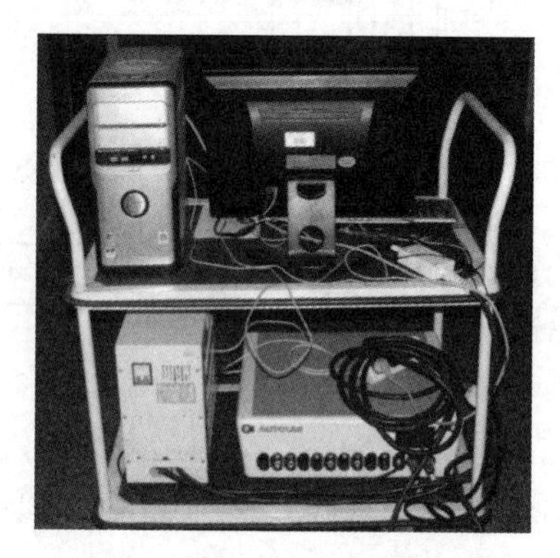

图 1-4　电化学工作站实物图

1.2.2　实验辅助设备与仪器

(1)管式密封烧结炉(用于含有易氧化原料的复合氧化物阴极片烧结强化强度)：直径 80 mm、长 1200 mm 刚玉管的炉膛，二硅化钼棒发热体，最高使用温度 1600℃。

(2)马弗炉(用于氧化物阴极片烧结强化强度)：内腔 300 mm×300 mm×270 mm，二硅化钼棒发热体，最高使用温度 1600℃。

(3)ZWK-1600 智能程序控温仪(用于上述高温炉温度控制)：配有铂铑 R 型控温热电偶，控温精度±1℃。

(4)高温真空烘箱(用于盐的脱水)：内腔 300 mm×300 mm×270 mm，铁铬铝丝发热体，最高使用温度 300℃，真空度<133 Pa。

(5)电热鼓风干燥箱(用于产物样品烘干)：HN101-0。

(6)电子天平(用于药品及样品称量)：MD 100-1。

(7)压力机(用于阴极片压制成形)：JPF-05。

(8)金相切割机(用于陶瓷切割)：Q-200。

(9)台式钻床(用于电极钻孔)：ZJ4016。

(10)金相显微镜(用于样品形貌观察)：CMM-33Z。

1.2.3　分析检测仪器

(1)X 射线衍射分析

分别采用荷兰 X′Pert 和日本理学 XPert Pro MPD 型 X 射线衍射仪对样品进行 XRD 检测，CuKα 辐射，波长 0.15406 nm，扫描速度 0.02°/s，扫描角度 5°~90°。

(2)扫描电子显微镜分析

分别利用 SSX-550 和 SSA-550 场发射扫描电镜(SEM)观察电脱氧产物的表面微观结构，其附带的能谱仪(EDS)可分析样品中的元素成分。

(3)磁性能分析

采用 VSM (振动样品磁强计)对合金样品磁性能进行测量。

1.3　实验

1.3.1　实验准备

(1)固态阴极片制作

将需要电脱氧的氧化物或复合氧化物粉体在高温真空干燥箱中 120℃ 恒温 2 h，除去吸附水，再利用模具通过压力机施加压强 2 MPa 压制成直径 15 mm、厚 2~3 mm 的片，经管式密封烧结炉或马弗炉中 1000~1600℃烧结，提高其强度，防止粉化。最后将烧结好的氧化物或复合氧化物片在圆心钻孔，称量质量制成阴极片。

(2)阴极组装

1)阴极片与固态金属集流体组装成阴极

图 1-5 是阴极片与固态金属集流体连接组装成的阴极示意图。

具体操作：将石墨棒(直径 6 mm、长 50 mm)两端分别钻孔(两个孔的大小分别是直径 1 mm、深 10 mm 和直径 3 mm、深 10 mm)，用超声波振荡清洗(清除孔中的残余石墨粉)后烘干。将相应直径的铁铬铝丝插入孔中连接构成阴极集流体，将制好的阴极片串到铁铬铝丝集流体上，组装成固态阴极。

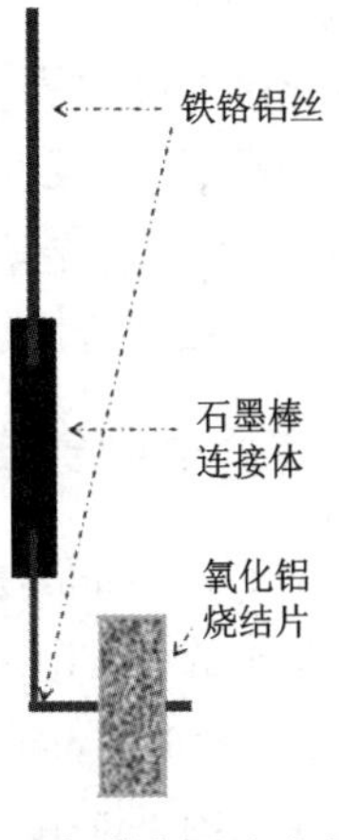

图 1-5　阴极片与固态金属集流体连接组装成的阴极示意图

2)阴极片与液态金属集流体组装成阴极

图 1-6 是阴极片与液态金属集流体组装成阴极的示意图。

具体操作：在内径 80 mm、高 120 mm、壁厚 10 mm 的高纯石墨坩埚壁上钻直径 3.98 mm 的孔，将直径 4 mm 的铁铬铝丝螺纹杆作电极引线拧入其中，低熔点金属铝或铝镁合金装入坩埚中，实验温度下熔化，作为液态阴极集流体，阴极片与液态阴极集流体接触，组装成液态金属集流体阴极。

(3)石墨阳极制备

具体操作：将石墨棒(直径 12 mm、长 150 mm)一端钻孔(直径 3 mm，深 10 mm)，用超声波振荡清洗除去表面的石墨粉，烘干后将直径为 3 mm 的铁铬铝丝作为导体插入孔腔中制成对电极，如图 1-7 所示。

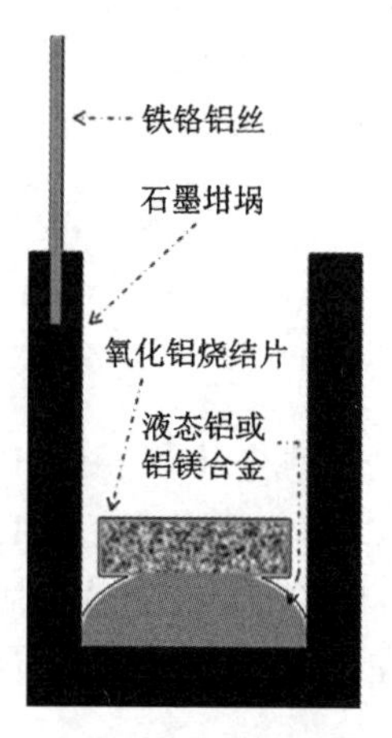

图 1-6 液态金属集流体阴极示意图

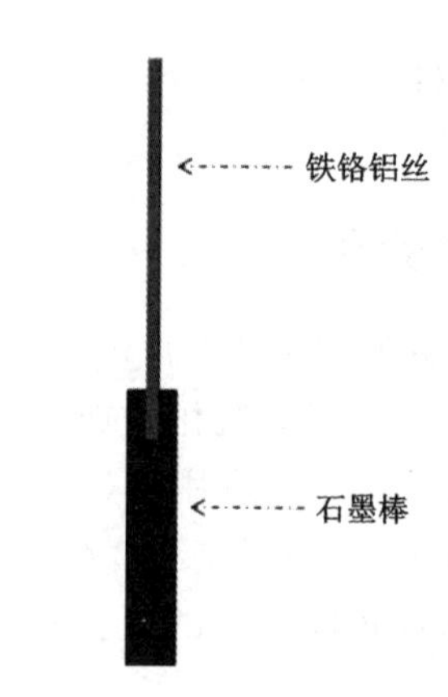

图 1-7 阳极(辅助电极)示意图

(4)盐处理

将氯化钙在高温真空干燥炉中于 260℃、130 Pa 以下抽真空干燥 6 h，降温待用。氯化钠常压 200℃ 干燥 3 h 后降温待用。

(5)铝或铝镁合金块的处理

将铝或镁铝合金锭切成小块，用丙酮和酒精先后清洗除油、吹干。

1.3.2 熔盐电脱氧实验过程

(1)阴极片与固态金属集流体组装成的阴极电脱氧实验

把已脱水的 $CaCl_2$(或添加 NaCl 形成的混合盐)快速称量，放入石墨坩埚(内径 80 mm、外径 100 mm、高 100 mm、底厚 10 mm)中，将坩埚置于已升温至 200℃ 的电脱氧装置内，将组装好的阴极(工作电极)、石墨阳极和预电解电极(与石墨阳极相同)与反应装置盖连接好，并保证电极不与坩埚接触。将装置密封，从装置盖的进气口通入氩气，出气口排出，保证装置内压强为正压。升温至实验温度，放下预电解电极。用 SKD-30 V30A 智能型直流稳压电源施加 2.8 V 恒电压进行预电解，除去盐中残余的湿气及杂质氧化物。当电流达到一个极小值(20 mA 左右)且稳定后，预电解结束。将预电解电极从熔盐中提出，将阴极(工作电极)、石墨阳极插入熔盐。待熔盐温度稳定后，在阴极和石墨阳极之间施加

3.0~3.1 V 恒电压进行电脱氧，回路中电流数据由 DP4Z 电流表显示、电压数据由 DP4Z 电压表显示，并由计算机采集。实验结束后，关闭电源，将阴极和石墨阳极从熔盐中提出，继续保持向炉内通氩气，使加热炉降温至室温，取出阴极片分析、检测。

(2)阴极片与液态金属集流体组装的阴极电脱氧实验

将处理好的铝或镁铝合金块[w(Mg)10%]称量，放入石墨坩埚中，烧结好的阴极片置于其上。其他操作步骤同上。实验结束后，水洗取出阴极块，称量，确定质量变化。

1.3.3　电化学测量实验

利用三电极体系[工作电极、对(辅助)电极、伪参比电极]，采用循环伏安法、计时电流法等电化学方法进行电化学测量，研究阴极片电脱氧机理。

(1)工作电极制备：采用在微孔电极 MCE(钼棒或石墨棒打孔)中填入不同物料制成工作电极。MCE 长约 8 cm，直径约为 3 mm，一端有直径约为 0.5 mm 的微孔(如图 1-8 所示)。

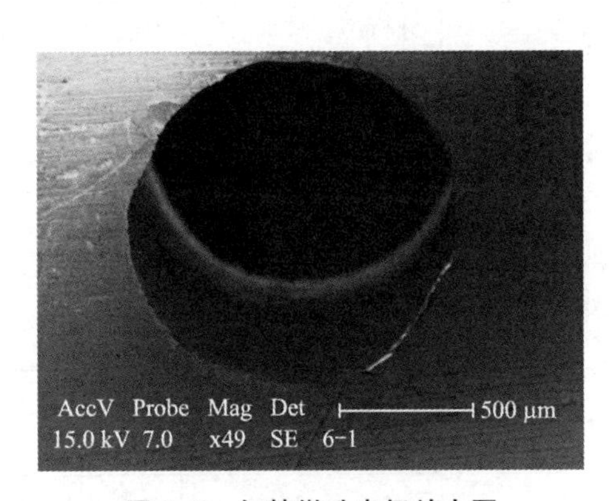

图 1-8　钼棒微孔电极放大图

(2)对(辅助)电极制备：将直径 12 mm、长约 150 mm 的光谱纯石墨棒用 80~2000 目的 SiC 砂纸打磨光亮后，用超声波振荡清洗去除石墨棒表面的石墨粉末，清洗后的石墨棒置入干燥箱中烘干 48 h 以上待用。

(3)伪参比电极制备：将直径为 2 mm 的镍丝或铂丝表面打磨光亮以去除表面的氧化层。为增大伪参比电极的表面积，将镍丝或铂丝进入熔盐的部分缠绕成紧致的弹簧状作为伪参比电极。

为避免熔盐中杂质对电化学测量的影响，在电化学测量之前需对熔盐体系进行预电解。预电解所需的两电极均采用直径为 10 mm 的光谱纯石墨棒。

1.4　原材料及试剂

本书中实验所用的原料及试剂如表 1-3 所示。

表 1-3　实验中所用的主要原料及试剂

品名	型号	产地
无水 $CaCl_2$	分析纯	天津市科密欧化学试剂开发中心
无水 NaCl	分析纯	天津市科密欧化学试剂开发中心
金属氧化物粉 Al_2O_3	分析纯，微米	国药集团
金属氧化物粉 Nb_2O_5	分析纯，微米	国药集团
金属氧化物粉 Cr_2O_3	分析纯，微米	国药集团
金属氧化物粉 Dy_2O_3	分析纯，微米	国药集团
金属氧化物粉 TiO_2	分析纯，微米	国药集团
金属氧化物粉 Fe_2O_3	分析纯，微米	国药集团
金属氧化物粉 Tb_2O_3	分析纯，微米	国药集团
金属氧化物粉 NiO	分析纯，微米	国药集团
金属氧化物粉 Sc_2O_3	分析纯，微米	国药集团
金属氧化物粉 CaO	分析纯，微米	国药集团
金属氧化物粉 V_2O_5	分析纯，微米	国药集团
B_2O_3	分析纯，微米	国药集团
SiO_2	分析纯，纳米	阿里巴巴
金属粉 Al	分析纯，微米	阿里巴巴
金属粉 Fe	分析纯，微米	阿里巴巴
金属锭 Al		抚顺铝厂
金属锭 Al-Mg		抚顺铝厂
炭粉	光谱纯，微米	国药集团
石墨棒	光谱纯	上海石墨厂
盐酸	分析纯	国药集团
石墨坩埚	高纯	沈阳市冶金石墨厂
铁铬铝丝 FeCrAl(Fe1Cr13Al4)	普通	沈阳五金公司
氩气	普通	顺泰特种气体有限公司

参考文献

[1] Fray D J, Farthing T W, Chen G Z. UK, PCT/GB99/01781[P]. 1998-06-05.

[2] Chen G Z, Fray D J, Farthing T W. Direct electrochemical reduction of titanium dioxide to titanium in molten calcium chloride[J]. Nature, 2000, 407:361-363.

[3] Li W, Jin X B, Huang Fu L, Chen G Z et al. Metal-to-oxide molar volume ratio: The overlooked barrier to solid-state electroreduction and a "Green" bypass through recyclable NH_4HCO_3[J]. Angew. Chem. Int. Ed., 2010, 49: 3203-3206.

[4] Mohandas K S, Fray D J. FFC Cambridge process and removal of oxygen from metal-oxygen systems by molten salt electrolysis: An overview[J]. Trans. Indian Inst. Met., 2004, 57(6): 579-592.

第 2 章　以氧化铝为阴极熔盐电脱氧法制备金属铝

铝是重要的轻金属，具有优良的性能，广泛应用于建筑、机械、航空航天、电力及日常生活等领域，是应用广泛的有色金属之一。铝电解是世界上最大的电化学工业，其发展水平是一个国家工业水平的重要标志之一。

2.1　熔盐中制备铝技术

2.1.1　高温熔盐中电解制备铝技术

世界范围内铝的制备技术发展大致可划分为四个阶段。第一阶段：1825—1886 年，化学法炼铝，用钠、钾、镁还原铝的化合物得到金属铝。第二阶段：1886—1920 年，霍尔-埃鲁(Hall-Héroult)法。该方法以 Al_2O_3 为原料，冰晶石或冰晶石基混合熔盐为电解质，高温条件下电解熔融的 Al_2O_3 来制备金属铝。此阶段采用小型预焙电解槽高温熔盐电解得到金属铝。第三阶段：1920—1950 年，霍尔-埃鲁法得到发展，利用冰晶石-氧化铝熔盐，采用自焙电解槽高温熔盐电解得到金属铝。第四阶段：1950 年至今，霍尔-埃鲁法得到进一步发展，利用冰晶石-氧化铝熔盐，采用大型预焙电解槽高温熔盐电解得到金属铝。

中国的铝制备技术发展大致可划分为两个阶段。第一阶段：1950—1980 年，霍尔-埃鲁法在中国得到发展，利用冰晶石-氧化铝熔盐，采用自焙电解槽高温熔盐电解得到金属铝。第二阶段：1980 年至今，霍尔-埃鲁法得到进一步发展，利用冰晶石-氧化铝熔盐，采用大型预焙电解槽高温熔盐电解得到金属铝。至此，中国的高温熔盐电解制备铝技术取得了长足进步。

2.1.2　低温熔盐电解铝技术

霍尔-埃鲁法从开始应用至今已经有一百多年历史。然而它一直存在着一个无法克服的弊端——电解温度高(通常为 950~970℃)。高温导致大量能量消耗,电耗高达 15 kW · h/kg 铝,副反应多,能量利用率低,仅为 50%[1]。高温也使主要由陶瓷或金属基陶瓷构成的惰性阳极材料在该技术中无法广泛应用。石墨是必选阳极材料,这造成大量的优质碳素材料被消耗(大约 500 kg/t 铝),而且严重污染环境。为了节约能源和保护环境,人们一直在努力寻找金属铝制备新方法。

实际上,900℃以下电解铝就能够有效提高电流效率,降低能耗,延长电解槽寿命,也有利于惰性电极材料和绝缘侧衬材料的应用,对提高原铝纯度也有帮助。因而,降低温度实现低温熔盐电解制铝是铝业界最活跃的研究课题之一。多年来,低温熔盐电解制铝研究一直围绕先获得铝离子及铝络合离子,再进行电解制备铝的传统思路上。研究多集中在电解质的改善、改变及相关物理化学性质的研究认知和实践上。

按照使用的铝原料划分,低温熔盐电解制铝研究可分为两类:一类是以 Al_2O_3 为原料,将其直接溶解到熔融盐中,如以钠冰晶石体系、锂冰晶石体系、钾冰晶石体系等作为电解质,在相对低温条件下电解溶解的铝离子。另一类是以铝盐为原料,如氯化铝、硫化铝等,在无机熔盐、有机熔盐和非水溶液溶剂中在相对低温或室温下进行电解制备铝。

1) Al_2O_3 为原料的传统低温熔盐电解制铝

(1)钠冰晶石电解质体系低温熔盐电解制铝

钠冰晶石电解质体系低温熔盐电解制铝的熔盐基本成分为 $Na_3AlF_6+AlF_3+Al_2O_3$。该体系通过调整熔盐组成降低体系熔点来实现低温电解制铝。调整通常采用两种方法:①冰晶石熔盐中添加碱金属和/或碱土金属卤化物添加剂[2, 3],如 MgF_2、NaCl、CaF_2、LiF、KF、$BaCl_2$ 等;②增加基本成分中 AlF_3 的含量,降低分子比,提高电解质的酸度[4]。然而,在改变钠冰晶石电解质体系成分降低熔点的同时,电解质的其他物理化学性质(如电导率,密度,蒸气压,界面张力和黏度,氧化铝、铝在其中的溶解度和溶解速率等)也会发生改变。研究者最关注的是电解质液相线温度、氧化铝的溶解度、溶解速率及电解质电导率等变化。研究发现,除 KF 外,其他添加剂均使 Al_2O_3 的溶解度和溶解速率降低,这限制了添加剂的加入量,使依靠添加剂来降低电解质熔点效果有限。另外,增大 AlF_3 的含量虽然能大幅度降低电解质的熔点,但体系 Al_2O_3 的溶解度、电导率等同时也被降低。因此,对钠冰晶石电解质体系低温铝电解的研究通常是同时使用以上两种方法[5, 6]。

人们很早就对钠冰晶石体系的性质进行了研究。1985 年,格雷泰姆

(Grjotheim)等在 *Metall*[7] 杂志上撰文对该体系中的低熔点电解质的物理化学性质进行了较为全面的综述，包括液相线温度，铝的溶解度，氧化铝的溶解度和溶解速率、电导率、蒸气压、密度、界面张力和黏度等。中国学者邱竹贤等[8]对此也进行了研究。表 2-1 为格雷泰姆对这些性质的研究数据。该表使人们对钠冰晶石体系电解质的性质有了基本认识。由表 2-1 可见，随着电解质分子比的降低，Al 的溶解度、Al_2O_3 的溶解度和电导率明显下降，而蒸气压、界面张力和密度差值基本是增大的。

表 2-1 $Na_3AlF_6-AlF_3-CaF_2(3\%)-Al_2O_3$ 体系的物理化学性质(液相线温度以上 20℃)[7]

过剩 AlF_3 /%	分子比 CR	熔体温度 /℃	Al 溶解度/%	Al_2O_3 溶解度 /%	电导率 /($\Omega^{-1}\cdot cm^{-1}$)	蒸气压 /Pa	密度差 /($g\cdot cm^{-3}$)	界面张力 /($mN\cdot m^{-1}$)
0	3.000	977	0.039	8.6	2.28	320	0.22	459
5	2.652	973	0.033	8.7	2.09	470	0.27	488
10	2.348	962	(0.026)	8.1	1.95	480	0.28	516
15	2.082	939	(0.018)	7.1	(1.82)	360	0.29	541
20	1.846	898		5.7	(1.68)	(500)	0.28	562
25	1.636	830		4.2	(1.48)		0.25	578
30	1.448	(723)		2.6	(1.20)		0.19	587

注：括号内的数值为外推值。

Al_2O_3 的加入也使电解质液相线温度降低。在 10%的添加量范围内，以钠冰晶石的熔点 1010℃为基准，各种添加剂降低电解质液相线温度的平均值(ΔT)(℃/1%添加剂) 如表 2-2 所示：

表 2-2 添加剂降低电解质液相线温度的平均值(ΔT)(℃/1%添加剂)[7]

添加剂	LiF	CaF_2	MgF_2	KF	NaF	$BaCl_2$	NaCl	Al_2O_3
ΔT/℃	7.8	2.4	6.0	4.8	1.8	5.6	3.8	4.6

任凤莲等[9]对液相线温度进行了研究，索尔海姆(Solheim)等[10]则给出了具有较高精度的 $Na_3AlF_6-AlF_3-LiF-CaF_2-MgF_2-KF-Al_2O_3$ 体系液相线温度回归方程经验式：

t/℃ $= 1011 + 0.05w(AlF_3) - 0.13w(AlF_3)^{2.2} - 3.45w(CaF_2)/[1+0.0173w(CaF_2)] + 0.124w(CaF_2)\cdot w(AlF_3) - 0.00542[w(CaF_2)\cdot w(AlF_3)]^{1.5} - 7.93$

$w(Al_2O_3)/[1+0.936w(Al_2O_3)-0.0017w(Al_2O_3)^2-0.0023w(AlF_3)\cdot w(Al_2O_3)]-8.90w(LiF)/[1+0.0047w(LiF)+0.0010w(AlF_3)^2]-3.95w(MgF_2)-3.95w(KF)$ (2-1)

式中：t 为温度，℃。

法斯特(Foster)等[11]对钠冰晶石中氧化铝的溶解度和溶解速率进行了研究，并给出了 $Na_3AlF_6-AlF_3-Al_2O_3$ 三元共晶点的温度及 Al_2O_3 溶解度的数据，见表2-3。由表2-3可见，在700℃左右、分子比为1.2的熔体中，Al_2O_3 的溶解度可达3%以上。

表2-3 $Na_3AlF_6-AlF_3-Al_2O_3$ 三元共晶温度及 Al_2O_3 溶解度[11]

分子比 CR	3.0	2.6	2.3	2.0	1.9	1.8	1.6	1.4	1.33	1.23	1.18
共晶温度/℃	965	958	950	936	907	869	820	731	720	718	683
Al_2O_3 溶解度/%	15.5	9.2	7.6	6.0	5.4	5.0	4.6	4.4	4.3	3.9	3.2

斯凯班克木恩(Skybakmoen)等[12]利用旋转盘方法测定了添加不同量的 AlF_3、CaF_2、LiF 等添加剂的钠冰晶石体系低熔点电解质中 Al_2O_3 的溶解度，针对 $Na_3AlF_6-Al_2O_3$(饱和)$-AlF_3-CaF_2-MgF_2-LiF$ 熔盐体系给出了具有较高计算精确度的经验式：

$$w(Al_2O_3)_{饱和}=A\left(\frac{t}{1000}\right)^B \tag{2-2}$$

$$A=11.9-0.062w(AlF_3)-0.0031w(AlF_3)^2-0.50w(LiF)-0.20w(CaF_2)-0.30w(MgF_2)+\frac{42w(LiF)\cdot w(AlF_3)}{2000+w(LiF)\cdot w(AlF_3)} \tag{2-3}$$

$$B=4.8-0.048w(AlF_3)+\frac{2.2w(LiF)^{1.5}}{10+w(LiF)+0.001w(AlF_3)^3} \tag{2-4}$$

式(2-2)~式(2-4)中，t 为温度，℃。该方程在850至1050℃范围内，计算值与实际测量的 Al_2O_3 溶解度相差±0.2%。

电导率是电解质非常重要的物理化学性质，也是铝电解技术关键指标之一，它直接影响铝电解生产的电能消耗，是评价低熔点电解质的重要参数，因此，其研究也倍受重视。亥维斯(Híveš)等[13]研究了钠冰晶石体系的电导率，采用CVCC技术获得了 $Na_3AlF_6-AlF_3-CaF_2-MgF_2-LiF-KF-Al_2O_3$ 体系的电导率回归方程式[14]：

$\ln\kappa=1.977-0.0200w(Al_2O_3)-0.0131w(AlF_3)-0.0060w(CaF_2)-$

$0.0106w(MgF_2)-0.0019w(KF)+0.0121w(LiF)-1204.3/T$ (2-5)

式中：κ 为电导率，$\Omega^{-1}\cdot cm^{-1}$；T 为温度，K，范围从液相线温度至 1090℃；w 是质量分数，取值范围是：$w(Al_2O_3)$ 0~11%，$w(AlF_3)$（过剩 AlF_3）0~28%，$w(CaF_2)$ 0~14%，$w(MgF_2)$ 0~14%，$w(KF)$ 0~15%，$w(LiF)$ 0~34%。

此外，电解质密度直接影响液态铝与熔盐分离，也能间接反映出电解质结构，也是熔盐非常重要的一种物理化学性质。科研人员对此也进行了较深入的研究[15-17]。

(2)锂冰晶石电解质体系低温熔盐电解制铝

锂冰晶石电解质体系低温熔盐电解制铝的熔盐基本成分为 $Na_3AlF_6+Li_3AlF_6+AlF_3+Al_2O_3$。该体系低温区域宽，电导率很高。但该电解质体系缺点是溶解 Al_2O_3 的能力差，Al_2O_3 的溶解度小于 2%，电解质材料比较贵，这限制了其大规模应用。研究者通过添加添加剂 CaF_2 和 MgF_2 等来改变体系的某些物理化学性质，体系液相线温度、氧化铝的溶解度和溶解速率、电导率、铝的溶解度等物理性质多被研究。

在锂冰晶石电解质体系液相线温度研究上，尧特姆(Rotum)等[18]给出了 $Na_3AlF_6-Li_3AlF_6-AlF_3-CaF_2-Al_2O_3$ 体系液相线温度计算式：

$t=1011+0.14w(AlF_3)-0.072w(AlF_3)^{2.5}+0.0051w(AlF_3)^3-10w(LiF)+0.736w(LiF)^{1.3}+0.063[w(AlF_3)\times w(LiF)]^{1.1}-3.19w(CaF_2)+0.03w(CaF_2)^2+0.27[w(AlF_3)\times w(CaF_2)]^{0.7}-12.2w(Al_2O_3)+4.75w(Al_2O_3)^{1.2}$ (2-6)

式中：t 为温度，℃，计算有效范围为 800~1011℃，w 是质量分数，取值范围为：$w(AlF_3)$（过剩 AlF_3）0~30%，$w(LiF)$0~28%，$w(CaF_2)$0~7%，$w(Al_2O_3)$0~5%。

斯凯班克木恩(Skybakmoen)等[19]研究了 $Na_3AlF_6-Li_3AlF_6-AlF_3-Al_2O_3$ 体系氧化铝的溶解度，并给出了回归方程，如式(2-7)~式(2-9)所示。

$$w(Al_2O_3)_{饱和}=\exp[A+B(1000t-1)] \quad (2-7)$$

$A=2.464-0.007w(AlF_3)-1.13\times10^{-5}w(AlF_3)^3-0.0385w(Li_3AlF_6)^{0.74}-0.032w(CaF_2)-0.040w(MgF_2)+0.0046[w(AlF_3)w(Li_3AlF_6)]^{0.5}$ (2-8)

$B=-5.01+0.11w(AlF_3)-4\times10^{-5}w(AlF_3)^3-0.0732w(Li_3AlF_6)^{0.4}+0.085\cdot[w(AlF_3)w(Li_3AlF_6)]^{0.5}$ (2-9)

式(2-7)~式(2-9)中的 w 是质量分数。

费尔尼尔(Fellner)等[20]研究了 $Na_3AlF_6-Li_3AlF_6$、$Na_3AlF_6-Li_3AlF_6-AlF_3$ 体系的电导率和 Al_2O_3、CaF_2 和 MgF_2 添加剂对该体系电导率的影响。认为添加剂对测定 $Na_3AlF_6-Li_3AlF_6-AlF_3$ 体系的电导率准确度有影响。马蒂阿萨夫斯基(Matiašovský K)等[21]也对此类问题进行过研究。

(3)钾冰晶石电解质体系低温熔盐铝电解制铝

钾冰晶石电解质体系低温熔盐电解制铝的熔盐基本成分为 Na_3AlF_6+K_3AlF_6+Al_2O_3。Al_2O_3 在纯 K_3AlF_6 中有较大的溶解度，20 世纪 50 年代，苏联一些学者用钾盐取代钠冰晶石进行了研究，以解决低温电解时 Al_2O_3 在钠冰晶石体系中溶解度小的问题。比里亚夫(Belyaev)对有关相图和物化性质进行了研究，然而实验中发现钾盐对碳素材料的渗透力非常强，大约是钠盐的数十倍，这对以碳素材料为电极和槽衬的霍尔-埃鲁法来说无疑是致命的，此后人们对钾盐的研究非常少。但惰性阳极、阴极和绝缘侧衬材料的研究不断取得进展，为应用钾盐创造了客观条件。惰性电极和绝缘槽衬的双极性电解槽已有可能实现，钾盐作为低温熔盐电解制铝体系的研究再次受到了重视[22-24]。斯特尔顿(Sterten)等[25]在组成为 Na_3AlF_6 38.5%、Li_3AlF_6 29.7%、K_3AlF_6 23.8%、CaF_2 5%和 Al_2O_3 3%的电解质中进行了低温铝电解的实验，制取出了铝；电解温度为 850℃，在电流密度为 0.5 A/cm^2 时，电流效率达 82%，电流效率低的原因是石墨作电极造成大量碳化铝生成。周传华等[26, 27]实验测定了 Na_3AlF_6-AlF_3(摩尔比 1∶1)、K_3AlF_6-AlF_3(摩尔比 1∶1)体系在 850℃及 Na_3AlF_6-K_3AlF_6-AlF_3(摩尔比 0.5∶0.5∶1)体系在 825℃、850℃和 900℃的 Al_2O_3 溶解度和溶解速率。同时对加入 5%和 10%LiF 的 Na_3AlF_6-K_3AlF_6-AlF_3 体系也进行了研究。研究结果表明 Al_2O_3 在钾冰晶石熔体中溶解速率很快，5~10 min 基本上达到饱和。然而，LiF 降低了 Al_2O_3 的溶解度和溶解速率，低温体系中其加入量不宜超过 5%。

杨(Yang)等[28-30]基于 KF-AlF_3-Al_2O_3 体系，以铜铝合金为惰性阳极进行低温铝电解的实验，在阳极电流密度为 0.45 A/cm^2，电流在 10 A、20 A 和 100 A 条件下进行了 100 h 的电解实验。研究结果表明，采用 TiB_2-C 作阴极时，电流效率为 85%左右，铝纯度为 99.5%以上，铜质量分数低于 0.2%。添加 NaF 对电解的影响也被研究，预见采用此惰性阳极进行 1000 A 电解是可能的[29]。同时，在对 650 至 800℃范围内 Al_2O_3 的溶解度的研究[30]中发现，在 700℃时 Al_2O_3 的溶解度随着 KF-AlF_3 摩尔比的增加而增大，最高可达 4.1%。扎伊科夫(Zaikov Y)等[31]以 KF-AlF_3-Al_2O_3、KF-AlF_3-LiF-Al_2O_3 体系为电解质，750℃对惰性阳极材料进行了筛选研究，确认 Al-Cu、Cu-Cu_2O 和 SnO_2 可作为低温熔盐电解制铝最佳阳极惰性材料。

与钠冰晶石体系相比，钾冰晶石体系的优点是 Al_2O_3 溶解度大，缺点是电导率有所下降。

2)铝盐为原料的低温熔盐电解制铝

(1)熔融氯化铝低温铝电解

熔融氯化铝低温熔盐电解制铝是以 $AlCl_3$ 为原料，将其溶解在碱金属、碱土金属氯化物或氟化物熔盐混合物中电解提取铝[32-36]，其电解温度低，仅为700℃。早在1854年，德国的班森(Bunsen)和法国的德维尔(Deville)就分别进行了电解熔融 $NaCl-AlCl_3$ 的研究，制得了金属铝。即使在霍尔-埃鲁法成为铝工业应用为主流的情况下，对 $AlCl_3$ 熔融电解的研究也没有停止过。美国阿尔考(Alcoa)公司曾对该法进行了大规模工业实验。

Alcoa 公司的氯化铝电解法分三步：

$$\text{铝土矿}\xrightarrow[(1)]{\text{拜尔法}}Al_2O_3\xrightarrow[(2)]{\text{氯化}}AlCl_3\xrightarrow[(3)]{\text{电解}}Al$$

该工艺首先生产出很纯的氧化铝，然后同碳和氯气反应生成氯化铝，氯化铝熔盐电解得到铝和氯气。Alcoa 公司采用的电解质基本成分是 $AlCl_3+NaCl+LiCl$。实验采用的电解质组成是：$5\%\pm2\%AlCl_3+53\%NaCl+42\%LiCl$，电解质中其他少量杂质是 $0.2\%MgCl_2$、$0.5\%KCl$、$1\%CaCl_2$ 等，电解温度是700±30℃。道尔(Dow)化学公司对 $AlCl_3$ 熔盐电解也进行了研究，采用氟氯化物作为电解质，其组成为：$18.3\%CaF_2+71.4\%CaCl_2+15.3\%AlCl_3$，熔点低于700℃。杰森哈尔斯(Gesenhues)等[36]测定了碱金属氯化物过量的 $AlCl_3-LiCl$、$AlCl_3-NaCl$ 和 $AlCl_3-KCl$ 电解质的总蒸气压，结果表明含 LiCl 的电解质比含 NaCl 和 KCl 的蒸气压高很多，气相中 $AlCl_3$ 的含量比化合物 $MeAlCl_4$(Me 为碱金属)中的含量高。

与霍尔-埃鲁法相比，该法的优点是：

①电解温度低，接近 Al 的熔点；

②炭阳极不消耗；

③在氯化物熔体中发生阳极效应的临界电流密度大，可采用较大的电流密度，高达2.5 A/cm^2；

④采用多室槽和较小的极距，电耗明显下降；

⑤大大减弱甚至消除强磁场的影响。

缺点是：

①需要一个额外的氯化工序，增大能耗；

②氯化物对设备的腐蚀性强，特别是氯化工序；

③$AlCl_3$ 的吸水性强，容易在槽内生成沉淀；

④电解质挥发严重。

以上四个问题限制了 $AlCl_3$ 熔盐电解法在工业中的应用，阿尔考和道尔化学公司后来相继停止了实验。

(2)离子液体中的 $AlCl_3$ 低温熔盐电解制铝

此方法以 $AlCl_3$ 为原料，将其溶解到有机溶剂[37-45](N-溴代琥珀酰亚胺体系、四氢呋喃、芳香族类碳氢化合物、二甲砜体系等)或有机熔盐(N-烷基吡啶等)[46-53]中进行低温电解。优点是：能耗低，得到高纯铝，电解质无腐蚀性，不用碳材料，简化了电解槽结构。但具有原料成本高，电解质导电率、电流密度和单位阴极面积上铝的产出率都很低，电解质及析出物具有可燃性需要特殊保护安全设施，原料不宜储备等缺点。该法仅用于电镀工业或用于制备少量的超高纯铝，无法进行大规模工业生产。

(3)熔融硫化铝低温熔盐电解制铝

以硫化铝为原料制备金属铝的方法可分为直接碳热还原(属于高温范畴)和低温熔盐电解两种。

硫化铝低温熔盐电解制铝法是以硫化铝为原料，将其在碱金属和碱土金属氟化物(或氯化物)中溶解进行熔盐电解制取纯铝。在 1892 年布彻尔(Bucherer)就提出了该方法。随后麦恩(Minh)等[54]将 Al_2S_3 溶解在 $MgCl_2$-NaCl-KCl 熔盐中进行电解制得了金属铝，在 750℃下，电流密度 200 mA/cm^2 时，电流效率达 80%，电极上还得到副产品硫。该法的优点是：Al_2S_3 的分解电压低(1 V)，炭阳极不消耗，电解温度低。缺点是：Al_2S_3 在自然界不存在，人工合成制备困难，且污染环境，成本高。因此，在这方面的研究不多。

综上所述，尽管低温铝电解研究的方法很多，但从发表的研究结果来看，钠冰晶石体系低温铝电解仍是研究的主流。对该体系低温铝电解的研究，我国处于世界领先地位，今后的趋势是继续降低分子比。但其存在许多问题，例如：

①随电解质分子比的减小和温度的降低，熔盐的电导率也随之减小；

②Al_2O_3 的溶解度和溶解速率随电解质分子比和温度的降低而降低；

③电解槽阴极发生固体结壳现象；

④电解温度仍在 800℃以上。

另外，在研究低温电解的同时，也积极开展了电解槽结构形式的改进研究，在该方向上东北大学冯乃祥等[55, 56]的研究已经取得了进展，并应用于工业生产。

2.2 固态氧化铝阴极熔盐电脱氧制备金属铝原理

以固态氧化铝为阴极原料，石墨为阳极，电极间施加高于氧化铝且低于工作熔盐 $CaCl_2$-NaCl 分解的电压，恒电压进行电解，阴极氧化铝中的氧离子化，离子化的氧经过熔盐迁移到阳极，在阳极放电除去，生成的产物金属铝留在阴极。

电解池构成为

$$C_{(阳极)} \mid CaCl_2\text{-}NaCl \mid Al_2O_3 \mid Fe\text{-}Cr\text{-}Al_{(阴极)}$$

阴极反应

$$Al_2O_3+6e^- = 2Al+3O^{2-} \qquad (2-10)$$

阳极反应

$$O^{2-}+C-2e^{-} = CO \quad (2-11)$$

$$2O^{2-}+C-4e^{-} = CO_2 \quad (2-12)$$

电池反应为

$$Al_2O_3+3C = 2Al+3CO \quad (2-13)$$

$$2Al_2O_3+3C = 4Al+3CO_2 \quad (2-14)$$

实验的温度范围是550至800℃。Al_2O_3 的分解电压以纯物质为标准状态，计算如下。

根据无机热力学手册[57]，温度在25至660℃范围内，Al_2O_3 的生成反应方程式为：

$$2Al(s)+1.5O_2(g) = Al_2O_3(s) \quad \Delta G^{\ominus}_{Al_2O_3}=-1675100+313.2T \quad (2-15)$$

温度高于660℃，Al_2O_3 的生成反应方程式为：

$$2Al(l)+1.5O_2(g) = Al_2O_3(s) \quad \Delta G^{\ominus}_{Al_2O_3}=-1682900+323.24T \quad (2-16)$$

温度在500~2000℃，碳和氧的反应方程式为：

$$0.5O_2(g)+C(s) = CO(g) \quad \Delta G^{\ominus}_{CO}=-114400-85.77T \quad (2-17)$$

$$O_2(g)+C(s) = CO_2(g) \quad \Delta G^{\ominus}_{CO_2}=-395350-0.54T \quad (2-18)$$

根据实验设计要求，当温度低于660℃时，将式(2-15)和式(2-17)相加得到方程式(2-13)：

$$Al_2O_3(s)+3C(s) = 2Al(s)+3CO(g) \quad \Delta G^{\ominus}=1331900-570.51T$$

将式(2-15)和式(2-18)相加得方程式(2-14)，即

$$Al_2O_3(s)+1.5C(s) = 2Al(s)+1.5CO_2(g) \quad \Delta G^{\ominus}=1082075-314.01T$$

当温度高于660℃时，将式(2-16)和式(2-17)相加得方程式(2-13)：

$$Al_2O_3(s)+3C(s) = 2Al(l)+3CO(g) \quad \Delta G^{\ominus}=1339700-580.55T$$

将式(2-16)和式(2-18)相加得方程式(2-14)，即

$$Al_2O_3(s)+1.5C(s) = 2Al(l)+1.5CO_2(g) \quad \Delta G^{\ominus}=1089875-324.05T$$

又 $\Delta G^{\ominus}=-nFE^{\ominus}$

由上述诸式计算得到反应方程式(2-13)、反应方程式(2-14)、反应方程式(2-15)和反应方程式(2-16)所示反应的自由能变 $\Delta G^{\ominus}$ 和电动势 $E^{\ominus}$，数值分别列于表2-4、表2-5、表2-6。

表 2-4　阳极产物为 CO 的反应式(2-13)在不同温度下自由能变和电动势

温度/℃	550	600	650	700	750	800
$\Delta G^{\ominus}/(\mathrm{J \cdot mol^{-1}})$	862370.3	833844.8	805319.3	774824.9	745797.4	716769.9
$E^{\ominus}/\mathrm{V}$	-1.49	-1.44	-1.39	-1.34	-1.29	-1.24

表 2-5　阳极产物为 CO_2 的反应式(2-14)在不同温度下自由能变和电动势

温度/℃	550	600	650	700	750	800
$\Delta G^{\ominus}/(\mathrm{J \cdot mol^{-1}})$	823644.8	807944.3	792243.8	774574.4	758371.9	742169.4
$E^{\ominus}/\mathrm{V}$	-1.42	-1.4	-1.37	-1.34	-1.31	-1.28

表 2-6　Al_2O_3 在不同温度下的生成自由能和分解电压

温度/℃	550	600	650	700	750	800
$\Delta G^{\ominus}/(\mathrm{J \cdot mol^{-1}})$	-1417336	-1401676	-1386016	-1368387	-1352225	-1336063
$E^{\ominus}/\mathrm{V}$	2.45	2.42	2.39	2.36	2.34	2.31

以上的计算结果表明，在 550 至 800℃范围内采用惰性阳极，Al_2O_3 的最大分解电压是 2.45 V，采用活性石墨阳极，Al_2O_3 的最大分解电压为 1.49 V 左右。实际上，阳极气体是 CO_2 和 CO 的混合体，因此实际操作中分解电压要高于 1.49 V。

从能量的角度来说，采用石墨阳极使得 Al_2O_3 的分解电压降低的原因是，CO_2 和 CO 的生成释放出能量，从而减少了环境外加的能量。从电化学的观点来看，CO_2 和 CO 的生成起到去极化的作用。然而能量的降低也带来了阳极的消耗，增加了设备费、加工费、基建等费用。因此，人们致力于研究惰性阳极材料，使其替代现用的活性阳极。

依据 $CaCl_2$-NaCl 相图图 2-1 可知[58]，在 $CaCl_2$ 中添加 NaCl 可以降低熔盐的熔化温度。$CaCl_2$ 和 NaCl 的质量比为 7∶3 时，混合熔盐在 510℃左右有最低共熔点。摩尔比为 1∶1～1∶4 的 NaCl-$CaCl_2$ 熔盐的熔点低于 750℃，满足低温熔盐电脱氧的需要。

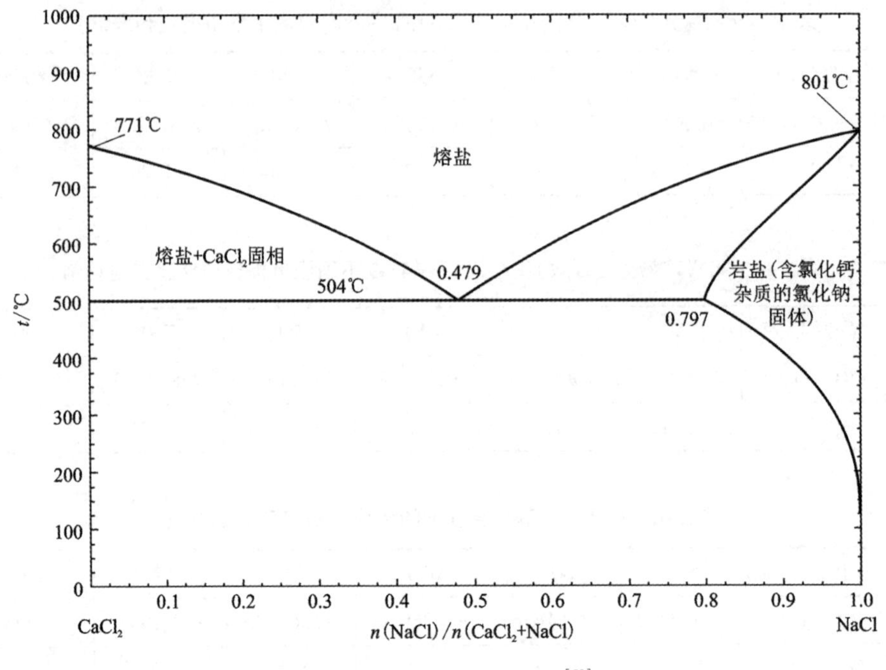

图 2-1 $CaCl_2$-NaCl 相图[58]

2.3 固态氧化铝阴极熔盐电脱氧[59, 60]

2.3.1 研究内容

1)固态氧化铝阴极片/固态金属集流体阴极电脱氧

电极制备如第一章所述。

(1)氧化铝阴极片烧结工艺对电脱氧的影响

以电脱氧过程平均电脱氧电流指标为考察因素和水平的依据，固态氧化铝阴极片烧结温度、烧结时间作为考察因素，采用 3 水平设计正交实验 $L_9(3^3)$，如表 2-7 所示。

表中 A、B 分别代表烧结温度(℃)、烧结时间(h)考察因素。

表 2-7 二因子三水平选点考察表

因子 水平	A(烧结温度)/℃	B(烧结时间)/h
1	1300	6
2	1400	9
3	1500	12

(2)熔盐温度对电脱氧的影响

将烧结好的氧化铝阴极片在摩尔比为 1∶1 的 $CaCl_2$-NaCl 熔盐中，550℃、600℃、650℃温度下电脱氧，考察熔盐温度对电脱氧的影响。

(3)熔盐中氯化钙含量对氧化铝阴极片电脱氧的影响

在摩尔比为 2∶1 和 1∶1 的 $CaCl_2$-NaCl 中，650℃下将烧结好的氧化铝阴极片电脱氧，考察熔盐中氯化钙含量对电脱氧的影响。

2)固态氧化铝/液态金属集流体阴极电脱氧

电极制备如第一章所述。

(1)固态氧化铝/液态铝作集流体阴极电脱氧

实验过程如前述。熔盐组成为摩尔比 1∶1 的 $CaCl_2$-NaCl 混合熔盐，电脱氧温度为 700℃，两极间施加电压为 3.1 V，采用刚玉粉、氧化铝烧结片、高铝管为阴极进行电脱氧。

(2)固态氧化铝/液态铝镁合金作集流体阴极电脱氧

实验过程同液态铝阴极集流体。此外，进行了正交实验。选择电脱氧温度、熔盐配比 2 个因素，均取其 3 个水平设计正交实验 $L_9(3^3)$，如表 2-8 所示，以质量增加量为考察指标。

表 2-8　二因子三水平选点考察表

水平＼因子	A(电脱氧温度)/℃	B(熔盐比例，$CaCl_2$ 质量分数)/%
1	700	77
2	750	82
3	800	87

2.3.2　结果与讨论

1)固态氧化铝/固态金属集流体阴极电脱氧

(1)氧化铝阴极片烧结工艺对电脱氧的影响

实验结果见表 2-9。

表 2-9　$L_9(3^3)$正交实验设计及结果

实验号	因子		实验结果
	A	B	平均电脱氧电流/mA
1	1300	6	12
2	1300	9	18

续表2-9

<table>
<tr><th colspan="2" rowspan="2">实验号</th><th colspan="2">因子</th><th>实验结果</th></tr>
<tr><th>A</th><th>B</th><th>平均电脱氧电流/mA</th></tr>
<tr><td colspan="2">3</td><td>1300</td><td>12</td><td>29</td></tr>
<tr><td colspan="2">4</td><td>1400</td><td>6</td><td>23</td></tr>
<tr><td colspan="2">5</td><td>1400</td><td>9</td><td>30</td></tr>
<tr><td colspan="2">6</td><td>1400</td><td>12</td><td>35</td></tr>
<tr><td colspan="2">7</td><td>1500</td><td>6</td><td>27</td></tr>
<tr><td colspan="2">8</td><td>1500</td><td>9</td><td>35</td></tr>
<tr><td colspan="2">9</td><td>1500</td><td>12</td><td>12</td></tr>
<tr><td rowspan="6">平均电脱氧电流</td><td>Ⅰ</td><td>62</td><td>62</td><td></td></tr>
<tr><td>Ⅱ</td><td>88</td><td>83</td><td></td></tr>
<tr><td>Ⅲ</td><td>74</td><td>76</td><td></td></tr>
<tr><td>R</td><td>26</td><td>24</td><td></td></tr>
<tr><td>较优水平</td><td>A2</td><td>B2</td><td></td></tr>
<tr><td>因素主次</td><td>A</td><td>B</td><td></td></tr>
</table>

根据表 2-9 的实验结果，整理出不同因子和水平下电脱氧过程平均电流值，并求出极差值，为判定主要影响因素提供依据。从表中可以看出，第 1 列极差 *R* 较大，第 2 列较小。这反映了因素 *A* 的水平变动比 *B* 水平变动引起的指标值变动大。由此排出因素的主次顺序：

$$\xrightarrow[A;\ B]{\text{主次}}$$

根据正交实验结果确定烧结温度 1400℃、烧结时间 9 h 为氧化铝阴极片烧结强化的最佳工艺条件。

图 2-2 是上述工艺条件制备的氧化铝阴极片在 550℃，$CaCl_2$、NaCl 熔盐摩尔比为 1∶1 的熔盐中预电解后，3. 1 V 恒压电脱氧 72 h 产物水洗除盐后的照片。由图可见电脱氧产物组织分布较均匀，产物疏松多孔。这是由于电脱氧后，氧从阴极片中脱除造成的。图 2-3 是产物局部放大图，从图中可以看到产物中有明显的金属光泽，颗粒有熔化现象。这说明尽管是在低于金属铝熔点温度下进行电解，但由于电解铝颗粒很小，且具有极高的表面能，即使在低于熔点温度下仍能熔化。

图 2-2　电脱氧产物水洗除盐后照片

图 2-3　电脱氧产物除盐后局部放大图

图 2-4 是电脱氧产物在 750℃，氩气保护下在熔盐中熔化后得到的金属颗粒，颗粒有金属光泽进一步证明有金属生成。图 2-5、图 2-6 分别是金属颗粒的 EDS 和 XRD 图，证明了金属颗粒是金属铝。

图 2-4　电脱氧产物熔化后得到的金属颗粒图

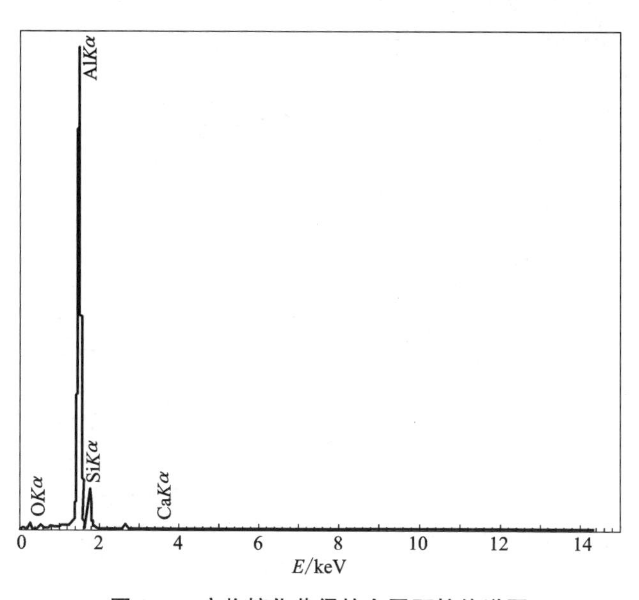

图 2-5　产物熔化获得的金属颗粒能谱图

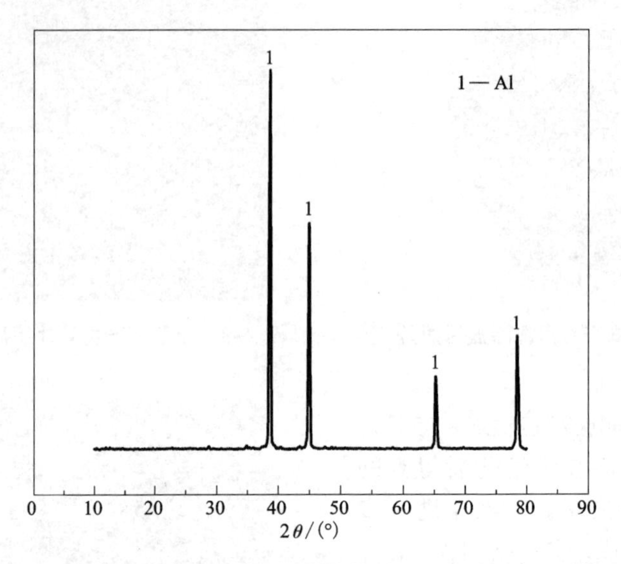

图 2-6　熔盐电脱氧产物熔化获得的金属小球 XRD 图谱

(2)熔盐温度对氧化铝阴极片电脱氧的影响

图 2-7 为 Al_2O_3 阴极片分别在 550、600、650℃ 电脱氧过程的电流-时间曲线。由图可见不同温度下电脱氧过程电流值变化趋势相同，都是逐渐降低到了一

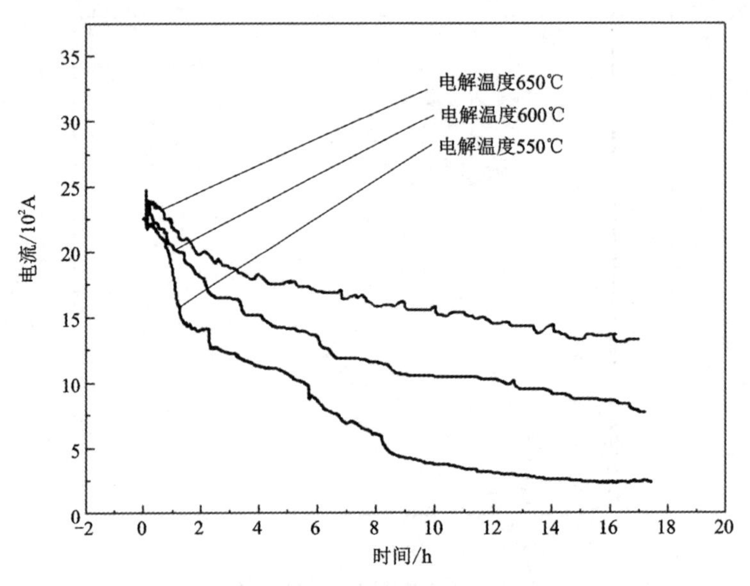

图 2-7　不同温度电脱氧时间-电流曲线

个定值。这是由于随着电脱氧时间的延长，阴极片中的氧含量不断降低，在阳极上放电的氧离子数不断减少，最终达到一个平稳状态。但通过比较可以发现，较高温度电脱氧时，电流相对大些，这是由于温度高时，氧离子在熔盐中的扩散速率快，单位时间内在阳极放电的氧离子数相对多，导致电流高，说明高的熔盐温度对电脱氧有利。

(3)熔盐中氯化钙含量对氧化铝阴极片电脱氧的影响

图 2-8 为 Al_2O_3 阴极片在不同 $CaCl_2$: NaCl 摩尔比的熔盐中电脱氧过程的电流-时间曲线。由图可见，在摩尔比 2 : 1 的熔盐中进行电脱氧的电流明显高于摩尔比为 1 : 1 的熔盐中的电流，说明 $CaCl_2$ 在熔盐中含量增加有利于电脱氧反应的快速进行。这是由于 $CaCl_2$ 具有很强的溶解氧离子的能力，而 NaCl 几乎不能溶解氧离子，因此，随着熔盐中 $CaCl_2$ 的增加，熔盐溶解氧离子的能力增强，阴极上产生的氧离子能够快速溶解到熔盐中，单位时间内到达阳极放电的氧离子数量变多，电流变大。

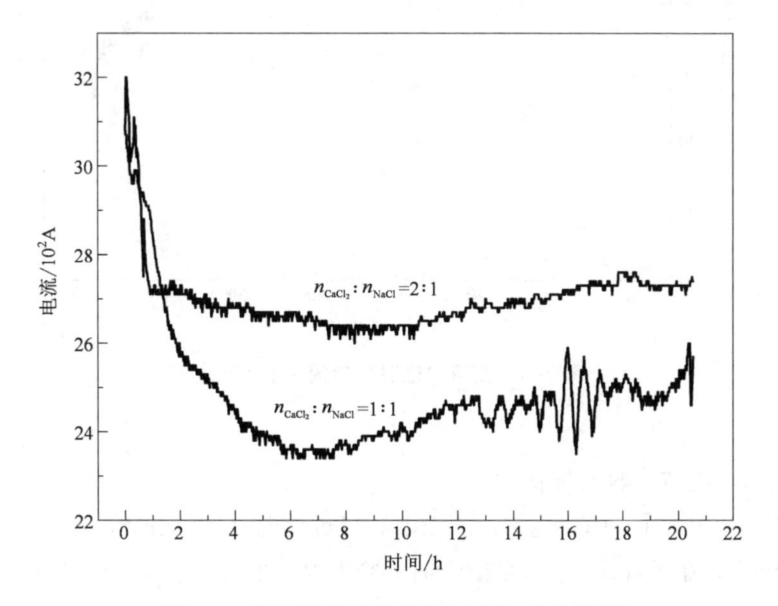

图 2-8　不同熔盐配比电脱氧时间-电流曲线

2)固态氧化铝/液态金属集流体/阴极电脱氧结果与讨论

(1)固态氧化铝/液态铝集流体阴极电脱氧

①刚玉粉的电脱氧

将 8 g 90～100 μm 刚玉粉(Al_2O_3)进行电脱氧。图 2-9 是刚玉粉为阴极材料电脱氧过程的电流-时间曲线，由图可以看出电流值随着时间推移逐渐降低，这说明采用刚玉粉起到了降低电阻提高电子导电能力的目的。电脱氧结束后水洗除盐过程中发现仍有少量的刚玉粉未被电解，未被电解的刚玉粉分布在铝集流体的表面。烘干后称量铝集流体，发现质量增加了 2.5 g。为了证实增加的质量是由刚玉粉电解生成的，而不是由于刚玉粉进入铝集流体内部造成的。实验截取铝集流体的下半部溶解到稀盐酸中，结果发现稀盐酸中无刚玉粉颗粒存在，这证明了质量增加是由刚玉粉电解得到了铝造成的。

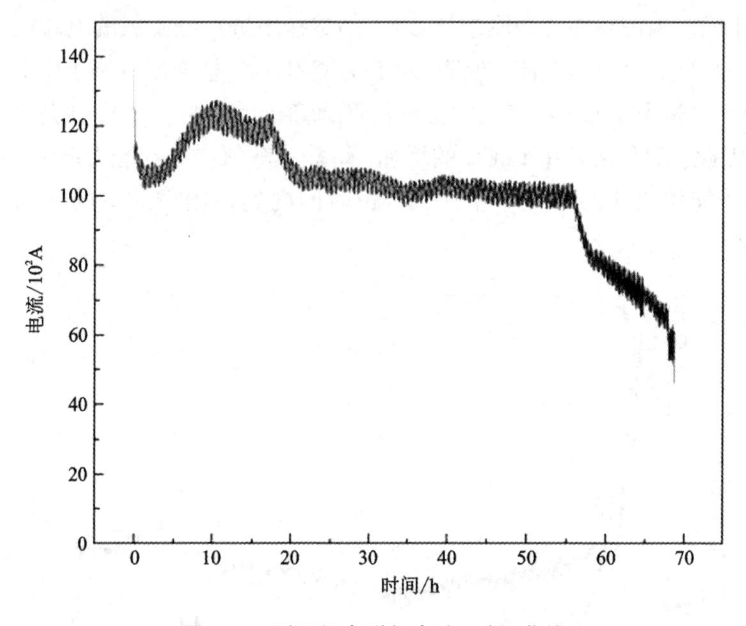

图 2-9　刚玉粉电脱氧电流-时间曲线

②Al_2O_3 烧结片的电脱氧

图 2-10 为采用 Al_2O_3 烧结片阴极电脱氧过程电流-时间曲线，由图可见随着时间的延长电流逐渐减小，这是由于随着脱氧反应的进行，体系中参加反应的物质减少，导致电流逐渐减小。

电脱氧 24 h 后降温冷却，水洗除盐。除盐过程发现 Al_2O_3 阴极片大多数都在铝锭的周围，而不是在铝锭的上方。图 2-11 为电解前后阴极片表面情况对比，发现电解后的 Al_2O_3 片表面变黑，水洗时有大量气泡产生。图 2-12 为电解后阴极片表面和断面。由图可以看出阴极片只有表面一层被电解，厚度约为 0.2 mm。

图 2-13 是阴极片电脱氧后表面 XRD 图。从图中可以看出有复合氧化物 $Ca_3Al_2O_6$ 生成，这是由于 Al_2O_3 中的氧离解成离子扩散到阴极表面后，不能及时

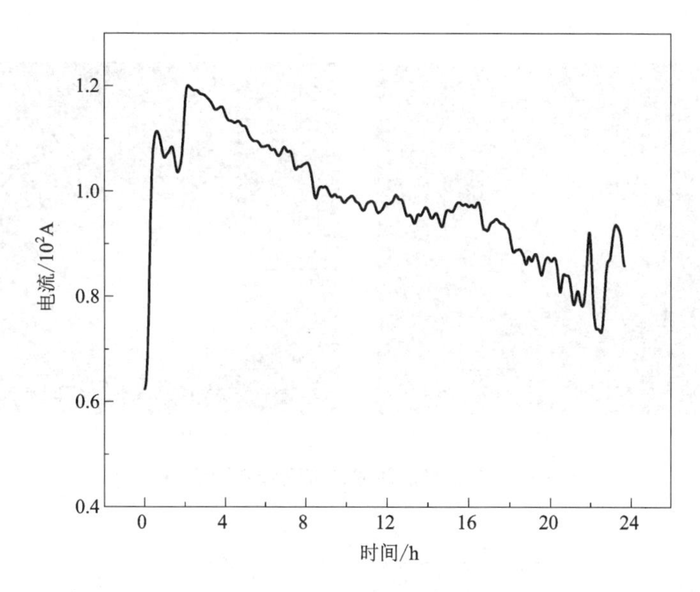

图 2-10　Al_2O_3 烧结片电脱氧电流-时间曲线

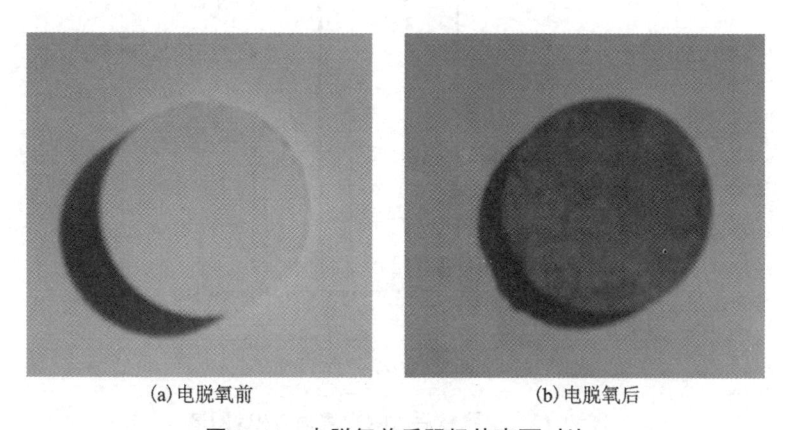

图 2-11　电脱氧前后阴极片表面对比

扩散到熔盐中而形成相对高浓度的 O^{2-} 区域，在该区域过剩的 O^{2-} 与 Ca^{2+} 及 Al_2O_3 在阴极表面生成一层致密的 $Ca_3Al_2O_6$ 层，这层致密的 $Ca_3Al_2O_6$ 层阻止了阴极片中 O^{2-} 向熔盐中扩散，阻碍了反应进一步进行。另外，Al_2O_3 和液态铝阴极导电体之间的润湿性不好，两者共同作用导致 Al_2O_3 阴极片只有表面一层被电解。

图 2-14 是氧化铝烧结片延长电脱氧时间至 70 h 的电脱氧过程电流-时间曲线，由图可见电脱氧时间在 22 h 之前电流一直保持较高值，22 h 之后电流值明显

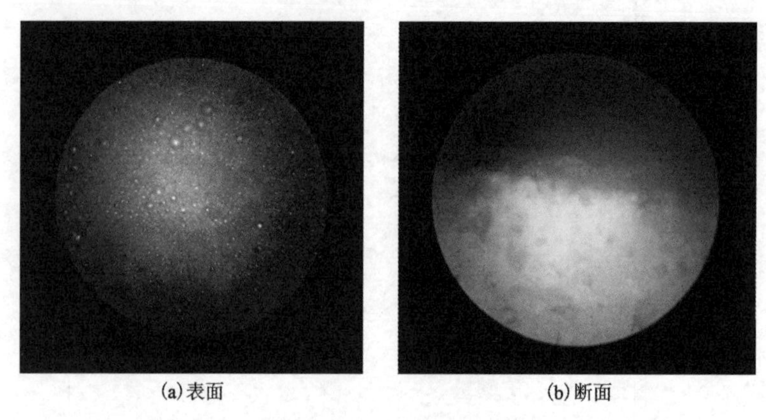

(a)表面　　(b)断面

图 2-12　电脱氧后阴极片表面和断面图(100×)

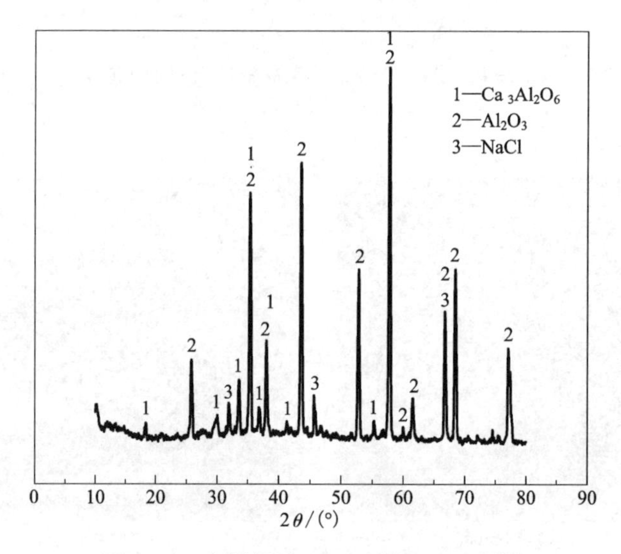

图 2-13　电脱氧后 Al_2O_3 表面 XRD 图谱

下降，下降后电流值趋于平稳。电解结束冷却后水洗除盐，发现氧化铝阴极片表面呈现黑色并未完全电解，阴极片仍分布在金属铝导电体周围，水洗时有大量气泡产生。金相显微镜观察发现氧化铝阴极片电解厚度仅 0.3 mm 左右，说明氧化铝阴极片并未随着电脱氧时间的延长而进一步电解。

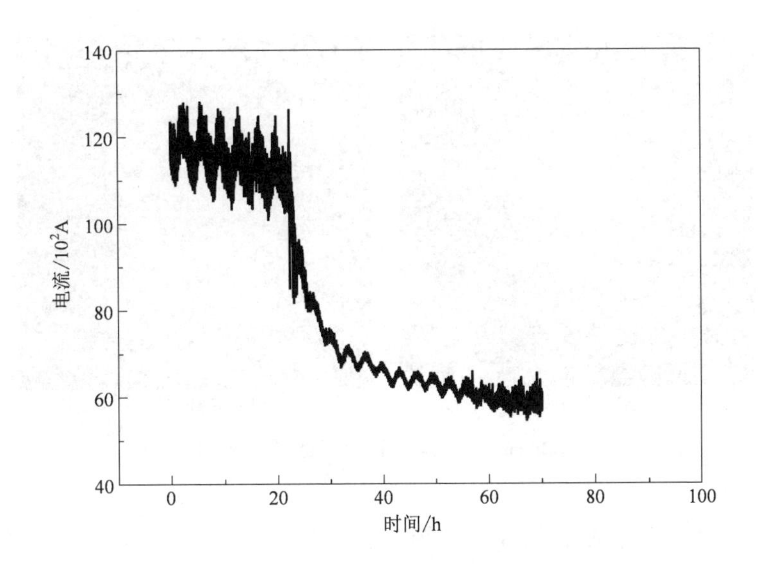

图 2-14　Al_2O_3 烧结片电脱氧电流-时间曲线

③高铝管电脱氧

图 2-15 展示了电脱氧前后高铝管变化，可见高铝管除与液态铝接触的地方被电解外，未与铝液接触的上方也被电解。

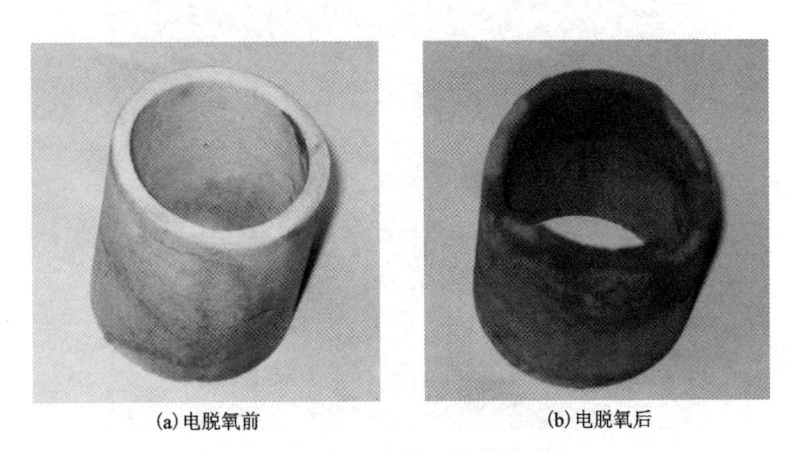

(a) 电脱氧前　(b) 电脱氧后

图 2-15　电脱氧前后高铝管对比

图 2-16 为电脱氧后高铝管断面放大 100 倍金相显微镜下的形貌，可见高铝管内壁明显比外壁容易发生反应，这说明内壁与液态铝导体接触比外壁好。

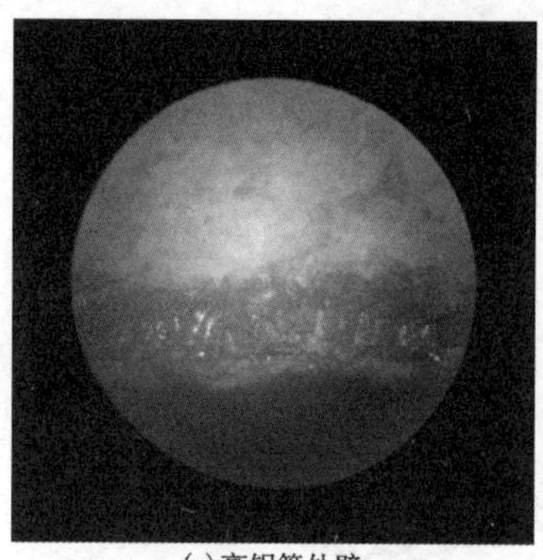

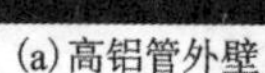

(a)高铝管外壁

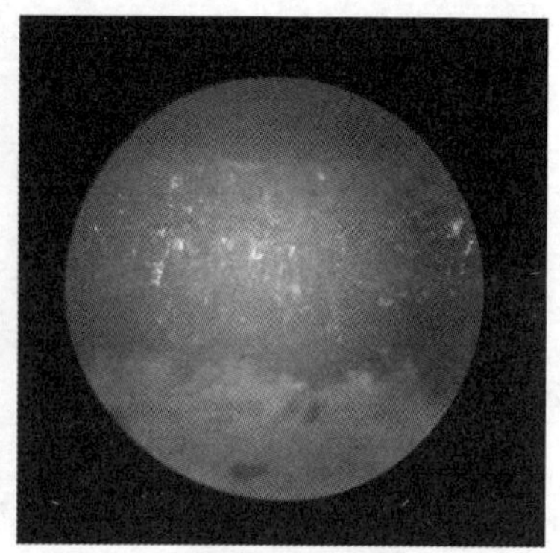

(b)高铝管内壁

图 2-16　电脱氧后高铝管断面(100×)

图 2-17 为高铝管断面扫描电镜图。从图中可以看出形貌有明显的分层，对图中 1 位置处进行能谱分析，其分析结果如图 2-18 所示，从图中可以看出电解后高铝管中主要是 Al 和 O 两种元素；氧元素原子百分含量为 33. 329%，小于 Al_2O_3 中氧原子的百分含量，说明高铝管被部分电解。图中 2 位置为未被电解的高铝管。

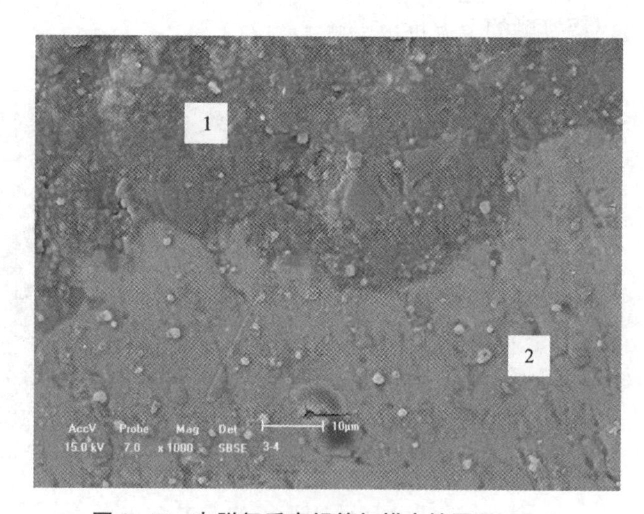

图 2-17　电脱氧后高铝管扫描电镜图(1000×)

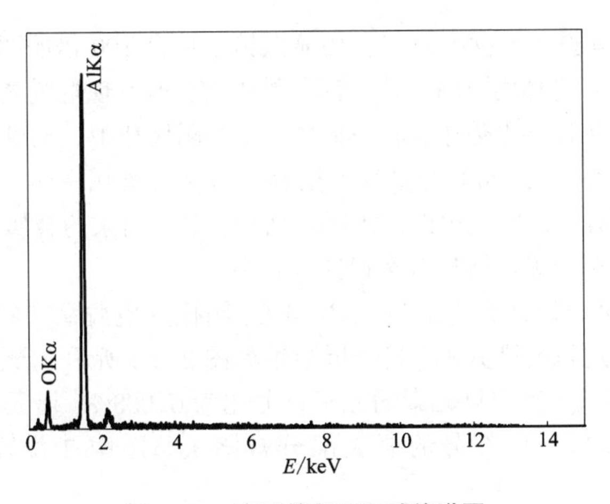

图 2-18　高铝管断面区域能谱图

(2)固态氧化铝/液态铝镁合金作集流体阴极电脱氧

①Al_2O_3 烧结片电脱氧

图 2-19 是 1500℃下烧结 6 h 的 Al_2O_3 为阴极片的电脱氧过程电流-时间曲线。由图可以看出电流随着时间的推移逐渐降低，开始时电流降幅较大，4 h 以后降幅较小。电脱氧结束后冷却、水洗除盐，发现氧化铝片呈黑色，其周围有黑色物质生成。

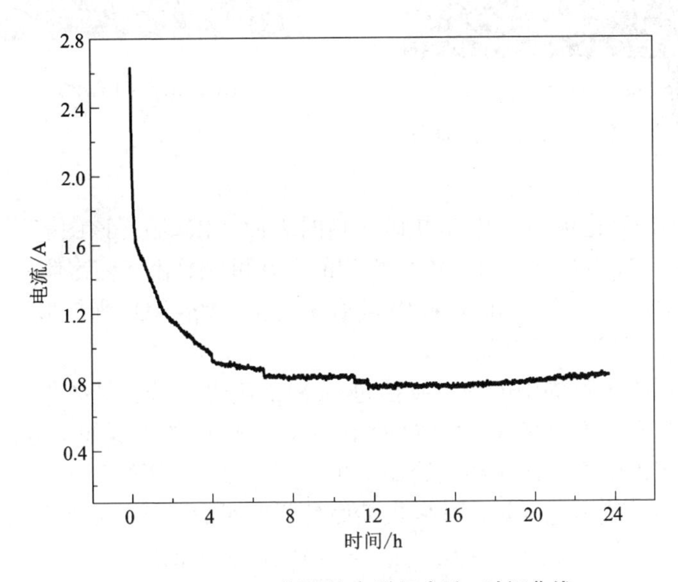

图 2-19　Al_2O_3 烧结片电脱氧电流-时间曲线

图2-20为电脱氧产物断面在金相显微镜下放大100倍的图像，采用液态铝镁合金作为阴极导电体时 Al_2O_3 片大部分被电解，但发现电脱氧得到的金属铝并没有溶解到液态阴极导电体中，而是集中分布在阴极片中。这可能是由于电解出来的金属铝颗粒小，在700℃的温度下很容易熔化聚集在一起，但由于还有未被电解的氧化铝存在，这些氧化铝构成网状结构，电解出来的金属铝小液滴被禁锢在氧化铝网状结构中无法熔进液态铝镁合金中。

图2-21为液态铝镁合金为导电体 Al_2O_3 阴极片电脱氧产物的扫描电镜图，对图中位置1处进行能谱分析，其分析结果如图2-22所示，产物主要由Al、Mg和O三种元素组成，其中氧元素的原子百分比为6.008%，镁元素原子百分比为2.542%，说明参与反应部分的氧大部分被除去。图中2位置处是未被电解的 Al_2O_3。

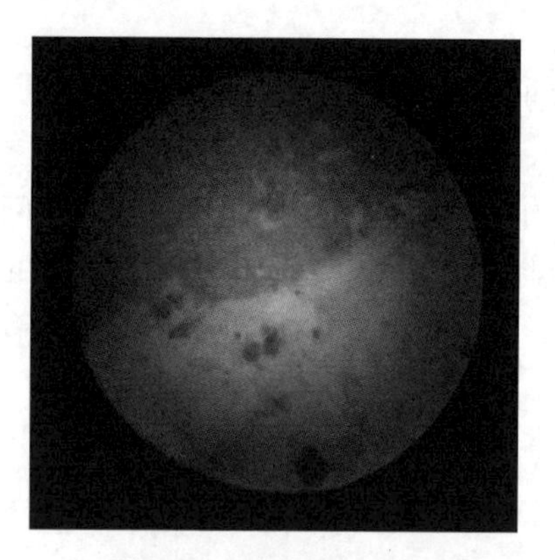

图2-20　金相显微镜下 Al_2O_3 片电脱氧后断面照片(100×)

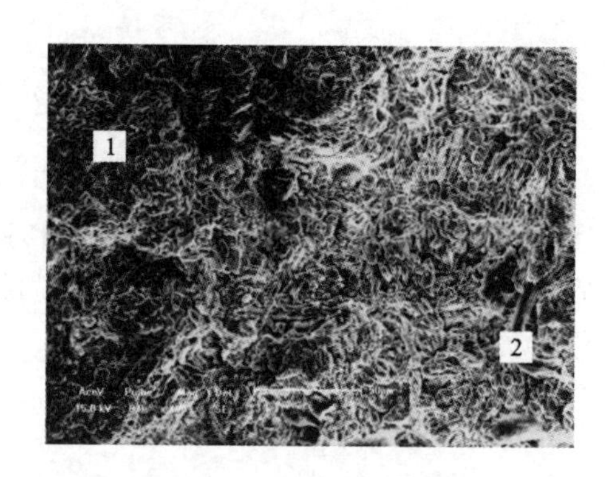

图2-21　扫描电镜图(400×)

图2-23是氧化铝阴极片被电解一侧的表面XRD图。该图表明电脱氧产物中有 $MgAl_2O_4$、MgO物相存在，MgO物相的存在可能是由于液态阴极导电体中Mg进入 Al_2O_3 阴极片中还原 Al_2O_3 产生MgO的缘故，$MgAl_2O_4$ 则是由生成的MgO与 Al_2O_3 阴极进一步反应复合而成。

对氧化铝阴极片周围的黑色物质进行XRD分析，分析结果如图2-24所示。分析发现，黑色物质中有Al、C、MgO和NaCl。MgO的来源如上分析，C的来源可能是由于阳极生成碳氧化物在熔盐中扩散到阴极片，阴极片中电解出来的金属铝少量溶解到熔盐中与其相遇并发生还原反应的缘故，反应如下所示：

$$2Al(l)+3CO(g)=\!=\!=Al_2O_3(s)+3C(s) \quad (2-19)$$

$$2Al(l)+1.5CO_2(g)=\!=\!=Al_2O_3(s)+1.5C(s) \quad (2-20)$$

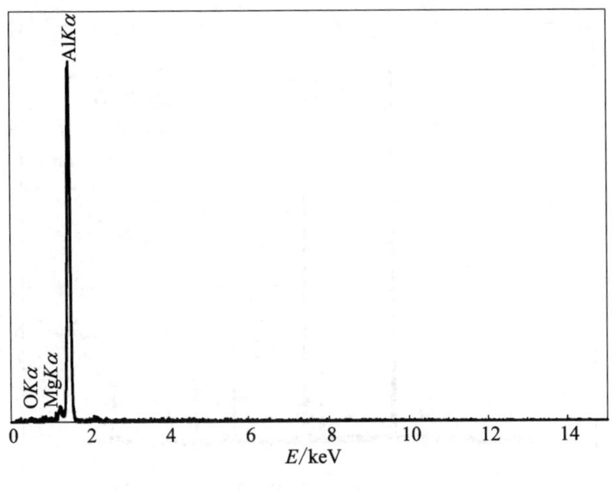

图 2-22　能谱图

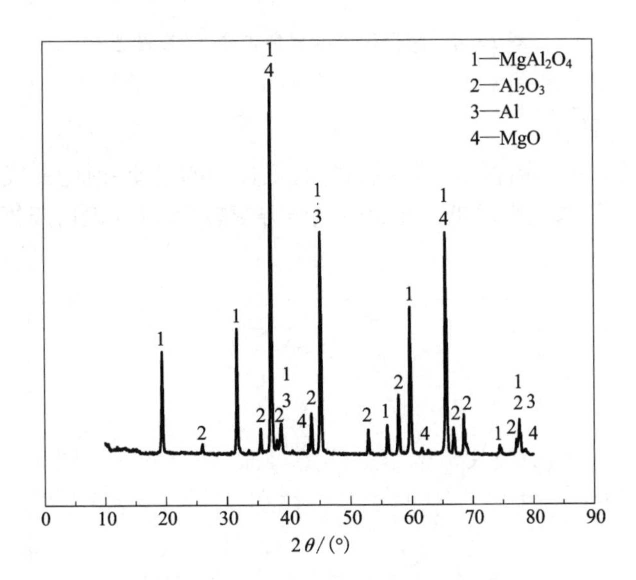

图 2-23　电脱氧后 Al_2O_3 表面 XRD 图谱

在实验温度条件下，以上反应均可进行。很显然这个反应是副反应，对铝电脱氧是有害的，发生这两个反应的主要原因是阳极与液态铝镁阴极导电体之间的距离较小，导致生成的 CO_2 和 CO 与阴极片电脱氧生成的金属 Al 及液态铝镁合金发生反应。因此，增大阳极和液态铝镁阴极导电体间的距离可以减少副反应的发生。

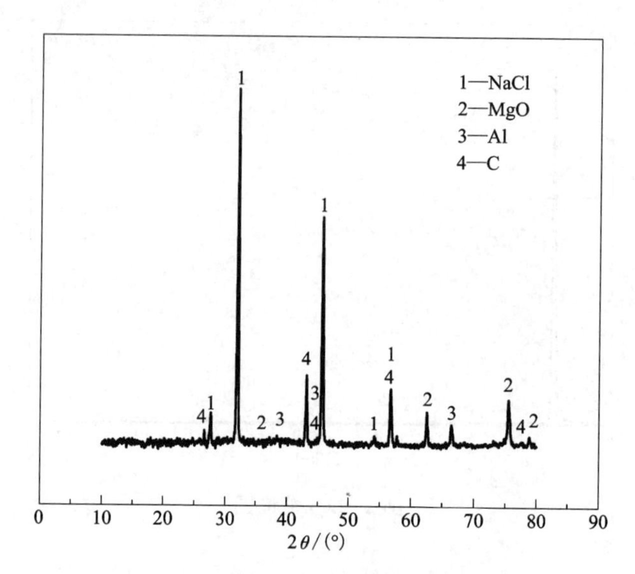

图 2-24　阴极片周围黑色物质 XRD 图谱

②高铝管电脱氧

图 2-25 是采用高铝管作为阴极的电脱氧过程的电流-时间曲线，由图可以看出电流随时间的推移逐渐降低，开始时电流降幅较大，8 h 以后降幅较小。

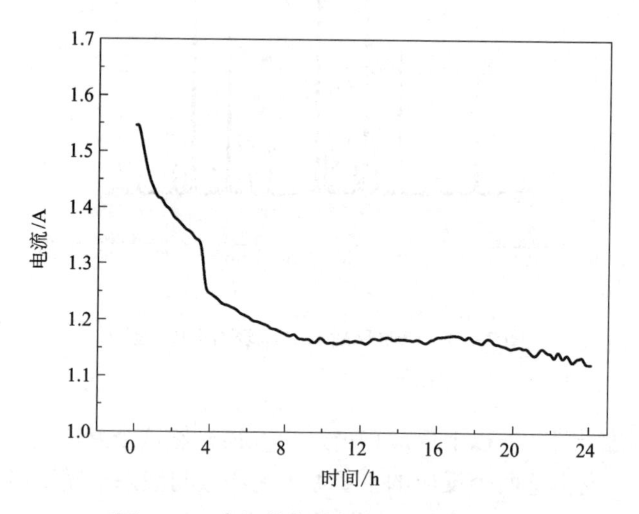

图 2-25　高铝管电脱氧电流-时间曲线

图 2-26 为电脱氧产物断面在金相显微镜下放大 100 倍的图像。采用液态铝镁合金时高铝管基本全变黑，但仍没有溶解到液态阴极导电体中。原因是高铝管没有完全被电解，未被电解的氧化物形成多孔结构，且存在杂质，产生毛细现象，导致电解出来的液态铝未进入液态铝镁合金中。

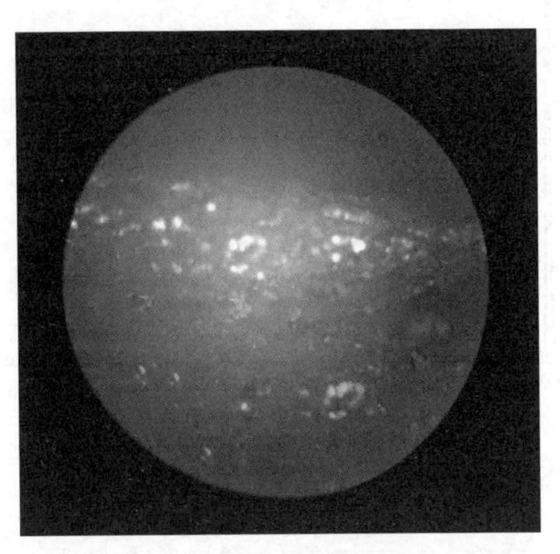

图 2-26　金相显微镜下电脱氧后高铝管断面照片(100×)

图 2-27 为高铝管在液态铝镁合金作为导电体条件下电脱氧产物的扫描电镜图，对图中位置 1 处进行能谱分析，其分析结果如图 2-28 所示，产物主要由 Al 和 O 两种元素组成，其中氧元素的原子百分比为 35.097%。对位置 2 处进行能谱分析，其分析结果如图 2-29 所示，产物由 O、Mg 和 Si 等元素组成。将被电解部分的高铝管在 900℃重新熔化，得到了少量金属小颗粒。

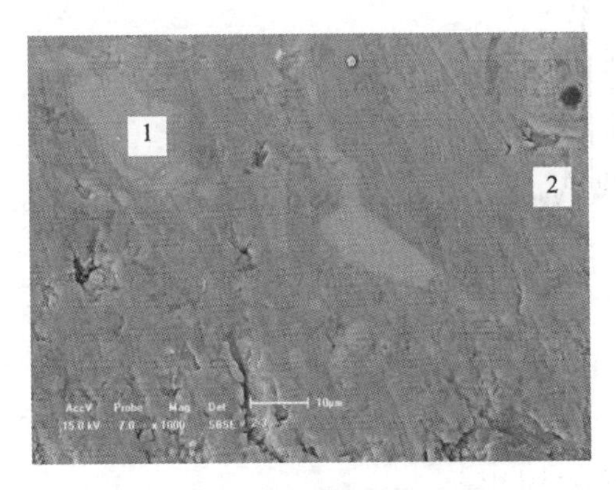

图 2-27　电子扫描电镜图(1000×)

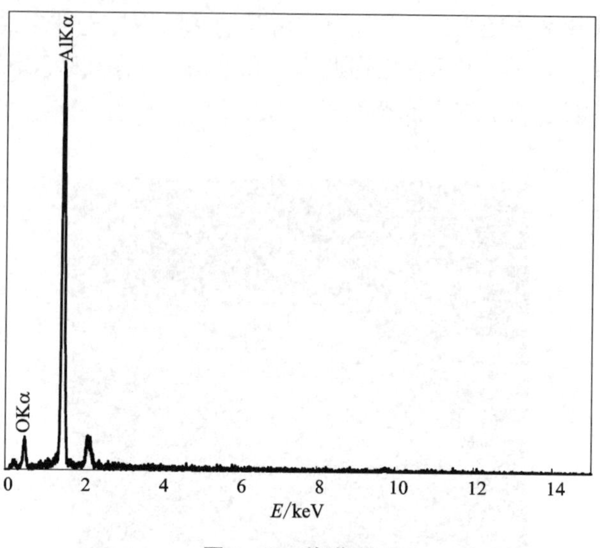

图 2-28　能谱图 1

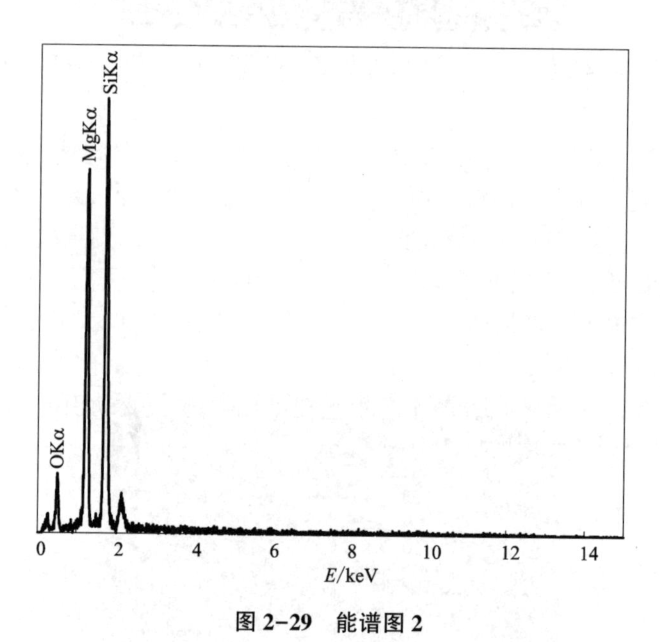

图 2-29　能谱图 2

(3)正交实验

实验结果列于表 2-10 中。

表 2-10　L^3 正交实验设计及结果

<table>
<tr><th colspan="2" rowspan="2">实验号</th><th colspan="2">因子</th><th>实验结果</th></tr>
<tr><th>A</th><th>B</th><th>铝镁导电体增加的质量/g</th></tr>
<tr><td colspan="2">1</td><td>700</td><td>77</td><td>7</td></tr>
<tr><td colspan="2">2</td><td>700</td><td>82</td><td>9</td></tr>
<tr><td colspan="2">3</td><td>700</td><td>87</td><td>11</td></tr>
<tr><td colspan="2">4</td><td>750</td><td>77</td><td>10</td></tr>
<tr><td colspan="2">5</td><td>750</td><td>82</td><td>13</td></tr>
<tr><td colspan="2">6</td><td>750</td><td>87</td><td>11</td></tr>
<tr><td colspan="2">7</td><td>800</td><td>77</td><td>11</td></tr>
<tr><td colspan="2">8</td><td>800</td><td>82</td><td>14</td></tr>
<tr><td colspan="2">9</td><td>800</td><td>87</td><td>11</td></tr>
<tr><td rowspan="6">平均电脱氧电流</td><td>Ⅰ</td><td>27</td><td>28</td><td></td></tr>
<tr><td>Ⅱ</td><td>34</td><td>36</td><td></td></tr>
<tr><td>Ⅲ</td><td>36</td><td>33</td><td></td></tr>
<tr><td>R</td><td>9</td><td>8</td><td></td></tr>
<tr><td>较优水平</td><td>A_3</td><td>B_2</td><td></td></tr>
<tr><td>因素主次</td><td>A</td><td>B</td><td></td></tr>
</table>

根据表 2-10 的实验结果，整理出不同因子和水平下电脱氧过程平均电流，并求出极差，为判定主要影响因素提供依据。从表中可以看出，第 1 列极差 R 较大，第 2 列较小。这反映了因素 A 的水平变动比 B 水平变动引起的指标值变动大。由此排出因素的主次顺序：

$$\xrightarrow[A;\ B]{\text{主次}}$$

根据正交实验确定液态铝镁合金导电体电脱氧制备铝的合适工艺条件是：熔盐温度 800℃，熔盐组成为含氯化钙 82%。

2.4　结论

以固态氧化铝为原料低温电脱氧制备出金属铝；氧化铝粒径 ϕ<400 目、烧结温度 1400℃、烧结时间 9 h 为氧化铝阴极片的合适制备工艺条件；铝镁合金为导

电体，氧化铝烧结棒、熔盐温度800℃、氯化钙质量分数82%的熔盐体系是以液态金属为导电体电脱氧工艺的合适条件。

参考文献

[1] 周卫铭，郭忠诚. 铝电解惰性阳极材料的研究现状[J]. 冶金丛刊，2004，149(1)：1.

[2] Thonstad J, Rolseth S. Alternative electrolyte compositions for aluminium electrolysis[J]. Trans Inst Min Metall (Sect C): Miner Process Extr Metall, 2005, 114(3): C188-C191.

[3] 邱竹贤，张明杰，何鸣鸿，李庆峰，边友康，屈长林. 低温铝电解的研究——节省电能的研究[J]. 轻金属，1984(6)：33.

[4] Kan H M, Wang Z W, Shi Z N, Ban Y G, Cao X Z, Yang S H, Qiu Z X. Symposium on Light Metals held at the 2007 TMS Annual Meeting and Exhibition[C]. Warrendale: Minerals Met & Mat Soc, 2007.

[5] 王兆文，石忠宁，高炳亮，等. 一种高电导率铝电解用低温电解质及其使用方法：CN200810228121.6[P]. 2009-03-18.

[6] Sleppy W C, Cochran C N. Bench scale electrolysis of aluminium in sodium fluoride-aluminium fluride melts below 900℃[J]. Light Metals, 1979: 385-395.

[7] Grjotheim K, Kvande H. Physico-chemical properties of low-melting baths in aluminium electrolysis [J]. Metall, 1985, 39(6): 510-513.

[8] Qiu Z X, He M H, Li Q F. Aluminium electrolysis at lower temperature[J]. Light Metals, 1985: 529-544.

[9] 任凤莲，李海斌，蔡震峰，等. 铝电解质初晶温度测定装置及初晶点数模的研究[J]. 冶金分析，2005，25(3)：9-12.

[10] Solheim A, Rolseth S, Skybakmoen E, Støen L, Sterten Å, Støre T. Liquidus temperature and alumina solubility in the system $Na_3AlF_6-AlF_3-LiF-CaF_2-MgF_2$ [J]. Light Metals, 1995: 451-460.

[11] Foster P A Jr. Phase diagram of a portion of the system $Na_3AlF_6-AlF_3-Al_2O_3$[J]. J Am Chem Soc, 1975, 58(7): 288-291.

[12] Skybakmoen E, Solheim A, Sterten Å. Alumina solubility in molten salt systems of interest for aluminum electrolysis and related phase diagram data[J]. Metall Mater Trans B, 1997, 28(1): 81-86.

[13] Hívеš J, Thonstad J. Electrical conductivity of low-melting electrolytes for aluminium smelting [J]. Electrochim Acta, 2004, 49: 5111-5114.

[14] Híveš J, Thonstad J, Sterten A. Electrical conductivity of molten cryolite-based mixtures obtained with a tube-type cellmade of pyrolytic boron nitride[J]. Metall Mater Trans B, 1996, 27 (4): 255-261.

[15] Lu H M, Fang K M, Qiu Z X. Low temperature aluminum floating electrolysis in heavy electrolyte $Na_3AlF_6-AlF_3-BaCl_2-NaCl$ bath system [J]. Acta Metall S, 2000, 13 (4):

949-954.

[16] Lu H M, Yu L L. Technique and mechanism of aluminum floating electrolysis in molten heavy Na_3AlF_6-AlF_3-BaF_2-CaF_2 bath system[J]. Light Metals, 2003: 351-356.

[17] Rolseth S, Gudbrandsen H, Thonstad J. Lowtemperature aluminum electrolysis in a high density electrolyte[J]. Aluminum, 2005, 81(5): 448-450.

[18] Rotum A, Solheim A, Sterten Å. Phase diagram data in the system Na_3AlF_6-Li_3AlF_6-AlF_3-Al_2O_3[C]//Light Metals 1990. Warrendale: Minerals, Metals & Materials Soc, 1990: 311-316.

[19] Skybakmoen E, Solheim A, Sterten Å. Phase diagram data in the system Na_3AlF_6-Li_3AlF_6-AlF_3-Al_2O_3[J]. Light Metals, 1990: 317-323.

[20] Fellner P, Midtlyng S, Sterten Å, Thonstad J. Electrical conductivity of low melting baths for aluminium electrolysis: The system Na_3AlF_6-Li_3AlF_6-AlF_3 and the influence of additions of Al_2O_3, CaF_2 and MgF_2[J]. J Appl Electrochem, 1993, 23: 78-81.

[21] Matiašovský K, Malinovský M, Daněk V. Specific electrical conductivity of molten fluorides [J]. Electrochim Acta, 1970, 15(1): 25-32.

[22] Wang J W, Lai Y Q, Tian Z L, Liu Y X. Temperature of primary crystallization in party of system Na_3AlF_6-K_3AlF_6-AlF_3[C]//Light Metals 2008. Warrendale: Minerals, Metals & Materials Soc, 2008: 513-518.

[23] Kryukovsky V A, Frolov A V, Tkatcheva O Yu, Redkin A A, Zaikov Y P, Khokhlov V A, Apisarov A P. Electrical conductivity of low melting cryolite melts[C]//Light Metals 2006. Warrendale: Minerals, Metals & Materials Soc, 2006: 409-413.

[24] 卢惠民. 一种低温电解生产铝的方法及其专用的铝电解槽: CN200510011143.3[P]. 2005-9-28.

[25] Sterten Å, Rolseth S, Skybakmoen E, Solheim A, Thonstad J. Some aspects of low-melting baths in aluminium electrolysis[J]. Light Metals, 1988: 663-670.

[26] Zhou C H, Shen J Y, Li G X. Phase diagram calculation of quai-binary system Na_3AlF_6-K_3AlF_6[J]. T Nonferr Metal Soc, 1995, 5(2): 26-29.

[27] 周传华, 马淑兰, 李国勋, 沈剑韵. 新型低温铝电解质体系的研究——氧化铝的溶解度与溶解速度[J]. 有色金属, 1998, 50(2): 81-84.

[28] Yang J H, Hryn J N, Davis B R, Roy A, Krumdick G K, Pomykala J A Jr. New opportunities for aluminum electrolysis with metal anodes in a low temperature electrolyte system[J]. Light Metals, 2004: 321-326.

[29] Yang J H, Hryn J N, Krumdick G K. Aluminum electrolysis tests with inert anodes in KF-AlF_3-based electrolytes[J]. Light Metals, 2006: 421-424.

[30] Yang J H, Graczyk D G, Wunsch C, Hryn J N. Alumina solubility in KF-AlF_3-based low-temperature electrolyte system[J]. Light Metals, 2007: 537-541.

[31] Zaikov Y, Khramov A, Kovrov V, Kryukovsky V, Apisarov A, Tkacheva O, Chemesov O, Shurov N. Electrolysis of aluminum in the low melting electrolytes based on potassium cryolite

[J]. Light Metals, 2008: 505-508.
[32] Russell A S. Developments in aluminium smelting[J]. Aluminium, 1981, 57(6): 405-409.
[33] K 格罗泰姆. 氯化铝电解法炼铝[J]. 东北工学院学报, 1981(2): 101-107.
[34] Dawless R K, Lacamera A F, Klingensmith C H. Molten salt bath for electrolytic production of aluminum: US 6423682[P]. 1984-04-03.
[35] 李庆峰, 邱竹贤. 铝在 $NaCl-AlCl_3$ 熔盐体系中的电化学沉积[J]. 稀有金属材料与工程, 1995(3): 59-63.
[36] Gesenhues U, Reuhl K, Wendt H. Vapour pressure and composition above mixed melts of alkali chlorides and aluminium chloride [J]. Int J Mass Spectrom, 1983, 47: 251-252
[37] Hurlev F H, Wier T P. The electrodeposition of aluminum from nonaqueous solutions at room temperature [J]. Electrochem Soc, 1951, 98 (5): 207-212.
[38] Abbptt A P, Eardley C A, Farleynr S, et al. Novel room temperature molten salts for aluminum electrodeposition [J]. Trans IMF, 1999, 77 (1): 262-268.
[39] Peled E, Gileadi E. The electrodeposition aluminium from aromatic hydrocarbon [J]. Electrochem Soc, 1976, 123(1): 15-19.
[40] Kamavaram V, Reddy R G. Aluminum extraction in ionic liquids at low temperature[C]. Non-Ferrous Materials Extraction and Processing, 2006: 97-108.
[41] 顾彦龙, 石峰, 邓友全. 室温离子液体: 一类新型的软介质和功能材料[J]. 科学通报, 2004, 49(6): 515-521.
[42] 夏扬, 王吉会, 王茂范. 铝合金电镀的研究进展[J]. 材料导报, 2005, 19(12): 60-63.
[43] 李岩, 凌国平, 刘柯钊, 陈长安, 张桂凯. 不锈钢基体室温熔盐电沉积铝[J]. 浙江大学学报(工学版), 2009, 43(7): 1316-1321.
[44] 陈建华. 低温熔盐体系铝电沉积[J]. 表面技术, 1994, 23(4): 159-163.
[45] 冯秋元, 丁志敏, 贾利山, 关君实. 低温熔融盐电镀铝的研究[J]. 材料保护, 2004(4): 1-3.
[46] 范春华, 李冰, 江卢山. 室温氯化铝-有机熔盐电沉积铝的研究进展[J]. 材料保护, 2007(10): 50-53.
[47] Lai P K, Skyllas-Kazacos M. Electrodeposition of aluminium in aluminium chloride/1-methyl-3-ethylimidazolium chloride[J]. J Electroanal Chem, 1988, 248(2): 431-440.
[48] Zhao Y G, Vander Noot T J. Electrodeposition of aluminium from nonaqueous organic electrolytic systems and room temperature molten salts[J]. Electrochim Acta, 1997, 42 (1) : 3-13 .
[49] Qin Q X, Skyllas-Kazacos M. Electrodeposition and dissolution of aluminium in ambient temperature molten salt system aluminium chloride n-butylpyridinium chloride[J]. J Electroanal Chem, 1984, 168(1-2): 193-206.
[50] Zhao Y G, Vander Noot T J. Electrodeposition of aluminium from room temperature AlClTMPAC molten salts[J]. Electrochim Acta, 1997, 42(11): 1639-1643.
[51] 李景升, 杨占红, 王小花, 李旺兴, 陈建华, 王升威, 李景威. $AlCl_3-NaCl-KCl$ 熔融盐中

铝的电沉积[J]. 中南大学学报(自然科学版), 2008(4): 672-676.
[52] 孙淑萍, 李东春. 铝在室温熔盐中的电沉积[J]. 轻合金加工技术, 2003(11): 28-30.
[53] 高丽霞, 王丽娜, 齐涛, 李玉平, 初景龙, 曲景奎. 离子液体 $AlCl_3/Et_3NHCl$ 中电沉积法制备金属铝[J]. 物理化学学报, 2008(6): 939-944 .
[54] Minh N Q, Yao N P. The electrolysis of aluminium sulphide in molten fluorides[J]. Light Metals, 1984: 643-650.
[55] 冯乃祥, 彭建平. 从铝电解生产新技术看我国与国际水平之差距[J]. 轻金属, 2005(3): 3-5.
[56] 冯乃祥, 戚喜全, 彭建平. 1.35 kA TiB_2/C 阴极泄流式铝电解槽电解实验[J]. 中国有色金属学报, 2005, 15(12): 2047-2053.
[57] 梁英教, 车荫昌, 刘晓霞. 无机物热力学数据手册[M]. 沈阳: 东北大学出版社, 1993.
[58] Lamplough F E E. Proc Cambridge Phil Soc, 1912, 16: 194.
[59] 谢宏伟. 低温熔盐电解制备铝及合金[D]. 东北大学, 2009.
[60] 李承德. 低温熔盐电脱氧法制备金属铝和金属铬研究[D]. 东北大学, 2009.

第3章　以五氧化二铌为阴极熔盐电脱氧法制备金属铌

世界铌资源比较丰富，主要分布于北美、南美、非洲。世界的三大铌矿山分别是巴西的Araxa、Catalao和加拿大的St. Honore。已发现的含铌矿物有130余种，这些矿物大多是成分极复杂的共生矿。具有工业价值的主要有铌铁矿、黄绿石、易解石、褐钇铌矿和黑稀金矿等，其中黄绿石和铌铁矿是生产铌的主要原料[1]。

巴西是世界铌蕴藏量、生产量最多的国家，总蕴藏量估测约为2300万t，约占世界铌总藏量的55%。其特点是储量集中，平均品位高(2%)。其中的Araxa露天矿中的沉积矿共有4.56亿t，Nb_2O_5平均储量高达2.5%[2]。

中国也是铌资源较丰富的国家，储量占世界总量的17%左右。我国铌矿主要产地有新疆维吾尔自治区的阿尔泰地区、江西省的宜春、广西壮族自治区的恭城、广东省的从化、内蒙古自治区的白云鄂博等地区[3]。但我国的铌矿床原矿品位普遍较低(0.0083%~0.116%)，嵌布粒度细，且与伴生矿物共生致密，除白云鄂博矿外，储量都很小，多属难开发资源[4]。

世界上，铌是可供开采使用年限较长的稀有金属，按现在每年开采生产消费用量计算，可供人类几百年至近千年开采使用[5,6]。丰富的铌自然资源是铌工业发展的重要保障和优越条件。

3.1　金属铌制备技术

传统上，金属铌的制备方法有很多[7]，其中以化合物制取金属铌的工业方法主要有：①氧化物还原法：按还原剂的不同该法又分为金属热还原法(铝热还原、钙热还原等)、碳热还原法和氢热还原法。②氟络合物金属热还原法：该法最常用的还原剂是金属钠。③氯化物热还原法：该法包括氢还原法和金属热还原法，金属热还原常用的还原剂是金属钠、镁和钙。④熔盐电解法：该法是在电场作用下还原铌氧化物、氟络合物和氯化物制取铌金属的方法。

3.1.1　氧化物铝热还原法

此方法是用金属铝作为还原剂，反应方程式如下[7, 8]：

$$3Nb_2O_5+10Al = 6Nb+5Al_2O_3 \tag{3-1}$$

其中，五氧化二铌的纯度为 99%，还原反应是在衬有氧化铝的钢制反应器内进行。具体方法是将 1596 g 的五氧化二铌和 570 g 的铝粉充分混合，然后加到反应器内，高温 1000℃点火，还原反应急剧进行，同时释放出大量的热量。一般 Nb_2O_5 的铝热还原产物叫铌铝热剂（Nb－Al－O 合金），在高温真空条件下，Al、Al_2O 和 NbO 从铝热剂中挥发，经计算大部分氧是以 Al_2O 的形式去除，Nb 的损失并不大。该方法还原制取的金属铌块约含 2%的铝和 0.8%的氧，杂质在真空下加热至 2000℃，保温 8 h 能有效除去，获得海绵状金属铌。具体流程如图 3－1 所示。

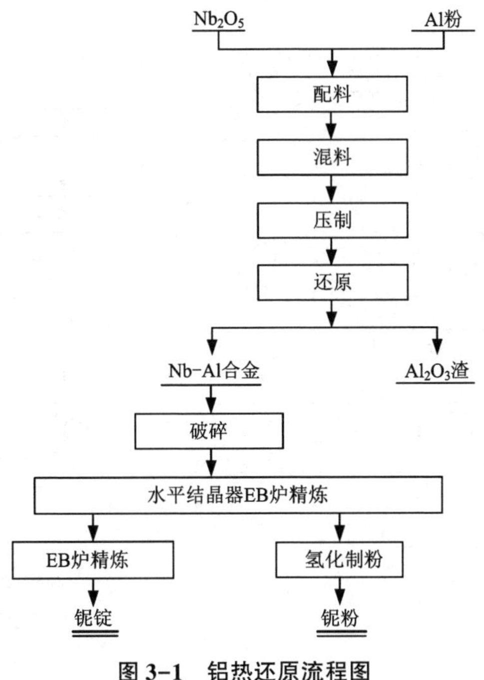

图 3-1　铝热还原流程图

3.1.2　碳热还原法

碳还原工业生产中有两种工艺[9-11]（如图 3-2 所示）：一是直接还原，即一步法。直接还原法是用碳直接还原 Nb_2O_5 生产金属铌，反应方程式为：

$$Nb_2O_5(s)+5C(s) = 2Nb(s)+5CO(g) \tag{3-2}$$

二是间接还原，即二步法[12, 13]。间接还原法是先将 Nb_2O_5 和碳反应生成 NbC，再将 NbC 和 Nb_2O_5 充分混合，压制成片后，放入1600℃的高温高真空炉内反应，得到粉末态的金属铌。反应方程式如下：

$$Nb_2O_5(s)+7C(s) = 2NbC(s)+5CO(g) \tag{3-3}$$

$$Nb_2O_5(s)+5NbC(s) = 7Nb(s)+5CO(g) \tag{3-4}$$

碳热还原五氧化二铌生产铌的过程是按若干步骤进行的。它包括形成 NbC、Nb_2C、NbO_2 和 NbO 等，到最后阶段碳、氧含量降至饱和溶解度以下。从 Nb-C-O 熔融液中脱氧并与碳反应，反应式如下：

$$[C]_{Nb}+[O]_{Nb} = CO \tag{3-5}$$

为保证 C 的完全除去，氧要过剩，在 $n(O):n(C)=6:1$ 时，可获得最佳还原效果。通常碳热还原法生产铌粉的还原周期在我国的平均水平为 26 h(指送电时间)，国外的生产周期为 16 h 左右。

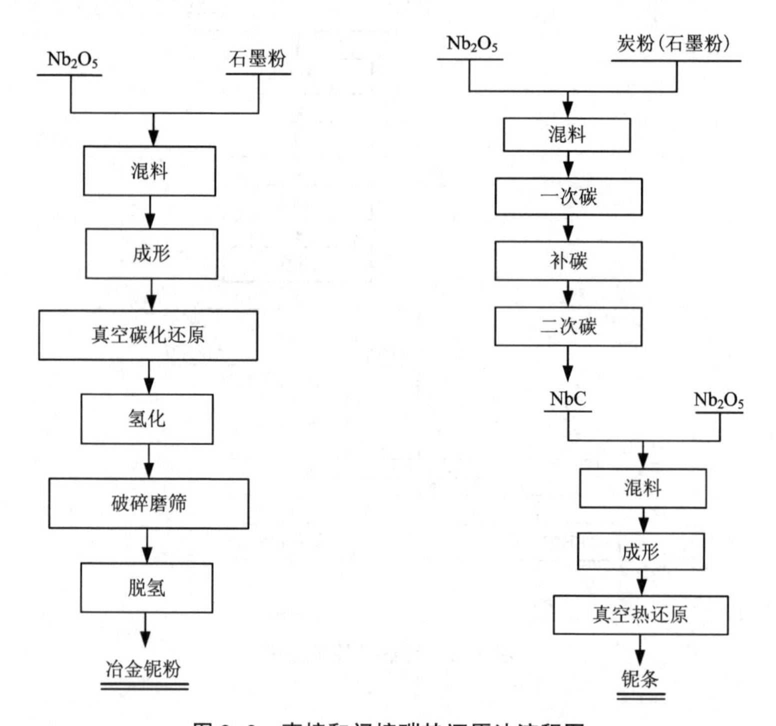

图 3-2 直接和间接碳热还原法流程图

3.1.3　氟络合物金属热还原法

以钠还原 K_2NbF_7 为例，反应式为：

$$K_2NbF_7+5Na = Nb+2KF+5NaF \tag{3-6}$$

氟铌酸钾的钠还原过程反应是多相反应，不同还原类型，升温制度不同，反应相亦不一样，目前工业上主要有以下还原反应方式：

气(Na)-液(K_2NbF_7)还原：气态的钠与液态的氟铌酸钾发生反应。将 K_2NbF_7 分盘放在反应器的料架上，金属 Na 放在底层料盘内，加热使金属 Na 蒸发，Na 蒸气与上层熔融的 K_2NbF_7 反应得到 Nb 粉末，或与搅拌的液态 K_2NbF_7 反应。

液(Na)-固(K_2NbF_7)还原：液态的钠和固态的氟铌酸钾发生反应。典型的方法是混合装料法和低温包覆、高温搅拌钠还原法。混合装料法是先将装有 K_2NbF_7 的料盘装在料架上，装炉后注入定量的净化金属 Na。随后反应盘吊入预热的还原炉内升温还原，在 300~400℃ 发生剧烈还原反应。低温包覆、高温搅拌法是国外 20 世纪 60 年代发展起来的生产工艺。该工艺是将 K_2NbF_7 装入反应器内，密闭抽真空后注入定量的金属 Na。为了加速还原反应速率，有利于大量晶核的生成，在低温下搅拌，使金属 Na 与 K_2NbF_7 充分混合进行包覆。此外，为了降低还原反应的激发温度，通常先将 K_2NbF_7 在惰性气氛或真空下加热到 325~375℃ 使其活化。

液(Na)-液(K_2NbF_7)还原：液态的钠和液态的氟铌酸钾之间发生反应。液-液还原反应有两种形式，一种是将熔融的 Na 滴入熔融的 K_2NbF_7 中，另一种是将熔融的 K_2NbF_7 滴入熔融的金属 Na 中进行反应。工业生产中，通常在 K_2NbF_7 上放一层 NaCl，起隔离和吸热剂的作用。

还原过程一般通过控制还原反应的点火方式和加料方式来实现控制多相反应类型。

3.1.4　熔盐电解法

熔盐电解法是在熔融混合电解质体系内，在电场的作用下利用电解质分解电压的差异来电解还原制取金属铌的方法[14-17]。熔盐电解体系一般由熔剂、电解质和助熔剂三部分组成。熔盐电解制取金属铌常用氧化物、氯化物和氟化物电解法。在电解制取金属铌熔盐体系中，Nb_2O_5 作电解质，K_2NbF_7 作熔剂，碱金属氯化物、氟化物做助熔剂，用以改善熔盐的导电性能，降低黏度、熔点和 K_2NbF_7 在熔盐中的浓度，减少 K_2NbF_7 的挥发损失。

一般是电解氟化物制取铌，现以电解 K_2NbF_7 为例，说明其电解过程。可采用 K_2NbF_7-NaCl 或 K_2NbF_7-KCl-NaCl 两种不同成分的电解质[18-24]。其电解反应如下：

$$K_2NbF_7+5Cl^- \longrightarrow 2K^+ +7F^- +\frac{5}{2}Cl_2+Nb \tag{3-7}$$

3.1.5 金属铌制备的其他方法

传统的铌生产方法存在着能耗高、环境污染严重等缺点。随着铌应用领域的拓展，近年来很多国家都在探索和研究关于制备铌的新方法，并取得了一定的成果。这些制备铌的新方法能否发展为具有商业价值的新方法，代替传统的制备方法，关键在于解决产品纯度和提高还原过程的速率。

Ono 和 Suzuki 等人探索了一种新的金属铌制备方法，称为 OS 法[25]。此方法是采用 Ca 合金为还原剂，并平铺在不锈钢反应器底部，Nb_2O_5 粉末分层平铺在反应器中部。然后将密封好的反应器放入 800~1000℃的高温炉内，反应 6~10 h 后取出，冷却至室温。高温下蒸发的 Ca 蒸气将 Nb_2O_5 粉末逐步还原成金属铌。OS 法制备金属铌的装置示意图如图 3-3 所示。

由于产品不与还原剂接触，可以有效地控制还原剂中 Ni、C 等杂质进入金属相污染产品铌，产品纯度可达 99%以上。但该方法对反应器的材料很敏感，尤其是反应器底部材料。由于原料是分层放置的，在同一时刻各层发生的反应不同，因此将此方法扩大化有一定的难度。

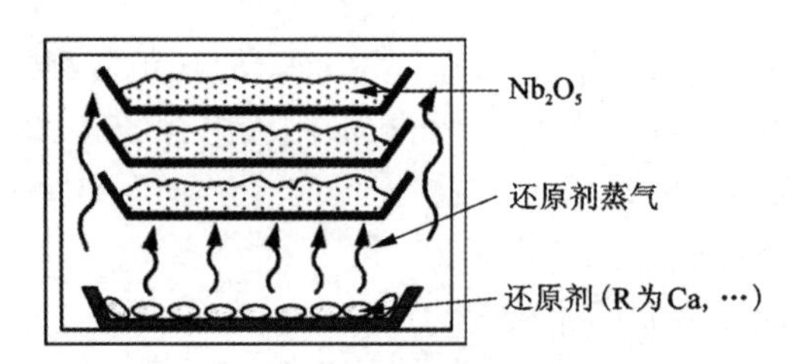

图 3-3　OS 法制备金属铌的装置示意图

Okabe 等人改进了 OS 法，采用 PRP（preform reduction process）[26, 27]法制备了金属铌，纯度可达 99.5%以上；并对原料制成不同形状（片状、球状和管状）、采用不同助熔剂（$CaCl_2$ 和 CaO）和黏结剂（乙醇和乙醚）对还原后铌粉的微观形貌和化学成分的影响进行了研究。图 3-4 和图 3-5 分别为 PRP 法制备金属铌的流程示意图和 PRP 法制备金属铌的装置示意图。此方法主要包括三个步骤：原料成形、钙蒸气还原铌的氧化物和还原后产物金属铌的洗涤。原料成形是将 Nb_2O_5、助熔剂 $CaCl_2$ 和黏结剂混合，搅拌成浆状，注入不同形状的不锈钢模具中成形。黏结剂是由 5%的硝化纤维溶解在不同配比的乙醇和乙醚中制成的。助熔剂与黏结剂的配比决定了混合浆的黏性。将脱模后的样品在 800℃烧结 1 h，蒸干成形后样品中的水分和黏结剂，同时增加样品的强度。烧结后的样品放入不锈钢反应器中，反应器用钨焊接密封。反应器放入温度为 750～1000℃的电阻丝炉内，反应 6 h 后将样品取出，冷却至室温。

PRP 法与 OS 法比较，其优点是更大程度地减少了原料与反应器和还原剂的物理接触，控制产品金属铌的纯度；通过改变样品的形状、大小和数量适应生产的规模；同时可以通过添加不同成分和含量的助熔剂和黏结剂控制产品的粒度。最重要的是大量的 $CaCl_2$ 可以被还原，而不是直接的电化学还原过程，还原速率较快。但 PRP 法对还原剂的纯度要求苛刻，还原剂中含有的一些易蒸发的金属可能直接污染还原后的金属铌，降低了铌的纯度。此外，Ca 蒸气在成形后的原料中的扩散比在 Nb_2O_5 粉末中的扩散更为困难，因此还原反应的速率较慢。

PRP 法制备金属铌的反应方程式如式(3-8)所示。

$$Nb_2O_5(s)+5Ca(g)\longrightarrow 2Nb(s)+5CaO(s) \tag{3-8}$$

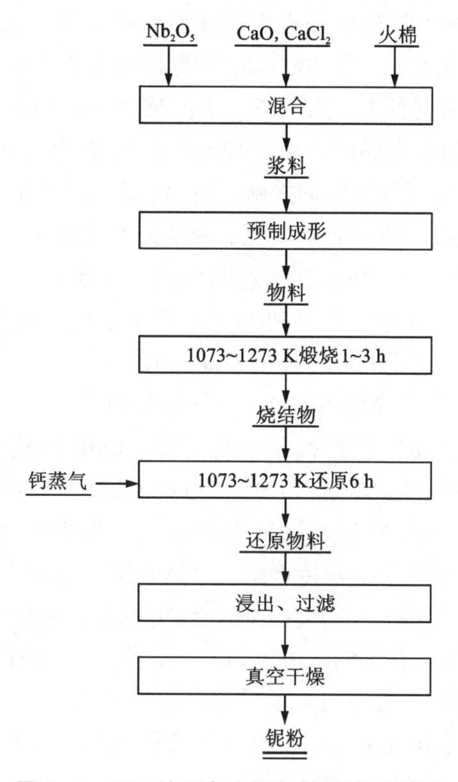

图 3-4　PRP 法制备金属铌的流程示意图

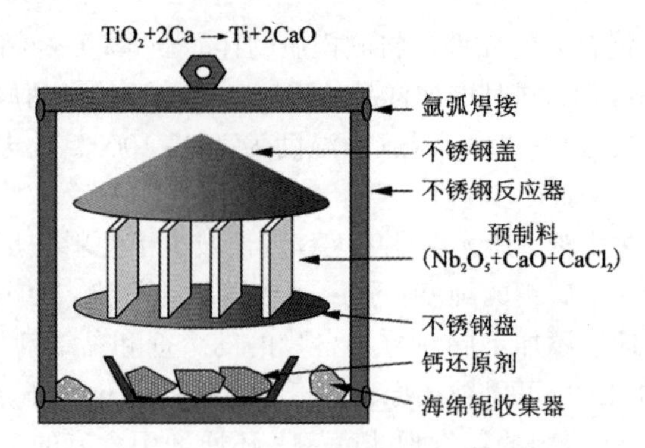

图 3-5 **PRP 法制备金属铌的装置示意图**

从 1998 年起，Okabe 等探索了一种新的方法，称为 EMR(electronically mediated reaction)[28-31]法，相较采用 Mg 合金作还原剂将 $TaCl_5$ 还原成金属钽，他们采用钙合金(Ca-24.3%Al-12.0%Ni)为还原剂，将 Nb_2O_5 还原为金属铌。与用此方法制备钽相比，该方法最大的进步是还原后的金属产物可直接取出，不与还原剂混合在一起。无水 $CaCl_2$ 在 200℃真空烘干 12 h 以上后作为熔盐电解质。将 Nb_2O_5 粉末装入有孔的钢管中，孔允许离子向熔盐中扩散，并用铁铬铝丝悬挂在装有 $CaCl_2$ 熔盐的不锈钢坩埚内。将还原剂 Ca-Ni 合金放入不锈钢坩埚的底部，使装 Nb_2O_5 粉末的容器不与还原剂接触，坩埚放在反应器内加热至 900℃，使 Ca 蒸气释放的电子将 Nb_2O_5 还原成金属铌，最高纯度可达 99.9%。

EMR 法制备金属铌的实验装置示意图如图 3-6 所示。

EMR 过程按照式(3-9)和式(3-10)所示两个电化学步骤进行。

$$5Ca \longrightarrow 5Ca^{2+} + 10e^- \tag{3-9}$$

$$Nb_2O_5 + 10e^- \longrightarrow 2Nb + 5O^{2-} \tag{3-10}$$

此方法可以控制产品的形貌和沉积的位置。EMR 的优点之一是可以在熔盐 $CaCl_2$ 中掺入 CaO，CaO 可在电解过程中被电解生成还原剂 Ca，生成的 Ca 溶解在熔盐中，并参加电极反应，加速电极反应的进行。此外产物的纯度可以提高，因为原料 Nb_2O_5 不与还原的合金直接接触，而是利用还原剂中释放的电子将 Nb_2O_5 还原成金属 Nb。制备还原合金和还原 Nb_2O_5 可以分开进行。

2005 年，Okabe 等人在 EMR 法的基础上发明了一种新的制备金属铌的方法，称为 EP 法。EP 法制备金属铌的装置示意图如图 3-7 所示。该方法以 Mg-Ag 合金为阴极，以铝热还原五氧化二铌制得的含杂质铌棒为阳极，以 Dy-Mg-Cl 混合盐为电解质，具体电极过程阳极反应为：$Nb - ne^- \longrightarrow Nb^{n+}$；阴极反应为：$Dy^{3+} + e^- \longrightarrow Dy^{2+}$；熔盐中反应为：$Dy^{2+} + Nb^{n+} \longrightarrow Nb + Dy^{3+}$。通过该方法将杂质去除，制得高纯度铌粉沉积在坩埚底部，便于收集。

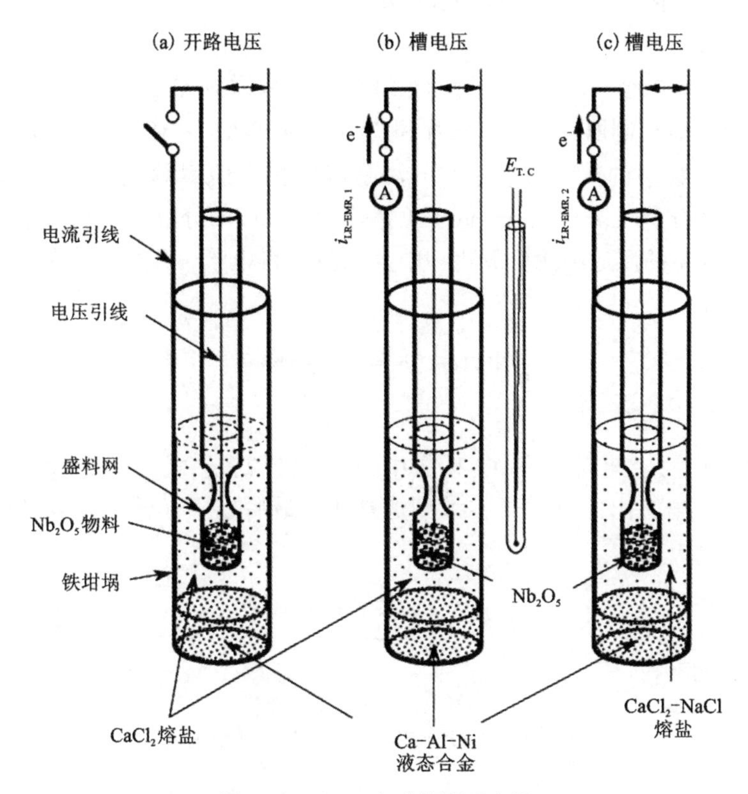

图 3-6　EMR 实验装置示意图

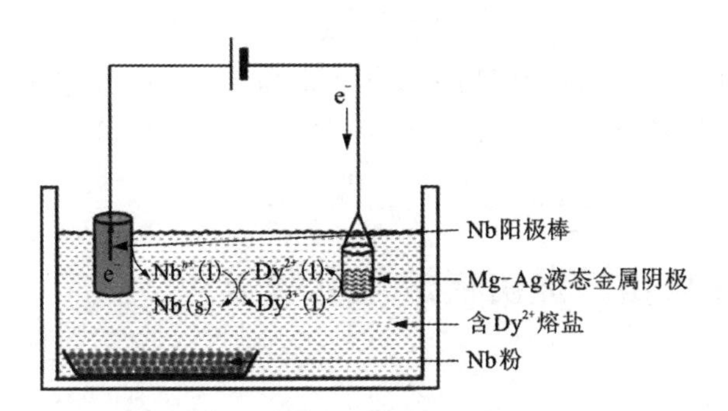

图 3-7　EP 法制备金属铌实验装置图

3.2　固态五氧化二铌阴极熔盐电脱氧原理

施加高于五氧化二铌且低于工作熔盐 $CaCl_2$-NaCl 分解的恒定电压进行电脱氧。将阴极上五氧化二铌中的氧离子化，离子化的氧经过熔盐移动到阳极，在阳极放电除去，生成的产物金属铌留在阴极。

电解池构成为：

$$C_{(阳极)} \mid CaCl_2\text{-}NaCl \mid Nb_2O_5 \mid Fe\text{-}Cr\text{-}Al_{(阴极)}$$

熔盐电脱氧法制取铌是将经压片和烧结后的 Nb_2O_5 片作为阴极，用电化学方法将阴极氧化物中的氧除去。这种方法是以阴极电脱氧理论为理论基础[32-34]。在高于阴极氧化物的分解电压、低于工作熔盐 $CaCl_2$ 的分解电压的恒定电压下电脱氧，阴极发生的反应为阴极氧化物中金属离子得电子，氧离子进入熔盐中。反应方程式如下：

$$\frac{1}{5}Nb_2O_5+2e^- \xlongequal{} \frac{2}{5}Nb+O^{2-} \tag{3-11}$$

$$[O]_{Nb}+2e^- \xlongequal{} (O^{2-})_{熔盐中} \tag{3-12}$$

式(3-11)反应使固态 Nb_2O_5 阴极中的氧逐渐脱去。式(3-12)反应使阴极逐渐变成纯铌。离解出的氧离子扩散到熔盐中，最后在阳极析出。若采用惰性阳极，反应方程式如下：

$$(O^{2-}) \xlongequal{} \frac{1}{2}O_2(g)+2e^- \tag{3-13}$$

总反应如下：

$$\frac{1}{5}Nb_2O_5(s) \xlongequal{} \frac{2}{5}Nb(s)+\frac{1}{2}O_2(g) \tag{3-14}$$

和

$$[O]_{Nb} \xlongequal{} \frac{1}{2}O_2(g) \tag{3-15}$$

以石墨材料作阳极，阳极产物主要为 CO 和 CO_2。反应过程可概括为：氧在阴极中离解形成氧离子，氧离子扩散到熔盐中，最后在阳极与 C 反应生成 CO 和 CO_2 放出[35, 36]。

3.3 固态五氧化二铌阴极熔盐电脱氧[37]

3.3.1 研究内容

(1)烧结温度对电脱氧的影响

一般来说，烧结温度对烧结后样品的微观形貌比烧结时间有更大的影响，因为烧结速率随烧结温度快速增加(烧结的活化能通常很高)。因此，考察烧结温度与烧结后 Nb_2O_5 样品的微观结构和电脱氧后样品中残余氧含量之间的关系是很有必要的。将压制成形的 Nb_2O_5 片分别在 900℃、1000℃、1100℃、1200℃、

1300℃、1400℃下烧结 12 h，冷却后进行表征。

(2)烧结时间对电脱氧的影响

将压制成形的 Nb_2O_5 片在 1200℃下烧结 2 h、4 h、6 h、8 h，冷却后进行表征。

(3)脱氧时间对电脱氧的影响

将压制成形的阴极片在 800℃、$CaCl_2$ 熔盐中施加 3.1 V 恒电压电脱氧 6 h 或 8 h。

(4)电脱氧温度对电脱氧的影响

将压制成形的阴极片在 700~900℃、$CaCl_2$-NaCl 和 $CaCl_2$ 熔盐中，施加 3.1 V 恒电压电脱氧 2~10 h。

(5)压片压力对电脱氧的影响

将 Nb_2O_5 粉分别在 5 MPa、10 MPa、20 MPa、30 MPa 压力下成形，经 1200℃烧结 12 h 制成阴极片，在 800℃、$CaCl_2$ 熔盐中电脱氧 8 h。

(6)阴极尺寸对电脱氧的影响

称取两份 2 g 原料 Nb_2O_5 粉末，分别用 ϕ15 mm 和 ϕ25 mm 的模具在 10 MPa 的压力下压制成片，900℃下烧结 12 h 后，在 800℃、$CaCl_2$ 熔盐中电脱氧 6 h。

(7)阳极碳棒尺寸对电脱氧的影响

阴极片采用 1200℃下烧结 12 h 的 Nb_2O_5 片，阳极分别采用 ϕ10 mm 和 ϕ15 mm 的石墨棒，在 800℃的 $CaCl_2$-NaCl 熔盐中电脱氧 10 h。

3.3.2　结果与讨论

(1)烧结温度对电脱氧的影响

Nb_2O_5 片经过烧结之后其强度得到明显提高，使阴极片在电脱氧过程中可以避免被熔盐粉化。同时，高温烧结增加了阴极片中粉体颗粒之间的连接作用，有利于电子或空穴在其中的传递。

图 3-8(a)~(g)分别为未烧结、900℃、1000℃、1100℃、1200℃、1300℃和 1400℃下烧结 12 h 的 Nb_2O_5 片的 SEM 图。由图 3-8 可见，随着烧结温度的增加，Nb_2O_5 片的晶粒逐渐长大。烧结温度在 1200℃以上，Nb_2O_5 颗粒大小尺寸随烧结温度的升高急剧增大，同时 Nb_2O_5 片中的孔隙度逐渐减小，但由于烧结过程中大颗粒吞并小颗粒和小颗粒与小颗粒熔合在一起，使烧结后的阴极片中孔隙尺寸逐渐增大。在 1400℃下烧结的 Nb_2O_5 片中，部分 Nb_2O_5 颗粒异常长大，这可能是由于过高的烧结温度和过长的烧结时间造成的。

图 3-9 为不同温度下烧结 12 h 后的阴极片的能谱图。由图 3-9 可见，经烧结后的阴极片中只含有铌和氧两种元素，烧结过程没有引入其他杂质元素。

(a) 未烧结　(b) 900℃　(c) 1000℃　(d) 1100℃　(e) 1200℃　(f) 1300℃　(g) 1400℃

图 3-8　不同温度下烧结 12 h 的 Nb_2O_5 片的 SEM 图

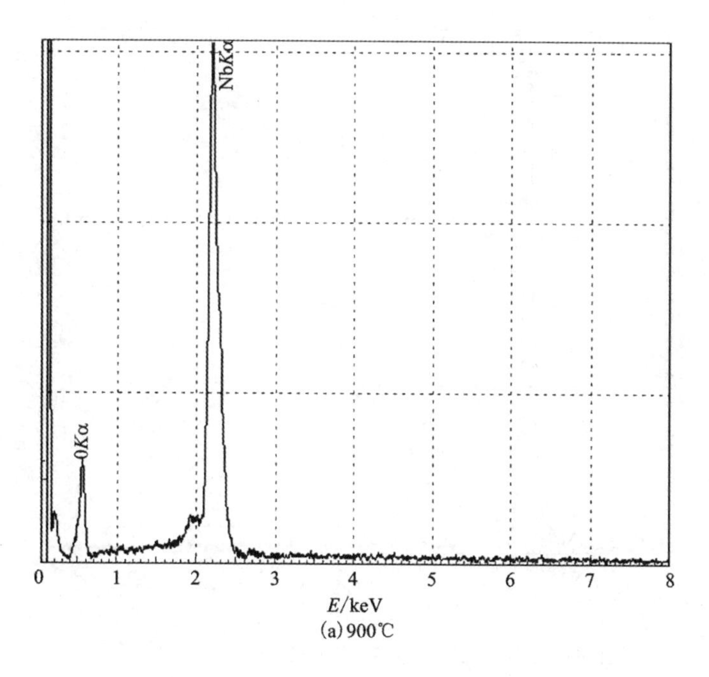

(a) 900℃

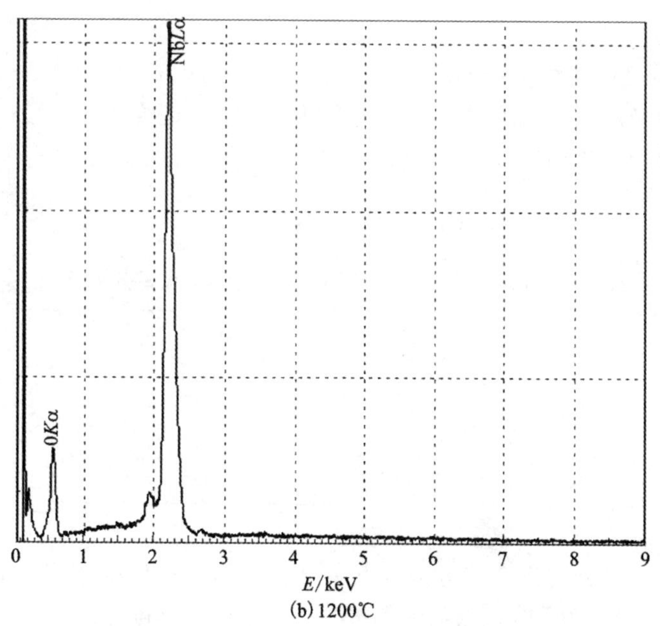

(b) 1200℃

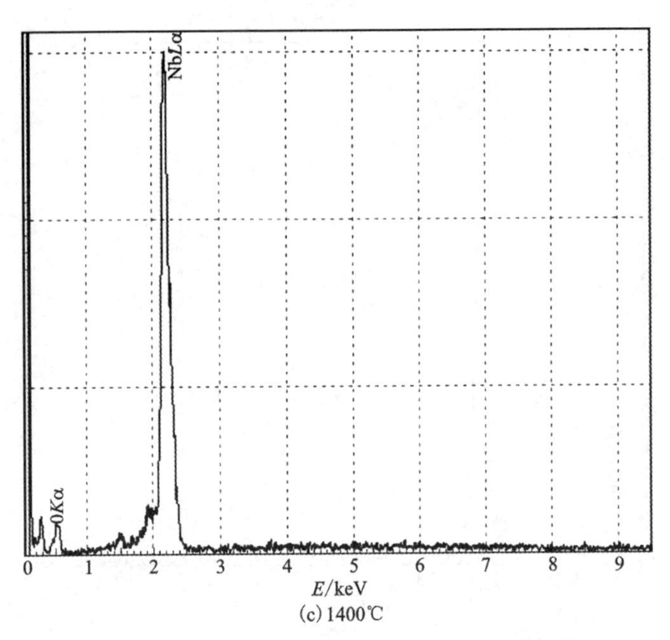

(c) 1400℃

图 3-9　不同温度下烧结 12 h 的 Nb_2O_5 片的能谱图

表 3-1 为不同温度下烧结的 Nb_2O_5 片中各元素的含量。由表 3-1 可见，烧结后的阴极片中 Nb 和 O 两元素的原子比不再是 2 : 5，这说明在烧结过程中，由于 Nb_2O_5 发生反应[如式(3-16)]，析出少量氧气。

$$Nb_2O_5 \rightleftharpoons Nb_{Nb}^{\times} + V_O^{\cdot\cdot} + \frac{1}{2}O_2(g) \tag{3-16}$$

表 3-1　不同温度下烧结的 Nb_2O_5 片中各元素的质量分数

温度/℃	x(O)/%	x(Nb)/%	n(Nb) : n(O)
900	67.060	32.940	2 : 4.072
1200	66.122	33.878	2 : 3.906
1400	60.977	39.023	2 : 3.125

图 3-10 为烧结温度对 Nb_2O_5 阴极片中开、闭气孔率的影响。由图 3-10 可见，随着烧结温度的升高，Nb_2O_5 阴极片中的开气孔率逐渐降低；Nb_2O_5 阴极片中的闭气孔率的变化却较为复杂，先随着烧结温度的升高降低，而在 1200℃时，闭气孔率突然增大，随后又开始随烧结温度的升高而逐渐降低。

烧结温度逐渐升高使传质原子的扩散系数增大，引起晶界的快速运动，但如果烧结温度过高很容易引起二次再结晶，造成晶粒过大。过大的晶粒内往往含有大量的气孔，这些气孔在烧结过程中难于再由晶粒内抵达晶界而留在晶粒内。

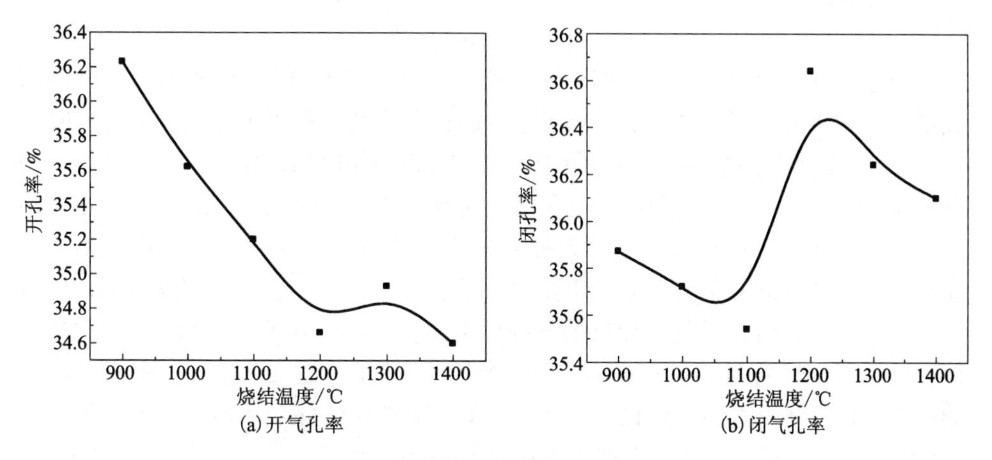

图 3-10　烧结温度对气孔率的影响

图 3-11 为 1400℃下烧结 12 h 的 Nb_2O_5 片的 XRD 图。由图可见烧结片中除

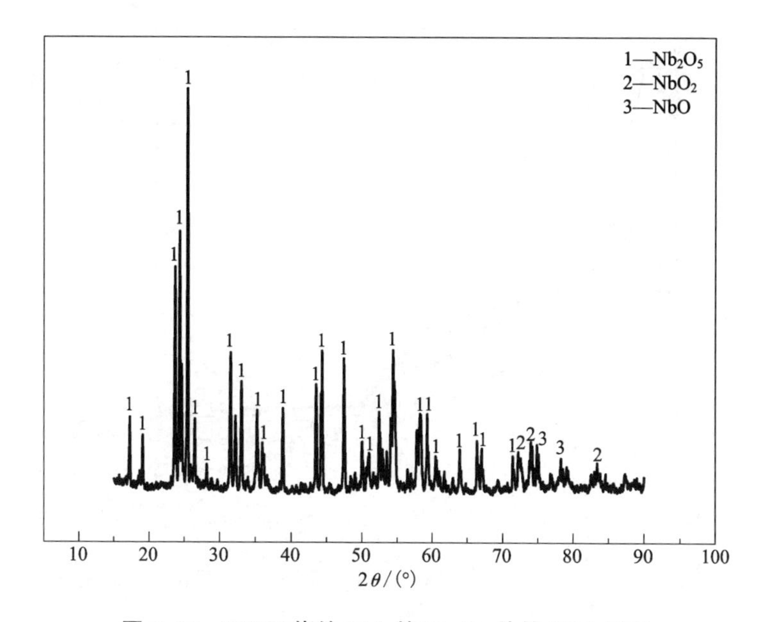

图 3-11　1400℃烧结 12 h 的 Nb_2O_5 片的 XRD 图谱

Nb_2O_5 外，还含有少量低价氧化物 NbO_2 和 NbO。这可能是原料中含有的杂质，但这并不会为电解后的阴极产物引入杂质元素。原料中含有低价铌的氧化物，在烧结过程中，低价铌离子可占据 Nb_2O_5 中铌离子的位置，形成间隙阳离子 Nb'_{Nb}，然后 Nb'_{Nb}发生电离形成本征缺陷 $Nb^{\times}_{Nb}$，反应如式(3-17)。

$$Nb'_{Nb} \longrightarrow Nb^{\times}_{Nb} + e^{-} \tag{3-17}$$

由电中性原理可知，该进程伴随着产生氧离子空位 $V_O^{\cdot\cdot}$。由于自由电子的形成增加了阴极片的导电能力，氧离子空位的存在有利于氧离子在阴极中的扩散。

图 3-12 是不同温度下烧结的阴极片在 800℃下电脱氧时电流-时间曲线。由图可见，各温度下烧结的阴极片电脱氧电流具有类似变化趋势，在 0.25 h 左右出现电流峰值和两个电流平台，可近似划分为三个不同的阶段。试样烧结温度升高，电脱氧电流的峰值也升高，但烧结温度高于 1200℃时，峰值电流有所下降。第一个平台的电流值随烧结温度的升高而增大，当烧结温度为 1300℃时平台电流值有所下降。烧结温度为 900℃时，平台变得不明显。这是因为 900℃和 1000℃的烧结试样，颗粒间连接疏松，烧结程度低，阴极片的体电阻较大，不利于电子的传递，且孔隙尺寸较小，不利于熔盐在孔隙中的扩散，反应速率慢。1300℃烧结的阴极片中 Nb_2O_5 颗粒较大，氧从颗粒内部向电极反应界面扩散的径向距离增长，扩散速率减慢。1100℃和 1200℃烧结试样孔隙尺寸大小和粒度较适合作为电

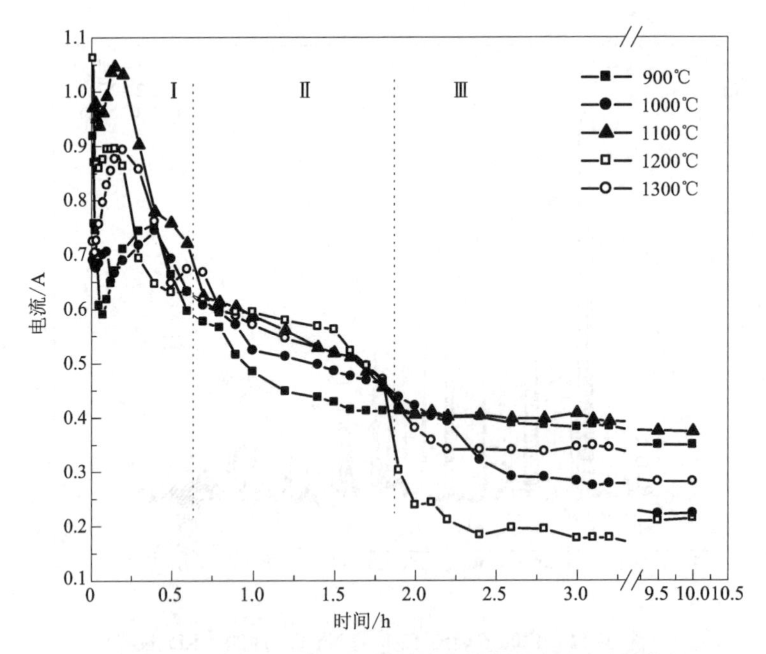

图 3-12　不同温度下烧结的阴极片电脱氧时电流-时间曲线

脱氧反应的阴极，电子的传导和氧在阴极中的扩散同时控制电极反应速率，对电极反应的控制较为平衡，不互相成为速率控制步骤。

实验发现电脱氧后的阴极样品的表面有一层物质脱落，产物明显分为相对致密的外层(表面脱落的物质)和较为疏松的内核部分。

图 3-13 为阴极片在 900℃和 1200℃下烧结 12 h，800℃、3.1 V 电压下电解 6 h 后样品外层的 XRD 图。由图 3-13 可见，1200℃下烧结的阴极片电脱氧 6 h 后产物的外层几乎全部是金属铌，没有看到其他物质的衍射峰，而 900℃下烧结的阴极片电脱氧 6 h 后产物的外层除了金属铌外，还有未电解脱氧的 Nb_2O_5、NbO_2、NbO 和铌钙氧化物，如 $Ca_{0.95}Nb_3O_6$ 和 $Ca_3Nb_2O_8$ 等。

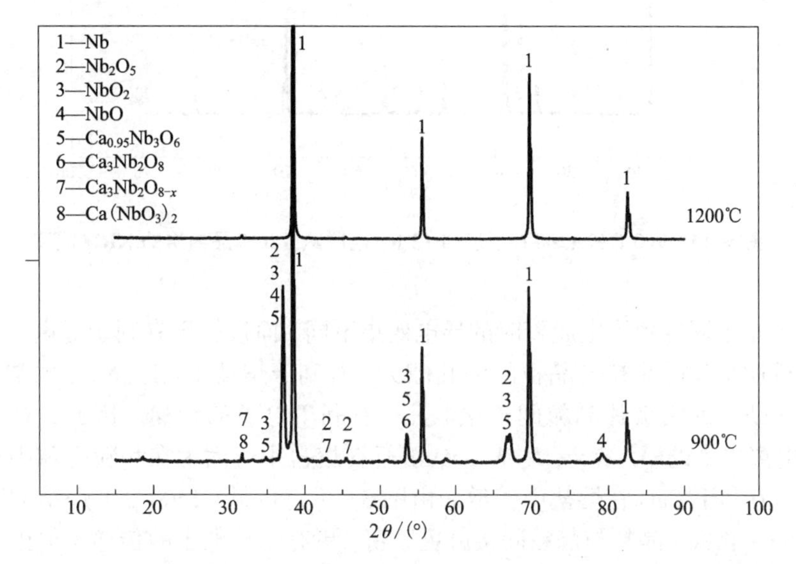

图 3-13　900℃和 1200℃下烧结 12 h 电脱氧 6 h 样品外层的 XRD 图谱

图 3-14 为阴极片 900℃和 1200℃下烧结 12 h、800℃电脱氧 6 h 后样品内层的 XRD 图。由图 3-14 可知，1200℃和 900℃下烧结的阴极片电脱氧 6 h 后产物的内层中均有五氧化铌和铌的低价氧化物存在，但 1200℃烧结的阴极片电脱氧后产物的杂质衍射峰强度比 900℃下烧结的阴极片电脱氧产物的杂质衍射峰强度要弱，铌的氧化物和铌钙氧化物相对含量要少。综上所述，在其他条件相同时，1200℃下烧结的阴极片比 900℃下烧结的阴极片电脱氧 6 h 后产物中杂质含量少。

由前文图 3-8(b)可看出，900℃下烧结的阴极片晶粒间的孔洞多而密，晶粒呈球形，晶粒间主要是点接触。从图 3-8(e)可见，1200℃下烧结的阴极片晶粒间空隙大但少，晶粒呈柱形，晶粒间以面接触为主。由图 3-8(b)和(e)可见，1200℃烧结的阴极片的晶粒尺寸明显大于 900℃下烧结的阴极片。晶粒间的接触

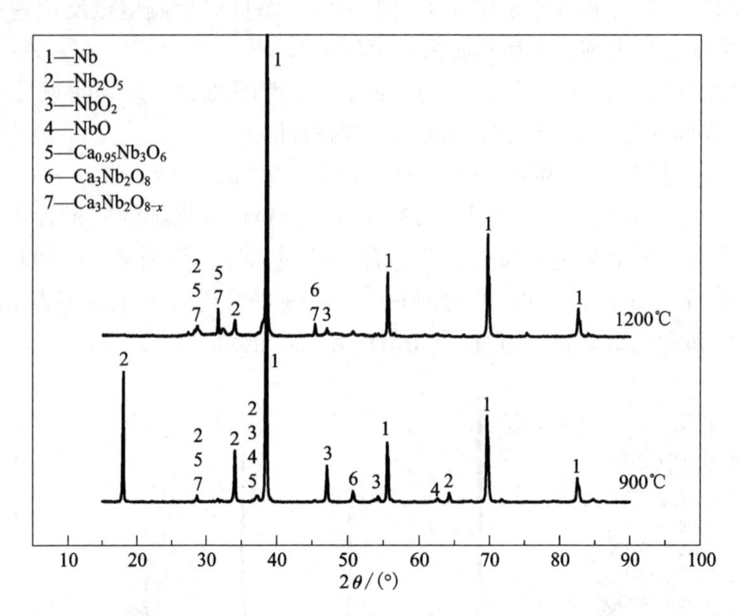

图 3-14 900℃和 1200℃下烧结 12 h、电脱氧 6 h 样品内层的 XRD 图谱

方式和大小不同导致了电脱氧时的导电效果不同，面接触更有利于导电。1200℃下烧结的阴极片的晶粒与晶粒间的孔隙大，有利于熔盐 $CaCl_2$-NaCl 的渗入，且 1200℃下烧结的阴极片晶粒间连接紧密，有利于电子的传递。因此，有足够的 Ca^{2+} 与电离出来的 O^{2-} 结合，生成 CaO 溶解在熔盐中。因为在晶粒空隙中有更多的熔盐，有利于 CaO 在熔盐中扩散。由图 3-8(g) 可见，1400℃下烧结的阴极片晶粒进一步长大，晶粒与晶粒间接触更紧密，更有利于电子的传递。但由于晶粒过大，O^{2-} 从晶粒内部向晶粒间空隙中扩散变得困难了。而且，阴极片过于致密，其表面积收缩，导致反应的界面减少。

图 3-15 是 1200℃和 1400℃下烧结 12 h、电脱氧 8 h 后阴极产物的 XRD 图。1200℃下烧结的阴极片电脱氧后产物没有出现内层和外层分离的现象，且产物中只有金属铌，没有发现其他的物相。而 1400℃下烧结的阴极片电脱氧 8 h 后产物仍有分层现象，从其 XRD 图可见，产物中物相多而复杂，含有一些低价铌的氧化物和多种钙铌氧化物。说明在其他条件相同的情况下，1200℃下烧结的阴极片比 1400℃下烧结的阴极片电脱氧效果更好，电解更充分。

由以上 XRD 图的分析还可以得出 Nb_2O_5 的还原过程是分步进行的，中间产物除了含有低价铌的氧化物外，还有铌钙氧化物。D J Fray 等人通过不同的实验手段证实了 Nb_2O_5 的还原过程是分步进行的，即 $Nb^{5+} \longrightarrow Nb^{4+} \longrightarrow Nb^{2+} \longrightarrow Nb$[36]。实验研究还发现，所有温度下烧结的阴极片，电脱氧产物都存在表面金属化的过程，即阴极表面有一层致密且纯度相对较高的金属铌外层，而阴极产物的内层部分的氧含量相对较高。这说明电脱氧过程是由外向里进行的，致密的金属铌外层阻碍了熔盐向阴极内部的扩散和流动，使阴极内部的脱氧速率减慢。

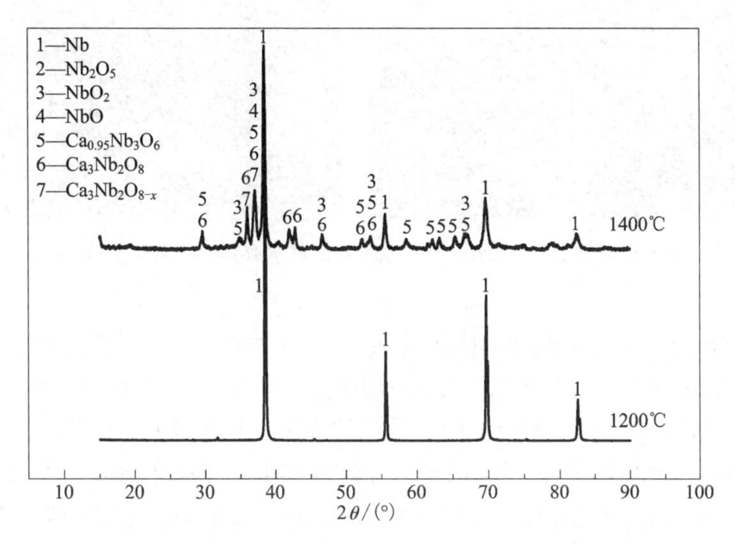

图 3-15　1200℃和 1400℃下烧结 12 h 电脱氧 8 h 后阴极产物的 XRD 图谱

图 3-16 和图 3-17 分别为 1200℃和 900℃烧结 12 h，800℃电脱氧 6 h 的样品外层和内层 SEM 图。由图可见，1200℃和 900℃下烧结的 Nb_2O_5 阴极片电脱氧后样品均为典型的海绵态结构，其颗粒较电脱氧前变小，内外层结构明显不同，1200℃烧结的阴极片电脱氧后样品外层的颗粒大小均匀。

图 3-16　1200℃烧结 12 h、800℃电脱氧 6 h 的样品外层(a)和内层(b)SEM 照片

图 3-17　900℃烧结 12 h、800℃电脱氧 6 h 的样品外层(a)和内层(b)SEM 照片

图 3-18 为不同烧结温度的阴极片在 800℃下电脱氧 6 h 后阴极产物中残余含氧量。由图 3-18 可见，1200℃下烧结的阴极片电脱氧后的残余含氧量最低，为 1.339%。电脱氧过程中，Nb_2O_5 阴极的颗粒大小、孔隙多少和孔隙大小同时对电脱氧产生影响。Nb_2O_5 颗粒尺寸的增大导致片体中孔隙尺寸增大。大的孔隙尺寸使 O^{2-} 容易从孔隙中扩散出来，增大整个反应的脱氧速率。电解前期，熔盐首先渗入样品的开气孔中，随着电脱氧的进行，样品中的闭气孔也被打开，电脱氧后期主要是闭气孔对电脱氧速率起作用。因此，在整个电脱氧过程中，开气孔和闭气孔均可以形成有效的电极反应表面。

籍远明等[38]在研究 Nb_2O_5 掺杂 ZnO 陶瓷低温导电特性时发现，陶瓷电阻率随温度的升高而降低。即高温烧结的陶瓷电阻率小。陶瓷由常温下的绝缘体转变为半导体。电阻率主要来自两个方面，一是点阵热振动电阻率，二是静态缺陷的电阻率，它是空位、位错等的贡献[39-42]。低温时以静态缺陷电阻率起主要作用，样品由高温冷却至室温，这些缺陷很难完全再次达到平衡，高温状态的缺陷被“冻结”，使得低温状态下，高温烧结的阴极片电阻率比低温烧结的样品电阻率小。烧结温度增加，电阻率降低有利于电子的传导。但低的孔隙率限制了熔盐渗入的量和 O^{2-} 在其中的扩散，在一定程度上降低了整个电脱氧反应速率，从而导致最终含氧量的增加。因此，1300℃下烧结的阴极片电解后样品中残余含氧量增高主要是由于 Nb_2O_5 的颗粒尺寸急剧增大，电离后的 O^{2-} 从 Nb_2O_5 颗粒中扩散出来的径向距离增大导致的。虽然在 900℃至 1100℃之间烧结的阴极片中的 Nb_2O_5 的颗粒尺寸小，但颗粒与颗粒间的孔隙尺寸小，同时由于孔隙小导致孔隙总长度增大，O^{2-} 电离后在孔隙中的扩散路径加长了。

综上，烧结温度主要影响了 Nb_2O_5 阴极片的颗粒尺寸、孔隙率和孔隙尺寸，而以上三个因素同时对电脱氧过程产生影响。

阴极片的烧结程度对阴极的还原过程有重要影响，研究表明 1200℃ 烧结 12 h 的阴极片具有良好的电化学反应性能。

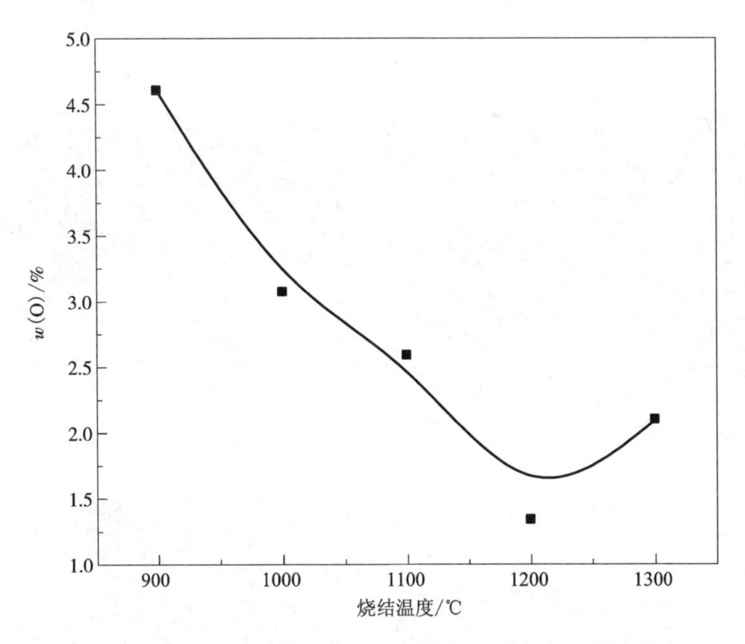

图 3-18　烧结温度对电脱氧后阴极产物中残余含氧量的影响

(2)烧结时间对电脱氧的影响

图 3-19 为 1200℃下烧结时间对 Nb_2O_5 阴极片微观形貌的影响。由图 3-19 可见，烧结 2 h、4 h、6 h 后的 Nb_2O_5 阴极片的颗粒尺寸没有明显增大，而气孔率逐渐减小；烧结时间在 8 h 以上，Nb_2O_5 阴极片的微观形貌随烧结时间没有明显变化，但比较烧结时间为 6 h 和 8 h 的 Nb_2O_5 阴极片微观形貌，发现样品的颗粒大小尺寸明显增大。随着烧结时间的延长，烧结后样品中的小尺寸颗粒逐渐减少。

烧结使压坯后的粉末进一步结合起来，并提高其强度和其他性能。在烧结过程中粉末颗粒要发生相互流动、扩散、溶解和再结晶等物理化学过程，使粉末进一步致密，增加其强度，避免在电解过程中出现粉化现象，同时会消除其中的部分孔隙。

在烧结过程中，发生的主要变化为微粒或晶粒尺寸与形状的变化，以及气孔尺寸与形状的变化。烧结而导致材料致密化的基本推动力是系统表面能的下降，原来的固气界面逐步消除而形成新的低能量的固固界面。由于固态传质在高温时才具有显著的速率，因而烧结过程在高温时才能真正进行。

固态铸坯经过烧结后，宏观上出现的变化为收缩、致密化与强度增大。因此烧结的程度与速率常常可以用收缩率、气孔率、密度(实际密度与相对密度)等与时间的关系来表征。在本书中，利用烧结后样品的气孔率随时间的变化来表征烧结的程度，见图 3-20。

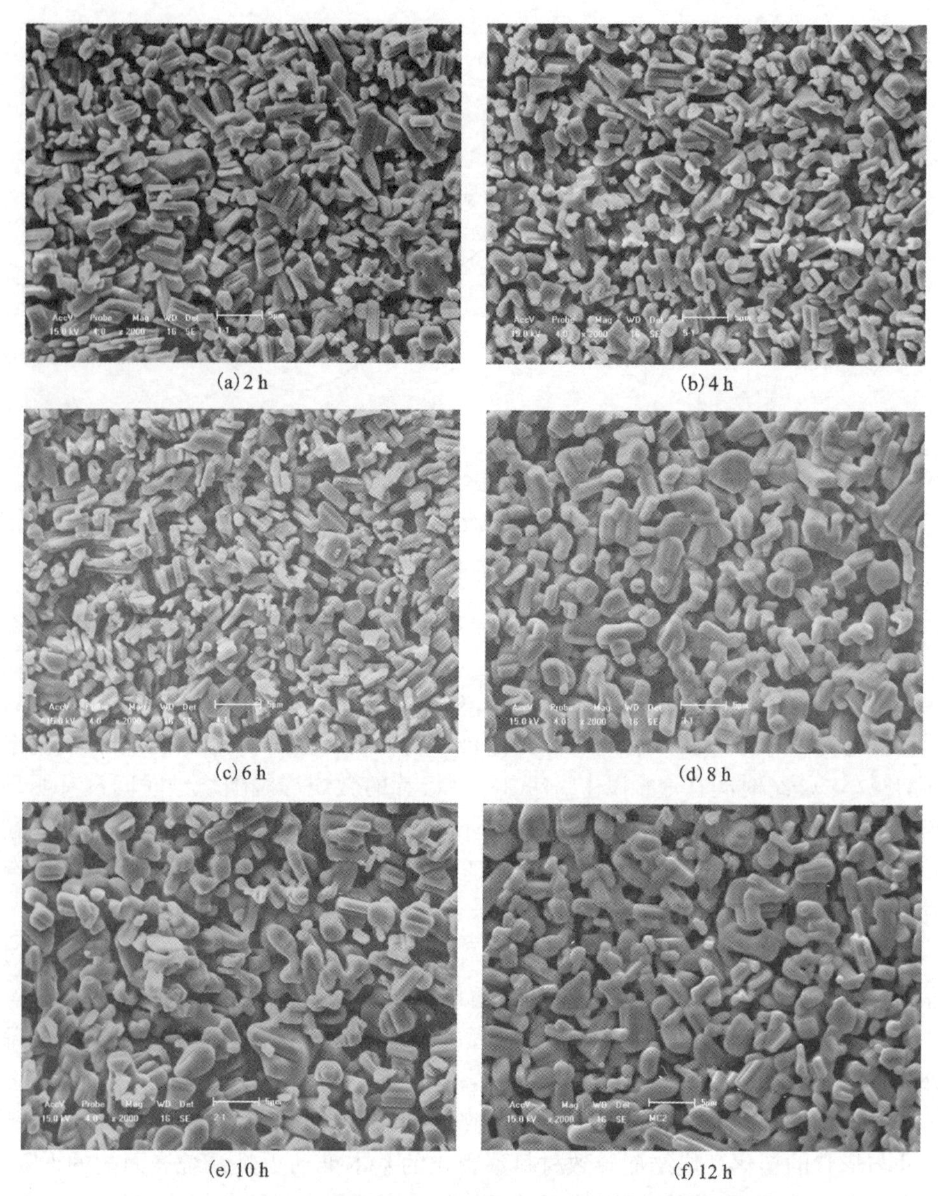

(a) 2 h (b) 4 h (c) 6 h (d) 8 h (e) 10 h (f) 12 h

图 3-19 1200℃下烧结时间对 Nb_2O_5 阴极片微观形貌的影响

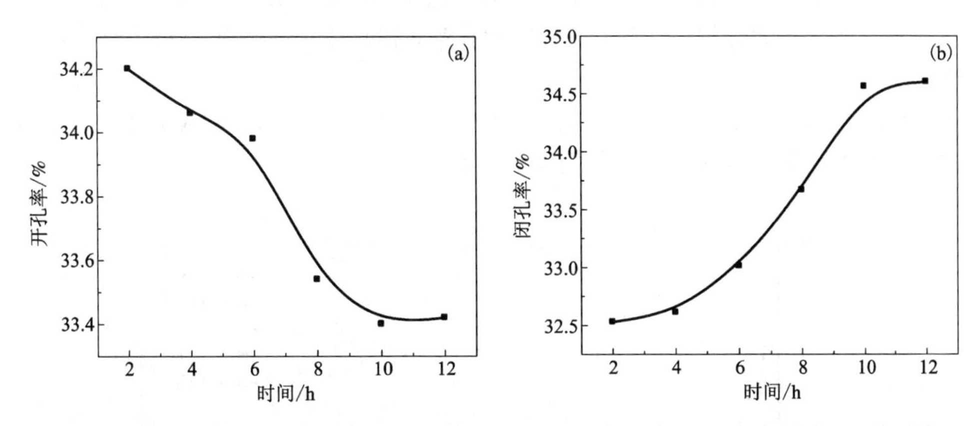

图 3-20　1200℃下烧结时间对 Nb_2O_5 阴极片样品的开气孔率(a)和闭气孔率(b)的影响

由图 3-20 可见，在 1200℃下，Nb_2O_5 阴极片中的开气孔率随烧结时间的延长逐渐降低，而闭气孔率随烧结时间的延长逐渐升高。随着烧结时间的延长，烧结程度加深，样品中 Nb_2O_5 颗粒的逐渐长大导致一些开气孔闭合形成闭气孔。烧结时间在 10 h 以上，开、闭气孔率的变化量减小，同时烧结后样品中 Nb_2O_5 的颗粒尺寸和形状均没有明显的变化，因此考察的烧结时间在 12 h 以内。

Nb_2O_5 阴极片在烧结初始阶段，颗粒间的接触面扩展，片体开始收缩。在这一阶段，固态球形颗粒表面与它的颈部区域之间化学位的差值提供了一个传递物质的推动力，使传质以可能的最快方式进行。这是因为在烧结过程中，气孔是几乎一直存在的第二相，它最初是留存在 Nb_2O_5 片体中，在晶粒生长的初期，弯曲的晶界具有较高的曲率，相应地具有较高的运动驱动力。晶界以比较快的速率运动，使气孔来不及抵达晶界而保留在晶粒内。随着烧结的进行，晶粒继续长大，晶界的曲率与晶界运动的驱动力逐渐减小，晶粒内的气孔通常可以抵达晶界，然后与晶界一起运动。

图 3-21 是不同烧结时间的 Nb_2O_5 阴极片电脱氧的电流-时间曲线。由图 3-21 可见，不同烧结时间的阴极片电脱氧时电流均在 2 h 左右达到稳定值，烧结 12 h 的阴极片电脱氧后期电流稳定值最低，为 0.2 A 左右。同时经不同时间烧结的阴极片电脱氧时初始的冲击电流值有明显的不同，烧结温度为 10 h 的阴极片冲击电流最大，其次为 12 h。在第Ⅱ阶段，电流值随烧结时间的延长逐渐增大，烧结 12 h 的阴极片电脱氧电流值最大。随着电脱氧的进行，阴极中的闭气孔逐渐打开，对熔盐的扩散和流动产生影响。烧结 12 h 的阴极片中有较多的闭气孔，这可能是烧结 12 h 的阴极片在第Ⅱ阶段电流值较大的原因。烧结时间短的阴极片中孔隙尺寸较小，容易限制熔盐在其中的扩散和流动。第Ⅲ阶段发生的电极反应主

要是铌氧固溶体和铌钙氧化物的脱氧，由于这些物质的分解电压较大，与熔盐中 CaO 或其他杂质的分解电压较接近，因此在第Ⅲ阶段发生的电极反应中副反应的比例增大。

烧结时间改变了阴极片中孔隙大小尺寸、孔隙率和 Nb_2O_5 颗粒大小尺寸，而这三个因素是影响电极反应进行的重要因素。

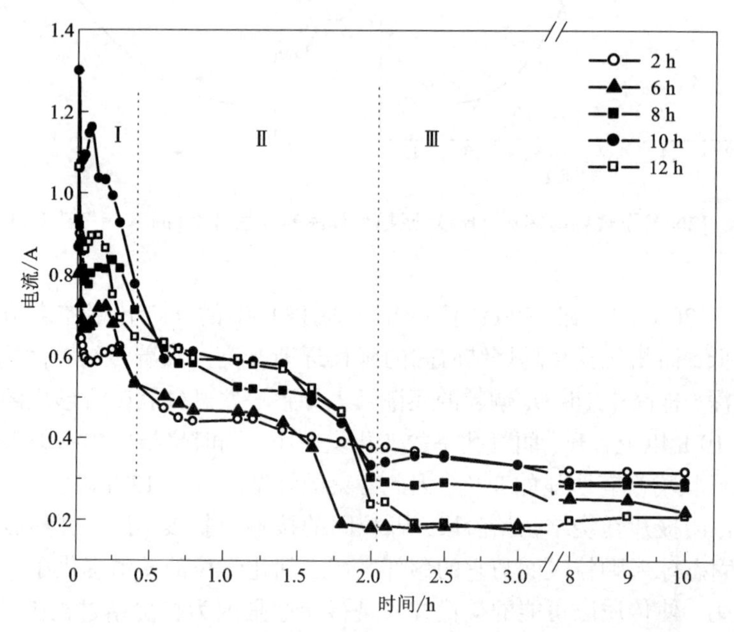

图 3-21　不同烧结时间的 Nb_2O_5 阴极片电脱氧的电流-时间曲线

图 3-22 给出了 1200℃下经不同烧结时间的阴极片在 800℃下电脱氧 6 h 后阴极样品含氧量。由图可见，电脱氧后阴极产物中的残余含氧量随烧结时间的延长逐渐降低，烧结时间为 6 h 和 8 h 的阴极片电脱氧后的残余含氧量变化幅度最大，而烧结时间小于 6 h 和大于 8 h 的阴极片电脱氧后的残余含氧量变化幅度较小。由烧结后阴极片的 SEM 图(如图 3-19)可见，Nb_2O_5 片烧结 6 h 和 8 h 后的微观形貌有明显的不同，包括颗粒尺寸和孔隙大小，而烧结时间小于 6 h 和大于 8 h 的阴极片微观形貌没有很明显的变化。

由此可以证明 Nb_2O_5 阴极片的微观结构，包括颗粒大小、孔隙度和孔隙大小是影响电脱氧过程的主要因素。

烧结时间为 12 h 的 Nb_2O_5 阴极片的微观结构具有良好的电化学活性。

图 3-23 为经 1200℃下烧结不同时间的 Nb_2O_5 阴极片 800℃电脱氧 6 h 后样品的 SEM 图。由图 3-23 可见，经不同时间烧结后的阴极片电脱氧后阴极产物的

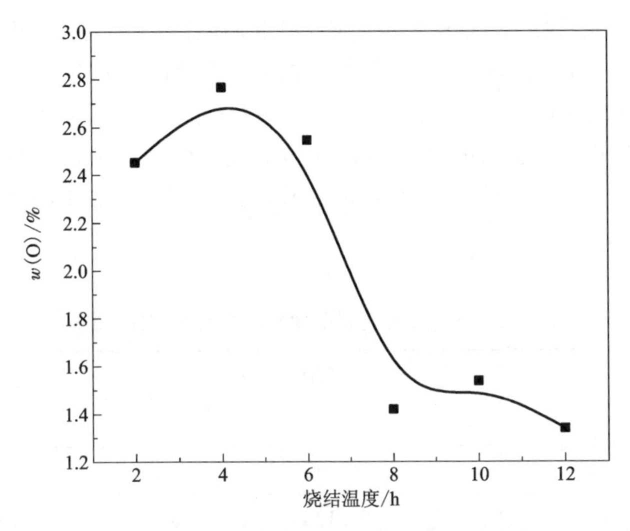

图 3-22　1200℃下烧结时间对电脱氧后阴极样品含氧量的影响

(a) 2 h　(b) 6 h

(c) 8 h　(d) 10 h

图 3-23　1200℃不同烧结时间的 Nb_2O_5 阴极片 800℃电脱氧 6 h 后样品的微观形貌

颗粒尺寸大小和微观形貌明显不同。烧结 2 h 后的阴极片电脱氧产物中有大量针状的物相出现，EDX 结果表明，针状物中的元素为 Nb、Ca 和 O，主要为未电解完全的铌钙氧化物，EDX 结果如表 3-2 和图 3-24 所示。由此可知，铌钙氧化物为电脱氧过程的中间产物。而烧结时间在 6 h 以上，电脱氧后阴极样品中没有出现针状物相，这可能是由于铌钙氧化物的脱氧已经完成，样品中的残余氧主要是铌氧固溶体中的氧。

表 3-2 烧结 2 h 后样品中针状物相的 EDX 结果

元素	质量分数比/%	原子分数比/%
O	30.837	65.552
Ca	16.043	13.660
Nb	53.120	19.512

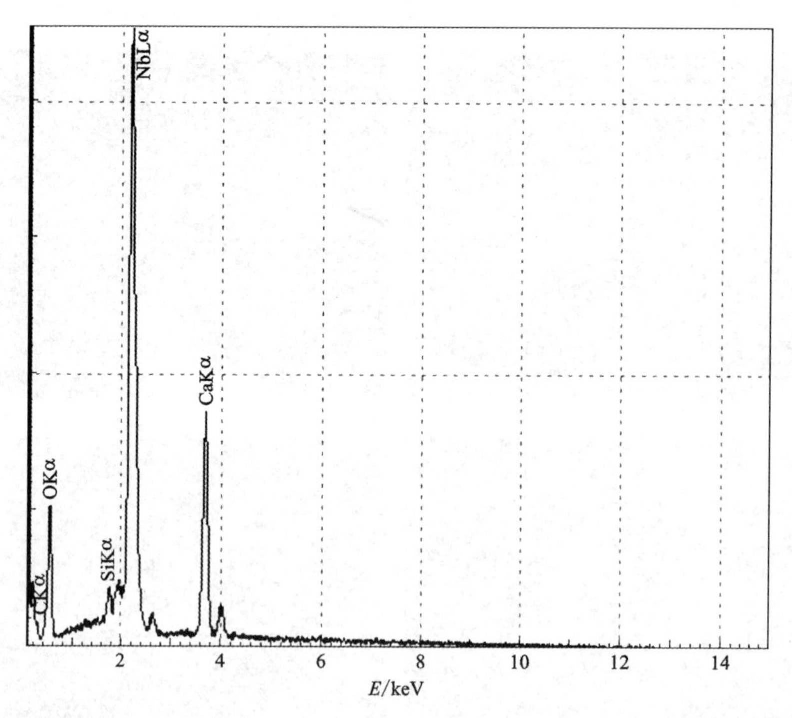

图 3-24 1200℃烧结 2 h 的 Nb_2O_5 阴极片电脱氧后样品中针状物相的能谱图

(3)脱氧时间对电脱氧的影响

图 3-25 为 Nb_2O_5 片在 900℃下烧结 12 h 电脱氧 6 h 和 8 h 后样品外层的 XRD 图。从图 3-25 可知，电脱氧 6 h 的产物中除含有金属铌外，还有未电解脱氧的 Nb_2O_5、NbO_2、NbO 及铌钙氧化物 $Ca_{0.95}Nb_3O_6$ 和 $Ca_3Nb_2O_8$。电脱氧 8 h 的产物主要成分是金属铌，同时还含有少量的铌的低价氧化物和铌钙氧化物。比较电脱氧 8 h 和 6 h 产物的 XRD 峰的相对强度，可以看出电脱氧 8 h 后产物中铌的低价氧化物和铌钙氧化物含量明显减少。图 3-26 是 Nb_2O_5 片在 1200℃下烧结 12 h 电脱氧 6 h(内层)和 8 h 后样品的 XRD 图。从图 3-26 可见，在 1200℃下烧结的阴极片电脱氧 8 h 后产物中除了金属铌外没有其他物相，实验时也没有发现产物有分层的现象。而电脱氧 6 h 后产物有分层现象，内层除了金属铌、低价铌的氧化物外还有钙铌氧化物存在。由以上分析可知，随着电脱氧时间的延长，钙铌氧化物和低价铌的氧化物均可逐渐还原为金属铌。1200℃烧结的阴极片在 800℃下电脱氧 8 h 后电解完全。

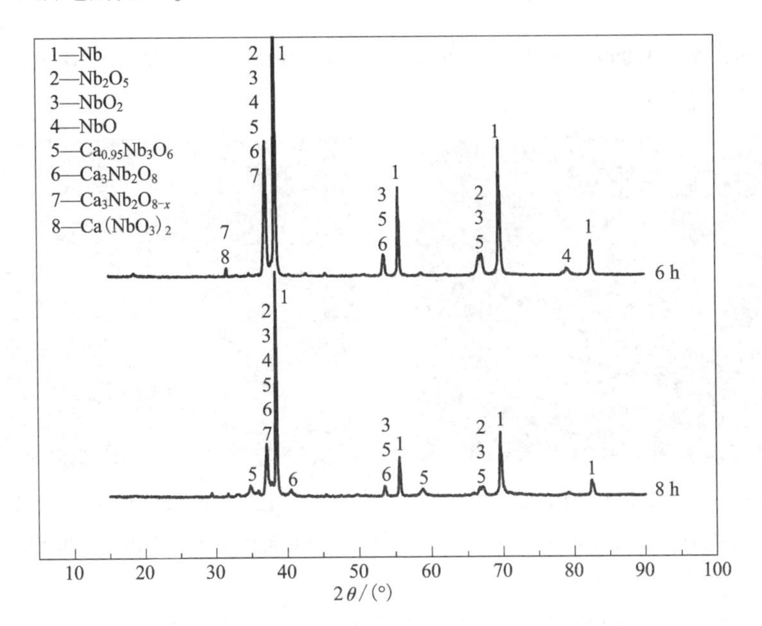

图 3-25　900℃下烧结 12 h 电脱氧 6 h 和 8 h 后样品外层的 XRD 图谱

图 3-27 和图 3-28 分别是 1200℃下烧结 12 h、800℃电脱氧 6 h(外层)和 8 h 后的样品 SEM 图。比较图 3-27 和图 3-28 可看出，电脱氧 6 h 和 8 h 后的样品晶粒大小相似。这说明在 800℃下电脱氧时间对样品晶粒大小影响不大，晶粒不会随着电脱氧时间的延长而长大。这主要是因为铌是高熔点金属，其熔点高达 2477℃，在此电脱氧温度下晶粒不可能进一步长大。

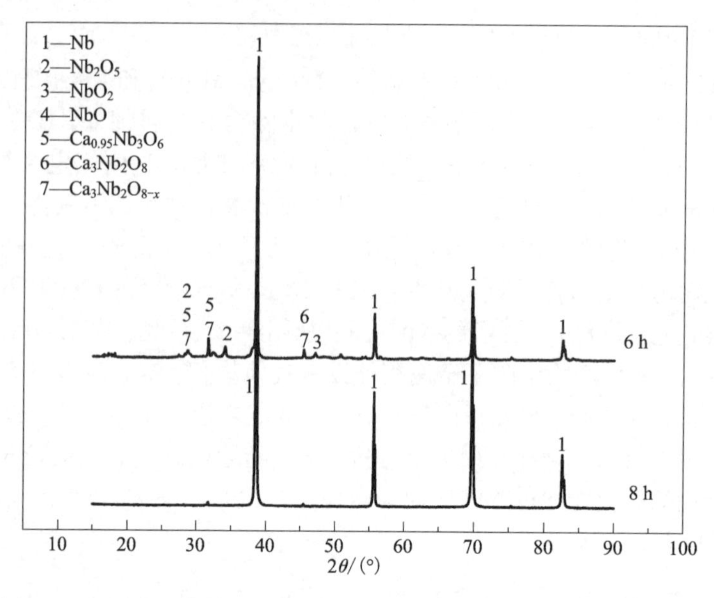

图 3-26　1200℃下烧结 12 h 电脱氧 6 h(内层)和 8 h 后样品的 XRD 图谱

图 3-27　1200℃烧结 12 h
800℃电脱氧 6 h 的样品 SEM 照片

图 3-28　1200℃烧结 12 h
800℃电脱氧 8 h 的样品外层 SEM 照片

图 3-29 为 1200℃烧结 12 h 的阴极片电脱氧时电流-时间关系曲线，电脱氧过程中分别在 3 h 和 6 h 左右中断外加电压 20 min。由图可见，电脱氧前 3 h 电流随时间逐渐下降至 0.2 A 左右，当中断外加电压 20 min 后，电流升高至 0.5 A 左右，随后电流又逐渐减小。在 6 h 左右中断外加电压后，电流变化与 3 h 的中断相似，但中断后的电流增量较小，为 0.1 A 左右。在外电压中断的时间内，电离后的 O^{2-} 继续从阴极片内部向阴极表面扩散，使阴极表面聚集了较多的 O^{2-}。电流的大小体现了电极反应速率的快慢。当外电压中断 20 min 后重新施加时，电流增

大，说明电极反应速度加快了。由此可知，电极反应主要是由 O^{2-} 在阴极中的扩散控制。

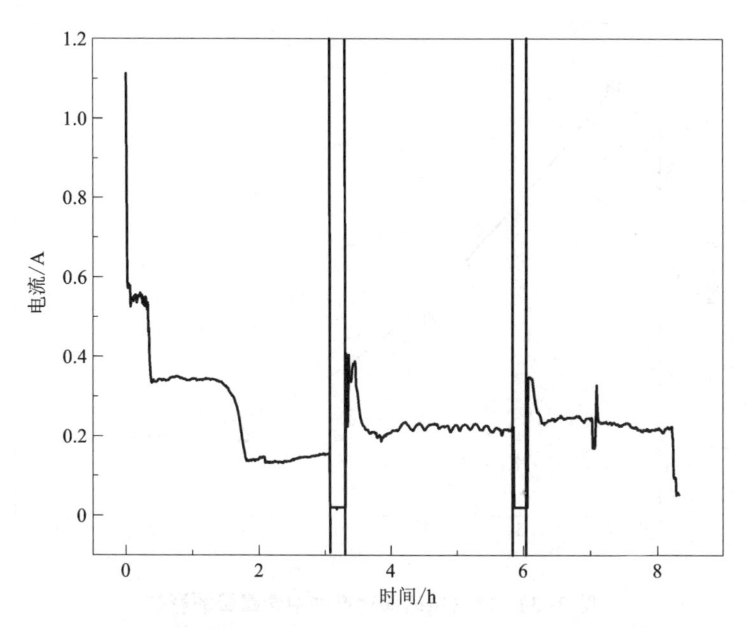

图 3-29　1200℃下烧结 12 h 的阴极片电脱氧 8 h 电流-时间曲线

同时由于 Nb_2O_5 属于氧离子缺位型的非计量氧化物，氧在 Nb_2O_5 中的扩散系数 $D_O^{\cdot}$ 经过测定，其正比于氧分压 p_{O_2} 的-1/4 次方[43]，因为

$$O_O^{\times} \rightleftharpoons V_O^{\cdot}+e'+1/2O_2(g) \tag{3-18}$$

$$(V_O^{\cdot}) \propto p_{O_2}^{-1/4} \tag{3-19}$$

所以

$$D_O^{\cdot} \propto [V_O^{\cdot}] \propto p_{O_2}^{-1/4} \tag{3-20}$$

当中断外加电压时，不断充入的氩气使溶解在熔盐中的氧含量降低，因此氧离子在阴极中的扩散系数 $D_O^{\cdot}$ 增大，重新输入外电压时 O^{2-} 在阴极中的扩散加快了。

根据前述实验方法，电脱氧时间对 1200℃下烧结 12 h 阴极片电脱氧产物中含氧量的影响实验数据如图 3-30 所示。由图 3-30 可见，1200℃下烧结的阴极片在电压 3.1 V 下电脱氧 4 h 后产物中的含氧量降低至 19.26%；电脱氧 6 h 后产物中的含氧量为 7.6%；在 4~6 h 含氧量降低了 11.63%，电脱氧 8 h 后产物中含氧量为 1.09%，6~8 h 产物中的含氧量降低了 6.54%。这说明电脱氧法制备金属铌，产物中残余含氧量随电脱氧时间的延长逐渐下降，但下降的幅度逐渐减小。因此，电脱氧的电极反应速率是随着电脱氧时间的延长逐渐减慢的，且电脱氧速率是不均匀的。这与在 3 h、6 h 处中断外电压 20 min 后，重新施加外电压时电流增加幅度逐渐减小的结果是一致的。

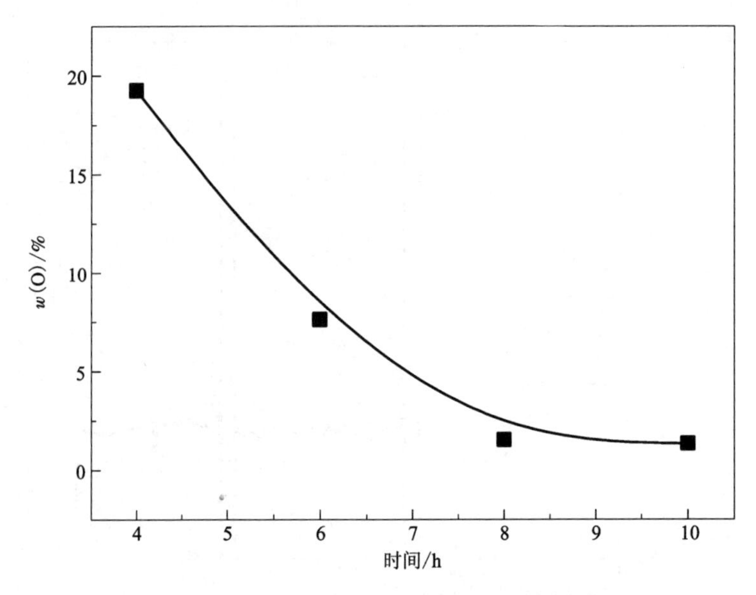

图 3-30　电脱氧时间对产物中含氧量的影响

这是因为在电脱氧开始时，电子很快迁移到阴极片表面，表面的氧很快离解扩散到熔盐中，生成了铌的低价氧化物[44]。由热力学计算可知，铌在氧化物中价态越低，其理论分解电压越大，相同外电压下的过电压相应减小，脱氧速率减慢。因此，随着电脱氧时间的延长，从铌的氧化物中电解出 O^{2-} 的速率减小。在电脱氧 4 h 之内，电流值在整个电脱氧过程中最大，反应速率最快，电解反应主要在电极表面进行。表面电脱氧很快完成后，反应主要由 O^{2-} 从晶粒向熔盐扩散控制，电流迅速下降，电脱氧速率随之减小。4~6 h 期间，随着电脱氧的进行，阴极片的导电能力增强，有利于电子的传递。而且阴极片形成了类似海绵态的结构，更有利于 O^{2-} 的扩散。6~8 h 期间，电极反应主要可能是 Nb-O 固溶体的脱氧，其理论分解电压较大，在相同的电脱氧电压下过电压减小，Nb-O 固溶体中 O^{2-} 的离解比其他氧化物的离解更困难。由此可知其电脱氧反应速率减小，含氧量减少量也变小。

(4)脱氧温度对电脱氧的影响

电脱氧过程中，如果电脱氧温度过高，熔盐将挥发，并导致熔盐损失严重。因此，本研究中电脱氧温度选择在 900℃以下，并分析了不同电脱氧温度对电脱氧的影响。

图 3-31 为 1200℃下烧结 12 h 的 Nb_2O_5 阴极片在不同电脱氧温度下电解的电流-时间曲线。由图可见，所有实验的电脱氧温度下电流下降趋势相似，电流变化分为三个阶段。起始冲击电流(第Ⅰ阶段)随电脱氧温度增加而增大，这主要是因为电脱氧温度高，阴极中铌的氧化物和表面形成的铌钙氧化物的分解电压低，过电压增大引起的。第Ⅱ阶段电流的平台持续时间随电脱氧温度升高而延长，但电流大小不遵守此规律。第Ⅲ阶段发生的副反应增多，电流大小不能说明电极反应速率的快慢。

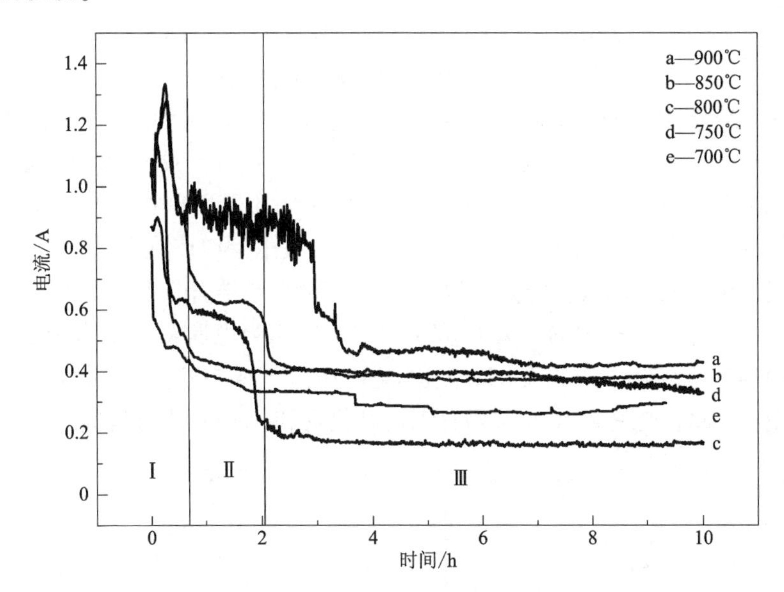

图 3-31　Nb_2O_5 阴极片在不同电脱氧温度下电解的电流-时间曲线

实验发现阴极片放入 750℃熔盐中，未电脱氧前的样品由白色变为黑色，且其表面包裹着一层白色物质。图 3-32 为经 1200℃下烧结 12 h 的阴极片放入 $CaCl_2$-NaCl 熔盐中 2 h 后但未电脱氧前的 SEM 图。由图可见，浸入熔盐后 Nb_2O_5 阴极片的表面形成了一层致密的片状物质，这有可能是由于熔盐脱水未完全造成的。

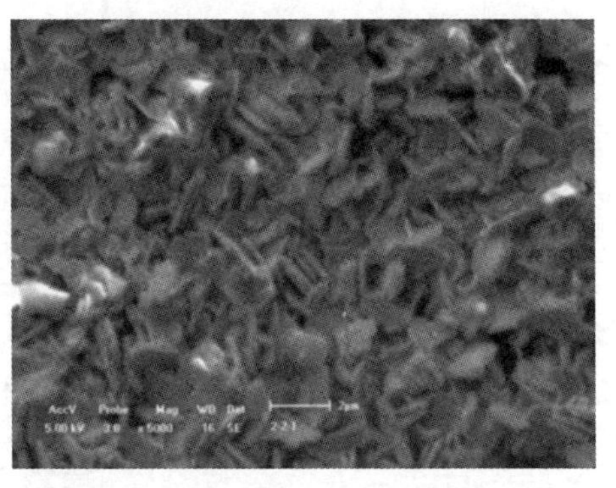

图 3-32　阴极片放入 750℃、$CaCl_2$-NaCl 熔盐中 2 h 后但未电脱氧前的 SEM 照片

由于 $CaCl_2$-NaCl 熔盐脱水不

完全，$CaCl_2$ 和 NaCl 在 800℃ 电脱氧温度下可能会发生水解，生成 $Ca(OH)_2$ 和 NaOH。Nb_2O_5 在 $Ca(OH)_2$ 和 NaOH 存在的情况下，反应分两阶段进行，第一阶段生成易溶于水的六铌酸钠($Na_8Nb_6O_{19} \cdot nH_2O$)，而后再转化成不溶于水的偏铌酸钠($NaNbO_3$)，见式(3-21)和式(3-22)。反应式(3-21)表示为脱水反应式(3-23)和水解反应式(3-24)[45-48]。

$$3Nb_2O_5+8NaOH+(n-4)H_2O \longrightarrow Na_8Nb_6O_{19} \cdot nH_2O \tag{3-21}$$

$$Na_8Nb_6O_{19} \cdot nH_2O \longrightarrow 6NaNbO_3+2NaOH+(n-1)H_2O \tag{3-22}$$

$$[Nb_6O_{19} \cdot nH_2O]^{8-} \rightleftharpoons [Nb_6O_{19}]^{8-}+nH_2O \tag{3-23}$$

$$[Nb_6O_{19}]^{8-}+H_2O \rightleftharpoons 6NbO_3^-+2OH^- \tag{3-24}$$

图 3-33 为不同电脱氧温度下 Nb_2O_5 片电脱氧 10 h 后阴极产品的 XRD 图。由图 3-33 可见，随着电脱氧温度的升高，电脱氧后阴极产物中的物相逐渐减少。电脱氧温度为 750℃时，电脱氧后阴极产物中出现了 $CaCO_3$ 和铌钙氧化物，而其他电脱氧温度下阴极产物中不含 $CaCO_3$。这主要是因为 O^{2-} 在阴极孔隙中的扩散速率较慢，在扩散出阴极孔隙前与渗入孔隙中的 Ca^{2+} 结合，生成 CaO，然后与在阳极生成、溶解在熔盐中的 CO_2 反应生成 $CaCO_3$。当电脱氧温度为 750℃时，阴极氧化物的理论分解电压较大，过电压较小，电脱氧速率较慢，同时 O^{2-} 的扩散速率也较慢，因此，电脱氧 10 h 后仍有铌钙氧化物和 $CaCO_3$ 未分解完全。

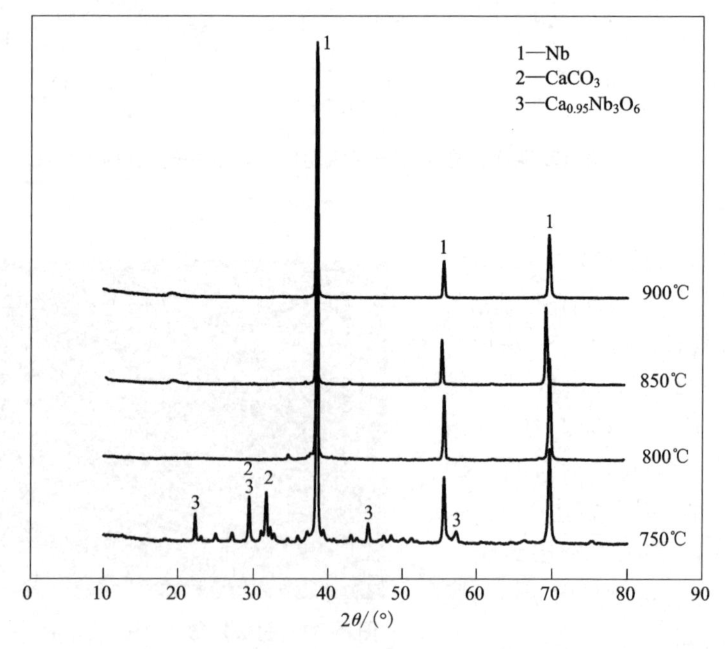

图 3-33　1200℃烧结 12 h Nb_2O_5 阴极片不同温度电脱氧 10 h 后样品 XRD 图谱

图 3-34 为电脱氧温度对电解后阴极产物中残余含氧量的影响。由图 3-34 可见，电脱氧后阴极中的残余含氧量随电脱氧温度的升高而降低，但降低的幅度逐渐减小。电脱氧温度高使残余含氧量降低主要是由于加速了氧化物中氧的扩散或 Nb-O 固溶体中氧的扩散。固相扩散的活化能远比液相扩散活化能大。因此，电脱氧温度对溶解在孔隙熔盐中 O^{2-} 的扩散速率和 O^{2-} 从阴极表面向阳极迁移的影响与对 O^{2-} 在阴极中扩散的影响相比是很小的。此外，升高熔盐温度能很大程度地加速 O^{2-} 在熔盐中的扩散。

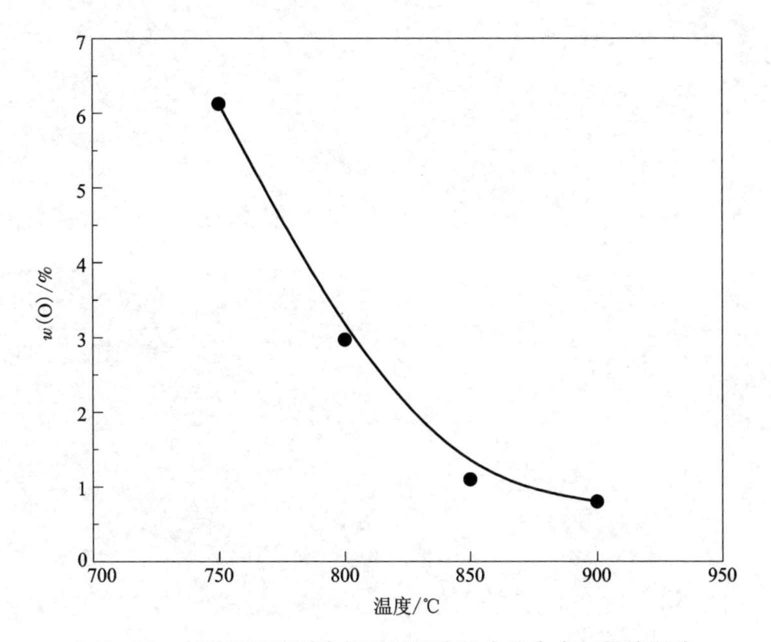

图 3-34　电脱氧温度对电解后阴极产物中残余含氧量的影响

(5)压片压力对电脱氧的影响

图 3-35 分别为 5 MPa、10 MPa、20 MPa 和 30 MPa 压力下阴极片经 1200℃烧结 12 h 后的微观形貌。图中灰色为 Nb_2O_5 颗粒，黑色区域为 Nb_2O_5 颗粒间的孔隙。由图 3-35 可见，随着压片压力的增大，黑色区域(孔隙)逐渐减少，而颗粒大小尺寸没有明显的变化。表明增大压片压力可以使烧结后阴极片中 Nb_2O_5 颗粒间的接触面积增大，孔隙减少。不同压片压力成形的 Nb_2O_5 阴极片烧结后的开、闭孔率如图 3-36 所示。开、闭孔率均随压片压力增大而减小，这与 SEM 图中所见结果一致。当压片压力逐渐增大时，开气孔率的减小趋势逐渐平缓。压片过程主要分为三个阶段[49]，在第一阶段，压片压力较低，当压力稍有增加，气孔率减小很快。这是因为在压片时粉末由于位移发生了重新分布并填充气孔，为

“滑动阶段”。第二阶段，片体经过第一阶段后，气孔率已降低到一定值，这时粉末出现了一定的压缩阻力。在此阶段压力虽有增加，气孔率降低很少。这是因为此时粉末颗粒的位移已大大减少，而大量的变形却还未开始。在第三阶段，当压力超过粉末的临界应力时，粉末颗粒开始发生变形，此时片体的气孔率降低。

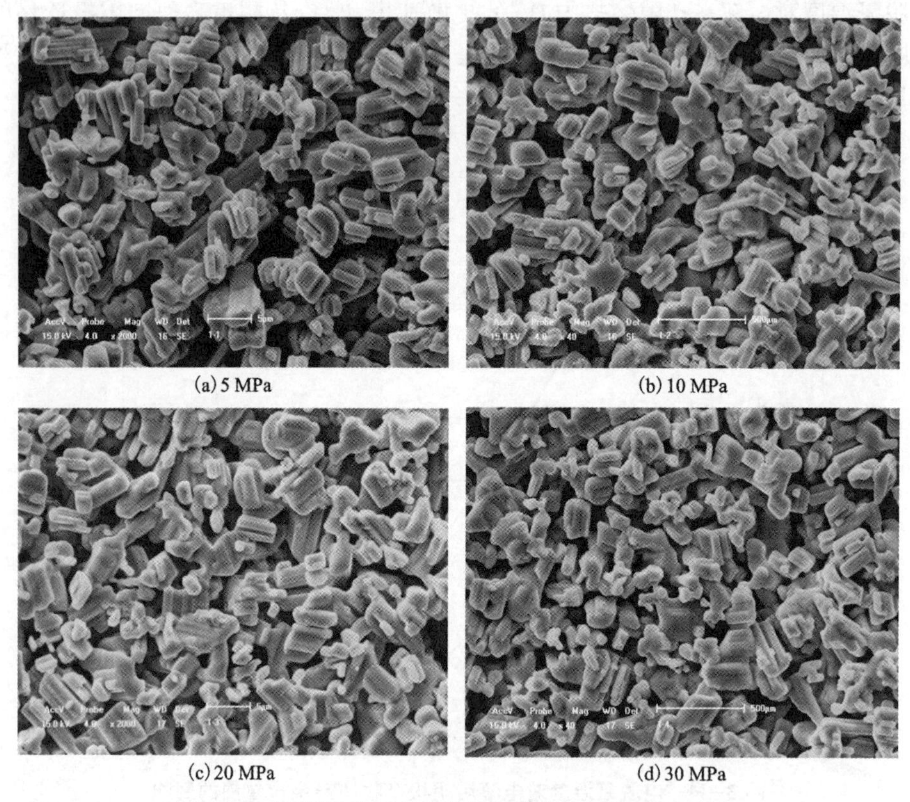

(a) 5 MPa　(b) 10 MPa　(c) 20 MPa　(d) 30 MPa

图 3-35　不同压片压力的阴极样品烧结后的 SEM 照片

图 3-37 给出了不同压片压力成形的 Nb_2O_5 烧结片电脱氧时的电流-时间曲线。由图 3-37 可见，不同压片压力下制备的阴极烧结片电脱氧时电流均随电脱氧时间下降，而且下降的趋势相同。电脱氧电流-时间曲线下降可明显分为三步：

①在电脱氧起始阶段，电流随电脱氧时间急剧下降。这一阶段主要是未电解前在阴极片中 Nb_2O_5 颗粒表面生成的 $CaNb_2O_6$ 和表面 Nb_2O_5 的氧离子化，形成低价铌的氧化物和低价的铌酸盐。电解反应主要发生在电极表面。

②在电脱氧的第Ⅱ个阶段，主要是低价铌的氧化物和低价的铌酸盐的脱氧过程。

③在电脱氧的第Ⅲ个阶段，电流趋于平稳，主要发生的电极反应是 Nb-O 固溶体的脱氧和一些副反应，比如 CaO 的分解。

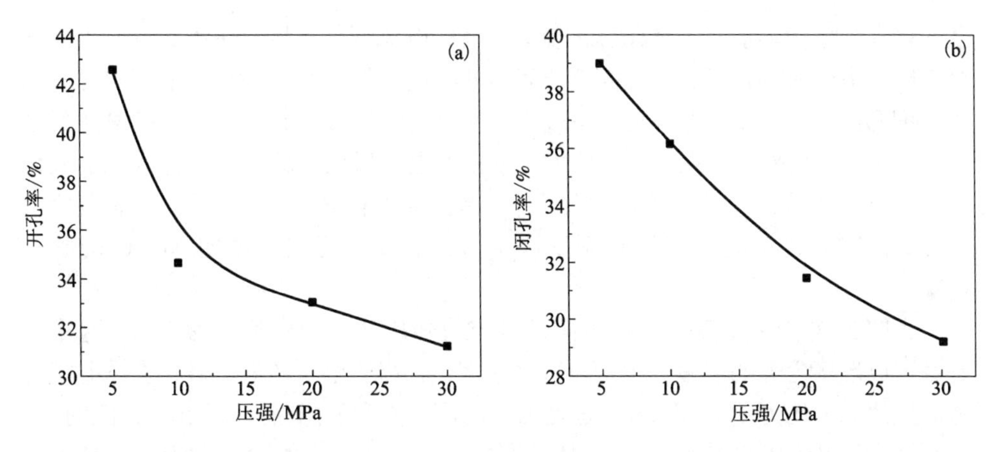

图 3-36　不同压片压力对烧结后的 Nb_2O_5 阴极片的开气孔率(a)和闭气孔率(b)的影响

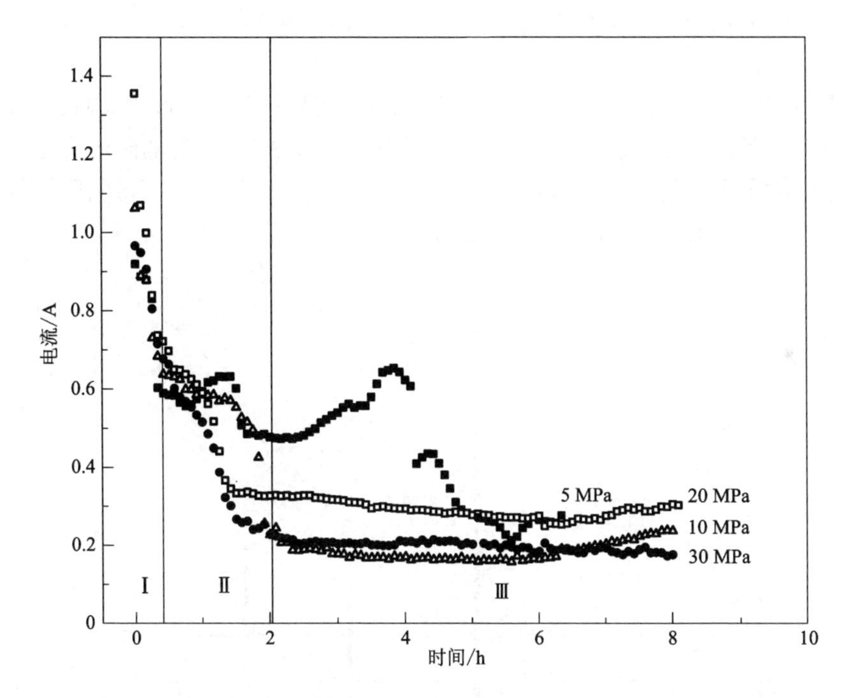

图 3-37　不同压片压力成形的 Nb_2O_5 烧结片电脱氧时的电流-时间曲线

在电脱氧第Ⅰ阶段，电流先上升后下降，这是因为在第Ⅰ阶段电极反应主要发生在电极表面，在阴极片表面形成一致密的金属铌层。在电脱氧起始阶段，阴极表面反应很快完成，外加电压促进熔盐向阴极孔隙扩散，阴极中孔隙的表面开始成为电极反应表面，满足电脱氧的三个条件。表面致密的金属铌层限制了 O^{2-}

从阴极孔隙中向熔盐扩散和熔盐的流动，因此电流开始下降，在第Ⅱ阶段出现平台。随着电脱氧的进行，阴极内部的氧向外表面扩散的距离逐渐加长，同时氧离子浓度梯度逐渐变小，电脱氧速率减慢，电流逐渐下降，电流在第Ⅱ阶段达到平衡，出现第二个平台。在第Ⅲ阶段发生的主要电极反应为铌氧固溶体或铌钙氧化物的脱氧和杂质分解。电脱氧的快慢主要是由第Ⅰ和第Ⅱ阶段决定，第Ⅲ阶段由于铌氧固溶体脱氧电压高导致副反应增多，电流不能完全说明 Nb-O 的脱氧速率。

由图 3-37 还可以看出，第Ⅰ阶段电流值随压片压力的增大而增大，这主要是由于成形压力大的阴极片中颗粒连接紧密，有利于电子传导；第Ⅱ阶段电流值随阴极片成形压力增大而减小，这是因为成形压力大的阴极片中孔隙尺寸和孔隙率小，不利用熔盐的流动和 O^{2-} 在阴极中的扩散。因此，电脱氧过程主要是由阴极中电子的传导和 O^{2-} 的迁移与扩散控制的。选择适宜的成形压力使烧结的阴极片有较适宜的颗粒尺寸和孔隙大小，可使电子传导和 O^{2-} 迁移与扩散的速率达到最佳平衡。

图 3-38 给出了不同压片压力成形的 Nb_2O_5 阴极片经 1200℃烧结 12 h、800℃下电解后样品的 XRD 图。由图可见，压片压力为 5 MPa 制备的阴极烧结片电解后样品中除了金属铌外还含有铌钙氧化物，而其他压片压力下制备的阴极烧结片电解后样品的 XRD 图中未见明显的杂质衍射峰。

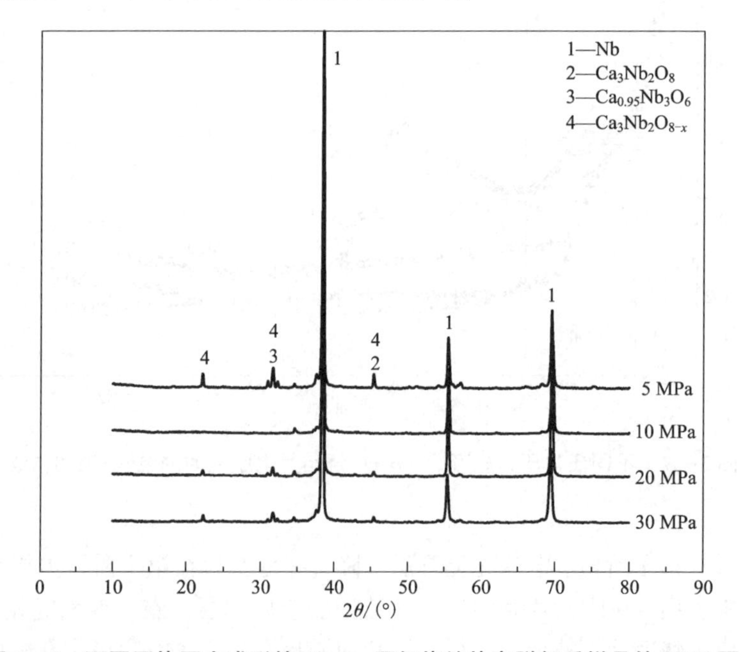

图 3-38　不同压片压力成形的 Nb_2O_5 阴极烧结片电脱氧后样品的 XRD 图谱

图 3-39 给出了 5 MPa、10 MPa、20 MPa、30 MPa 成形的 Nb_2O_5 阴极片经 1200℃下烧结 12 h、800℃电解 8 h 后阴极样品的残余含氧量。结果表明，在相同的烧结和电解条件下，压片压力为 10 MPa 时制备的 Nb_2O_5 阴极片电解后的残余含氧量最低，为 1.39%。

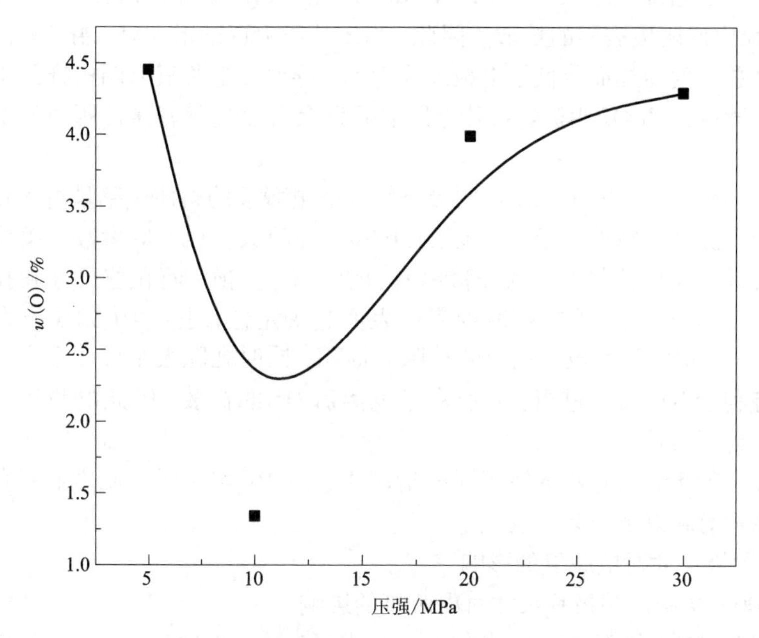

图 3-39　不同成形压力对 Nb_2O_5 阴极片电脱氧后样品的残余含氧量的影响

为了更好地解释在液相/多孔固体体系中多孔结构的改变对电脱氧过程的影响，采用一个模型来帮助理解。假定烧结后的 Nb_2O_5 阴极片中 Nb_2O_5 颗粒为圆柱形，大小尺寸相同，并随意交叉。因此，每单位体积的表面积、孔隙度和孔隙总长度之间有如下关系：

$$S_C = 2\pi rL - Kr^2 \tag{3-25}$$

其中：S_C 为孔隙表面积；L 为孔隙总长度；r 为孔隙半径；K 为常数(由每单位体积中孔隙的交叉数和交叉角度决定)。

当孔隙度和孔隙半径 r 越大，孔隙总长度 L 也随之增大，由式(3-25)可知，孔隙表面积 S_C 减小。因此，当使用相同的 Nb_2O_5 粉末为原料时，Nb_2O_5 阴极烧结片的孔隙增加，样品中的孔隙表面积减小。由图 3-36 和图 3-37 可见，孔隙度、孔隙尺寸及孔隙半径均随着压片压力增大逐渐减小。因此，Nb_2O_5 阴极烧结片的孔隙表面积随压片压力的增加逐渐增加。阴极中孔隙表面积对整个的电脱氧反应是至关重要的，因为所有的电脱氧反应都是在孔隙表面上发生的。

电脱氧后残余含氧量较低的样品可能是由于其有较大的孔隙表面积。这是因为较大的孔隙表面积增加了电脱氧的电极反应表面积，增大了电脱氧反应速率。因此，电脱氧后阴极样品中残余含氧量随压片压力增大而逐渐降低。

当孔隙度和孔隙半径小时，孔隙表面积增大，但小的孔隙尺寸和孔隙总长度的增长限制了电脱氧过程中 $CaCl_2$-NaCl 熔盐渗入孔隙，同时也限制了电离后的 O^{2-} 从孔隙中向阴极表面的扩散。因此，当压片压力逐渐增大时，由于孔隙尺寸减小和孔隙总长度增加而降低了电极反应速率，导致了电脱氧后阴极样品中的含氧量增加。所以，Nb_2O_5 阴极烧结片电脱氧后残余含氧量随着压片压力的增大逐渐增大。

以上结果表明，多孔 Nb_2O_5 阴极烧结片的电脱氧的整体速率是由 Nb_2O_5 阴极烧结片的孔隙结构特性决定的，包括孔隙度、孔隙大小尺寸等参数。单位体积中孔隙的有效表面积控制电荷的迁移和 O^{2-} 的溶解、扩散，而孔隙尺寸和孔隙总长度对电离后的 O^{2-} 从孔隙中扩散到阴极表面起决定性作用。10 MPa 压力压制的 Nb_2O_5 阴极片烧结后有较大的有效孔隙表面积，同时孔隙大小尺寸适宜。这些孔隙参数有利于电极反应进行，且有利于电离后 O^{2-} 的扩散，因此电脱氧后阴极样品的残余含氧量最低。

因此，在烧结和电解条件相同的情况下，经 10 MPa 压片压力制备的 Nb_2O_5 阴极烧结片有较好的电化学性能。

(6)阴极尺寸对电脱氧的影响

1)900℃烧结的阴极片尺寸对电脱氧的影响

称取两份 2 g 原料 Nb_2O_5 粉末，分别用 ϕ15 mm 和 ϕ25 mm 的模具在 10 MPa 的压力下压制成片，900℃下烧结 12 h 后，在 800℃电脱氧 6 h。

图 3-40 是 900℃下烧结 12 h 的 Nb_2O_5 烧结片在电脱氧 6 h 过程中电流与时间关系曲线。根据公式：

$$Q=I\cdot t \tag{3-26}$$

式中：Q 为电量，C；I 为电流，A；t 为时间，s。

可知，电流-时间曲线的积分面积就是该段时间内通过的电量。对于 ϕ15 mm 和 ϕ25 mm、900℃下烧结 4 h 的阴极片，电脱氧 6 h 通过的电量经积分计算，结果分别为 3100 C 和 3587 C。电流效率可由如下公式计算：

$$\frac{m_1\times(1-\eta)}{92.91}:\frac{\chi}{16}=\frac{2}{5} \tag{3-27}$$

$$y=\frac{\chi-m_1\eta}{\chi}\times100\% \tag{3-28}$$

$$z=\frac{\frac{2\times16\times5}{(92.91\times2+16\times5)}\times y}{16} \tag{3-29}$$

$$Q=96500\times2\times z \tag{3-30}$$

$$\rho=\frac{Q}{Q_0} \tag{3-31}$$

式中：η 为电脱氧后阴极产物中氧的质量分数，%；m_1 为电脱氧样品质量，g；χ 为完全氧化后产物中氧的质量，g；y 为电脱氧率；z 为 2 g Nb_2O_5 电脱氧量，mol；Q 为电脱氧量为 z 时消耗的理论电量，C；Q_0 为电脱氧时通过的电量，C；ρ 为电流效率，%。

根据以上公式，计算得到 ϕ15 mm 和 ϕ25 mm 的阴极片的电流效率分别为 40.46%和 62.88%。由此可知 ϕ25 mm 的阴极片比 ϕ15 mm 的阴极片的电流效率高。

根据前述实验方法，不同尺寸阴极片电脱氧后产物中含氧量的实验数据如表 3-3。从表 3-3 可看出，在 900℃下烧结 4 h，800℃下电脱氧 6 h，ϕ15 mm 的阴极片和 ϕ25 mm 的阴极片其电脱氧产物中含氧量分别为 26.25%和 22.76%。直径 ϕ25 mm 的阴极片电脱氧产物中含氧量比直径 ϕ15 mm 的阴极片要低，这说明 ϕ25 mm 的阴极片电解效果比 ϕ15 mm 的阴极片好。同质量的原料 Nb_2O_5 压片和烧结后，ϕ25 mm 的阴极片的表面积比 ϕ15 mm 的阴极片大，电脱氧时与熔盐接触的面积也更大。而在同样的压片压力和相同的烧结条件下，阴极片晶粒大小和排列方式是相似的，在相同的电脱氧条件下晶粒的导电能力是相同的。D J Fray 等[50, 51]认为，在电脱氧制备铌的方法中电子在阴极片中的迁移速率很快，不会成为电极反应的控制步骤，电极反应的速率应由氧在阴极片中的扩散控制。因此，在其他条件相同的情况下，表面积越大越有利于氧离子从阴极片向熔盐中扩散，也就更有利于电脱氧。

表 3-3　900℃烧结不同尺寸的阴极片对电脱氧产物中含氧量(质量分数)的影响

阴极片尺寸 /mm	阴极产物质量 /g	阴极产物氧化后质量/g	氧化后增加的质量/g	产物含氧量 (质量分数)/%
ϕ15	0.200	0.211	0.011	26.25
ϕ25	0.200	0.221	0.021	22.76

熔盐电脱氧法制备金属铌的电流效率低主要是由两个原因造成的：一是压制成形的阴极片电阻较大，消耗了一部分外电压；二是电脱氧过程中，在阳极生成 CO 或 CO_2 气体，使阳极的石墨脱落，在熔盐中形成电子导电，空耗了部分的电流。

2) 1200℃烧结的阴极片尺寸对电脱氧的影响

称取两份 2 g 原料 Nb_2O_5 粉末，分别用 ϕ15 mm 和 ϕ25 mm 的模具在 10 MPa 的

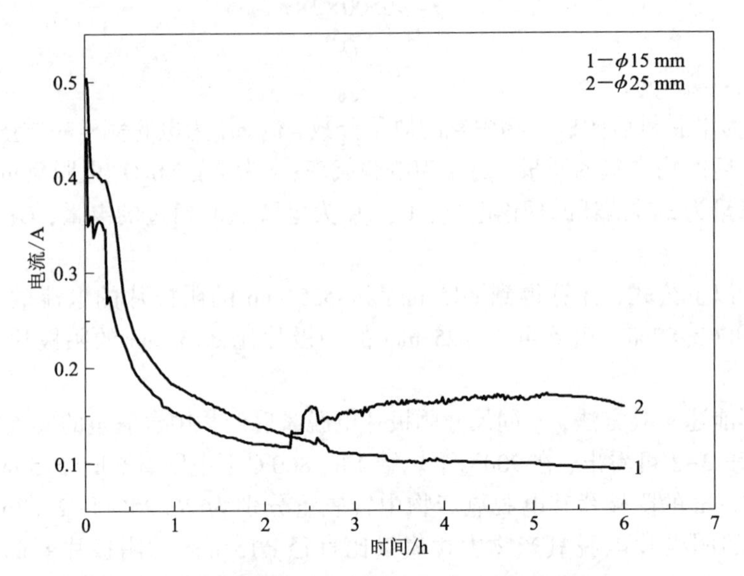

图 3-40　不同直径的 Nb_2O_5 烧结片经 900℃下烧结 12 h 后在 800℃下电脱氧 6 h 过程中电流与时间关系曲线

压力下压制成片，1200℃下烧结 12 h 后，在 800℃电脱氧 12 h。

图 3-41 是不同尺寸的 Nb_2O_5 阴极片在 1200℃下烧结 12 h、在 800℃电脱氧 12 h 过程中电流与时间的关系曲线。对电流-时间曲线进行积分，其积分面积为该段时间内通过的电量。根据公式(3-26)计算得到电脱氧过程中 ϕ15 mm 和 ϕ25 mm 的阴极烧结片实际通过的电量分别为 15768 C 和 22356 C。由氧化-称重法测得 1200℃下烧结 12 h，800℃下电解 12 h 后，ϕ15 mm 阴极片和 ϕ25 mm 阴极片电脱氧产物中含氧量分别为 3.545%和 1.030%。由此计算实际消耗的电量分别为 7003 C 和 7185 C。由公式(3-27)至式(3-31)计算得到 ϕ15 mm 阴极片和 ϕ25 mm 阴极片的电流效率分别为 44.41%和 32.14%。

因此，ϕ25 mm 的阴极片电脱氧后的残余含氧量比 ϕ15 mm 阴极片的低，其电流效率也低于 ϕ15 mm 阴极片。

由图 3-41 可见，ϕ25 mm 阴极片电脱氧时起始冲击电流为 1.8 A 左右，高于 ϕ15 mm 阴极片电脱氧时起始冲击电流。ϕ25 mm 阴极片与 ϕ15 mm 阴极片的表面积分别为 883 mm^2 和 553 mm^2。电脱氧初始阶段，电子在阴极中的传递速率远大于 O^{2-} 在阴极中的扩散速率，因此电子快速传递到阴极表面，电极反应主要在阴极表面进行。因此，起始冲击电流的大小主要是由阴极表面积的大小决定的。

为了研究阴极的表观面积对电脱氧的影响，将在 1200℃下烧结 12 h 的阴极片的表面均匀地钻 4 个 ϕ3 mm 小孔，如图 3-42 所示。图 3-43 是不同表观面积

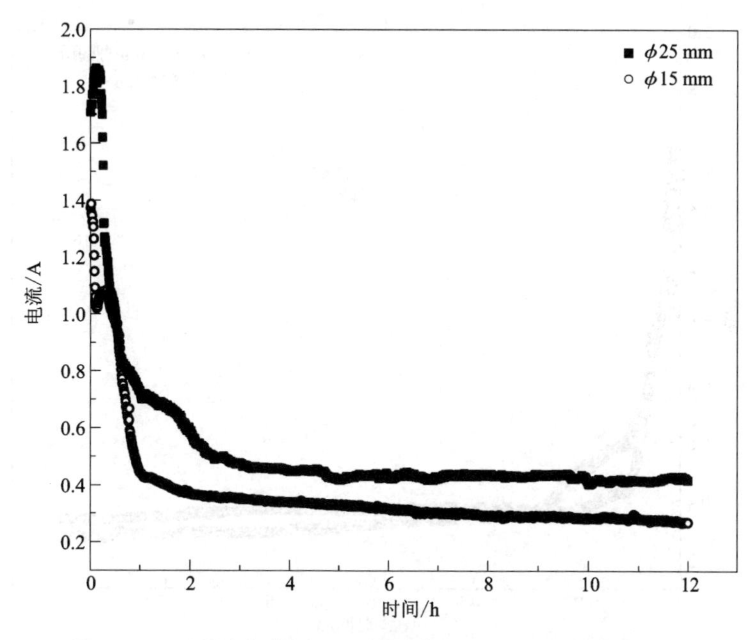

图 3-41　不同直径的 Nb_2O_5 烧结片经 1200℃下烧结 12 h 后在 800℃电脱氧 12 h 过程中电流与时间关系曲线图

的阴极片在 1200℃下烧结 12 h、在 800℃电脱氧 12 h 过程中电流与时间关系曲线。由图可见，钻孔后的阴极烧结片电脱氧时初始冲击电流高于钻孔前的阴极烧结片，分别为 1.6 A 和 1.4 A。经测量与计算，钻孔前后的阴极片表观面积分别为 553 mm^2 和 596 mm^2，电脱氧后的阴极样品中残余含氧量分别为 3.545%和 2.296%。对电流-时间曲线进行积分可得到钻孔前和钻孔后的阴极烧结片在 800℃下电脱氧 12 h 通过的总电量分别为 15768 C 和 18716 C。

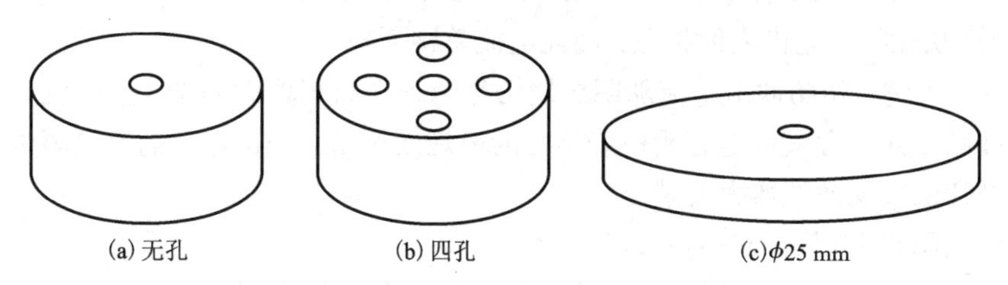

图 3-42　不同表观面积的阴极片示意图

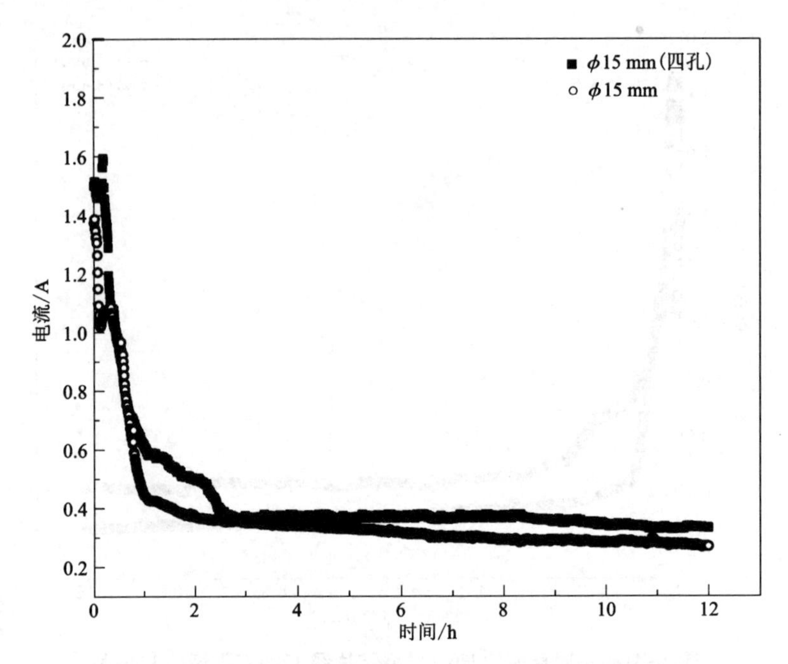

图 3-43 不同表观面积的阴极片电脱氧时电流-时间曲线

由公式(3-27)至式(3-31)计算得到钻孔前后的阴极片的电流效率分别为44.41%和37.90%。相同条件制备的阴极片晶粒大小和排列方式是相同，在相同的电脱氧条件下阴极的导电能力是相同的。但由于熔盐进入钻好的小孔中，增大了阴极的表观面积，而电脱氧初始时电极的电化学反应发生在电极表面，因此钻孔后的阴极片电解时初始冲击电流较大。

阴极的电极表面反应完成后，在阴极表面形成一层金属铌。由电脱氧后阴极样品的SEM图可见，形成的金属铌层有一定的收缩，变得更为致密，阻碍了电离后的 O^{2-} 从孔隙向电极表面扩散，因此电流急剧下降。

综上所述，初始冲击电流随阴极烧结片的表观面积增大而增大，电脱氧后的阴极样品中残余含氧量随着阴极烧结片的表观面积增大而减小，电流效率也随阴极烧结片的表观面积增大而减小。

(7)阳极碳棒尺寸对电脱氧的影响

阴极采用1200℃下烧结12 h的 Nb_2O_5 片，阳极分别采用 ϕ10 mm和 ϕ15 mm的石墨棒，在800℃的 $CaCl_2$-NaCl熔盐中电脱氧10 h，电流时间关系曲线如图3-44所示。由图3-44可见，采用不同尺寸的阳极后其电流趋势相似，起始的冲击电流大小也没有明显的变化，均为1.4 A左右。采用 ϕ15 mm的石墨棒为阳极，电脱氧后阴极样品中的残余含氧量为 1.254%；采用 ϕ10 mm 的石墨棒为阳极，电脱氧后阴极样品中的残余含氧量为 1.339%。

由式(3-27)~式(3-31)计算可知，采用 ϕ15 mm 和 ϕ10 mm 的石墨棒作阳极，ϕ15 mm 的 Nb_2O_5 片为阴极，在 800℃下电脱氧 10 h 实际通过的电量分别为 10246 C 和 9583 C，电流效率分别为 69.97%和 74.75%。

由以上结果可知，增大阳极表面积不能明显降低电脱氧后阴极中残余含氧量，反而会使电流效率降低。

这主要是因为在电解过程中，电极反应速度主要由电离后的 O^{2-} 在阴极孔隙中的扩散控制，其扩散速度远比 O^{2-} 在熔盐中从阴极向阳极的迁移速度慢。因此，整个电脱氧反应速度主要由 O^{2-} 在阴极中的扩散决定，阳极表面积的增大对电脱氧反应速度没有很明显的影响。

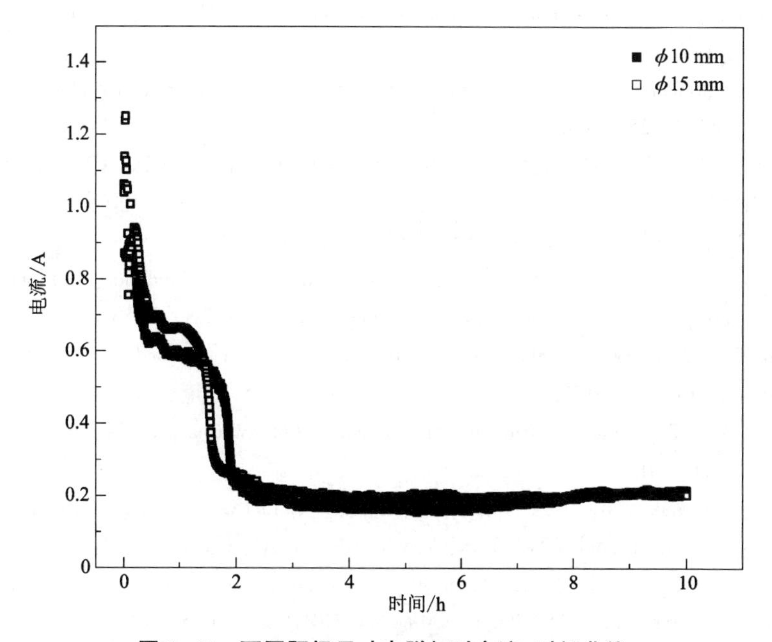

图 3-44　不同阳极尺寸电脱氧时电流-时间曲线

3.4　结论

以固态 Nb_2O_5 粉末为原料、NaCl 和 $CaCl_2$ 混合物为电解质，可在低电压下电解出金属 Nb。采用熔盐电脱氧法制备金属铌，Nb_2O_5 的还原过程是分步进行的，其中间产物包括铌的低价氧化物和铌钙氧化物。电脱氧过程中，电极反应速度主

要由 O^{2-} 在阴极颗粒及孔隙熔盐中的扩散控制，因此阴极中孔隙大小尺寸、孔隙率和颗粒大小同时影响电脱氧反应的速度。

参考文献

[1] 王永跃. 铌的应用与发展[J]. 宁夏科技, 1997(4): 23-26.

[2] 任俊, 卢寿慈. 世界铌资源概况及其特征[J]. 有色矿冶, 1997(5): 1-3.

[3] Tolley R J. Metals and Minerals Annual Review[J]. 1993: 71-108.

[4] 周瑜生. 铌资源开发利用技术[M]. 北京: 冶金工业出版社, 1992: 27-40.

[5] 高敬, 屈乃琴. 钽铌工业评述[J]. 稀有金属与硬质合金, 2001(9): 39-41.

[6] 刘建中, 李梅仙. 我国钽铌资源的现状与开发建议[J]. 湖南有色金属, 1999, 15(3): 60-62.

[7] Mosheim C E. Niobium mining annual review 2000[C]//The Mining Journal LTD 2000, Niobium: 1-3.

[8] Eckert J. Ullmann's encyclopedia of industrial chemistry[J]. Niobium and Niobium Compounds, 1997, 5(A17): 251-265.

[9] 赵天从. 有色金属提取冶金手册稀有高熔点金属下(Zr、Hf、Nb、Ta、V)[M]. 北京: 冶金工业出版社, 1999: 22-140.

[10] 石应江. 高纯铌的制备[J]. 稀有金属与硬质合金, 1995(3): 41-47.

[11] Kamat G R, Gupta C K. Open aluminothermic reduction of columbium(Nb) pentoxide and purification of the reduced metal[J]. Metal Trans, 1971(2): 2817-2823.

[12] Kruger J, Winkler O, Bakish R. Vacuum Metallurgy[M]. London: Elsevier Publishing Company, 1971: 73-107.

[13] Miller G L. Tantanlum and Niobium[M]. London: Butterworths Scientific Publication, 1959: 181-85, 205-01.

[14] Winkler O, Bakish R. Use of vaccum techniques in extractive metallurgy and refining of metals [C]//Amsterdam-London-New York: Vacuum Metallurgy, Elsevier, 1971: 145-173.

[15] Lyakishev N P, Tulin N A, Pliner Y L. Niobium in steel and alloys[C]//Sao Paulo: Companhia Brasileira de Metallurgia e Minercao-CBMM, 1984: 87-101.

[16] Rerat C F. U.S. Patent 4, 149, 876[P], 1979.

[17] Okabe T H, Deura T, Oishi T, et al. Thermodynamic properties of oxygen in yttrium-oxygen solid solutions[J]. J Alloy Compd, 1996, 237: 841-847.

[18] Okabe T H, Nakamura M, Oishi T, et al. Electrochemical deoxidation of titanium[J]. Metall Trans B, 1993, 24B: 449-455.

[19] Bossuyt S, Madge S V, Chen G Z, Castellero A, Deledda S, Eckert J, Fray D J, Greer A L. Electrochemical removal of oxygen for processing glass-forming alloys[J]. Materials Science and Engineering A, 2004, 375-377: 240-243.

[20] Bjerrum N J. The redox chemistry of niobium(V) fluoro and oxofluoro complexes in LiF-NaF-

KF melts[J]. J Electrochem Soc, 1996, 143(6): 1793-1799.

[21] Bjerrum N J. Electrochemical investigation on the redox chemistry of niobium in LiCl-KCl-KF-Na_2O melts[J]. J Electrochem Soc, 1997, 144(10): 3435-3441.

[22] Polyakov E G. Oxygen in electrochemistry of Nb and Ta[J]. Electrochem Soc Proc, 1998, 11: 84-97.

[23] Oye H A, Waernes O. Electrowinning of niobium from chloride-fluoride melts [C]. The International Terje Ostvold Symposium, 1998, 2: 84-97.

[24] Kuznetsov S A. Electrolytic production of niobium powder from chloride-fluoride melts containing compounds of niobium and zirconium[J]. Rus J of Electrochem, 2000, 36(5): 509-515.

[25] Ono K, Suzuki R O. A new concept of sponge titanium production by calciothermic reduction of titanium oxide in the molten $CaCl_2$[J]. JOM, 2002, 54: 59-61.

[26] Okabe T H, Oda T, Mitsuda Y. Titanium powder production by preform reduction process (PRP)[J]. J Alloy Compd, 2004, 364(1-2): 156-163.

[27] Okabe T H, Iwata S, Imagunbai M, Maeda M. Production of niobium powder by magnesiothermic reduction of feed preform[J]. ISIJ International, 2003, 43(12): 1882-1889.

[28] Okabe T H, Iwata S, Imagunbai M. Production of niobium powder by perform reduction process using various fluxes and alloy reductant[J]. ISIJ International, 2004: 44(2): 285-293.

[29] Kayanuma Y, Okabe T H, Mitsuda Y, Maeda M. New recovery process for rhodium using metal vapor[J]. J Alloy Compd, 2004, 365: 211-220.

[30] Park I, Okabe T H, Waseda Y. Tantalum powder production by magnesiothermic reduction of $TaCl_5$ through an electronically mediated reaction(EMR)[J]. J Alloy Compd, 1998, 280(1-2): 265-272.

[31] Park Ⅱ, Okabe T H, Abiko T. Production of titanium powder directly from TiO_2 in $CaCl_2$ through an electronically mediated reaction(EMR)[J]. J Phys Chem Solids, 2005, 66(2-4): 410-413.

[32] Alexander D T L, Schwandt C, Fray D J. Microstructural kinetics of phase transformations during electrochemical reduction of titanium dioxide in molten calcium chloride[J]. Acta Mater, 2006, 54(11): 2933-2944.

[33] Wang S L, Xue Y, Sun H. Electrochemical study on the electrodeoxidation of Nb_2O_5 in equimolar $CaCl_2$ and NaCl melt[J]. Electroanal Chem, 2006, 595(2): 109-114.

[34] Schwandt C, Fray D J. Determination of the kinetic pathway in the electrochemical reduction of titanium dioxide in molten calcium chloride[J]. Electrochim Acta, 2005, 51: 66-76.

[35] Fray D J, Farthing T W, Chen Z. International Patent PCT/GB99/01781[P]. 1998-06-05.

[36] Yan X Y, Fray D J. Direct electrochemical reduction of niobium pentoxide to niobium metal in aeutectic of CaCl-NaCl melt[C]//Schneider W. Light metals. USA, 2002: 5-10.

[37] 邓丽琴. 熔盐电脱氧法制备金属 Nb 及 Nb-Ti 合金[D]. 沈阳: 东北大学, 2006.

[38] 籍远明, 张金苍. Nb_2O_5 掺杂的氧化锌陶瓷导电特性研究[J]. 低温物理学报, 2004, 26(1): 72-75.

[39] 石康源, 张绪礼, 王筱珍. ZnO 导电陶瓷的微观结构与导电机理[J]. 功能材料, 1996, 27(1): 61-63.

[40] Kang X Y, Yin H, Tao M D, Jing T M. Analysis of ZnO varistors prepared from nanosize ZnO precursors[J]. Matter Res Bull 1998, 33(11): 1703-1708.

[41] 邢怀民, 张瑞英, 戴宪起. 湿法合成 ZnO 压敏陶瓷材料烧结缺陷的研究[J]. 材料导报, 1999, 13(6): 65-67.

[42] Binnig G, Hoenig H E. Energy gap of the superconducting semiconductor $SrTiO_{3-x}$ determined by tunneling[J]. Solid State Commun, 1974, 14(7): 597-601.

[43] Gruber H, Krautz E. Magnetoresistance and conductivity in the binary-system titanium oxygen: Semiconductive titanium-oxides[J]. Phys Status Solidi A, 1982, 69(1): 287-295.

[44] Orekhov M A, Zelikman A N. A study of the interaction between Nb_2O_5, Ta_2O_5 and alkali solution upon 100℃[J]. Nonferrous Metallurgy, 1963, 5: 99-107. (in Russian)

[45] Zelikman A N, Orekhov M A. Under the conditions of increased temperature and pressure, tantalite decomposition by NaOH and KOH solutions[J]. Journal of Nonferrous Metals, 1965, 6: 38-45. (in Russian)

[46] Zelikman A N. A study of the dissolution be haviour of $K_8Nb_6O_{19} \cdot 16H_2O$ in KOH solutions under high temperature[J]. Inorg Mater, 1972, 8: 1451-1454. (in Russian)

[47] 周宏明, 郑诗礼, 张懿. Nb_2O_5 在 KOH 亚熔盐体系中的溶解行为[J]. 中国有色金属学报, 2004, 14(2): 306-310.

[48] 艾真科尔勃, 韩凤麟. 粉末冶金[M]. 北京: 中国工业出版社, 1959: 12-80.

[49] 马红萍, 袁森, 王武孝, 夏明许. 预制体气孔率测试及其影响因素的研究[J]. 热加工工艺, 2002, 31(3): 38-40.

[50] Yan X Y, Fray D J. Electrochemical studies on reduction of solid Nb_2O_5 in molten $CaCl_2$-NaCl eutectic[J]. J Electrochem Soc, 2005, 152(1): 12-20.

[51] Gordo E, Chen G Z, Fray D J. Toward optimisation of electrolytic reduction of solid chromium oxide to chromium powder in molten chloride salts[J]. Electrochim Acta, 2004, 49(13): 2195-2208.

第 4 章　以氧化铬为阴极熔盐电脱氧法制备金属铬

世界铬矿藏集中分布于非洲南部[1]。由于铬与碳亲和力强，很难制得无碳金属铬。1856 年德维尔(Deville)、弗雷米(Fremy)和沃勒(Wohler)等用钠、铝和锌还原氯化铬制备出纯金属铬。在 1895—1908 年间戈尔德施密特(Goldschmidt)用铝热法还原氧化铬，成功将金属铬的生产工业规模化。1854 年本生(Bunsen)通过电解氯化铬水溶液制得了电解铬。1905 年卡尔福特(Carveth)和克里(Curry)报道通过电解铬铵矾[$Cr_2(NH_4)_2(SO_4)_4 \cdot 24H_2O$]水溶液制得了电解铬，且这种方法在美国应用了约 30 年。1946—1950 年美国矿务局也多次报道电解铬铵矾水溶液生产电解铬的生产工艺。但该法主要问题是电解效率低、能耗高和成本高。1932 年阿科尔(Arkel)报道用碘化铬热分解法制得了高纯铬(99.99% Cr)，供特殊用途。我国自 1958 年开始研制金属铬。锦州铁合金厂在 60 年代初的半工业试验基础上建成我国铝热法金属铬生产厂。1959 年吉林铁合金厂进行了铬铵矾水溶液电解法生产金属铬的试验。

4.1　金属铬制备技术

目前，金属铬的制取方法主要有两种：铝热法和电解法。另外，还有硅热法、电铝热法和氧化铬真空碳还原法等。中国、俄罗斯、西欧和日本部分厂家采用热还原法，日本另一些厂家和美国采用电解法[2]。电解法生产铬约占总产量的三分之一[3]。

4.1.1　铝热法生产金属铬

铝热法冶炼金属铬是用铝还原三氧化二铬[4]。其主要反应为：

$$Cr_2O_3+2Al=\!=\!=2Cr+Al_2O_3$$

由于还原反应生成主要含 Al_2O_3 的熔点高的炉渣，氧化铬铝热还原自发反应所放出的热量不足以使渣铬分离完全，因此该方法必须加入发热剂来补充不足的热。然而冶炼反应为放热反应，减少放热量有助于反应的进行，从此角度看，降低单位炉料反应热更有利。

冶炼所用的设备为可拆卸的熔炼炉，如图 4-1 所示。一般采用圆锥状炉筒，上口径比下口径略小。炉筒用铸铁制成或用 16~20 mm 的钢板卷成，内砌内衬。

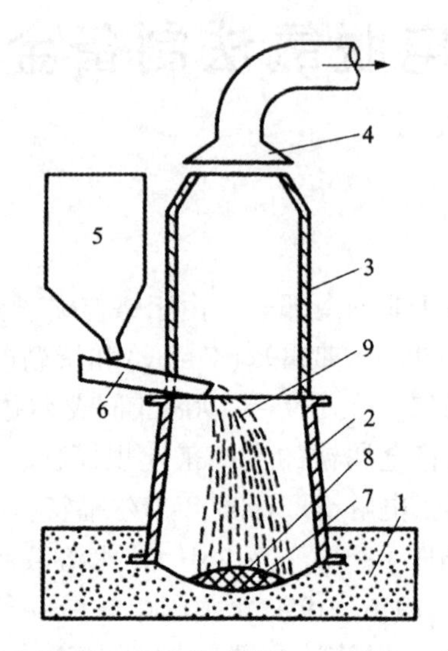

1—砂基(镁砂)；2—炉筒及炉衬；3—炉壁；4—烟罩；
5—料仓；6—溜槽；7—底料；8—引火剂；9—加入炉料。

图 4-1 固定式金属铬熔炼设备

4.1.2 电解法生产金属铬

电解法也是工业生产金属铬的方法之一[5]。按使用电解质分类，分为铬铵矾电解法、铬酸酐电解法和熔盐电解法。目前，通常采用铬铵矾电解法(三价铬电解法)，即用高碳铬铁作为原料，经化学处理得到铬铵矾，再将铬铵矾电解得到电解铬，电极过程为：

阴极：$Cr^{3+}+3e^{-}\longrightarrow Cr$

阴极：$2OH^{-}-4e^{-}\longrightarrow 2H^{+}+O_2$

4.1.3 其他方法

电硅热法[6]是用金属硅还原氧化铬，在开放的电炉里先将 65%的氧化铬和全部的石灰一起熔化，然后电炉停止加热，加入余下的氧化铬和金属硅粉，熔炼温度为 1930℃。该方法制备出的金属铬纯度为 96%~98%。

电铝热法是在三相电弧炉中或在带有渣、金属铸模的炼钢电炉的熔池中用金属铝颗粒还原氧化铬制备金属铬的方法。电炉中先熔化一些不加还原剂(铝粉)的炉料(石灰+氧化铬)，然后停电，加入剩余氧化铬和铝颗粒，靠自热反应制备金属铬。采用改变预熔时氧化物料的数量来调整为保证冶炼顺利进行所需的热量。

真空碳还原法的工艺过程是将三氧化铬与沥青焦或木炭粉碎，按一定配料比混合均匀后压成块，放在 1300～1450℃高温真空炉中，于 13～2666 Pa 下进行还原反应，得到金属铬。虽然这种方法能制备出较纯的金属铬，但是采用了真空设备，成本较高。

4.2　固态氧化铬阴极熔盐电脱氧原理

施加高于氧化铬且低于工作熔盐 $CaCl_2-NaCl$ 分解的恒定电压进行电脱氧。将阴极上氧化铬中的氧离子化，离子化的氧经过熔盐移动到阴极，在阳极放电除去，生成的产物金属铬留在阴极。

电解池构成为

$$C_{(阳极)} \mid CaCl_2-NaCl \mid Cr_2O_3 \mid Fe-Cr-Al_{(阴极)}$$

阴极固态 Cr_2O_3 脱氧反应方程式如下：

$$Cr_2O_3+6e^- \longrightarrow 2Cr+3O^{2-} \tag{4-1}$$

$$3Cr+2C \longrightarrow Cr_3C_2 \tag{4-2}$$

阳极反应是氧离子在石墨阳极失去电子，如反应式(4-3)和式(4-4)所示：

$$O^{2-}+C-2e^- = CO\uparrow \tag{4-3}$$

或

$$2O^{2-}+C-4e^- = CO_2\uparrow \tag{4-4}$$

相关热力学参数与温度有以下关系式：

$$H^{\ominus}_{Cr_2O_3(T)} = \Delta H^{\ominus}_{Cr_2O_3(298)} + \int_{298}^{T} C_{p,\ Cr_2O_3}\mathrm{d}T \tag{4-5}$$

$$S^{\ominus}_{Cr_2O_3(T)} = \Delta S^{\ominus}_{Cr_2O_3(298)} + \int_{298}^{T} \frac{C_{p,\ Cr_2O_3}}{T}\mathrm{d}T \tag{4-6}$$

$$C_{p,\ Cr_2O_3} = a+b\times10^{-3}T+c\times10^{5}T^{-2}+d\times10^{-6}T^{2} \tag{4-7}$$

$$G^{\ominus}_{Cr_2O_3(T)} = H^{\ominus}_{Cr_2O_3(T)} - TS^{\ominus}_{Cr_2O_3(T)} \tag{4-8}$$

$$\Delta G^{\ominus}_{T} = \left(\Delta H^{\ominus}_{298}-298a-\frac{b\times10^{-3}}{2}\times298^{2}+\frac{c\times10^{5}}{298}+\frac{d\times10^{-6}\times298^{2}}{3}\right)+ \\ \left(a-\Delta S^{\ominus}_{298}+a\ln298+b\times10^{-3}\times298-\frac{c\times10^{5}}{2\times298^{2}}+\frac{d\times10^{-6}\times298^{2}}{2}\right)T- \\ \frac{b\times10^{-3}}{2}T^{2}-\frac{c\times10^{5}}{2}T^{-1}-\frac{d\times10^{-6}}{6}T^{-3}-aT\ln T \tag{4-9}$$

查热力学手册[7]可知 $a=119.37$，$b=9.205$，$c=-15.648$，$d=0$；$\Delta H^{\ominus}_{Cr_2O_3(298)}=-1129680$ J/mol；$\Delta S^{\ominus}_{Cr_2O_3(298)}=81.17$ J/(mol·K)，代入式(4-9)计算得式(4-10)：

$$\Delta G^{\ominus}_{Cr_2O_3}=-1160409+729.75T-4.602\times10^{-3}T^2+7.824\times10^5T^{-1}-119.37T\ln T \tag{4-10}$$

同理可得：

$$\Delta G^{\ominus}_{Cr}=-6171.73+102.03T-11.24\times10^{-3}T^2-0.188\times10^5T^{-1}-17.715T\ln T \tag{4-11}$$

$$\Delta G^{\ominus}_{O_2}=-9674.716-2.126T-2.092\times10^{-3}T^2+0.837\times10^5T^{-1}-29.957T\ln T \tag{4-12}$$

根据下式

$$2Cr+\frac{3}{2}O_2 = Cr_2O_3 \tag{4-13}$$

$$\Delta G^{\ominus}_{Cr_2O_3}=G^{\ominus}_{Cr}+G^{\ominus}_{O_2}-G^{\ominus}_{Cr_2O_3} \tag{4-14}$$

将温度 $T=1073$ K 代入以上关系式，即可得 800℃时钒氧化物的标准吉布斯自由能变为 1665876 J/mol，由能斯特方程 $\Delta G=-nEF$ 求得 Cr_2O_3 最大分解电压为 -2.88 V。

4.3 固态氧化铬阴极熔盐电脱氧[8]

4.3.1 研究内容

在新型电解池(如图 4-2)中对固态氧化铬阴极片熔盐电脱氧进行放大实验。称取 1.500 g 分析纯 Cr_2O_3，在 2 MPa 压力下压制成直径为 15 mm 的圆片，在竖式电阻丝炉内 900℃烧结 4 h。将烧结好的多个 Cr_2O_3 阴极片与不锈钢坩埚兼阴极电集流体连接。为保证 Cr_2O_3 阴极片与不锈钢坩埚有良好的接触，在阴极片上放置石墨块镇压。

4.3.2 结果与讨论

阴极片 Cr_2O_3 在 900℃烧结 4 h，实验在 550℃的 $n_{CaCl_2}:n_{NaCl}=1:1$ 的混合熔盐中，用 3.0 V 电压电脱氧 12 h。图 4-3 为 Cr_2O_3 电脱氧电流-时间曲线。

对距阳极较近的 Cr_2O_3 阴极片电脱氧产物进行检测。图 4-4 为电脱氧产物的扫描电镜图，对图中 1 位置处进行能谱分析，其结果见图 4-5。由图 4-5 可以看出，该位置处主要含有 Ca、Cr、Cl、O 元素。

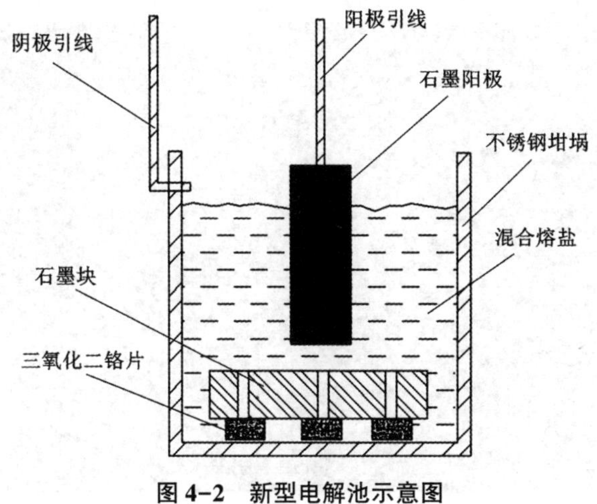

图 4-2　新型电解池示意图

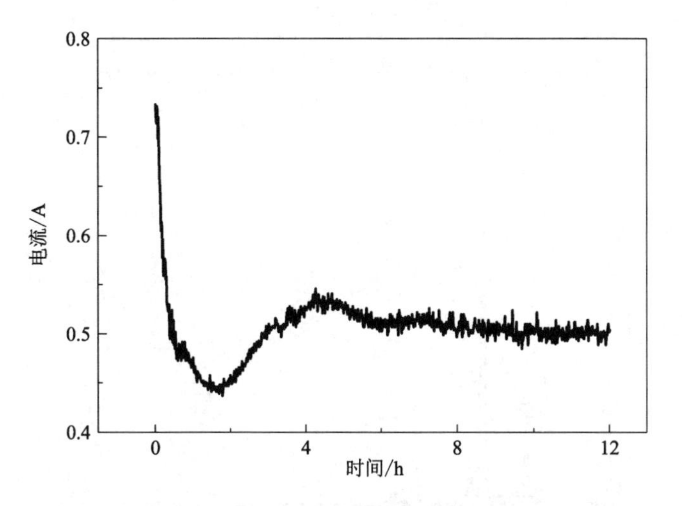

图 4-3　Cr_2O_3 电脱氧电流-时间曲线

对距离阳极较近的 Cr_2O_3 阴极片电脱氧产物进行 X 射线衍射分析，其分析结果如图 4-6 所示。由图 4-6 可以看出，电脱氧产物中有未被电解的 Cr_2O_3，还有一种复杂化合物 $CaCl_2 \cdot Ca(OH)_2 \cdot H_2O$。生成该复杂化合物的原因是阴阳极距离较近，阳极上生成的 CO_2 和 CO 与阴极上 Ca 发生反应，生成 CaO；用去离子水冲洗时，CaO 和 H_2O 生成 $Ca(OH)_2$，$Ca(OH)_2$ 与 $CaCl_2$、水生成复合化合物 $CaCl_2 \cdot Ca(OH)_2 \cdot H_2O$。

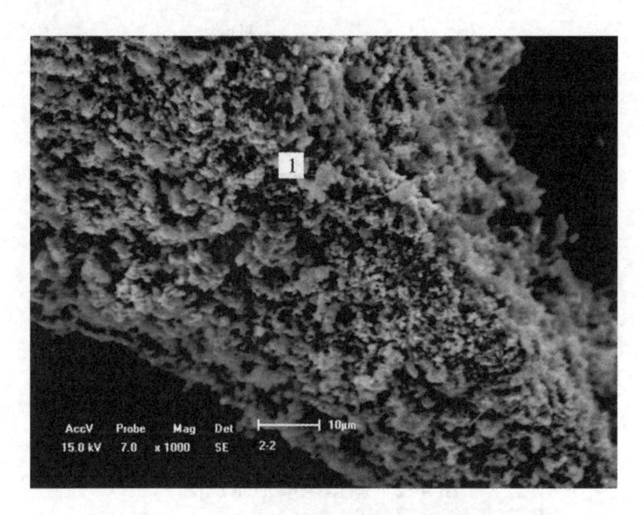

图 4-4　Cr_2O_3 电脱氧后扫描电镜图(1000×)

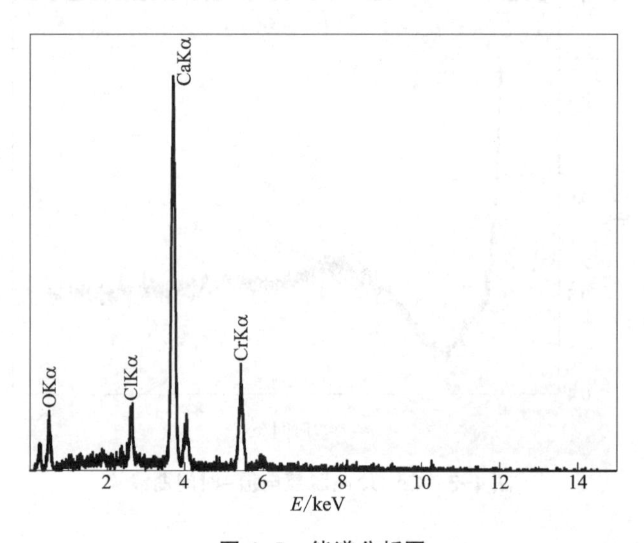

图 4-5　能谱分析图

图 4-7 是靠近坩埚壁的 Cr_2O_3 阴极片电脱氧产物的电子扫描电镜图，对图中 1 位置处进行能谱分析，其分析结果见图 4-8。由图 4-8 可以看出，该位置处主要为 Cr 元素，还有少量的 O 和 Ca。

图 4-9 为电脱氧产物的 X 射线衍射图，可见电解产物是金属铬。

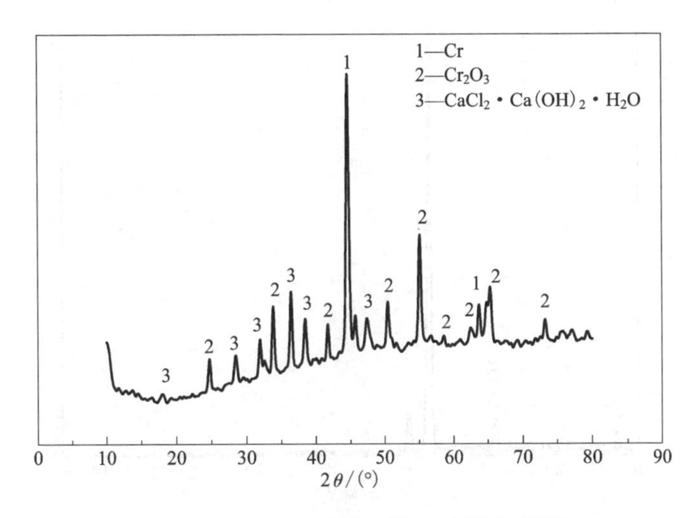

图 4-6　Cr_2O_3 电脱氧后的 X 射线衍射图

图 4-7　Cr_2O_3 电脱氧后扫描电镜图(1000×)

应用新型电解池，在 550℃、摩尔比为 $n_{CaCl_2}:n_{NaCl}=1:1$ 的 $CaCl_2$-NaCl 混合熔盐中，施加 3.0 V 电压电脱氧 12 h，可得金属铬。距阳极近的 Cr_2O_3 片不能电解完全，且有复杂化合物生成；距坩埚侧壁近的 Cr_2O_3 基本可以电解完全，电解产物是金属铬。

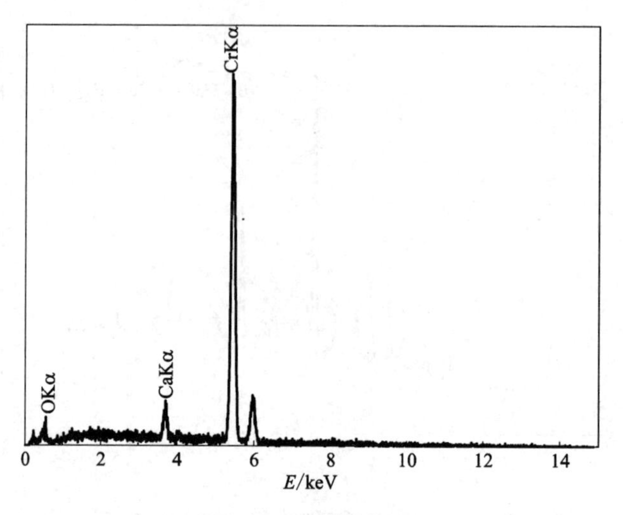

图 4-8　能谱分析图

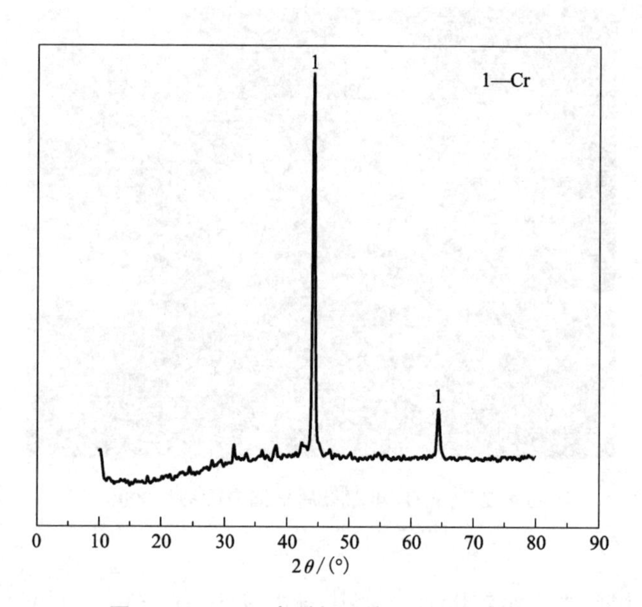

图 4-9　Cr_2O_3 电脱氧后的 X 射线衍射图

4.4　结论

改进电脱氧装置对 Cr_2O_3 规模化电解工艺进行了研究。在 550℃、摩尔比为 n_{CaCl_2} ∶ n_{NaCl} = 1 ∶ 1 的 $CaCl_2$-NaCl 混合熔盐中，施加 3.0 V 电压电脱氧 12 h，电解出金属铬。

参考文献

[1]阎江峰，陈加希，胡亮. 铬冶金[M]. 北京：冶金工业出版社，2007.
[2]Evans M N Chirwa, Wan Y T. Chromium(Ⅵ) reduction by pseudomonas fluorescens LB300 in fixed-film bioreactor [J]. J Environ Eng, 1997, 123(8): 2491-2498.
[3]Cüneyt A, Paul F D. The anodic oxidation of Cr(Ⅲ) to Cr(Ⅵ) in a laboratory-scale chromium electrowinning cell [J]. Hydrometallurgy, 1997, 46(3): 337-348.
[4]孙朝晖，杨仰军. 铝热法冶炼金属铬[J]. 钢铁钒钛，1996，17(1)：17-21.
[5]范家友. 电解法制取金属铬粉工艺研究[J]. 昆明冶金高等专科学校学报，2001，17(4)：27-30.
[6]向天虎，左碧雄. 电硅热法生产低微碳铬铁降耗实践[J]. 铁合金，2007，38(6)：6-11.
[7]梁英教，车荫昌，刘晓霞. 无机物热力学数据手册[M]. 沈阳：东北大学出版社，1993.
[8] 李承德. 低温熔盐电脱氧法制备金属铝和金属铬研究[D]. 东北大学，2009.

第5章　以氧化镝为阴极熔盐电脱氧法制备金属镝

镝是重稀土元素，在地壳中的丰度约为 6×10^{-6}。在重稀土元素中镝含量仅低于钇。由于特殊的4f层电子结构，金属镝呈现出独特的光、电、磁性能，在功能材料中发挥了奇特的效应，在永磁材料、磁致伸缩材料、磁光材料等方面得到良好的应用[1-32]。

在稀土永磁方面：工业上，金属镝在烧结钕铁硼(NdFeB)中的用量较多，镝(≥99%)加入量一般为2%~4%，可提高NdFeB磁体的矫顽力及改善其他磁性能[1-6]。在磁致伸缩材料方面：金属镝的加入使铁磁材料磁致伸缩性质得到了加强，在声学、微位移、力学传感等领域得到了更广泛的应用[7-24]。在磁光材料方面：一些含金属镝的材料在紫外到红外波段具有磁光效应的光信息功能，可制成各种功能的光学器件，如调制器、显示器和磁传感器等[25]。在磁制冷方面：室温磁制冷技术是当前备受关注的无污染制冷方法，将用于制造无污染电冰箱，有极其重要的经济和社会效益。目前已有低温(4~20 K)磁制冷材料达到了实用化的水平。国外研究表明：用于低温(低于20 K)的磁制冷材料主要有 $Gd_3Ga_3O_{12}$(GGG)、$Dy_3Al_5O_{12}$(DAG)两种。GGG目前应用最广泛，但不能作为冰箱制冷材料。一些研究者引入Dy，对Gd-Al-Dy三元合金进行研究。此外，还有 $Dy_2Ti_2O_7$、$DyPO_4$ 和DyYGaO等也都是具有特色的磁制冷材料，这也是镝潜在的巨大应用领域[26]。其他方面：金属Dy在稀土超导材料($BaYCu_2O_7$)、高级合金(Dy-Mg)和镝、钬灯材料等领域的应用也在日益发展。稀土超导陶瓷 $Ba_2YCu_3O_{7-x}$ 中的Y可以被其他稀土元素，特别是中重稀土元素Gd、Dy、Ho、Er、Tb等所取代，对临界电流密度等影响较大[27]。在SmFeN第四代永磁材料中，引入Dy元素替代部分Sm，形成 $(Sm_{1-x}Dy_x)_2Fe_{17}N_y$ 材料[28]。近年来，稀土金属在铝基合金、高性能镁合金等特殊性能的结构材料中得到了大量应用[29-32]。因此，金属镝在21世纪的高科技功能材料的应用中是不可缺少的重要材料，前景广阔。

在世界镝资源分布中，中国居全球首位。作为重要的战略资源，中国的金属镝开发具有得天独厚的原料优势。生产金属镝所用的原料有下列几种[33-35]：①氧化镝(Dy_2O_3)，其主要来自离子型稀土精矿[w(REO)≥92%]处理后所得的分离产品，纯度为 REO 99%，Dy_2O_3/REO 99%~99.95%，稀土杂质 0.05%~1.0%(Gd、Tb、Ho、Er 和 Y)，非稀土杂质 0.03%~0.3%(Fe、Si 和 Ca)。②氟化镝(DyF_3)，将氧化镝(Dy_2O_3)和氯化镝($DyCl_3$)转化制成，纯度为 REO 80%~82%，Dy_2O_3/REO 99%~99.9%，稀土杂质 0.01%~1.0%，非稀土杂质(Fe、Ca 和 Mg 等)0.4%~0.5%，水分(H_2O)0.1%~1.0%，F 24%。③氯化镝($DyCl_3$)，由离子型稀土精矿进行分离而得的产品，纯度为 REO 42%~47%，Dy_2O_3/REO 99%~99.9%，稀土杂质 0.1%~1.0%(Tb、Ho、Er 和 Y)，非稀土杂质 0.19%~0.32%(Fe、Si、Ca 等)。上述三种原料均可工业化生产，技术成熟，供量充足，但前两种原料较为常用。

5.1 金属镝制备技术

目前，中国国内主要采用金属热还原法生产金属镝产品，具体包括钙热还原法、中间合金法和还原蒸馏法。这三种方法已有工业化的生产实践，但常用的是钙热还原法。用该法生产的金属 Dy 约占中国镝总产量的 80%以上[1, 2, 33-35]。

5.1.1 钙热还原法生产金属镝

以氟化镝(DyF_3)为原料，用金属钙(Ca)作还原剂，配料后放入坩埚内并置于真空感应炉中(在氩气保护下)，在 1450℃ 下进行还原。化学反应式为：

$$2DyF_3+3Ca = 2Dy+3CaF_2 \tag{5-1}$$

还原结束后进行金属(Dy)与渣(CaF_2)分离，即制得金属镝产品。该法工艺简便，易于作业，镝收率高和纯度好，但存在能耗大、污染环境、成本高、原料存储困难的问题。

5.1.2 中间合金法制备金属镝

用氟化镝(DyF_3)为原料，以金属钙(Ca)作还原剂，镁(Mg)为合金剂，添加氯化钙($CaCl_2$)以生成低熔点渣。经配料后装入竖式管状还原炉内于 950℃ 下进行还原。还原后生成中间合金 DyMg，然后再用真空蒸馏法分离除 Mg，即制成镝产品(99%Dy)。该方法还原温度低，有利于降低电耗，但生产工艺及作业较复杂，镝的回收率低。其化学反应式为：

$$2DyF_3+3Ca+2Mg = 2DyMg+3CaF_2 \tag{5-2}$$

$$DyMg = Dy+Mg \tag{5-3}$$

5.1.3 还原蒸馏法制备金属镝

用氧化镝(Dy_2O_3)为原料，以金属镧(La)作还原剂，经配料后装入坩埚内并置于真空感应炉中(在坩埚上方设置冷凝器以便冷凝挥发的Dy)，在1400℃下被金属La还原成金属Dy后，再蒸馏Dy使其挥发进入冷凝器被冷凝，即制成金属Dy产品。其化学反应式为：

$$Dy_2O_3+2La = 2Dy+La_2O_3 \quad (5-4)$$

该工艺过程简便，作业容易，设备少且易解决，但能耗大，设备要求严格，成本高。

5.2 固态氧化镝阴极熔盐电脱氧制备金属镝原理

施加高于三氧化二镝且低于工作熔盐$CaCl_2$分解的恒定电压进行电脱氧。将阴极上三氧化二镝中的氧离子化，离子化的氧经过熔盐移动到阴极，在阳极放电除去，生成的产物金属镝留在阴极。

电解池构成为

$$C_{(阳极)} \mid CaCl_2 \mid Dy_2O_3 \mid Fe\text{-}Cr\text{-}Al_{(阴极)}$$

整个反应过程中，固体阴极得到电子，发生阴极反应生成Dy和O^{2-}，即

$$Dy_2O_3+6e^- = 2Dy+3O^{2-} \quad (5-5)$$

氧离子在石墨阳极失去电子，即

$$O^{2-}+C-2e^- = CO\uparrow \quad (5-6)$$

或

$$2O^{2-}+C-4e^- = CO_2\uparrow \quad (5-7)$$

电极过程总反应方程式：

$$Dy_2O_3(s)+3/xC(s) = 2Dy(s)+3/xCO_x(g) \quad x=1 或 2 \quad (5-8)$$

下式为生成Dy_2O_3的热力学函数及热容表达式：

$$H^{\ominus}_{Dy_2O_3} = \Delta H^{\ominus}_{Dy_2O_3}(298) + \int_{298}^{T} C_{p,\,Dy_2O_3}\,dT \quad (5-9)$$

$$S^{\ominus}_{Dy_2O_3} = \Delta S^{\ominus}_{Dy_2O_3}(298) + \int_{298}^{T} \frac{C_{p,\,Dy_2O_3}}{T}\,dT \quad (5-10)$$

$$C_{p,\,Dy_2O_3} = a+b\times10^{-3}T+c\times10^{5}T^{-2}+d\times10^{-6}T^{2} \quad (5-11)$$

$$G^{\ominus}_{Dy_2O_3} = H^{\ominus}_{Dy_2O_3(T)} - TS^{\ominus}_{Dy_2O_3(T)} \quad (5-12)$$

查热力学手册[36]得$a=128.449$，$b=19.246$，$c=-16.736$，$d=0$；$\Delta H^{\ominus}_{Dy_2O_3(298)}=$

-1863140 J/mol；$\Delta S^{\ominus}_{Dy_2O_3(298)}$ = 149.79 J/(mol·K)。将参数代入到式(5-8)~式(5-12)，相加得到式(5-13)：

$$G^{\ominus}_{Dy_2O_3}=725.603T-128.449T\ln T-9.632\times10^{-3}T^2+8.368\times10^{5}T^{-1}-1907888.47 \tag{5-13}$$

同理，可相加得到式(5-14)、式(5-15)：

$$G^{\ominus}_{Dy}=42.543T-18.912T\ln T+1.858\times10^{-3}T^2-16.795\times10^{5}T^{-1}-2.201\times10^{-6}T^3+2289.978 \tag{5-14}$$

$$G^{\ominus}_{O_2}=-2.228T-29.957T\ln T-2.092\times10^{-3}T^2+0.837\times10^{5}T^{-1}-9674.709 \tag{5-15}$$

将式(5-13)~式(5-15)相加，得到反应方程式 $2Dy+3/2O_2 = Dy_2O_3$ 的吉布斯自由能变：

$$\Delta G^{\ominus}=643.859T-45.685T\ln T-10.201\times10^{-3}T^2+40.698\times10^{5}T^{-1}+4.402\times10^{-6}T^3-1897956.362 \tag{5-16}$$

碳和氧反应生成 CO 的方程式为

$$0.5O_2(g)+C(s) = CO(g)$$

在 500~2000℃，该反应方程式的吉布斯自由能变，即 CO 的生成吉布斯自由能为式(5-17)：

$$\Delta G^{\ominus}_{CO}=-5.811T-28.409T\ln T-2.1\times10^{-3}T^2+0.23\times10^{5}T^{-1}-118669.471 \tag{5-17}$$

碳和氧反应生成 CO_2 的方程式为：

$$O_2(g)+C(s) = CO_2(g)$$

该反应方程式的吉布斯自由能变，即 CO_2 的生成吉布斯自由能为式(5-18)

$$\Delta G^{\ominus}_{CO_2}=89.456T-44.141T\ln T-4.518\times10^{-3}T^2+4.267\times10^{5}T^{-1}-409929.373 \tag{5-18}$$

由上述诸式计算得到的 Dy_2O_3 在不同温度下电极反应过程的自由能变和电动势分别列于表 5-1~表 5-3。

表 5-1　阳极产物为 CO 时反应式(5-17)在不同温度下的标准吉布斯自由能变和电动势

温度/℃	800	850	900
$\Delta G^{\ominus}/(J\cdot mol^{-1})$	929216.133	902620.509	876124.783
$E^{\ominus}/V$	-1.605	-1.559	-1.513

表 5-2　阳极产物为 CO_2 时反应(5-18)在不同温度下的标准吉布斯自由能变和电动势

温度/℃	800	850	900
$\Delta G^{\ominus}/(J\cdot mol^{-1})$	955629.882	942154.781	928746.886
$E^{\ominus}/V$	-1.651	-1.627	-1.604

表 5-3　Dy_2O_3 在不同温度下的标准生成吉布斯自由能和电动势

温度/℃	800	850	900
$\Delta G^{\ominus}/(J\cdot mol^{-1})$	-1551712.97	-1538302.95	-1524944.13
$E^{\ominus}/V$	2.680	2.657	2.634

以上的计算结果表明，在 800~900℃采用惰性阳极，Dy_2O_3 的最大分解电压为-2.68 V，若采用活性石墨阳极，Dy_2O_3 的最大分解电压为-1.60 V 左右。实际上，阳极气体是 CO_2 和 CO 的混合体，因此实际操作中施加小于-1.60 V 分解电压即可。

从能量的角度来说，采用活性阳极使 Dy_2O_3 的分解电压降低的原因，是由于 CO_2 和 CO 的生成释放出能量，从而减少了环境外加的能量。从电化学的观点来看，CO_2 和 CO 的生成起了一个去极化的作用。

5.3　固态氧化镝阴极熔盐电脱氧[37]

5.3.1　研究内容

(1)氧化镝阴极电脱氧电极过程

采用三电极法进行测量，石墨电极作对电极，带有微孔的钼棒作工作电极，铂片作伪参比电极，电极间距为 5 mm，在 $CaCl_2$ 熔盐中 900℃条件下进行循环伏安扫描测量。电化学测量制度设定电压为±2.5 V，扫描速率为 10 mV/s，-0.5 V 开始负向循环伏安扫描。

(2)电压对电脱氧的影响

电脱氧过程中，如果电压过高，熔盐将发生分解，导致熔盐损失严重。本书研究 900℃电脱氧温度条件下，2.6~3.0 V 电压对电脱氧的影响。

(3)电脱氧温度对电脱氧的影响

本书研究 3.0 V 电压下，800~900℃电脱氧温度对电脱氧的影响。

(4)脱氧时间对电脱氧的影响

本书研究 900℃电脱氧温度、3.0 V 电压下，2.5~30 h 电脱氧时间对电脱氧的影响。

(5)烧结温度和烧结时间对电脱氧的影响

Dy_2O_3 阴极片分别在 1000℃、1100℃和 1200℃下分别烧结 2 h、4 h、6 h，在 900℃的 $CaCl_2$ 熔盐中，恒电压(-3.0 V)电脱氧 30 h。

(6)电脱氧阳极气体分析

电脱氧结束后，将阴极从 $CaCl_2$ 熔盐中提出，关闭直流稳压电源，继续保持向炉内通氩气，使加热炉降温至室温，取出阴极片，放入酒精中保存。待用超声波清洗且干燥后，对实验结果进行检测分析处理。

5.3.2　结果与讨论

(1)氧化镝阴极电脱氧还原电极过程

图 5-1 为以微孔钼棒(MCE)为工作电极的循环伏安曲线。图 5-1(a)为以未填 Dy_2O_3 的带微孔钼棒为工作电极测得的纯熔盐($CaCl_2$)循环伏安曲线，从图可以看到在-0.5~-2.3 V 扫描过程中，只有一个熔盐分解峰，电压值为-2.2 V 左右。图 5-1(b)为以填入 Dy_2O_3 的带微孔钼棒为工作电极测得的 Dy_2O_3 循环伏安曲线，从图可以看到在-0.5~-2.3 V 扫描过程中，有一个明显的还原峰，还原峰处电压值为-1.5 V 左右，可见固态 Dy_2O_3 熔盐电脱氧还原过程是三价镝→金属镝一步脱氧直接到达单质金属的过程。

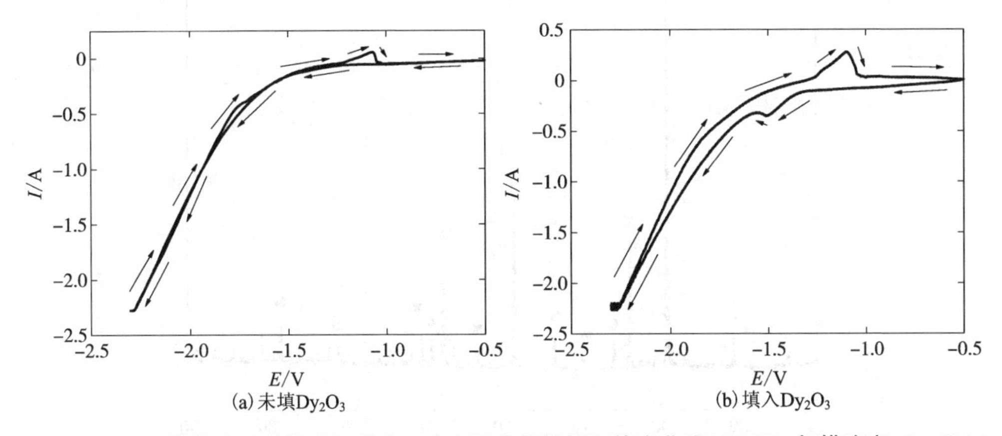

图 5-1　$CaCl_2$ 熔盐中以带微孔钼棒为工作电极获得的循环伏安曲线(900℃，扫描速度 10 mV/s)

在-0.5～-2.3 V扫描过程中，出现峰处电压值为-1.25 V的一个峰。这峰不仅出现在图5-1(a)纯熔盐($CaCl_2$)循环伏安曲线中，还出现在图5-1(b)中，且图5-1(b)中的峰明显比图5-1(a)中的峰高，说明电极上除了金属钙被氧化外，还有生成的金属镝被氧化。

从图5-1(b)循环伏安曲线还原峰处电压值来看，实测电压值要比理论计算值更负，这是由于微孔电极的制作是将氧化镝粉通过压实的办法来实现连接，Dy_2O_3粉与电极之间电阻较大，且熔盐也有一部分电阻分去了一部分电压降。

为了进一步确认上述判断，采用两电极法，石墨电极作阳极，Dy_2O_3粉体压实烧结作阴极，电极间距为5 mm，$CaCl_2$熔盐中900℃条件下，施加-3.0 V恒电压进行Dy_2O_3电脱氧实验。电脱氧前对熔盐施加-2.0 V恒电压预电解除杂。电脱氧结束后将阴极在氩气保护的手套箱内除去表面的盐后，对电极产物进行表征、检测。

图5-2为氧化镝电脱氧0 h、2.5 h、10 h、20 h和30 h后还原产物的XRD图。由图5-2可见，电脱氧2.5 h的试样中大部分为氧化镝，电脱氧10 h的试样中开始出现少量金属镝，而电脱氧20 h后样品中出现一定量金属镝，电解30 h后的试样中大部分为金属镝。将图5-2(a)～图5-2(e)进行对比，发现各图中除了金属镝和三价的氧化物以外没有其他价镝的化合物出现，进一步说明固态氧化镝直接电脱氧还原是由一个步骤完成的，即三价镝→金属镝。这也证明了氧化镝循环伏安测试曲线的准确性。

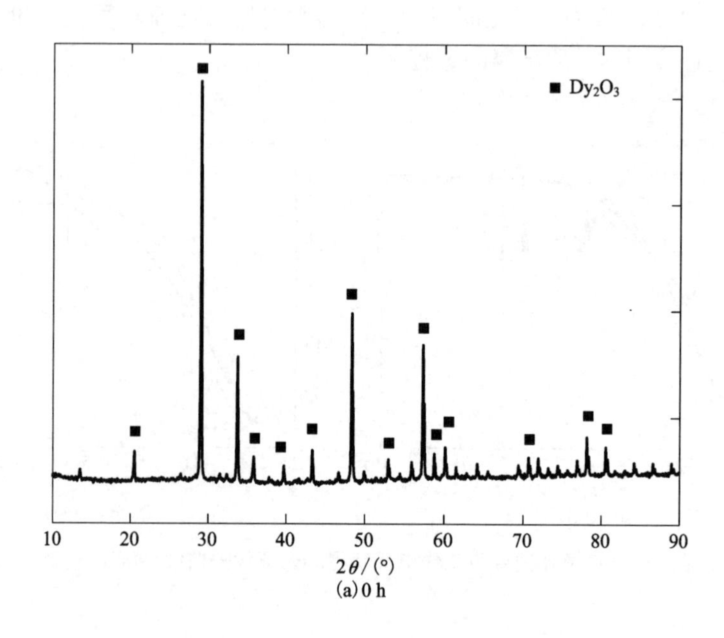

(a) 0 h

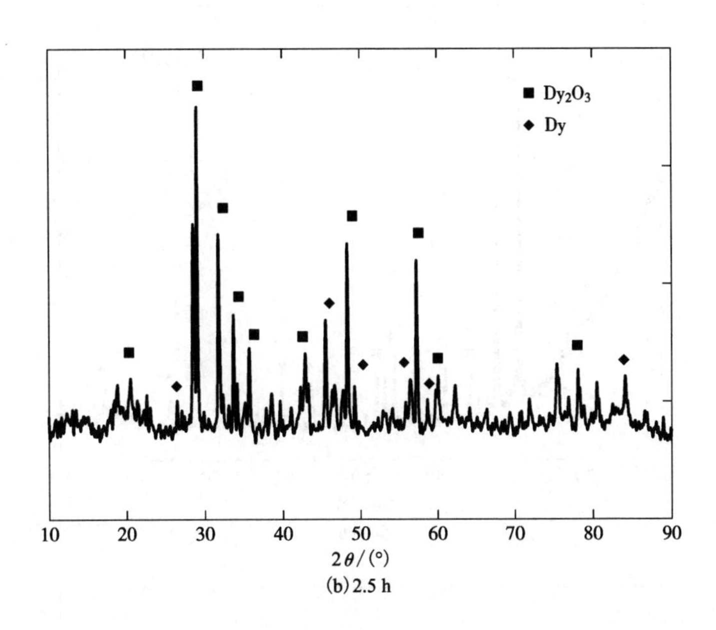

Dy_2O_3
Dy
10
20
30
40
50
60
70
80
90
$2\theta/(°)$

(b) 2.5 h

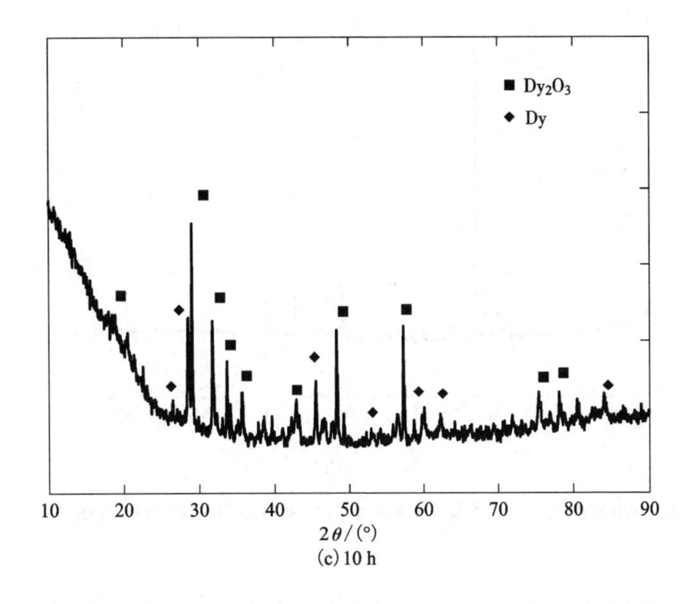

Dy_2O_3
Dy
10
20
30
40
50
60
70
80
90
$2\theta/(°)$

(c) 10 h

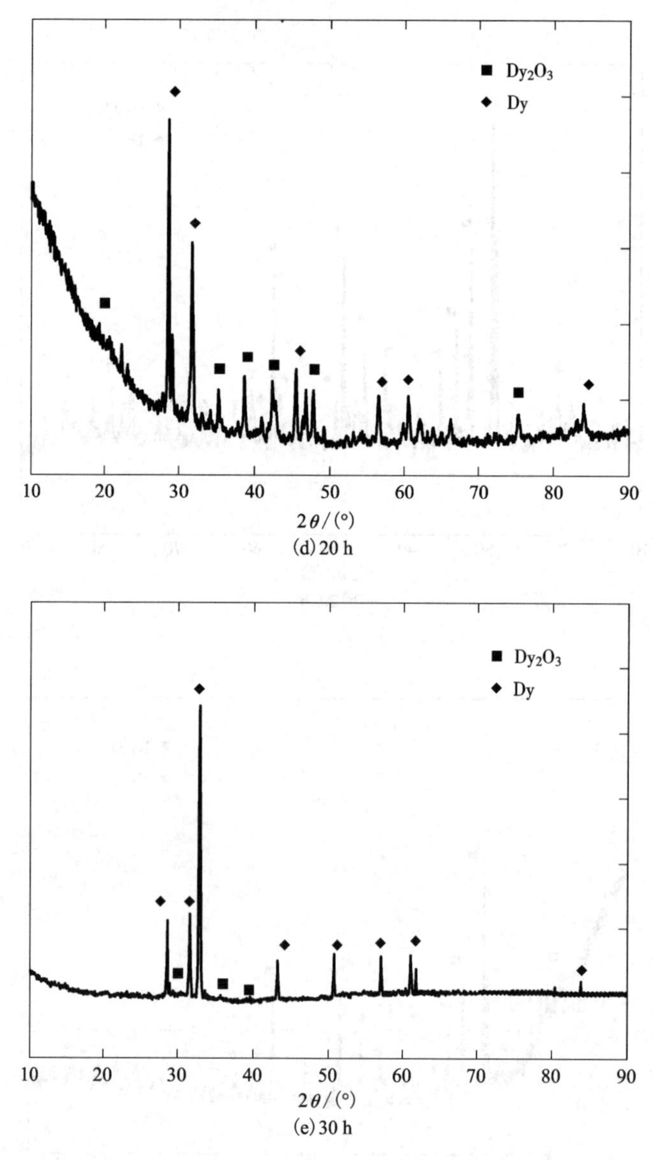

图 5-2 900℃熔盐中在恒电压-3.0 V、不同时间下电脱氧产物的 XRD 图谱

图 5-3 为在熔盐($CaCl_2$)中获得的氧化镝电脱氧计时电流曲线。由图 5-3 可见，在电位阶跃初期很短的时间内电流迅速下降，这是由于双电层放电造成的。-1.3 V 电位阶跃和-1.4 V 电位阶跃获得的曲线基本一致，与-1.5 V 电位阶跃相比，-1.6 V 电位阶跃计时电流曲线上 0~5 s 内电流急剧增大，5 s 后电流逐渐下降

并趋缓，这说明电位从-1.5 V 阶跃到-1.6 V 过程中，工作电极上有电化学反应发生。这与图 5-1 循环伏安曲线中发生还原反应处的电位基本吻合，进一步证实了在-1.4 ~-1.6 V 电位处有 Dy_2O_3 电化学还原发生。

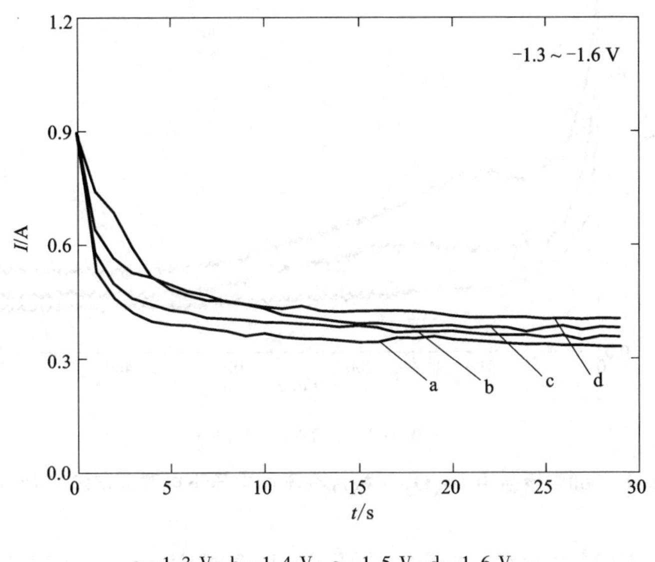

a—1.3 V；b—1.4 V；c—1.5 V；d—1.6 V。

图 5-3　900℃熔盐($CaCl_2$)中氧化镝电脱氧还原的计时电流曲线

从图 5-3 计时电流曲线中可以看出，在 30 s 内无法进行电极氧化过程，所以稳定的电流值与固态 Dy_2O_3 释放 O^{2-} 的速度成正比例关系。随着电位值减小，电流值也减小，但电流变化的趋势一样。这反映应用更高的电压有利于加快还原过程的进行。

(2)电压对电脱氧的影响

图 5-4 为 1200℃下烧结 6 h 的 Dy_2O_3 阴极片在不同电压(-2.6 V、-2.8 V、-3.0 V)下电脱氧的电流-时间曲线。

图 5-4(a)为采用-3.0 V 恒电位电脱氧过程时间-电流曲线。由曲线可见，在 0~50 min 期间，电脱氧电流明显下降，50~100 min 电流升高，这是由于 Dy_2O_3 集中电脱氧形成的；100 min 后电流开始下降，400 min 后电流下降幅度趋缓。图 5-4(b)为采用-2.8 V 恒电压电脱氧过程时间-电流曲线。由曲线可见，在 0~90 min 期间，电流明显下降，这包括双电层放电因素。90~160 min 时电流升高，这也是由于 Dy_2O_3 集中电脱氧形成的，160 min 后电流开始下降，350 min 后电流下降幅度趋缓。图 5-4(c)为采用-2.6 V 恒电压电脱氧过程时间-电流曲线。由曲线可见，在 0~50 min 期间，电流明显下降，这是包括双电层放电和阴极片中

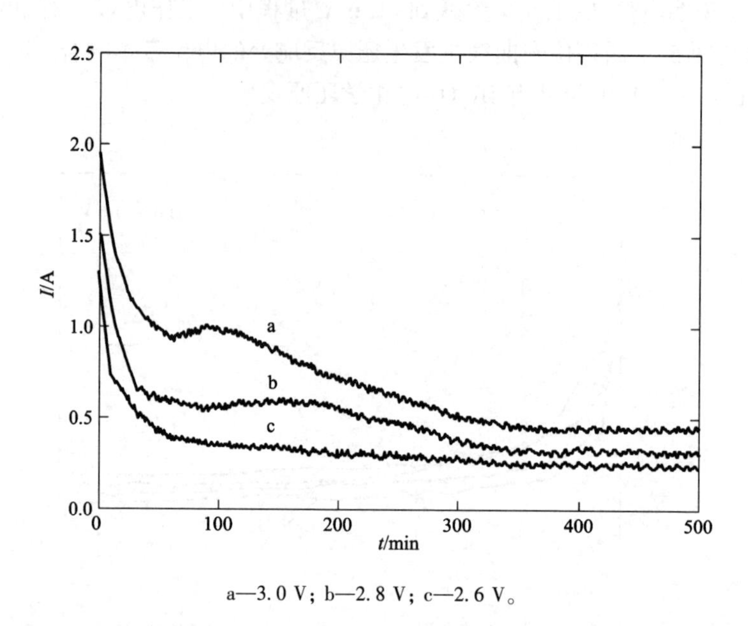

a—3. 0 V；b—2. 8 V；c—2. 6 V。

图 5-4　900℃熔盐中 Dy_2O_3 阴极片在不同电压下电脱氧电流-时间曲线

氧含量降低等因素引起的，50 min 后电流下降幅度趋缓，这说明在此电压下 Dy_2O_3 没有电解。

综上可以发现，随着施加电压的提高，Dy_2O_3 集中电脱氧的开始时间提前，电流下降趋缓的开始时间推后，如 Dy_2O_3 集中电脱氧的开始时间在-3. 0 V 条件下从 50 min 开始，在-2. 8 V 条件下从 90 min 开始；电流下降趋缓的开始时间在-3. 0 V 条件下从 400 min 开始，在-2. 8 V 条件下从 350 min 开始。这说明 Dy_2O_3 电脱氧整个电极反应过程是在电子传递的控制之下进行，进一步验证了计时电流法获得的电荷传递过程是关键控制步骤的结论。

图 5-5 为不同电压下 Dy_2O_3 片电脱氧 30 h 后阴极产品的 XRD 图。由图 5-5 可见，随着电压的升高，电脱氧后阴极产物中的金属镝相逐渐增加。电压为-2. 6 V 时，电脱氧后阴极产物中没有出现了金属镝相，这主要是因为阴极氧化物的理论分解电压比实际电解电压较大而无法进行电化学反应。当电压为-2. 8 V 时，电脱氧后阴极产物中出现了金属镝相，不过还有一定量的氧化镝相。当电压为-3. 0 V 时，金属镝相占据了电脱氧后阴极产物的全部。这说明电脱氧电压为-3. 0 V 时才够完成电化学反应，而随着电压提高阴极中电化学反应发生，电压为-3. 0 V 以上，可能发生熔盐的分解。所以电压不能超过熔盐的分解电压，最合适的电脱氧电压为-3. 0 V。

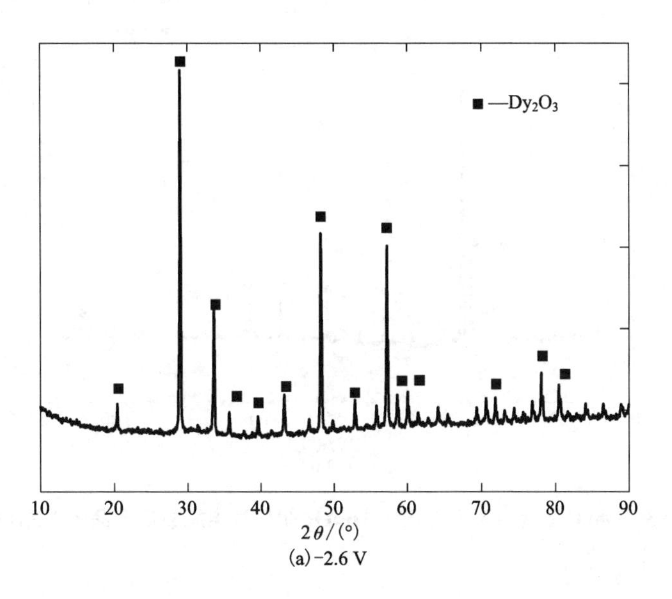
■—Dy_2O_3
10 20 30 40 50 60 70 80 90
$2\theta/(°)$

(a) −2.6 V

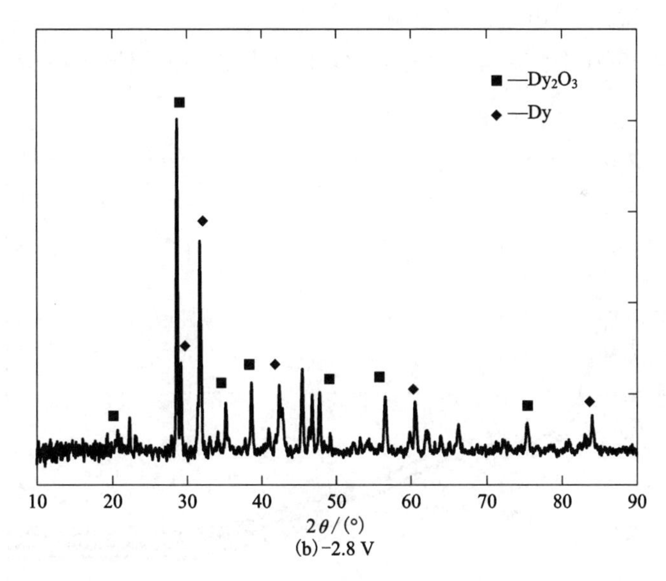
■—Dy_2O_3
◆—Dy
10 20 30 40 50 60 70 80 90
$2\theta/(°)$

(b) −2.8 V

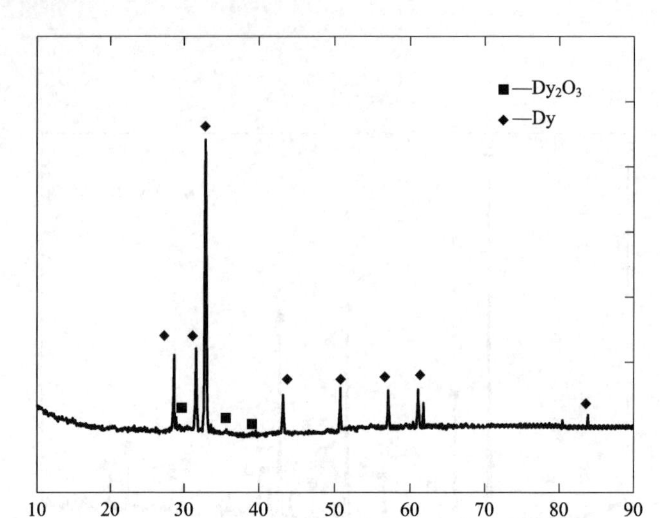

(c)-3.0 V

图 5-5　900℃熔盐中不同电压下 Dy_2O_3 阴极片电脱氧后产品的 XRD 图谱

(3)电脱氧温度对电脱氧的影响

图 5-6 为 1200℃下烧结 6 h 的 Dy_2O_3 阴极片在不同温度下电脱氧的电流-时间曲线。

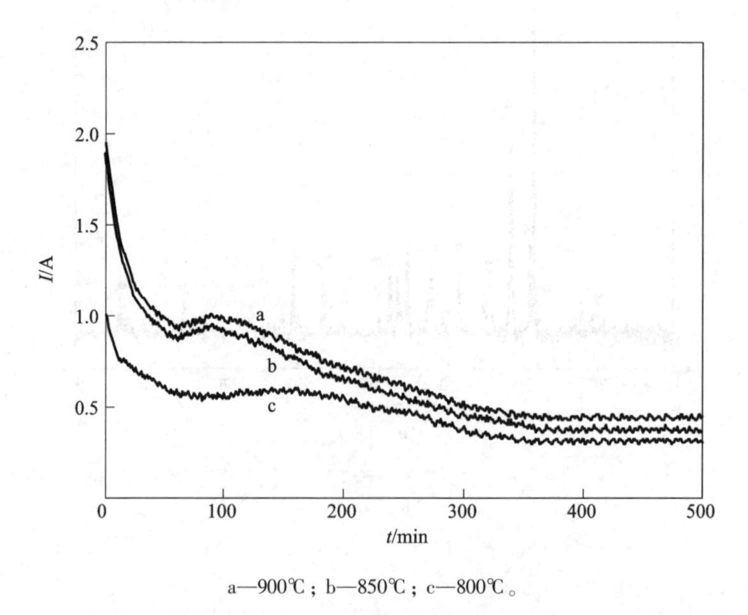

a—900℃；b—850℃；c—800℃。

图 5-6　-3.0 V 恒电压下 Dy_2O_3 阴极片在不同温度下电脱氧电流-时间曲线

图 5-6 中 a 为 900℃温度下电脱氧过程时间-电流曲线。由曲线可见，在 0~50 min 期间，电流明显下降。同上，这也是包括双电层放电和阴极片中氧含量降低引起的；50~100 min 电流升高，这是由于 Dy_2O_3 集中电脱氧形成的；100 min 后电流开始下降，400 min 后电流下降幅度趋缓。

图 5-6 中 b 为 850℃电脱氧过程时间-电流曲线。由曲线可见，在 0~60 min 期间，电流明显下降，这仍旧是包括双电层放电和阴极片中氧含量降低引起的；60~90 min 电流升高，这也是由于 Dy_2O_3 集中电脱氧形成的；90 min 后电流开始下降，350 min 后电流下降幅度趋缓。图 5-6 中 c 为采用 800℃电脱氧过程时间-电流曲线。由曲线可见，在 0~90 min，电流明显下降，这也包括双电层放电因素；90~160 min 电流逐渐增高，这也是由于 Dy_2O_3 集中电脱氧形成的；160 min 后电流开始下降，300 min 后电流下降幅度趋缓，这说明在此温度下 Dy_2O_3 电脱氧有限。

综上可以发现，随着施加温度的提高，Dy_2O_3 集中电脱氧的开始时间提前，电流下降趋缓的开始时间推后。如 Dy_2O_3 集中电脱氧的开始时间在 900℃温度下从 50 min 开始，在 800℃温度下从 90 min 开始；电流下降趋缓的开始时间在 900℃温度下从 400 min 开始，在 800℃温度下从 300 min 开始。

图 5-7 为不同电脱氧温度下 Dy_2O_3 片电脱氧 30 h 后阴极产品的 XRD 图。由图 5-7 可见，随着电脱氧温度的升高，电脱氧后阴极产物中的金属镝相逐渐增加。电脱氧温度为 800℃时，电脱氧后阴极产物中出现了很少量的金属镝相。当温度为 850℃时，电脱氧后阴极产物中出现了较多的金属镝相。当温度为 900℃时，金属镝相占据了电脱氧后阴极产物的全部。这说明温度为 900℃时才够完成电化学反应，随着温度升高阴极中电化学反应完成。但当温度为 900℃以上时，熔盐易发生分解。所以电脱氧温度不能超过 900℃，最合适的电脱氧温度为 900℃。

电脱氧温度高使残余含氧量降低，主要是由于高温加速了氧化物中氧的扩散或 Dy-O 固溶体中氧的扩散。固相扩散的活化能远比液相扩散活化能大。因此，电解温度对溶解在孔隙熔盐中 O^{2-} 的扩散速率和 O^{2-} 从阴极表面向阳极迁移的影响要比对 O^{2-} 在阴极中扩散的影响小。当然，升高熔盐温度能很大程度地加速 O^{2-} 在熔盐中的扩散。

另外，在图 5-6 电脱氧电流-时间曲线上，电流峰符合先在电极和氧化物接触点的表面上进行还原反应(电流增加)，再逐渐扩散到表明内部(电流减少)的三相界面(3PI)扩散理论：金属|金属氧化物|电解质。由于还原过程中传质较困难，因此，电极过程按上述三相界面扩散理论进行还原反应：$Dy|Dy_2O_3|CaCl_2$。所以，在电脱氧电流-时间曲线中电流峰表明电子还原过程符合三相界面扩散理论。

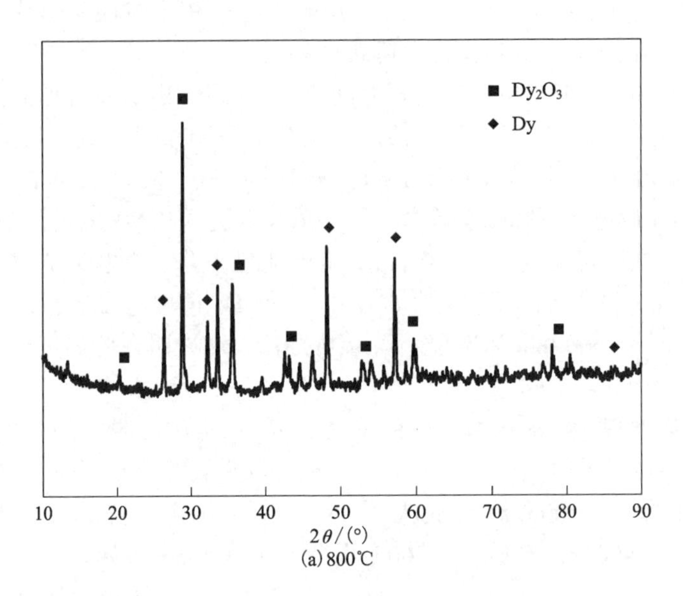
■ Dy_2O_3
◆ Dy
10
20
30
40
50
60
70
80
90
$2\theta/(°)$

(a) 800℃

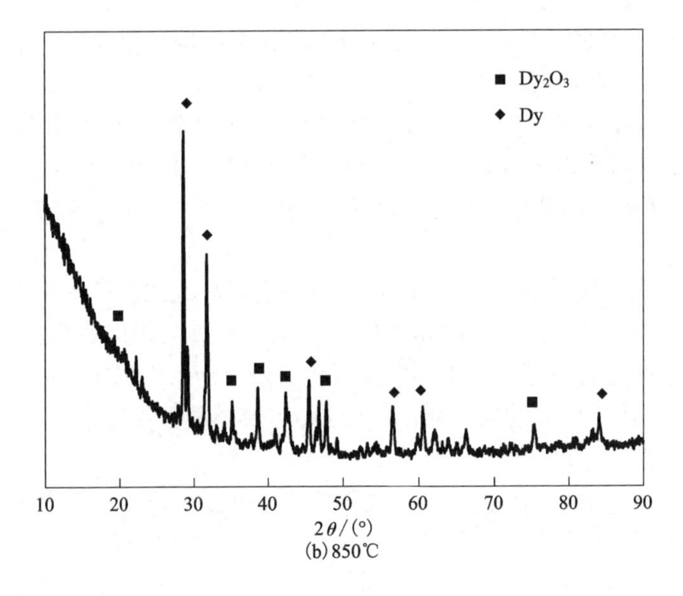
■ Dy_2O_3
◆ Dy
10
20
30
40
50
60
70
80
90
$2\theta/(°)$

(b) 850℃

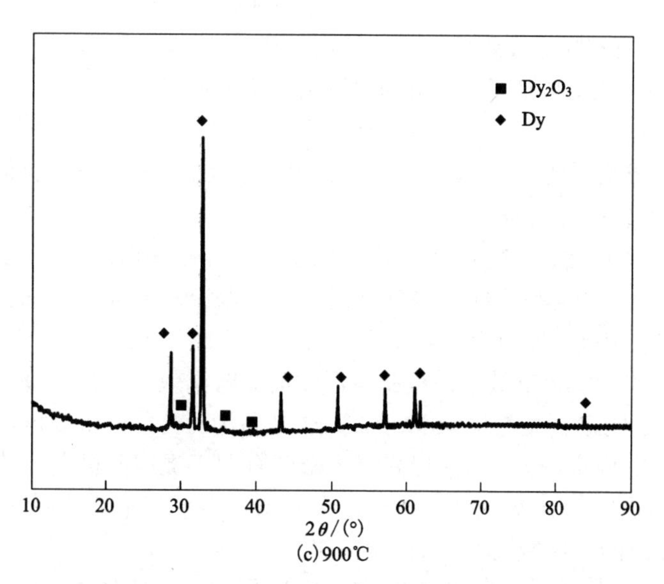

(c) 900℃

图 5-7　-3.0 V 恒电压、不同温度下 Dy_2O_3 阴极片电脱氧后产品的 XRD 图谱

为了研究温度对阴极电脱氧电流效率的影响，在电压-3.0 V、电脱氧时间 30 h、不同的温度条件下进行电脱氧实验。电流效率测定结果如图 5-8 所示。

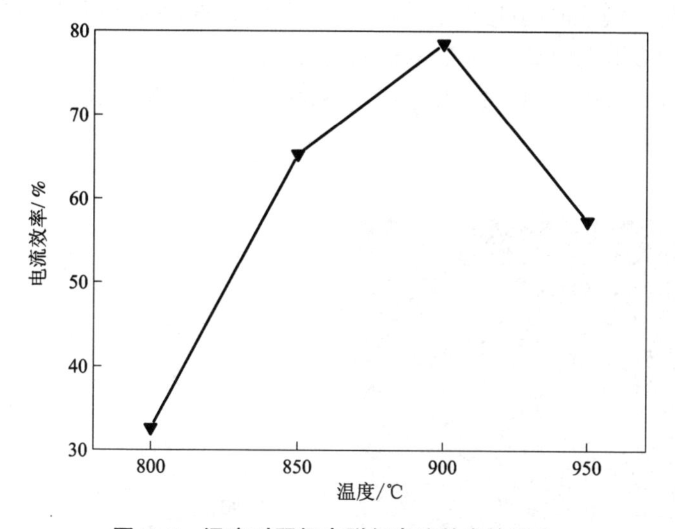

图 5-8　温度对阴极电脱氧电流效率的影响

电脱氧电流效率计算公式为[38, 39]：

$$\eta=(m_1/m_2)\times 100\% \tag{5-19}$$

式中：m_1 为镝的实际形成质量，g；m_2 为镝的理论形成质量，g。

金属镝的理论形成质量，可根据法拉第定律来计算

$$m=Q/(zF)\times M \tag{5-20}$$

式中：m 为形成物质的质量，g；Q 为通过的电量，C，可采用库仑计测量；M 为生成物质的摩尔质量，g/mol。

由图 5-8 可以看出，随着电脱氧温度的升高，阴极电脱氧电流效率呈先升高后降低的趋势。当电脱氧温度为 800℃时，阴极电流效率为 32.6%；当电脱氧温度为 850℃时，阴极电脱氧电流效率为 65.3%；当电脱氧温度为 900℃时，阴极电流效率最高(74.5%)；继续升高电脱氧温度时，电流效率开始下降，当电脱氧温度为 950℃时，阴极电流效率为 57.4%。这是因为，随着电解温度的升高，熔盐的黏度降低，电导率增大，从而提高电流密度有利于提高阴极电流效率。但是当电脱氧温度过高时，熔盐 $CaCl_2$ 易分解，从而导致其阴极电流效率下降。

(4)脱氧时间对电脱氧的影响

前述的图 5-2 为 Dy_2O_3 片在 1200℃下烧结 6 h，电脱氧 2.5~30 h 后样品的 XRD 图。由图 5-2 可知，电脱氧 2.5 h 的产物中大部分都是氧化镝，电脱氧 10 h 的产物中除含有金属镝外，还有未电脱氧的镝氧化物。电脱氧 20 h 的产物主要成分是金属镝，同时还含有少量的镝氧化物。比较电脱氧 20 h 和 2.5 h 产物的 XRD 峰的相对强度，可以看出电脱氧 20 h 后产物中镝氧化物含量明显减少。由以上分析可知，随着电脱氧时间的延长，镝氧化物可逐渐还原为金属镝。1200℃烧结的阴极片在 900℃下电脱氧 30 h 后电解完全。

图 5-9 为 1200℃下烧结 6 h 电脱氧(900℃、-3.0 V)10 h、20 h、30 h 后的产品 SEM、EDS 图。

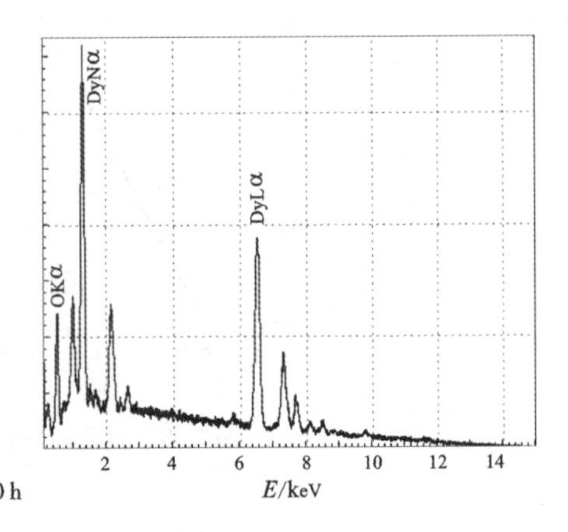

(a) 10 h

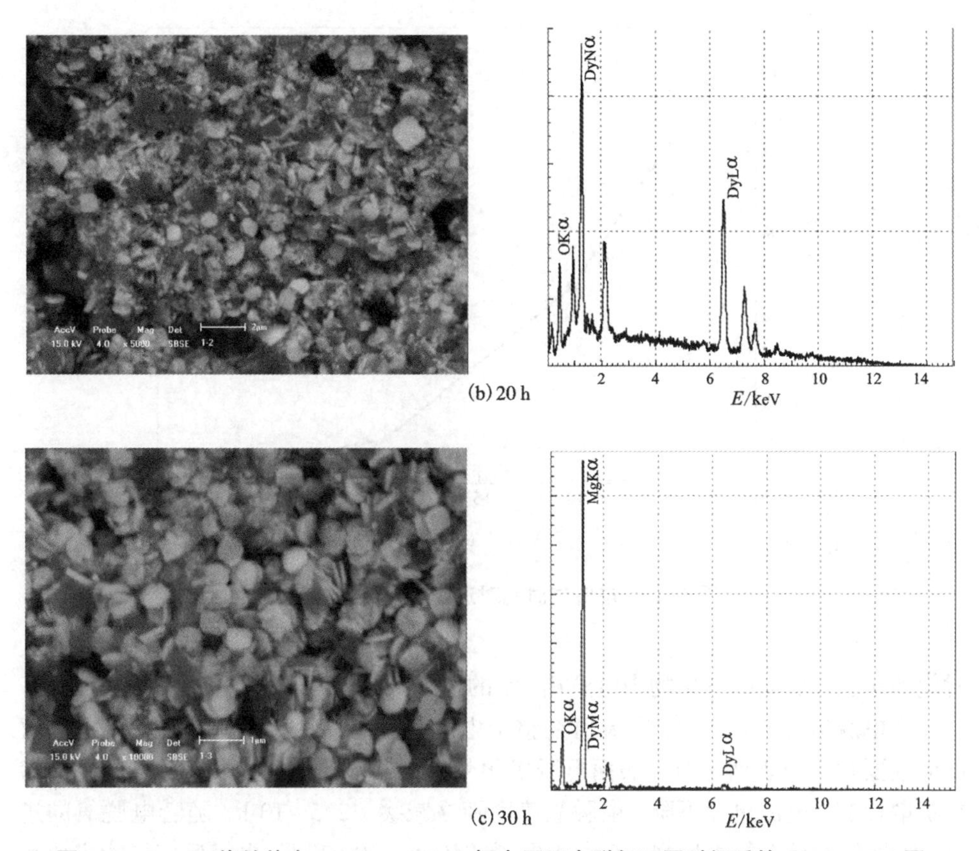

(b) 20 h

(c) 30 h

图 5-9　Dy_2O_3 烧结片在 900℃、-3.0 V 恒电压下电脱氧不同时间后的 SEM、EDS 图

由图 5-9 可看出，电脱氧 10 h、20 h、30 h 后样品的颗粒大小相似。这说明在 900℃下电脱氧时间对样品颗粒大小影响不大，颗粒不会随着电脱氧时间的延长而长大。这主要是因为镝是高熔点金属，其熔点高达 1407℃，在此电脱氧温度下颗粒不可能进一步长大。

时间对 1200℃下烧结 6 h 阴极片电脱氧后产物中含氧量的影响实验数据如图 5-10 所示。

由图 5-10 可见，1200℃下烧结的阴极片电脱氧(900℃、-3.0 V)2.5 h 后产物中含氧量降低至 9.64%；电脱氧 10 h 后产物中含氧量为 4.74%；在 2.5~10 h 之间含氧量降低了 4.90%；电脱氧 30 h 后产物中含氧量为 0.21%，10~30 h 间产物中含氧量降低了 4.53%。这说明电脱氧法制备金属镝，产物中残余含氧量随电脱氧时间的延长逐渐下降，但下降的幅度逐渐减小。因此，电脱氧的电极反应速率是随着电脱氧时间的延长逐渐减慢的，且电脱氧速率是不均匀的。随着电脱氧

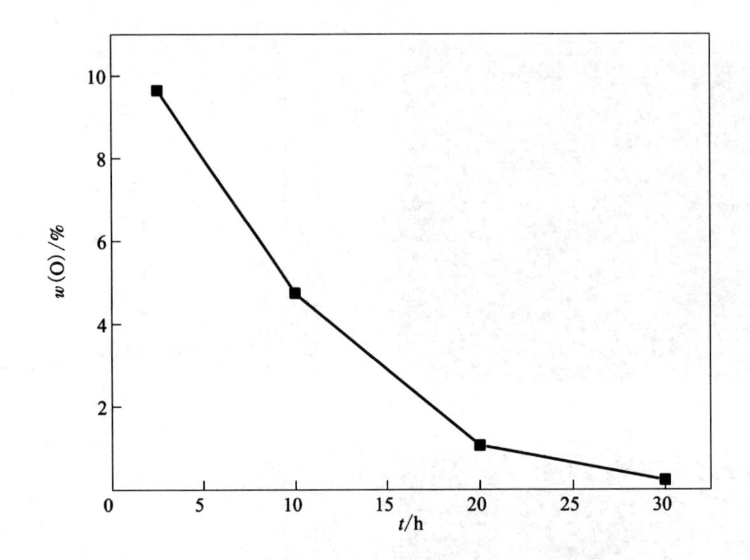

图 5-10　电脱氧时间对产物中含氧量的影响

时间的延长，从镝的氧化物中电解出 O^{2-} 的速率减缓。

在电脱氧 2.5 h 之内，电流值在整个电解过程中最大，反应速度最快，电解反应主要在电极表面进行。表面电脱氧很快完成后，反应主要由 O^{2-} 从晶粒向熔盐扩散控制，电流迅速下降，电脱氧速度随之减缓。2.5~10 h，随着电脱氧的进行，阴极片的导电能力增强，有利于电子的传递。10~30 h，电极反应可能主要是 Dy 固溶体的脱氧，其理论分解电压较大，在相同的电脱氧电压下过电压较小，Dy-O 固溶体中 O^{2-} 的离解比其他氧化物的离解更困难。由此可知其电解反应速度减小，含氧量减少量也变小。

由上述的实验结果和分析可知，氧化镝电脱氧的最佳条件是在-3.0 V、900℃条件下电脱氧 30 h。

(5)烧结温度和时间对电脱氧的影响

图 5-11 为未烧结、1000℃、1100℃和 1200℃下烧结 6 h 的氧化物片的 SEM 照片。由图 5-11 可见，随着烧结温度的增加，氧化物片的晶粒逐渐长大。同时，氧化物片中的孔隙度逐渐减小，但由于烧结过程中大颗粒吞并小颗粒和小颗粒与小颗粒熔合在一起，使烧结后的阴极片中孔隙尺寸逐渐增大。

图 5-12 为 1000℃、1100℃和 1200℃烧结 6 h 电脱氧(900℃、-3.0 V)30 h 产品的 SEM 照片。由图 5-12 可见，1000℃和 1100℃下烧结的阴极片电脱氧后产品的颗粒较电解前变小，1200℃烧结的阴极片电脱氧后产品的颗粒大小均匀。

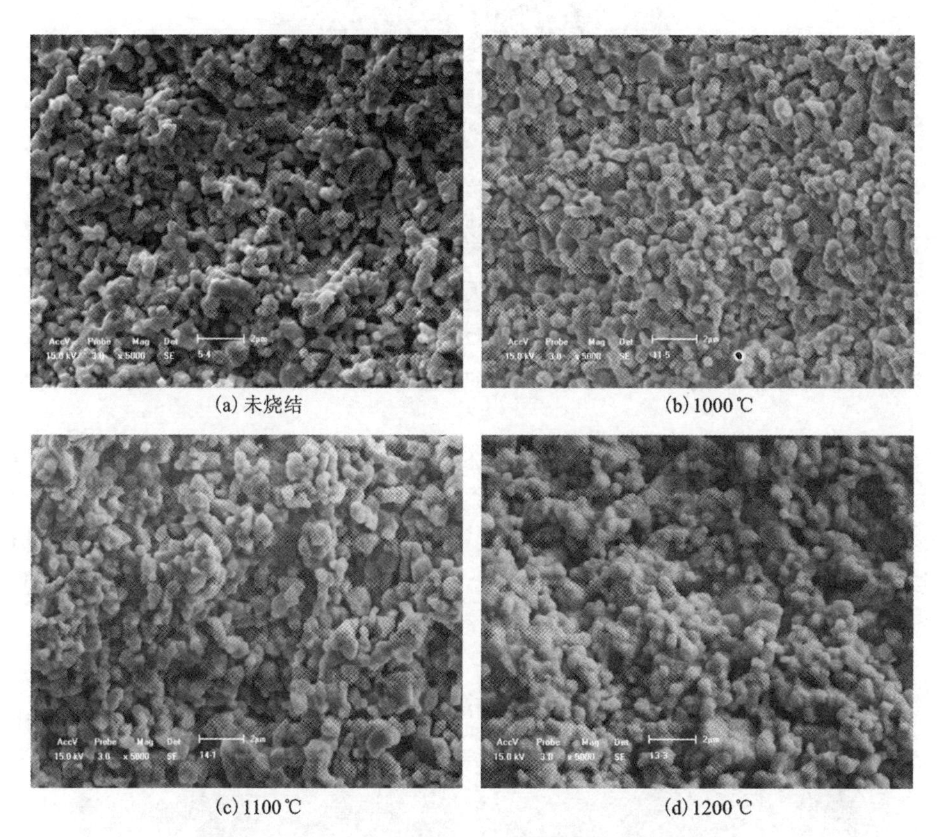

(a) 未烧结　(b) 1000 ℃

(c) 1100 ℃　(d) 1200 ℃

图 5-11　不同温度下烧结 **6 h** 的氧化物片的 **SEM** 照片

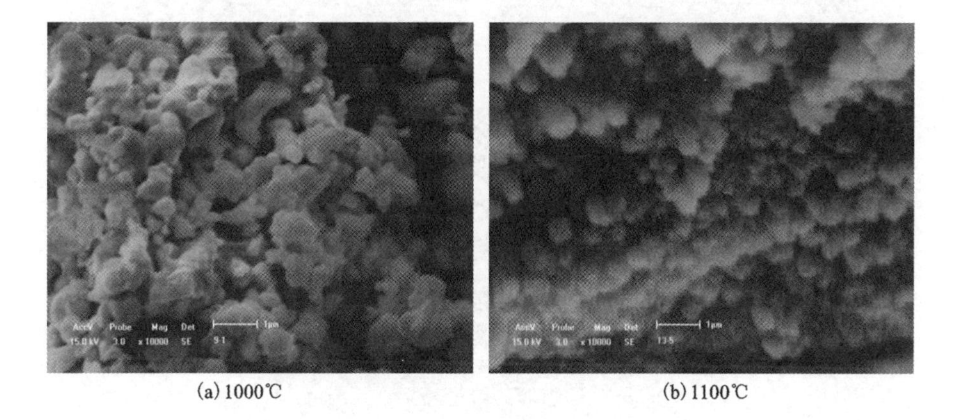

(a) 1000℃　(b) 1100℃

(c) 1200℃

图 5-12　不同温度下烧结 6 h 阴极片在 900℃熔盐中-3.0 V 电脱氧 30 h 产品的 SEM 照片

因此，烧结温度主要影响了阴极片的颗粒尺寸和孔隙尺寸，而以上两个因素同时对电脱氧过程产生影响。上述结果表明，1200℃烧结的阴极片具有良好的电化学反应性能。图 5-13 为 1200℃下烧结时间对阴极片微观形貌的影响。由图 5-13 可见，烧结 2 h 和 4 h 后的阴极片的颗粒尺寸没有明显增大，而气孔逐渐减小。但比较烧结时间为 4 h 和 6 h 的阴极片微观形貌，发现样品的颗粒尺寸明显增大。

(a) 2 h　(b) 4 h　(c) 6 h

图 5-13　1200℃温度下烧结不同时间后烧结片的 SEM 照片

图 5-14 为经 1200℃ 下烧结不同时间的阴极片电脱氧(900℃、-3.0 V)30 h 后的 SEM 照片。由图 5-14 可见，经不同时间烧结后的阴极片电脱氧后阴极产物的颗粒尺寸大小、表观形貌明显不同。

(a) 2 h　　(b) 4 h　　(c) 6 h

图 5-14　1200℃下不同烧结时间的阴极片在 900℃熔盐中-3.0 V 恒电压电解 30 h 后的 SEM 照片

烧结时间改变了阴极片中孔隙大小尺寸和颗粒大小尺寸，而以上两个因素同时对电脱氧过程产生影响。烧结时间为 6 h 的阴极片的微观结构具有良好的电化学活性。

(6) 阳极气体分析

实验中阳极气体由干燥的氩气带出。将阳极气体通入石灰水中，发现开始阶段盛有石灰水的阳极气体吸收瓶中有沉淀生成，2 h 后再检测，没有沉淀生成。将沉淀放入硝酸中，沉淀消失并且放出气体，这可能是由于电解开始阶段有少量的 CO_2 放出，CO_2 与氢氧化钙反应生成了碳酸钙。反应方程式如下。

$$2O^{2-}+C = CO_2+4e^- \tag{5-21}$$

$$Ca^{2+}+CO_3^{2-} = CaCO_3 \tag{5-22}$$

电脱氧过程电流随时间的变化也证明了上述实验现象的准确性。电脱氧开始阶段电流较大说明电极表面有大量的氧离子生成，促使反应式(5-22)向右进行。但随着电脱氧时间的延长，电极表面产生的氧离子逐渐减少，氧化物中氧的离子化成为整个过程的控制步骤，电流下降，阳极附近生成的氧原子的浓度减小，阳极气体主要以 CO 为主。

由此可以判断采用 FFC 法电解还原 Dy_2O_3 产生的阳极气体是以 CO 为主的碳氧化物，对环境相对友好。若规模化生产，大量的阳极气体可回收用作燃料。

5.4 结论

本章结论如下：

(1)固态 Dy_2O_3 在熔盐($CaCl_2$)中分解前被还原成金属镝。

(2)固态 Dy_2O_3 阴极直接电脱氧的电极反应为 $Dy_2O_3 \rightarrow Dy$ 一步完成的不可逆过程，电极过程受电荷传递控制，阴极反应为 $Dy_2O_3+6e^- = 2Dy+3O^{2-}$。

(3)氧化镝电脱氧的最佳条件为：电位-3.0 V，电脱氧温度 900℃，电脱氧时间 30 h；电流效率为 78.5%。

(4)对电脱氧合适的烧结条件为：烧结温度 1200℃，烧结时间 6 h。

(5)阳极产物是以 CO 为主的碳氧化物。

参考文献

[1] 全国稀土情报网. 国内稀土产品汇编[R]. 1992：187-234.

[2] 徐光宪. 稀土下册[M]. 2 版. 北京：北京科技出版社，1995：1-109.

[3] Legvold S, Alsted J, Rhyne J. Giant magnetostriction in dysprosium and holmium single crystals [J]. Physical Review Letters, 1963, 10(12): 509-511.

[4] Clark A E, Bozorth R M, Desavage B F. Anomalousther-malexpansion and magnetostriction of single crystals of dysprosium[J]. Physical Review, 1963, 5(2): 100-102.

[5] Lodermeyer J, Multerer M, Zistler M, Jordan S, GoresH J, Kipferl W. Electroplating of dysprosium, electrochemical investigations, and study of magnetic properties[J]. J Electrochem Soc, 2006, 153: C242-C248.

[6] 潘树明. 添加元素 Dy 对 Nd-Fe-B 永磁合金性能的影响[J]. 中国有色金属学报，1998 (8)：459-469.

[7] Castrillejo Y, Bermejo M R, Barrado A I, et al. Electrochemical behaviour of dysprosium in the eutectic LiCl-KCl at W and Al electrodes[J]. Electrochim Acta, 2005, 50(10): 2047-2054.

[8] Qiu G H, Wang D H, XM M Jin B, Chen G Z. Electrolytic synthesis of $TbFe_2$ from Tb_4O_7 and Fe_2O_3 powder in molten $CaCl_2$[J]. J Electroanal Chem, 2006, 589: 139-145.

[9] 黎文献，余琨，谭敦强，马正青，陈鼎．稀土超磁致伸缩材料的研究[J]．矿冶工程，2000，20(3)：64-67.

[10] 邬义杰．超磁致伸缩材料发展及其应用现状研究[J]．机电工程，2004，21(4)：55-59.

[11] 高有辉，周谦莉，祝景汉．稀土——铁大磁致伸缩材料[J]．金属功能材料，1994(1)：16-21.

[12] 蒋成保，宫声凯，徐惠彬．超磁致伸缩材料及其在航空航天工业中的应用[J]．航空学报，2000，21(S1)：35-38.

[13] 李扩社，徐静，杨红川．稀土超磁致伸缩材料发展概况[J]．稀土，2004，25(4)：51-56.

[14] 杜挺，张洪平，邝马华．稀土铁系超磁致伸缩材料的应用研究[J]．金属功能材料，1997，4(4)：173-176.

[15] 张文毓．稀土磁致伸缩材料的应用[J]．金属功能材料，2004，11(4)：42-46.

[16] 李松涛，孟凡斌，刘何燕，陈贵峰，沈俊，李养贤．超磁致伸缩材料及其应用研究[J]．物理，2004，33(10)：748-752.

[17] 胡明哲，李强，李银祥，张一玲．磁致伸缩材料的特性及应用研究（Ⅰ）[J]．稀有金属材料与工程，2000，29(6)：366-369.

[18] 胡明哲，李强，李银祥，张一玲．磁致伸缩材料的特性及应用研究（Ⅱ）[J]．稀有金属材料与工程，2001，30(1)：1-3.

[19] 李国栋．1998—1999 年国际磁性功能材料新进展[J]．功能材料，2001，32(3)：225-226.

[20] 何国．我国稀土超磁致伸缩材料的研究与应用现状[J]．材料导报，1996(5)：13-25.

[21] 周平章．超高内禀矫顽力钕铁硼永磁体稳定中试生产研究[J]．磁性材料及器件，1994(24)：31-38.

[22] 杜挺，等．$Tb_{1-x}Dy_y(Fe_{1-x}Mn_y)1.93$ 合金的磁致伸缩和声学性质及在水声换能器中的应用[J]．中国稀土学报，1999(17)：107-116.

[23] 应启明，等．TbDyFe 大磁致伸缩材料的制备及性能研究[J]．稀土，1999(20)：72-84.

[24] 李培，等．$(TbDy)Fe_2$ 基定向凝固磁致伸缩合金性能与组织和成分的关系[J]．稀土，1998，16(4)：332-345.

[25] 邱巨峰，等．制作磁光盘用稀土合金靶材的制备工艺和显微组织[J]．稀土，1996(17)：30-45.

[26] 常秀敏，等．Gd-Al-Dy 系磁制冷材料的研究[J]．稀有金属，1997(21)：360-375.

[27] 黄良钊．稀土超导陶瓷[J]．稀土，1999(20)：76-85.

[28] 罗广圣，等．金属间化合物$(Sm_{1-x}Dy_x)_2Fe_{17}N_y$ 中的各向异性机制探讨[J]．稀土，1995(16)：6-19.

[29] 章复中．Ti-Al-Dy 三元相图 1000℃ 部分等温截面的测定[J]．中国稀土学报，1996，14(3)：201-216.

[30] Lin H C. Production, application and market status of rare earths chloride in home[J]. Hydrometallurgy of China, 2001, 22: 75-79.

[31] Zhang S R. Manufacture, refinementand application of dysprosium metal[J]. Rare Metals and Cemented Carbides, 2000, 142: 53-58.

[32] 林河成. 金属镝材料的生产及应用[J]. 稀土, 2001, 22(3): 32-38.
[33] 常克, 等. 钙热法生产金属镝的工艺研究[J]. 稀有金属, 1994(18): 79-86.
[34] 郭锋, 等. 金属镝中的钙与氧[J]. 稀土, 1995(16): 61-69.
[35] 李作顺. 金属镝和钆的制备工艺研究[C]//中国稀土学会第二届学术年会论文集(第一分册), 1990: 243-256.
[36] 梁英教, 车荫昌, 刘晓霞. 无机物热力学数据手册[M]. 沈阳: 东北大学出版社, 1993.
[37] 金炳勋. 稀土镝、镝合金及镧的电化学制备研究[D]. 东北大学, 2012.
[38] 王常珍. 冶金物理化学研究方法[M]. 3 版. 北京: 冶金工业出版社, 2002.
[39] 查全性, 等. 电极过程动力学导论[M]. 北京: 科学出版社, 1987.

第 6 章　以二氧化钛为阴极熔盐电脱氧法制备金属钛

钛是地壳中丰度高(6.320×10^{-3})且分布最广的元素之一，占地壳质量的 0.61%，在所有元素中居第 9 位，其储量比常见金属 Cu、Pb、Zn 储量的总和还多，在可作为结构材料的金属中居第 4，仅次于 Al、Fe、Mg。

1791 年，英国人 Gregor 发现了含 45.25%白色氧化物的黑矿砂(钛铁矿)。1795 年，德国化学家 Klaprouth 发现矿物中白色氧化物成分与金红石相同，并将其命名为 titanium。Titanium 一词源自拉丁语 titans(泰坦神族——力大无穷的巨人)。1875 年，俄国科学家 Кирилов 首次在实验室用钠还原法提取出了金属钛。1910 年，美国人 Hunter 通过在钢瓶中钠还原高纯四氯化钛制得高温可变形、含氧量低的钛。1925 年，荷兰人 Alcatel Kyle 和 Jiebuer 采用热钨丝分解四氯化钛，制得冷热态都有延展性的金属钛。1937 年，卢森堡冶金专家 Kroll 采用钙还原四氯化钛制得钛。1945 年，Kroll 在氩气的保护下用粗镁热还原四氯化钛制得了纯金属钛。至此，人类对钛资源的开发与利用揭开了历史的新篇章。

钛及其合金具有比强度高、耐腐蚀、无磁性、低阻尼、高低温性能好、生物相容性好等优点，并具有超导、形状记忆和储氢特性，在各个领域中广泛应用，被人们美誉为“太空金属”“海洋金属”“全能金属”[1]。钛主要用于化工冶金、航天军工，日常消费等也用到了钛。近年来，随着科技发展，钛资源的需求稳步上升，其中商用航空领域对钛金属的需求将会增加到 1.12×10^5 t，工业和消费领域对钛金属的需求将会增加到 1.26×10^5 t[2-4]。全球已投入生产的钛合金牌号已超过 100 种，批量生产的约 40 余种，包括 α-Ti 合金 2 种、近 α-Ti 合金 9 种、工业纯钛 6 种、β-Ti 合金 14 种、α-β 合金 16 种。

钛是现代金属，是重要的战略金属。钛在国民经济中的应用，反映了一个国家的综合国力、经济实力、国防实力，是高新技术不可或缺的关键材料。用钛量的多少是一个国家发达程度的标志。

6.1 金属钛制备技术

Hunter 法首先实现了 Ti 的工业化批量生产，随后改进为 Armstrong 法，但后来都逐渐被淘汰。当今世界上 Ti 大批量生产主要用 Kroll 法，同时还有几种其他方法。

6.1.1 Hunter 法

1910 年，Hunter M. A. 用 Na 在 800℃还原 $TiCl_4$ 制备了金属钛。化学反应方程式为：

$$4Na+TiCl_4 \xlongequal{} Ti+4NaCl \tag{6-1}$$

该方法反应温度高、工序多、操作复杂，目前已经被淘汰[5,6]。

6.1.2 Armstrong 法

Armstrong 法是国际钛粉公司(International Titanium Powder)在 Hunter 法的基础上改进的可连续生产钛粉的方法。该方法将 $TiCl_4$ 蒸气喷入熔融钠中，钠量超过还原 $TiCl_4$ 所要求的量(化学计量比)，过量的钠用以冷却反应产物。钛粉可连续生产，纯度能够满足大部分的普通应用需求。与 Hunter 法相比，Armstrong 法的生产工艺相对简单并能连续化生产、工作温度较低、资金和劳动力成本减少；产品为细小颗粒的纯钛粉末，不需要进一步提纯。但该方法仍存在进一步降低氧含量、还原剂的回收利用等问题[7]。

6.1.3 Kroll 法

1937 年卢森堡化学家 Kroll W. A. 发明了 Kroll 法，并于 1945 年在美国杜邦公司应用该法首次生产出 2 t 海绵钛，从此开创了工业化生产金属钛的新纪元。Kroll 法，即钛氯化物的镁热还原法，其化学反应可表示为：

$$TiCl_4(g)+2Mg(l) \xlongequal{} Ti(s)+2MgCl_2(l) \tag{6-2}$$

Kroll 工艺非连续，在生产过程中高温条件下必须对反应炉进行装料和卸料操作，需要对产品进行除杂等一系列后续处理，该法工序多、流程长、劳动密集、人力资源消耗严重[8]。

6.1.4 其他 Ti 的制备方法

其他 Ti 的制备方法有：

(1)熔盐电解 $TiCl_4$ 法[5]：该法是在熔盐中电解溶解的钛盐。由于 $TiCl_4$ 在熔盐中的溶解度很低，该法首先需将 $TiCl_4$ 转变为钛的低价态氯化物，再还原成金属钛。电解 $TiCl_4$ 制取金属钛的电极反应为：

阴极反应：

$$Ti^{2+}+2e^{-}=\!=\!=Ti \tag{6-3}$$

阳极反应：

$$2Cl^{-}-2e^{-}=\!=\!=Cl_2 \tag{6-4}$$

虽然该方法成本比 Kroll 法低，但是由于该法电解质组成波动大，低价态的钛循环放电导致电流效率低下，电解槽腐蚀严重，所以实现工业化的可能性不大[6]。

(2)PRP(preform reduction process)预成型还原法[9]：该法是由日本人 Okabe 等提出的一种制备钛粉的方法[10, 11]。该法将 TiO_2 和助熔剂 CaO 或 $CaCl_2$ 混合均匀，制成所需形状，然后在 800℃烧结除去黏结剂和水。烧结后样品放入不锈钢容器中置于金属 Ca 上方，在 800~1000℃ Ca 蒸气与 TiO_2 反应生成 Ti 和 CaO。产物经过酸洗，可以得到纯度为 99%的钛粉。该工艺尚处于初步研究阶段，反应机理也仍在研究之中。由于反应放出大量热，温度的控制阻碍了工艺放大；另外反应中使用了金属钙，生产成本也较高；产物与反应器接触容易被污染；反应时间长，不能连续生产。

(3)MgO 膜法：该方法采用 LiCl-Li_2O 熔盐体系，利用电化学还原将钛的氧化物还原成金属钛，其本质仍是金属热还原法。该法将钛氧化物粉末放入微孔 MgO 膜中，然后插入电极引线定制成一个特殊的阴极，阳极采用铂丝。在 650℃的低温条件下，施以高于 Li_2O 分解而低于 LiCl 分解的电压，从而在阴极电解出金属 Li，随后金属 Li 将二氧化钛还原得到金属钛粉，同时又生成 Li_2O。该法优点是反应温度低，产物颗粒小且易于收集。若能缩短反应时间，有望获得纳米级的钛粉。目前的问题是反应速度慢，采用恒电流法无法控制电压，MgO 膜还有被电解的可能[12]。

(4)MIR-Chem 碘化法：2003 年，Chem 等提出碘化法还原 TiO_2 的方法，即以碘为催化剂，CO 直接还原 TiO_2 制备海绵钛或钛粉的方法，反应如下：

$$TiO_2+2I+2CO(g)=\!=\!=TiI_2+2CO_2(g) \tag{6-5}$$

$$TiI_2=\!=\!=2I+Ti \tag{6-6}$$

该方法是在一定温度下，将原料加入反应器进行振荡，整个反应过程约需要 4 天时间，然后将 TiI_2 热分解，即按式(6-6)得到单质 I_2，从而实现 I_2 的回收利用。该方法工序简单、投资小、能耗低，目前停留在理论研究阶段，急需建立实验装置进行验证[13]。

(5)MER 复合阳极法：该方法是将 TiO_2 粉末、炭质材料、黏结剂混合后，压制烧结成块作为复合阳极，熔融的混合卤化物作为电解液。电解时 TiO_2 中的 Ti^{4+} 在阳极还原为 Ti^{3+}/Ti^{2+} 离子，进入电解液并移动到阴极被还原沉积为金属钛，氧在阳极以 CO 和 CO_2 的形式析出[14, 15]。该方法的优点：可以采用金红石、锐钛矿或者钛铁矿直接作为原料，在碳热还原的过程中原料中的杂质被除去。钛从 Ti^{4+} 还原为 Ti^{3+}/Ti^{2+} 离子的过程由碳热还原完成，降低了电能损耗与生产成本。金属钛的沉积形式可控。该方法还存在阴极沉积金属颗粒细小、活性高、不易存储以及阳极反应不好控制的问题；实验需要 1600℃ 高温环境，对实验设备要求高[15, 16]。

(6) OS 法[16-22]：该法利用 1173 K 熔融 $CaCl_2$ 中可以溶解的 Ca 和 CaO 量为 $x(Ca)=3.9\%$、$x(CaO)=20\%$ 的特性，在此熔盐中施加高于 CaO 分解且低于 $CaCl_2$ 分解的电压进行电解，Ca^{2+} 在阴极还原为 Ca，氧在阳极以 CO 和 CO_2 的形式析出，TiO_2 颗粒在阴极被还原为金属 Ti。实验中 Ca 的量要控制适当，否则有可能与 Ca 形成化合物。产品中的 Cl 含量较高。该方法阳极释放的气体有可能与 Ca 反应生成游离态碳，浪费能源，降低效率，污染产品。

(7) SOM 法：该工艺是利用固体透氧膜(SOM)直接电解还原 TiO_2 制成海绵钛的新工艺[23, 24]。上海大学一直致力于该工艺的研究，并且在采用高钛渣直接电脱氧的研究中获得了成功[23]。将高钛渣在 3 MPa 压力下成形并在氧化性气氛中烧结，然后穿入钼棒作阴极，经过碳饱和的铜液放在氧化钇稳定的氧化锆管($\phi15\times120$ mm)中作阳极，在 $CaCl_2$-44.5%CaF_2 熔盐体系中，对 TiO_2 施加 3.2 V 的极间电压进行 4~6 h 的电解，可得纯金属钛。该方法没有碳杂质污染，电流效率较高；但目前还不能进行连续生产，受到透氧膜尺寸的限制，难以实现工业化生产。

6.2 固态二氧化钛阴极熔盐电脱氧还原制备金属钛原理

施加高于二氧化钛且低于工作熔盐 $CaCl_2$ 分解的恒定电压进行电脱氧。将阴极上二氧化钛中的氧离子化，离子化的氧经过熔盐移动到阴极，在阳极放电除去，生成的产物金属钛留在阴极。

电解池构成为

$$C_{(阳极)} \mid CaCl_2 \mid TiO_2 \mid Fe\text{-}Cr\text{-}Al_{(阴极)}$$

熔盐电脱氧法的一般反应机理为氧化物中的氧离子化，O^{2-} 溶解扩散到阳极放电生成 O_2，石墨作阳极形成 CO 或 CO_2，纯金属或合金留在阴极。电脱氧产物经破碎、分离得到所需金属、合金及化合物粉末。电极反应为：

阴极反应

$$TiO_2+4e^- \longrightarrow Ti+2O^{2-} \tag{6-7}$$

阳极反应

$$2O^{2-}+C-4e^{-}\longrightarrow CO_2 \tag{6-8}$$

或

$$O^{2-}+C-2e^{-}\longrightarrow CO \tag{6-9}$$

总反应为：

$$x/2TiO_2+C\longrightarrow CO_x(x=1,\ 2)+x/2Ti \tag{6-10}$$

6.3　固态二氧化钛阴极熔盐电脱氧[25]

6.3.1　研究内容

本节研究内容为：

(1)固态二氧化钛熔盐电脱氧还原电极过程

石墨棒分别作为参比电极和辅助电极，在 800℃的 NaCl-$CaCl_2$ 熔盐中进行循环伏安扫描，扫描速率为 0.2 V/s。

(2)电脱氧温度对电脱氧的影响

电脱氧实验采用分析纯 TiO_2 粉为原料，向预先成形的直径约 20 mm 和深度 6 mm 的椭圆石墨小片槽中填入 TiO_2 粉并适当挤压，随后盖上蜂窝孔石墨盖防止 TiO_2 粉溢出，再用铁铬铝丝连接并固定作为阴极。最后分别在 700℃、750℃、800℃、850℃、900℃的 $CaCl_2$-NaCl 熔盐中，恒电压 3.0 V 下电脱氧 40 h(电脱氧前后对比照片如图 6-1 所示)。

(a) 未电脱氧阴极

(b) 经过 40 h 电脱氧后阴极

图 6-1　阴极片装置图

(3)脱氧时间对电脱氧的影响

阴极组装同上，在 800℃的 $CaCl_2$-NaCl 熔盐中，恒电压 3.0 V 下电脱氧 4 h、16 h、28 h 和 40 h。

6.3.2 结果与讨论

1)固态二氧化钛熔盐电脱氧还原电极过程

(1)石墨孔腔工作电极上获得的循环伏安曲线

图 6-2 是石墨孔腔工作电极中填入 TiO_2，石墨作参比电极，在 NaCl-$CaCl_2$ 熔盐中获得的循环伏安曲线。从图 6-2 可以看到，阳极 Cl^- 氧化电势为 1.57 V，阴极 Ca^{2+} 析出电势为 1.86 V，从而得到：

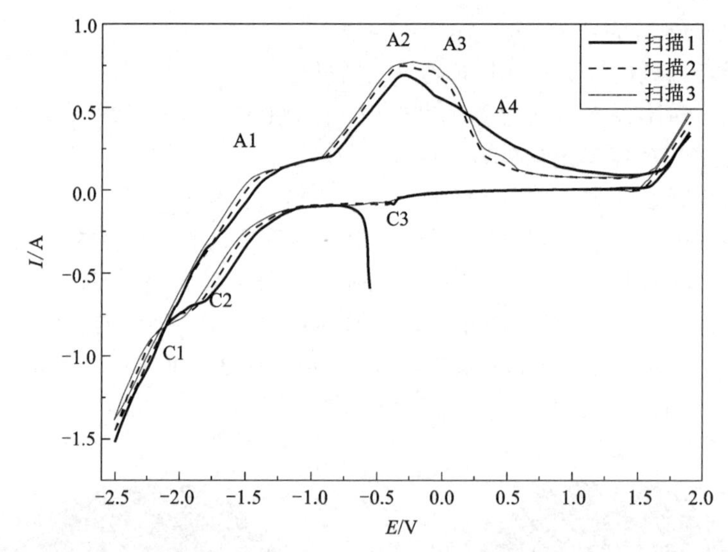

图 6-2 石墨工作电极、石墨参比电极情况下在 800℃的 NaCl-$CaCl_2$ 熔盐中的循环伏安曲线(扫描速率 0.2 V/s)

$$CaCl_2 \xlongequal{\quad} Ca(l) + Cl_2(g) \qquad \Delta E = 3.42\ V \tag{6-11}$$

这与理论计算的 3.40 V 仅有 0.2 V 的误差。C1 与 A1 分别对应反应 $Ca^{2+} + 2e \xlongequal{\quad} Ca$ 与其逆反应。氧化曲线上在-0.33 V 位置出现了一个极强峰，使得其他氧化峰被遮盖。George Z. Chen 与 Derek J. Fray 在采用玻璃碳电极时出现过类似现象[26]：

$$A2 \qquad CaC_2 \xlongequal{\quad} Ca^{2+} + 2C + 2e^- \tag{6-12}$$

该反应对应于 A2 氧化峰，在 A2 之后紧接着的 C 氧化峰 A3 由于同 A2 电势差小，在第一次扫描时无法明显辨别，在第二、三次扫描便能清楚辨别。这是因为第一次扫描电极表面的碳活性低，经过一次扫描后电极表面不断发生反应(6-12)，使得电极表面得到改性，从而反应(6-13)得以进行[26]：

$$\text{A3}\qquad CaC_2+2O^{2-}=\!=\!=Ca^{2+}+2CO(g)+6e^- \qquad (6\text{-}13)$$

$$\text{A4}\qquad CaC_2+4O^{2-}=\!=\!=Ca^{2+}+2CO_2(g)+10e^- \qquad (6\text{-}14)$$

在第二次第三次扫描中出现的 A4 氧化峰，对应于反应(6-14)，即二氧化碳的生成反应，这些循环伏安扫描结果同以前的研究者们的结果一致[27]。但是，反应(6-13)和(6-14)由于气体的产生，为不可逆反应；从这里我们可以推断 C3 还原峰不是反应(6-13)或者(6-14)的逆反应而是 A2 还原峰。因为石墨的多孔大表面积和高活性，使得氧化钛的还原峰被干扰，因此在这里只剩下一个不完整的小峰 C2 得以保存，其氧化峰被巨大的氧化峰 A2 遮盖。

(2)钼孔腔工作电极上获得的循环伏安曲线

图 6-3 是钼孔腔工作电极填入 TiO_2 粉体，在经 800℃预电解的含有 2%CaO 的 $CaCl_2$-NaCl 熔盐中测得的循环伏安曲线，扫描速率为 50 mV/s。

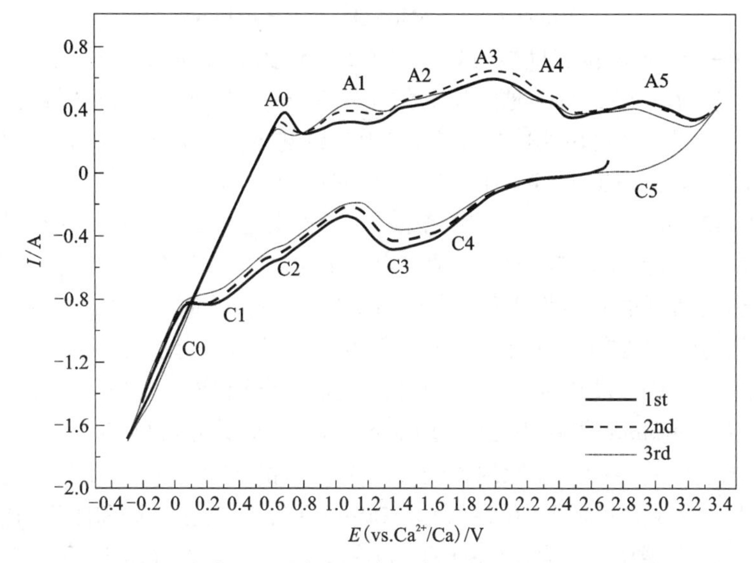

图 6-3 钼工作电极、对电极和参比电极在 NaCl-$CaCl_2$ 熔盐中的循环伏安曲线(800℃，扫描速率 0.5 V/s)

从图 6-3 中可以看到，曲线左端，Ca^{2+}还原出现电流峰 C0，还原出金属钙：

$$\text{C0}\qquad Ca^{2+}+2e^-=\!=\!=Ca \qquad (6\text{-}15)$$

A0 则是式(6-15)的逆反应，Ca 再次被氧化得到 Ca^{2+}。在接下来的讨论中将

Ca^{2+}/Ca 作为参比离子对，以其还原电势为基准。C1 和 A1 是金属相的吸附氧或者钛氧固溶体的还原氧化峰[27, 28]，C1 是钛脱出吸附或者固溶氧的过程，A1 是金属钛再次吸附溶解氧的过程：

$$\text{C1} \quad TiO+2(\delta-1)e^{-}=TiO_{2-\delta}+(\delta-1)O^{2-} \quad \approx 254\text{ mV} \tag{6-16}$$

钛氧体系中有很多中间化合物位于二氧化钛和钛金属与氧的固溶体之间，根据现有的热力学数据[29]和氧势图数据[30]，采用能斯特方程计算半电池标准电势，取 Ca^{2+}/Ca 为零电势，热力学计算得到 800℃时稳定的所有中间产物电势，如下：

$$Ca^{2+}+2e^{-}=Ca \quad 0\text{ mV} \tag{6-17}$$

$$CaTi_2O_4+2e^{-}=2TiO+Ca^{2+}+2O^{2-} \quad \approx 619\text{ mV} \tag{6-18}$$

$$Ti_2O_3+2e^{-}=2TiO+O^{2-} \quad 1221\text{ mV} \tag{6-19}$$

$$Ti_3O_5+4e^{-}=3TiO+2O^{2-} \quad 1427\text{ mV} \tag{6-20}$$

$$O^{2-}+2Ti_2O+2e^{-}=2Ti+Ti_2O_3 \quad 1543\text{ mV} \tag{6-21}$$

$$O^{2+}+4Ti_2O+2e^{-}=5Ti+Ti_3O_5 \quad 1589\text{ mV} \tag{6-22}$$

此外，也计算了 MoO_2 的分解电势，如下

$$MoO_2+4e^{-}=Mo+2O^{2-} \quad 2850\text{ mV} \tag{6-23}$$

$$MoO+2e^{-}=Mo+O^{2-} \quad 3991\text{ mV} \tag{6-24}$$

从图 6-3 的循环伏安曲线可以看到 C2 的值为 642 mV，与反应(6-18)的值相近，而反应(6-18)的计算值与实验值相差 59 mV，同时 C2 与 C3 峰之间的电势差为 690 mV，同反应(6-18)与反应(6-19)的电势差 108 mV 接近，因此可判断 C2 不是发生 Ti_2O_3/TiO 反应，而是(6-18)的反应。同时，C3 电势 1362 mV 同理论估算值 1427 mV 只有 65 mV 的误差值，则 C3 反应为 Ti_3O_5/Ti_2O_3；C4 峰的电势同(6-22)理论值仅相差 54 mV，因此 C4 为 TiO_2/Ti_3O_5 电极反应。从上面分析可以看到，理论估算值同实验值有 23~65 mV 的电势误差值，该误差主要来自三方面：第一热力学数据的本身误差，例如式(6-18)的值本身就是估算值；其次，工作电极表面存在的过电势；最后来自实验操作因数。式(6-18)中出现了 $CaTi_2O_4$，C. Schwandt 等认为是通过式(6-19)自发反应得到的[31, 32]。D J. Fray 等认为固态氧化物电脱氧还原的限制性环节为氧的扩散[32, 33]，在第一还原峰 C4 和第二还原峰 C3 之间阴极内部有大量富集的 O^{2-}，同时在电场和库伦力的作用下大量 Ca^{2+} 进入孔隙中，这为式(6-15)、(6-17)的反应提供了充分条件，因此在反应初期会有大量 $CaTiO_3$ 中间产物的形成。

综上分析得电脱氧还原过程，如图 6-4 所示，可见从电脱氧起始到电脱氧结束大部分反应都伴随着 $CaTiO_3$ 的反应，并且这是电脱氧过程中必然会出现的中间产物，它的反应速度直接影响整个电脱氧过程。因此，要改善电脱氧的反应，可以通过加速 $CaTiO_3$ 的生成与分解着手。

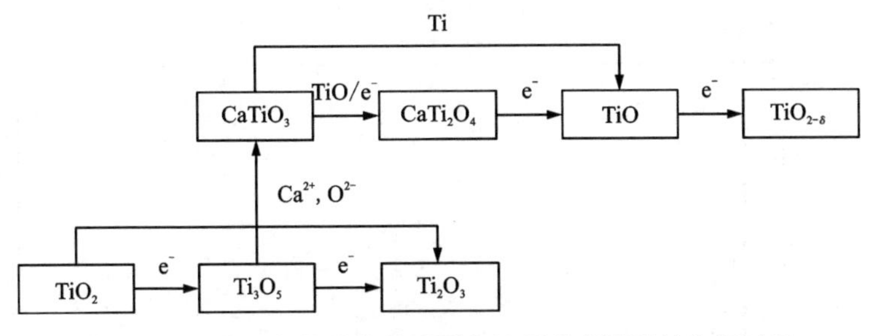

图6-4　固态二氧化钛熔盐电脱氧还原为金属钛的电极过程

在图6-3循环伏安曲线中2910 mV处还出现了一个还原峰C5，与反应(6-23)的电势相差60 mV，因此C5为氧化钼的还原峰，则A5为其逆反应Mo/MoO_2。可见钼是一种电化学窗口宽且电化学性质稳定的电极材料，电化学窗口值可达到2.9 V(在800℃的$CaCl_2$与NaCl的混合熔盐中)。三次循环各个氧化还原峰都没有消失，但还原峰有减弱现象，证明氧化物逐渐被还原；氧化峰普遍增强，也证明了二氧化钛被逐渐还原，这是因为在循环伏安扫描过程中除了电化学还原外，还原出来的金属Ca也进行化学还原钛氧化物的活动。从Ca的氧化峰不断减弱可以看出，随着扫描的进行，还原出来的Ca参与了钛氧化物的还原，从而减少了金属Ca的含量，使得Ca的氧化峰A0不断减小。从三次连续扫描的重现性可见，采用二氧化钛氧化物作为工作电极材料相对于钛片氧化镀层电极有更好的重现性。

2)电脱氧温度对电脱氧的影响

图6-5分别为未烧结的TiO_2粉在700℃、750℃、800℃、850℃、900℃下电脱氧40 h的电流-时间曲线。由图6-5可见，各温度下的阴极片电脱氧电流具有类似变化趋势，在初始峰值电流之后未出现大电流平台，但仍可近似划分为三个阶段。试样电脱氧温度升高，电脱氧电流的峰值也随之升高，但850℃、900℃的电流有异常增大现象，尤其是进入20 h之后的电脱氧过程。这可能是由碳漂浮和副反应所致。700℃、750℃下的试样初始峰电流很低，这是因为温度低，颗粒电阻较大，氧的扩散速度慢，不利于电子的传递。

图6-6~图6-10是阴极片在700℃、750℃、800℃、850℃、900℃温度下，采用3.1 V电压电脱氧40 h后样品的SEM图与EDS分析结果。由图6-6(a)和图6-7(a)可见，阴极片在700℃、750℃下样品颗粒细小且不均匀；由图6-8(a)可见，800℃下颗粒明显长大且比较均匀；由图6-9(a)可见，850℃下颗粒大小不均匀；由图6-10(a)可见，900℃下颗粒明显长大且不均匀。由图6-6(b)和图6-7(b)可见，700℃、750℃下电脱氧的阴极片电解产物中含有大量的钙和氧，由图6-8(b)、图6-9(b)和图6-10(b)可见，800℃、850℃、900℃下阴极片中主要含

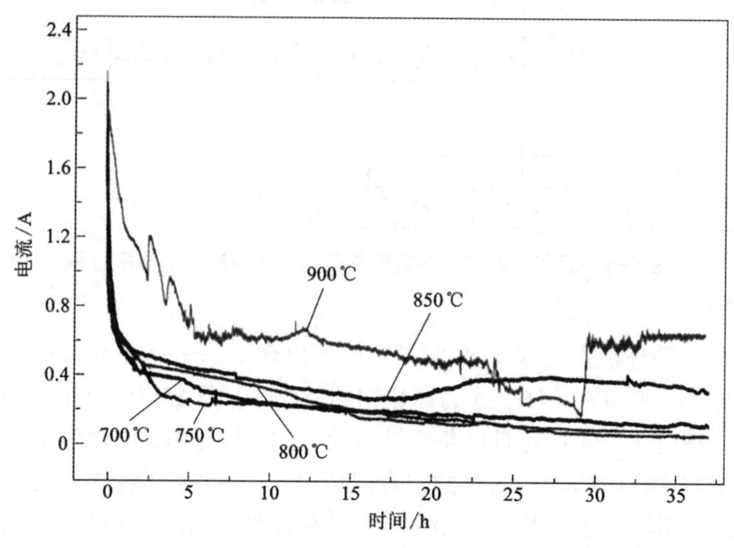

图 6-5　在不同电脱氧温度下的阴极电脱氧电流-时间曲线

有金属钛和少量氧，但 850℃、900℃下阴极片中的氧含量高于 800℃的阴极片，这可能是副反应生成 CaC_2 包裹阴极表面阻碍了反应的进行。另一个原因是高温长时间的熔盐腐蚀造成脱碳，脱落的碳又短路电极而阻碍后期吸附氧的脱出。

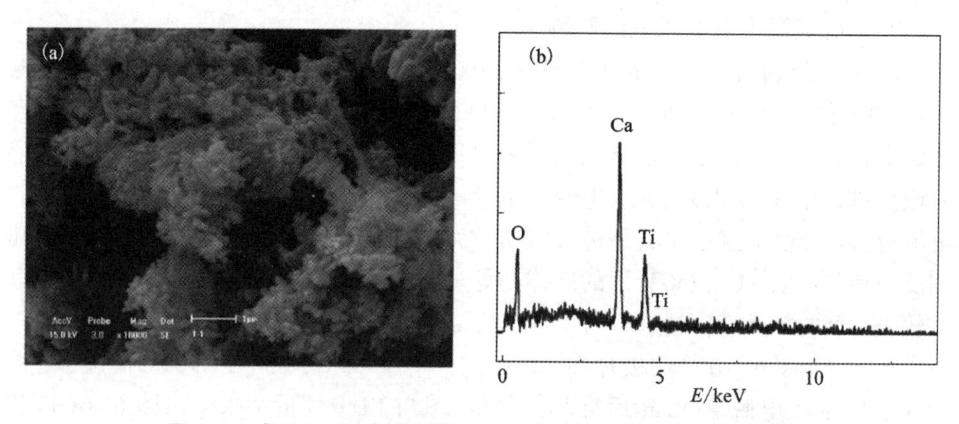

图 6-6　在 700℃下电脱氧还原二氧化钛粉末 40 h 所得产品的
SEM 结果(a)和 EDS 结果(b)

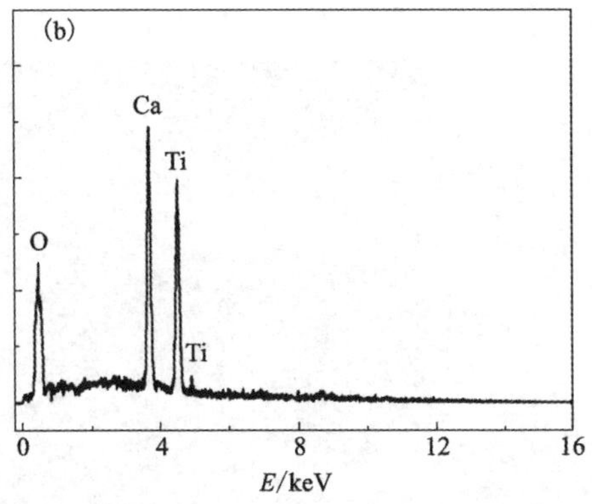

图 6-7　在 750℃下电脱氧还原二氧化钛粉末 40 h 所得产品的 SEM 结果(a)和 EDS 结果(b)

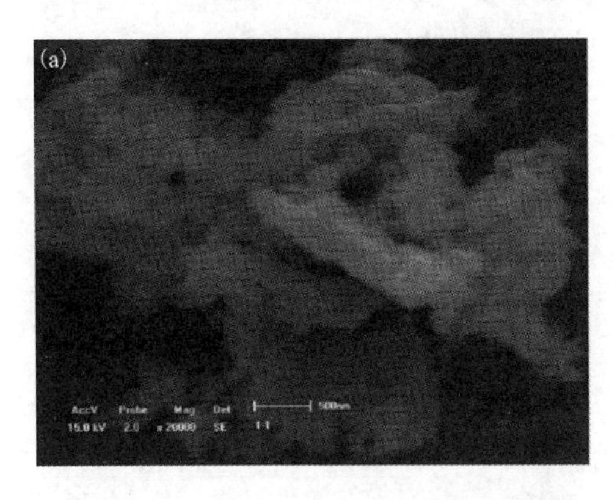

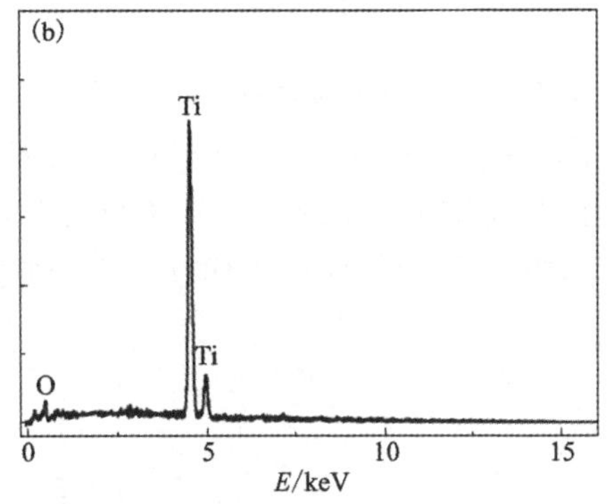

图 6-8　在 800℃下电脱氧还原二氧化钛粉末 40 h 所得产品的 SEM 结果(a)和 EDS 结果(b)

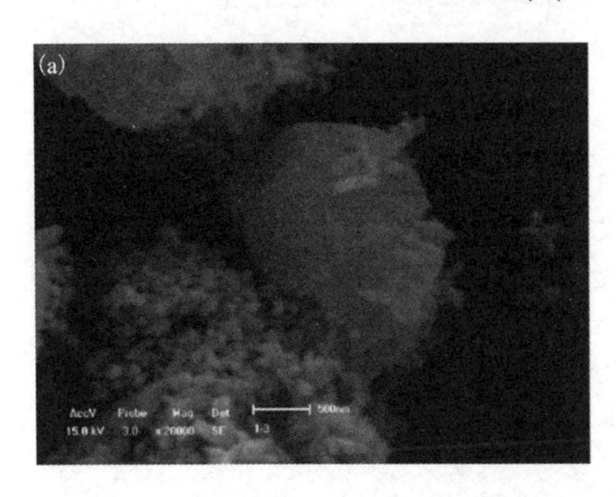

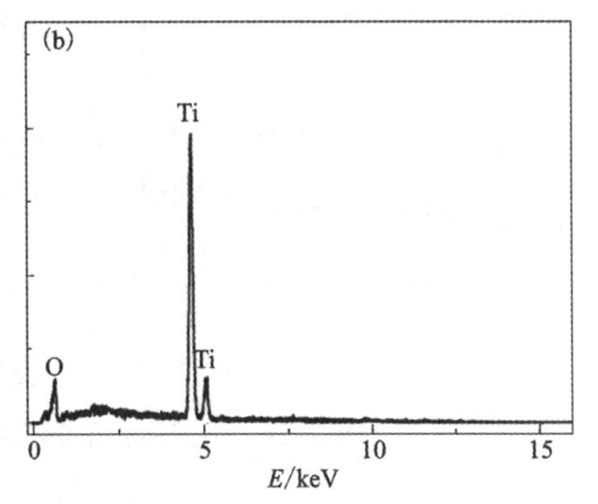

图 6-9　在 850℃下电脱氧还原二氧化钛粉末 40 h 所得产品的 SEM 结果(a)和 EDS 结果(b)

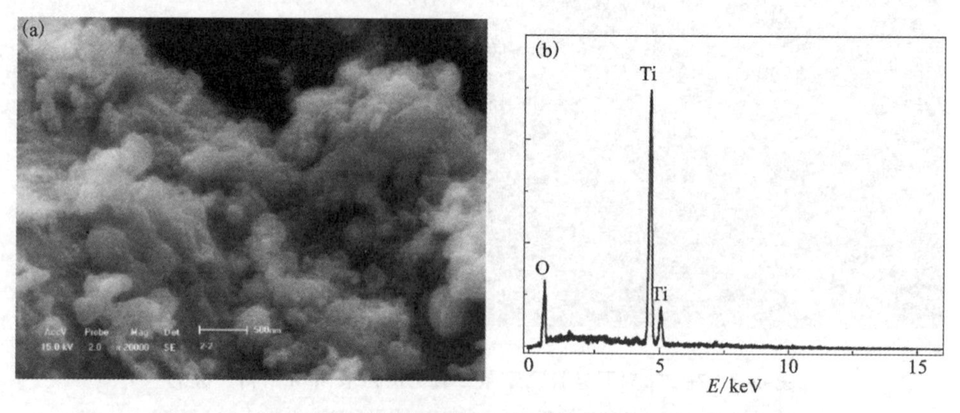

图 6-10　在 900℃下电脱氧还原二氧化钛粉末 40 h 所得产品的
SEM 结果(a)和 EDS 结果(b)

图 6-11 为阴极片在不同温度、3.1 V 电压下电脱氧 40 h 后样品的 XRD 图。由图 6-11 可见，800℃、850℃、900℃下电脱氧的产物几乎全部是金属钛，没有看到其他物质的衍射峰，而 700℃、750℃下电脱氧阴极片除了少量金属钛，主要有未电解脱氧的 Ti_3O_5、Ti_2O_3、TiO 和 $CaTiO_3$ 等。

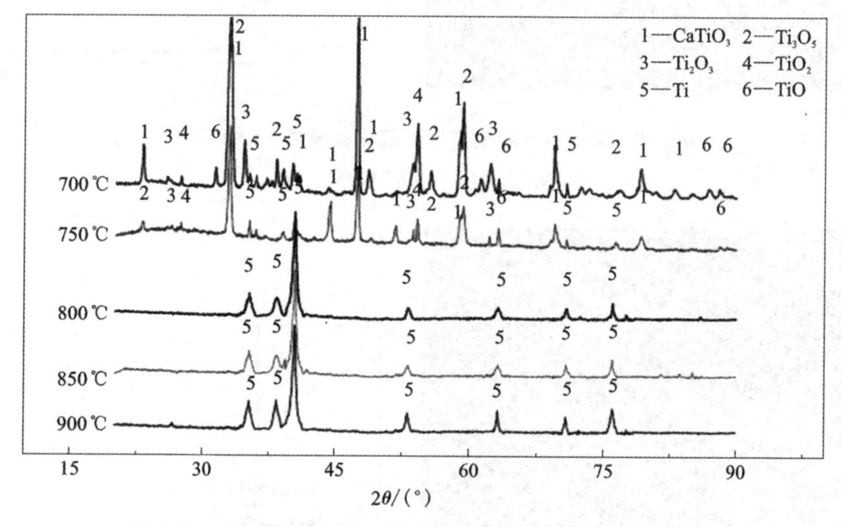

图 6-11　不同温度下电脱氧 40 h 后阴极产物的 XRD 图谱

图 6-12 为阴极片在不同温度下电脱氧 40 h 后阴极产物中残余含氧量。由图 6-12 可见，总的趋势是随着温度的升高电脱氧产物中残余含氧量降低，700℃

的产物含氧量最高，为28.31%；800℃下阴极片电脱氧后的残余含氧量最低，为4.21%。在电脱氧过程中，电脱氧温度、阴极的颗粒大小、孔隙多少和孔隙大小同时会对电脱氧产生影响。首先是孔隙的多少和大小，由于没有经过烧结，孔隙够大，不会对实验中钙离子在阴极片中的运动造成阻碍，孔隙的数量也不会有所减少；其次是颗粒的大小，从图6-6(a)与图6-7(a)可见，700℃、750℃下电脱氧的阴极颗粒没有明显长大，含氧量高。影响未烧结阴极片电脱氧速率的关键步骤是阴极内部的氧扩散速率。没有经过高温烧结的氧化物热缺陷少，电子传导能力差，氧扩散速率慢。

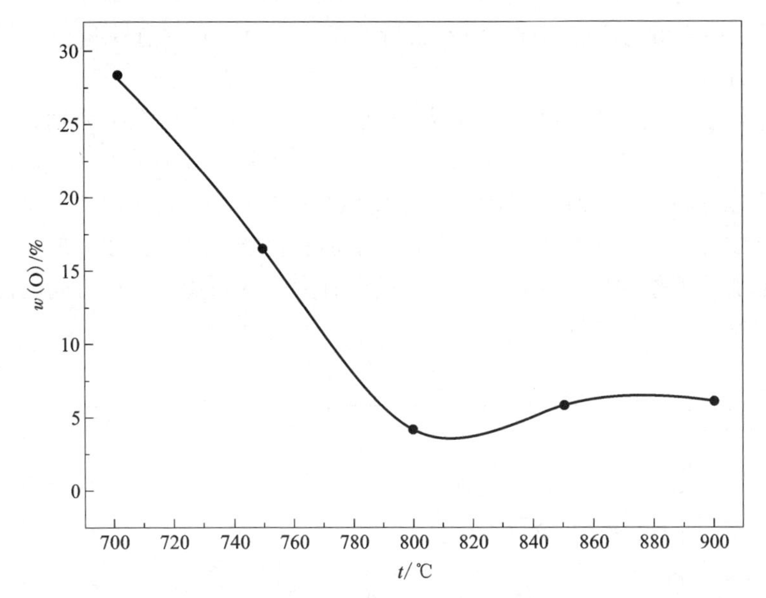

图6-12　电脱氧温度对电脱氧后阴极产物中残余含氧量的影响

分别在700℃、750℃、800℃、850℃、900℃电脱氧40 h，然后将电脱氧产品洗净低温烘干，称取处理完毕的粉末 m_0 进行焙烧完全氧化，并进行如下计算。实验中，电脱氧消耗电量计算：

$$Q_0 = It \tag{6-25}$$

式中：Q_0 为电量，C；I 为电流，A；t 为时间，s。

并依据图6-5，阴极片在40 h电脱氧过程中电流-时间关系曲线，计算电流-时间曲线的积分面积得该时间内通过电量。不同电脱氧温度阴极片电脱氧4 h后，积分电量分别为2852 C、2813 C、2918 C、3526 C、4960 C。电流效率计算如下：

$$\chi = w(\mathrm{O}) \times m_0 + (m_1 - m_0) \tag{6-26}$$

$$z=\frac{\chi-m_0\times w(\mathrm{O})}{16}\times\frac{m}{m_1} \tag{6-27}$$

$$Q=96500\times2\times z \tag{6-28}$$

$$\rho=Q/Q_0 \tag{6-29}$$

式中：$w(\mathrm{O})$为电脱氧后阴极产物中氧的质量分数；m_0 为焙烧前阴极产物的质量，g；m_1 为焙烧完全氧化后样品的质量，g；χ 为完全氧化后产物中氧的质量，g；z 为 m g 氧化物的电解脱氧量，mol；Q 为电脱氧量为 z 时消耗的理论电量，C；Q_0 为电脱氧过程通过的电量，C；ρ 为电流效率，%。

电脱氧前称取装入的氧化物粉末质量为 m，实际上，在未烧结阴极片电脱氧的过程中，由于没有经过烧结，没有大量的氧缺失而引起的点缺陷，因此 m 与 m_1 应该是相等的。

根据以上公式，计算得不同电脱氧温度下阴极片的电流效率分别为 17.13%、21.32%、34.76%、29.22%和 26.33%，如图 6-13 所示。随着电脱氧温度的升高电流效率也不断提高，但是 800℃以后电流效率出现了降低的现象。这是因为电脱氧温度的升高能加速阴极氧离子扩散，增加氧化物的缺陷浓度，但是温度过高一方面会加速熔盐的挥发，另一方面阴极含有大量的石墨，在长时间高温作用下会发生副反应而降低电流效率。

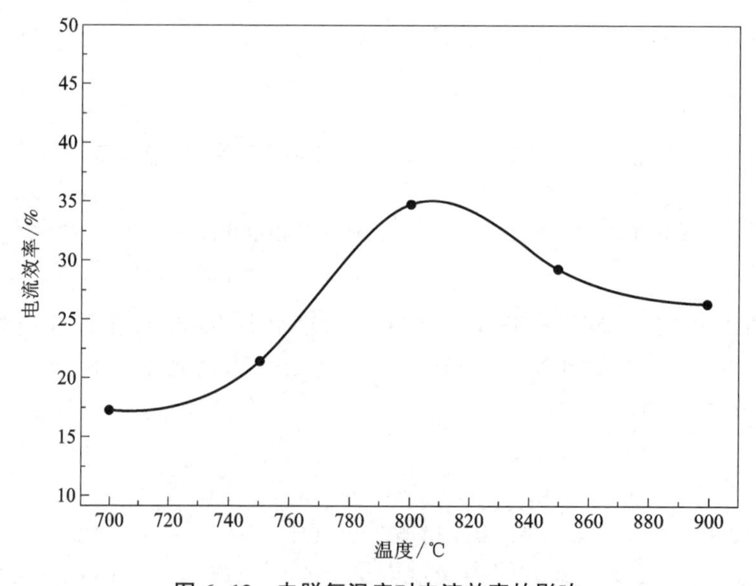

图 6-13　电脱氧温度对电流效率的影响

因此，在 800~900℃电脱氧 TiO_2 阴极片的过程中，颗粒尺寸有一定程度的长大，而不同电脱氧温度的颗粒都出现一定程度的不均匀。实验结果表明，在非烧结条件下，800℃ 电脱氧 40 h，所得产品电流效率（34.76%）和氧质量分数（4.21%）均较好。

3）电脱氧时间对电脱氧的影响

图 6-14 是在 800℃ 下电脱氧不同时间的产物 XRD 图，从图中可见电脱氧 4 h 后的产物主要为 TiO_2、$CaTiO_3$、Ti_3O_5 和 Ti_2O_3；经过 16 h 恒压电脱氧之后，产物主要有 Ti_3O_5、$CaTiO_3$、Ti_2O_3 和 TiO；经过 28 h 电脱氧之后产物主要有低价态的 TiO 和钛酸盐 $CaTi_2O_4$，还有少量的金属 Ti。从图 6-15（a）可以看到大量的板条状 $CaTi_2O_4$ 生成物；经过 40 h 充分电脱氧之后，产物主要为 Ti。从图 6-15（b）所示 EDS 结果可以看到有少量氧存在。通过热力学数据[29]计算得到式（6-30）～（6-33）：

$$TiO_2+Ca^{2+}+O^{2-} = CaTiO_3 \quad \Delta G^{\ominus}=-94.053\ kJ/mol \tag{6-30}$$

$$2Ca^{2+}+2O^{2-}+Ti_3O_5 = 2CaTiO_3+TiO \quad \Delta G^{\ominus}=-53.905\ kJ/mol \tag{6-31}$$

$$Ti_2O_3+Ca^{2+}+O^{2-} = CaTiO_3+TiO \quad \Delta G^{\ominus}=-132.502\ kJ/mol \tag{6-32}$$

$$CaTiO_3+Ti = 2TiO+Ca^{2+}+O^{2-} \quad \Delta G^{\ominus}=-42.569\ kJ/mol \tag{6-33}$$

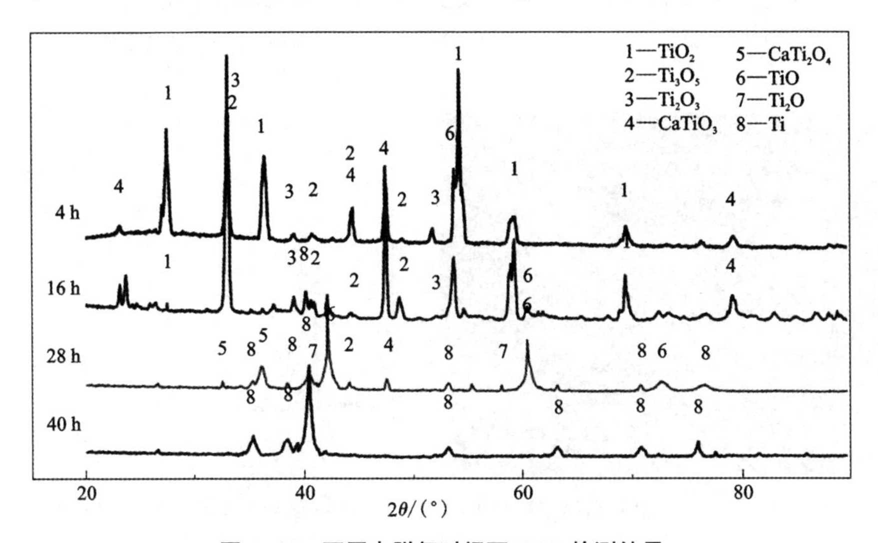

图 6-14　不同电脱氧时间下 XRD 检测结果

从式（6-30）可以看到在 800℃、CaO 存在的情况下，$CaTiO_3$ 的生成是一个自发的过程，因此在反应初期（4 h 内）就有 $CaTiO_3$ 生成。随着反应进行到 16 h，从 XRD 图可以看到 $CaTiO_3$ 并没有减少，反而有所增加；这是因为随着电脱氧的进行不断有低价态的 Ti_3O_5 和 Ti_2O_3 等生成，如式（6-31）和式（6-32）所示，这些低价氧化物也会自发地同钙离子和氧离子结合生成 $CaTiO_3$，因此这一阶段 $CaTiO_3$ 量是不断增加的。随着钛逐渐电脱氧得到的低价钛 TiO 含量不断增加，$CaTiO_3$ 开始逐渐减少，这是因为 $CaTiO_3$ 和含量逐渐增加的 TiO 结合生成 $CaTi_2O_4$，如反应(6-34)所示；另外电脱氧得到少量金属钛之后，金属钛会与 $CaTiO_3$ 结合生成 TiO，如式(6-33)所示，这也解释了电脱氧 28 h 后产物主要是 TiO 和 $CaTi_2O_4$ 的原因。在反应初期没有 TiO 出现的情况下，C. Schwandt 等[31]认为可能由(6-35)反应得到 $CaTi_2O_4$，本文的动力学实验中没有观察到该反应峰的出现，这可能是因为循环伏安实验中电势足够还原出金属钙，金属钙可能部分直接还原二氧化钛得到 TiO，从而(6-34)反应得以快速地进行。

$$CaTiO_3+TiO=\!=\!=CaTi_2O_4 \tag{6-34}$$

$$2CaTiO_3+4e^-=\!=\!=CaTi_2O_4+Ca^{2+}+2O^{2-} \tag{6-35}$$

图 6-16 是 800℃下电解 28 h 后阴极产物图。阴极片电解后产物出现内层和外层分离的现象，且分为三层：a 为阴极片与熔盐接触的上层，该层松软；b 为中间内核夹层，该层紧密，该层观测到大量板条状 $CaTi_2O_4$，如图 6-15 所示；c 为与石墨承载体接触层，该层外观与内层接近。各层 XRD 图如图 6-17 所示，其中上层 a 产物中主要有低价钛氧化物和金属钛，还发现有 $CaTi_2O_4$ 相。而阴极片内核 b 中产物的物相多而复杂，含有一些低价钛氧化物和两种钙钛氧化物。

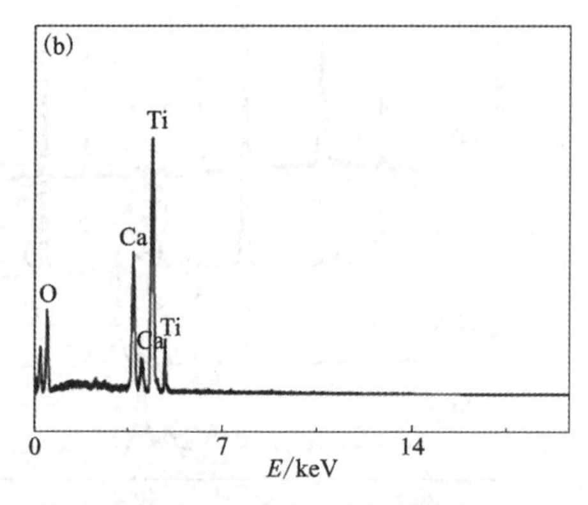

图 6-15　电脱氧 28 h 后检测到的 $CaTi_2O_4$ 的 SEM 结果(a)和 EDS 结果(b)

由以上 XRD 图分析可以得出结论，金属 Ti 不是从内层和底层石墨接触层中电脱氧还原出来，而是首先在与熔盐接触的上层电脱氧出来。这证实了氧化物直接电脱氧的动力学限制性环节不是电子的传导而是氧的扩散，因为电极反应中，所有电子传递及其相关联的化学反应的动力学都比物质传递过程快得多，同石墨接触的底层 c 与石墨承载体有良好的接触，相较于上层 a 与熔盐接触面有更充足

a—产品上层；b—产品内核；c—石墨接触底层。

图 6-16　在 800℃、3.1 V 下电脱氧 28 h 样品分层图

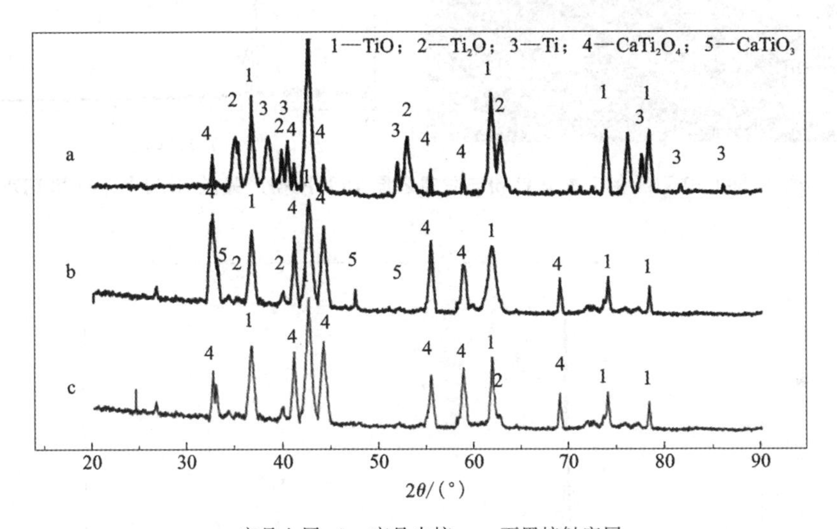

a—产品上层；b—产品内核；c—石墨接触底层。

图 6-17　在 800℃、3.1 V 下电脱氧 28 h 样品 XRD 图谱

的电子供应，而没有金属钛被还原得到；a 层中先有金属钛被还原，这是因为氧从 c 层扩散或者钙离子携带氧离子到 a 表面的速度远远低于电子从其他部位传导到 a 表面的速度。其次，a、b 和 c 各层的产物可以印证后期反应的过程，首先低价 Ti_xO_y(x=1, 2, 3; y=2, 3, 5)同 CaO 结合得到 $CaTiO_3$，然后 $CaTiO_3$ 通过(6-34)反应合成 $CaTi_2O_4$，从内核 b 层可以观测到部分为完全反应的 $CaTiO_3$，之后 $CaTi_2O_4$ 发生分解得到 TiO(见下节分析)，最后 TiO 还原得到更低价的 $TiO_{2-\delta}$(δ=3/2, 5/3, 1, 2, …)钛氧化物、钛氧固溶体或者金属钛。

基于前述研究，向二氧化钛阴极中添加 TiO 和 CaO 来提高 $CaTiO_3$ 的生成与分解速度，从而达到提高反应速率的目的。本研究中向阴极料中同时加入 15% CaO(质量分数)和 15%TiO(质量分数)，在 800℃、3.1 V 电压下电脱氧 40 h 产物的 SEM、EDS 结果如图 6-18 所示，颗粒长大不明显但均匀，EDS 结果显示为纯钛。XRD 检测结果见图 6-19，显示为纯金属钛，没有其他杂质成分。

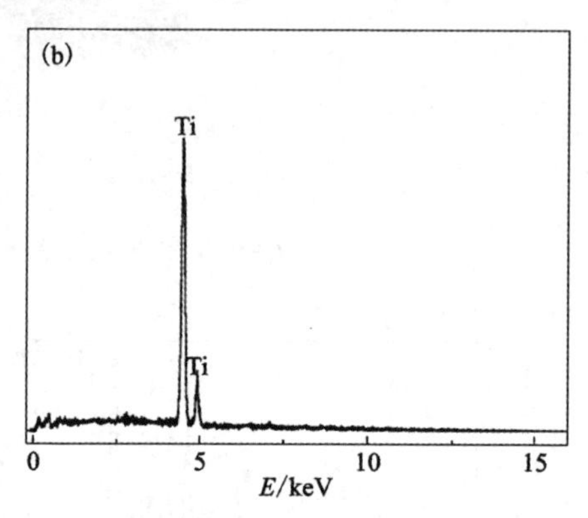

图 6-18　添加 CaO 和 TiO 的二氧化钛粉电脱氧还原 40 h 所得产品的 SEM 图(a)和 EDS 图(b)

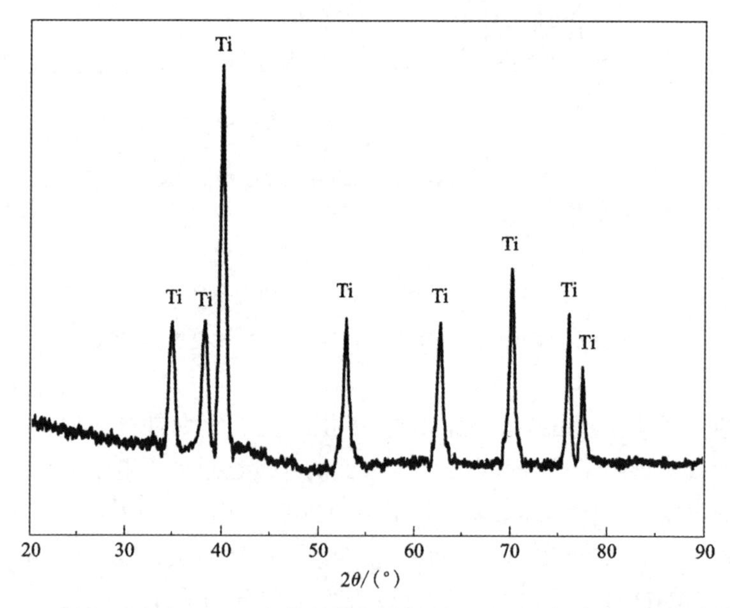

图 6-19　添加 CaO 和 TiO 二氧化钛粉电脱氧还原 40 h 所得产品 XRD 检测结果

由图 6-20 可见，添加了 CaO 和 TiO 的阴极片电脱氧时电流有明显改善，在电流-时间曲线下降的三个阶段中，起始电流变化不大，但第Ⅱ阶段的电流大大高出未添加时的电流，第Ⅲ阶段电流值却低于未添加时的电流值。这是因为第Ⅱ阶段主要是 $CaTiO_3$ 的形成与分解过程，CaO 的添加加速其形成，而 TiO 的添加促进其分解，这一变化通过宏观的电流值表现出来；第Ⅱ阶段反应快且彻底，因此进入Ⅲ阶段后只剩下残余的低价态钛氧化物的脱氧，电流值相对于未添加 CaO 和 TiO 的阴极电流值更低。经过计算得产物残余含氧量为 0.81%、电流效率为 42.33%。

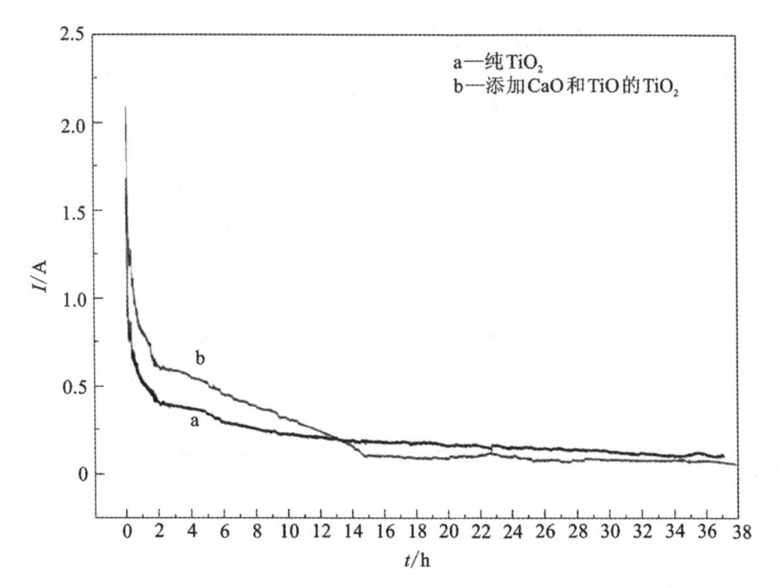

图 6-20　添加 CaO 和 TiO 与不添加的二氧化钛粉电脱氧还原阴极电流图

6.4　结论

以分析纯 TiO_2 为原料，在 $CaCl_2$-NaCl(CaO)熔盐中、3.1 V 恒电压下无烧结电脱氧还原制备金属 Ti，并分别采用高纯石墨和高纯钼作工作电极，测试循环伏安曲线，对 TiO_2 的电极还原过程分析，得出以下结论：

(1)以 TiO_2 粉末为阴极，采用熔盐电脱氧法在不同的电脱氧还原温度下电脱氧 40 h 后得到金属钛。在 800℃下电脱氧产物颗粒均匀、残余含氧量低(约为 4.21%)，电流效率为 34.76%。

(2)在 TiO_2 粉末中加入 CaO 和 TiO 进行阴极改性，然后进行未烧结电脱氧还原，可以有效地加速钙钛中间化合物的生成与分解，从而加快电脱氧的速度，提高了电流效率(42.33%)，降低了电脱氧产物含氧量(约为0.81%)。

(3)在800℃、$CaCl_2$-NaCl(CaO)混合熔盐中，采用Mo工作电极，循环伏安曲线的电化学窗口值可以达到2.8 V，电化学性质稳定。分析得TiO_2电脱氧阴极过程为TiO_2/Ti_3O_5、Ti_3O_5/Ti_2O_3、$CaTi_2O_4$/TiO、TiO/$Ti_{2-\delta}$。中间产物$CaTiO_3$与$CaTi_2O_4$是自发形成的，可以通过阴极改性加速其形成与分解。

参考文献

[1]钛及钛合金的分类、特性以及常用的焊前清理方法[J]. 电焊机, 2007, 37(12): 49-49.

[2] 2015年全球钛资源需求将再增30%[J]. 特种铸造及有色合金, 2011(8): 717-717.

[3]中国有色金属工业协会钛锆铪分会. 钛行业"十二五"规划研究[J]. 钛工业进展, 2011(28): 10-18.

[4]Tulugan K, Park C, Qing W, et al. Composition design and mechanical properties of BCC Ti solid solution alloys with low Young's modulus[J]. J Mech Sci Technol, 2012, 26(2): 373-377.

[5]Withers J C, Loutfy R O, Laughlin J P. Electrolytic process to produce titanium from TiO_2 feed [J]. Matertechnol, 2007, 22(2): 66-70.

[6] 洪艳, 沈化森, 曲涛, 等. 钛冶金工艺研究进展[J]. 稀有金属, 2007, 31(5): 694-700.

[7] Hayes F H, Bomberger H B, Froes F H, etal. Advances in titanium extraction metallurgy[J]. JOM, 1984, 36: 70-76.

[8]Kroll W. The production of ductile titanium[C]. Paper presented at 78th General. Ottawa, Canada, 1940.

[9] 王向东, 朱鸿民, 逯福生, 等. 钛冶金工程学科发展报告[J]. 钛工业进展, 2011, 28(5): 1-5.

[10]Park I, Abiko T, Okabe T H. Production of titanium powder directly from TiO_2 in $CaCl_2$ through an electronically mediated reaction (EMR)[J]. J Phys Chem Solids, 2005, 66(2-4): 410-413.

[11]Okabe T H, Oda T, Mitsuda Y. Titanium powder production by preform reduction process (PRP)[J]. J Alloy Compd, 2004, 364(1-2): 156-163.

[12]Zhang W S, Wu Z Z, Yong C C. A literature review of titanium metallurgical processes[J]. Hydrometallurgy, 2011, 108(3-4): 177-188.

[13] Mrutyunjay P, Paramguru R K, Chandra G R, et al. An overview of production of titanium and an attempt to titanium production with ferro-titanium[J]. High Temp Mat Pr-isr, 2010, 29(5-6): 495-513.

[14]Withers R L, Brink F J, Liu Y, et al. Cluster chemistry in the solid state: Structured diffuse scattering, oxide/fluoride ordering and polar behaviour in transition metal oxyfluorides[J]. Polyhedron, 2007, 26(2): 290-299.

[15]Martinez A M, Osen K S, Skybakmoen E, et al. New method for low-cost titanium production [J]. Key Engineering Materials, 2010, 436: 41-53.

[16] Suzuki R O. Direct reduction processes for titanium oxide in moltensalt[J]. JOM, 2007, 59(1): 68-71.

[17] Suzuki R O, Inoue S. Calciothermic reduction of titanium oxide in molten $CaCl_2$[J]. Metal Mater Trans B, 2003, 34(3): 277-285.

[18] Suzuki R O. Calciothermic reduction of TiO_2 and in situ electrolysis of CaO in the molten $CaCl_2$[J]. J Phys Chem Solids, 2005, 66(2-4): 461-465.

[19] Suzuki R O, Fukui S. Reduction of TiO_2 in molten $CaCl_2$ by Ca deposited during CaO electrolysis[J]. Mate Trans, 2004, 45(5): 1665-1671.

[20] Ono Katsutoshi S R O. A new concept for producing Ti sponge: Calcio-thermic reduction[J]. JOM, 2002, 54: 59-61.

[21] Suzuki R O, Aizawa M, Ono K. Calcium-deoxidation of niobium and titanium in Ca-saturated $CaCl_2$ molten salt[J]. J Alloy Compd, 1999, 288(1-2): 173-182.

[22] Suzuki R O, Teranuma K, Ono K. Calciothermic reduction of titanium oxide and in-situ electrolysis in molten $CaCl_2$[J]. Metal Mater Trans B, 2003, 34(3): 287-295.

[23] 赵志国, 鲁雄刚, 丁伟中, 等. 利用固体透氧膜提取海绵钛的新技术[J]. 上海金属, 2005(2): 40-43.

[24] Pal U, Woolley D, Kenney G. Emerging SOM technology for the green synthesis of metals from oxides[J]. JOM, 2001, 53(10): 32-35.

[25] 廖先杰. 熔盐电脱氧法制备 Ti、钛合金、Al-Sc 合金[D]. 沈阳: 东北大学, 2013.

[26] Chen G Z, Fray D J. Voltammetric studies of the oxygen-titanium binary system in molten calcium chloride[J]. J Electrochem Soc, 2002, 149(11): E455-E467.

[27] Fray C S D J. Determination of the kinetic pathway in the electrochemical reduction of titanium dioxide in molten calcium chloride[J]. Electrochim Acta, 2005, 51: 66-76.

[28] Jiang K, Hu X H, Ma M, et al. "Perovskitization"-assisted electrochemical reduction of solid TiO_2 in molten $CaCl_2$[J]. Angew Chem Int Edit, 2006, 45(3): 428-432.

[29] 梁英教, 车荫昌. 无机物热力学数据手册[M]. 沈阳: 东北大学出版社, 1993.

[30] Littlewood R. Diagrammatic representation of the Thermodynamics of metal-fused chloride systems[J]. J Electrochem Soc, 1962, 109(6): 525-534.

[31] Schwandt C, Alexander D T, Fray D J. The electro-deoxidation of porous titanium dioxide precursors in molten calcium chloride under cathodic potential control[J]. Electrochimica Acta, 2009, 54(14): 3819-3829.

[32] Fray D J. Anodic and cathodic reactions in molten calcium chloride[J]. Can Metall Quart, 2002, 41(4): 433-439.

[33] Acha C, Monteverde M, Núñez-Regueiro M, et al. Electrical resistivity of the TiO Magneli phase under high pressure[J]. Eur Phys J B, 2003, 34(4): 421-428.

第7章　以氧化硅为阴极熔盐电脱氧法制备硅

硅是冶金工业常用的脱氧剂原料(硅铁合金)，也是重要的半导体材料。按纯度分类，硅可分为：冶金级(2~3N及以下)、太阳能级(4~6N及以上)、电子级(7~9N及以上)。不同级别纯度的单质硅用途不同。太阳能级硅主要用于太阳能光伏电池领域，电子级主要用于电子工业芯片的生产。目前晶体硅太阳能电池是商业化太阳能电池的主流，约占整个太阳能电池市场的90%，其中多晶硅光伏电池占98%以上。

太阳能级和电子级硅均以冶金级硅为原料，经化学和物理的方法除杂提纯获得。但长期以来太阳能级硅都是以电子级硅的头尾料和坩埚底料来制备。化学法(改良西门子法、硅烷法等)生产的单质硅纯度高，但因投入大、成本高、能耗高、技术要求高等问题大大限制了其广泛应用。太阳能级硅对杂质含量要求相对较低。因此，人们希望通过投入少、成本低、能耗小的冶金法来解决太阳能级硅的生产问题。但由于硼、磷的物理化学性质与硅较相近，采用冶金法除硼、磷在技术和成本上面临较大困难。

7.1　硅制备技术

硅是重要的半导体材料，也是冶金工业常用的脱氧剂原料(硅铁合金)。目前，人们关注于低成本、低能耗、对环境友好的硅制备工艺技术开发。半导体硅制备方案的研究集中于杂质元素的去除，尤其是与硅相近的硼、磷相似杂质元素的去除。

7.1.1　冶金级硅制备

冶金级硅也称为工业硅、金属硅，制备方法是以硅石(一般含二氧化硅99%左右)为原料，在矿热炉内经碳质还原剂(木炭、石油焦、煤等)在1800℃高温下冶炼还原而制得。化学反应方程如下：

$$SiO_2(s)+2C(s)=\!=\!=Si(l)+2CO(g) \quad (7-1)$$

产品中硅质量分数在 97%至 99.9%之间。冶金级硅的用途十分广泛，是生产硅铝合金、硅镁合金等许多中间合金的重要原料。

7.1.2　电子级硅制备方法

电子级硅是以冶金级硅为原料经过一系列的物理化学反应提纯，达到一定纯度的半导体材料。现在工业生产多晶硅的方法主要有改良西门子法、硅烷法、流化床反应法。这三种方法的产品质量定位基本都是电子级多晶硅。

1)改良西门子法

西门子法是以 HCl(或 Cl_2、H_2)和冶金级硅为原料，在高温下合成 $SiHCl_3$，然后对 $SiHCl_3$ 进行提纯，经过多级精馏，使其纯度达到 9N 以上，最后在还原炉中 1050℃的芯硅上用高纯氢气进行还原，生长出高纯多晶硅棒[1]。西门子法技术相对比较简单，只对还原炉中未反应的氢气进行回收利用，HCl 和 $SiCl_4$ 不再循环利用，而是作为副产品直接销售，生产规模也比较小，只适合于百吨以下规模生产。经过科学研究不断对其进行改进，第二代技术在西门子法的基础上，循环利用 $SiCl_4$，将 $SiCl_4$ 与工业硅反应，加快了沉积速度，从而扩大了生产规模。第三代技术又是在第二代的基础上，通过冷 $SiCl_4$ 溶解 HCl 法或采用活性炭吸附法，从而获得了干法回收 HCl 技术，使得到的干燥 HCl 又返回流化床反应器与冶金级硅反应，实现了完全闭路循环生产，适用于现代化年产 1000 t 以上规模的多晶硅生产。经过两次改进，增加了还原尾气干法回收系统和 $SiCl_4$ 氢化工艺，实现了闭路循环，于是形成了改良西门子法——闭环式 $SiHCl_3$ 氢还原法。改良西门子法的工艺流程如图 7-1 所示。

改良西门子法通过工艺改进实现了闭路循环，其精馏提纯耗能低、效率高；工艺成熟，产物纯度较高，质量好；生产安全系数高，环境污染小；产量较大，适合大规模工业生产。目前国际上采用改良西门子法生产的多晶硅约占全球多晶硅总产量的 85%，国内此方法生产的多晶硅占总量的 76.7%[2]。但是改良西门子法也存在以下缺点：工艺复杂，生产成本高；产率比较低，一般为 14%~16%，效率约为 16.7%；整个过程未实现全部自动化连续生产，产物取出时必须停炉降温[3]。因此美国、德国、日本、中国等都在积极对该技术进行进一步的改进。

2)硅烷法

硅烷法是以中间产物硅烷作为气源，对硅烷进行热分解来制备多晶硅[4, 5]。中间产物高纯硅烷是以氟硅酸、钠、铝、氢气为主要原料制备的。其工艺流程如图 7-2 所示[4, 5]。

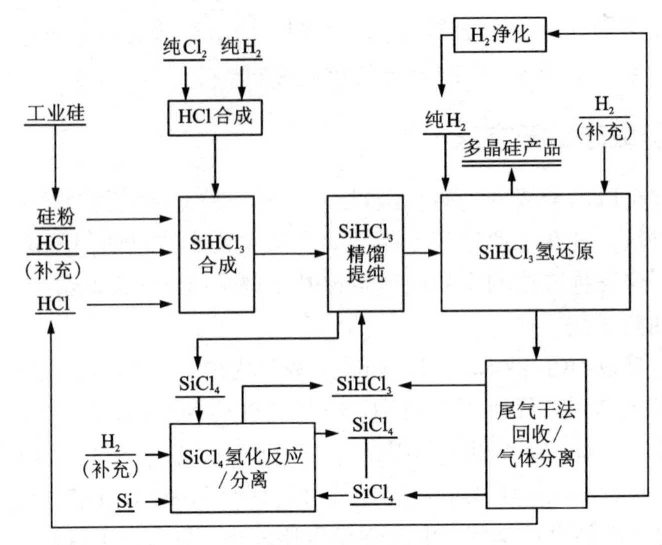

图 7-1　改良西门子法的工艺流程图

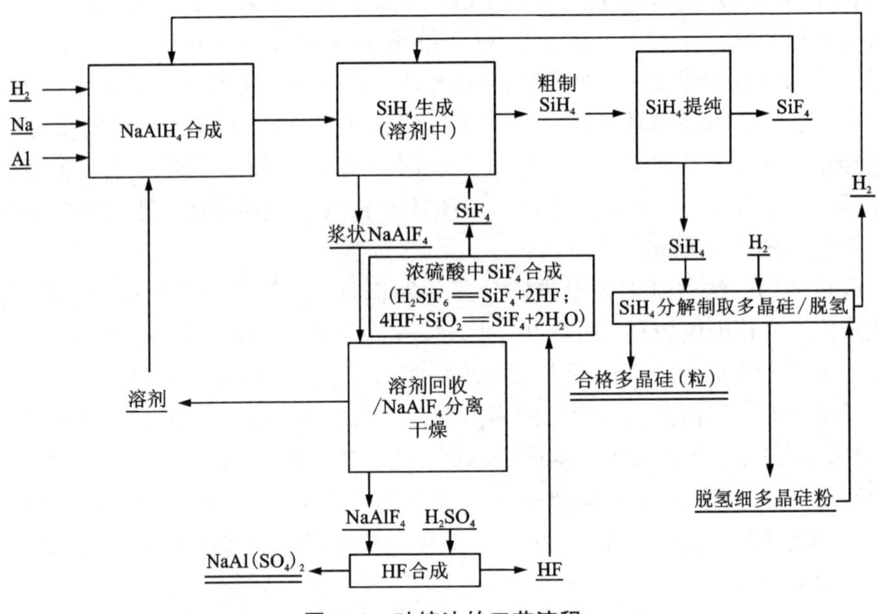

图 7-2　硅烷法的工艺流程

硅烷法反应温度比较低，将硅烷法中所使用的硅烷与西门子法的 $SiHCl_3$ 比较，硅烷较易提纯，硅烷含硅量较高(87.5%)，分解率高达99%，分解速率快，分解温度较低，能耗低，与改良西门子法还原电耗 120 kW · h/kg 相比，其能耗仅为

40 kW · h/kg，且硅烷法具有转化率高，生成杂质少，生成的多晶硅纯度高等优点。因此近年来硅烷法发展迅速，但是硅烷本身生产困难且是易燃易爆品，在生产和存储过程中稍不注意就会爆炸，具有较大的安全隐患，这也是硅烷法难以广泛应用的主要原因。另外硅烷分解炉比较复杂，硅棒直径受到限制，这也是硅烷法一个尚未解决的问题。此外整个过程的转换效率很低，约为 0.3%，物料多次循环反复加热，能耗很大。

3）流化床法

流化床法是使用流化床反应器进行多晶硅生产的工艺方法[6]，可缩写为 FBR（fluidized reactor），它是由美国联合碳化物公司早年研发的多晶硅制备工艺技术。其工艺流程如图 7-3 所示：

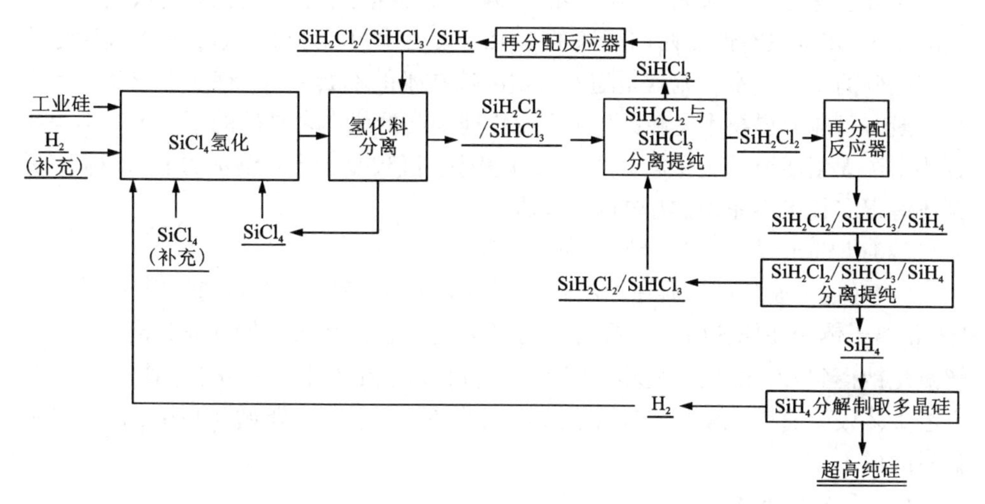

图 7-3　流化床法的工艺流程

在生产多晶硅的过程中，以 $SiCl_4$、H_2 和冶金硅为原料在高温高压流化床内生成 $SiHCl_3$，将 $SiHCl_3$ 再进一步歧化加氢反应生成 SiH_2Cl_2，继而生成 SiH_4 气。制得的 SiH_4 气通入加有小颗粒硅粉的流化床反应炉内进行连续热分解，生成粒状多晶硅产品。目前流化床一般与硅烷热分解法结合使用。根据硅烷制备方法的不同，流化床技术可以分为两类：三氯氢硅流化床法和硅烷流化床法。由于在流化床反应炉内参与反应的硅具有较大表面积，所以反应速率较快，并且一般反应温度在 575～685℃，能耗较低。另外，分解电耗低，流化床的电耗仅为改良西门子法的 1/10[7]，生产成本大大降低，并且流化床反应器能够连续运行，产量高，维护简单。但是正如前面硅烷法提到的，以硅烷作为中间产物具有较大的安全隐患。流化床法得到的产品为粒状多晶硅，表面积较大，容易污染，产品不够稳定。

7.1.3 其他方法

(1)以工业硅为原料冶金法

冶金法是以工业硅为原料，用金属冶炼的方法对工业硅进行提纯，一般主要有：吹气精炼法[8]、电子束熔炼法[9]、等离子束熔炼法[10]、定向凝固法[11]、造渣法[12]、高纯原料碳热还原法[13]、真空熔炼法[14]等。冶金法通常采用两步法生产多晶硅，顺序没有严格的要求，以工业硅为原料，逐步除去各种杂质，达到太阳能级硅的标准。例如日本川崎制铁(Kawasaki Steel)提出的工艺为：第一步在电磁炉中采用定向凝固法除P和初步除去金属杂质；第二步在等离子体炉中，在氧化气氛下除B和C，熔化的硅再次定向凝固后除掉金属杂质。

冶金法是专门针对太阳能级多晶硅的一种提纯方法，其电耗只有改良西门子法的1/3，水耗只有改良西门子法的1/10，投资也只有1/3左右，能大幅度地降低多晶硅的生产成本。尤其是随着真空冶炼技术的不断发展，许多专家认为冶金法是最有可能取得技术突破，并能产业化地生产低成本多晶硅的新技术。但是冶金法生产太阳能级硅至少包含两个冶炼程序，流程复杂，对设备的要求较高，并且还有很多技术不完善，需要进一步研究。

(2)以 $SiCl_4$ 为原料的金属还原制备硅

以 $SiCl_4$ 为原料的金属还原法是在西门子法的基础上做的改进，用Na蒸气在H+Ar离子体中还原 $SiCl_4$，选择合适的温度使液态硅和氯化钠气体分离，然后电解氯化钠得到 Cl_2 和Na，循环使用[15]。还可以用Zn代替Na起还原作用[16]。该方法工艺较为简单，减少了西门子法烦琐的还原工艺，又能循环利用，降低了原材料的成本。

(3)固态电迁移法

固态电迁移法起源于1953年，它的主要原理是当对一个金属施加电场时，电子会流动，质量也会发生很小的迁移，其中质量迁移主要有三种形式：①合金中溶质的迁移；②合金中的置换杂质根据它移动的方向和速率不同导致组分分离；③纯金属中的电子自迁移[17-19]。现在固态电迁移技术主要用在提纯稀有金属，对金属镝的提纯可以达到99.6%。根据固态电迁移的原理，研究人员发现可以用这个方法制备多晶硅。因为电迁移只会迁移溶体中所含的杂质，因此在制备多晶硅的过程中可以以工业硅为原料，用这种方法可以除去H、O、B、N、P、C等微量杂质，特别是对P、B等主要杂质有很好的去除效果，能够达到太阳能级硅的要求。但是到目前为止该方法的生产成本较高，产量也比较小，所以目前还只用在生产稀有金属上。但是这为生产多晶硅提供了一个新的途径，随着进一步的研究，会有比较好的前景。

(4)碘化学气相净化法

碘化学气相净化法的原理为冶金硅与碘发生反应生成 SiI_4，之后在高温条件下，冶金硅和 SiI_4 反应生成 SiI_2。当冶金硅温度达到 1200℃，且衬底温度达到 1000℃时，SiI_2 比较容易分解，同时硅的沉积速度也加快。当冶金硅与碘开始反应时，金属作为杂质，其碘化物将不与 SiI_4 同时生成，在 SiI_4 的循环蒸馏过程中，高于 SiI_4 蒸汽压的金属碘化物将会停留在蒸馏塔的顶部，低于 SiI_4 蒸汽压的金属碘化物将会停留在蒸馏塔的底部；在 SiI_2 沉积形成 Si 的过程中，由于大多数金属碘化物的吉布斯自由能的负值比较大，SiI_2 和 SiI_4 都比较稳定，而且保持气相很容易，因此在沉积区它们不会被还原[20-23]。该方法能够实现多晶硅的连续化生产，生产工艺简单，易于实现自动化。

(5)利用高纯试剂还原 SiO_2

目前利用高纯试剂还原 SiO_2 主要研究的是碳热还原法，也就是用高纯碳还原高纯二氧化硅，然后进行脱碳，得到较纯的硅。其基本反应原理为：

$$SiO_2(s)+2C(s)=\!=\!=Si(l)+2CO(g)$$

碳热还原对二氧化硅和碳都有较高的要求，因为在反应前后杂质的含量基本不变，故而要求原料中的杂质含量都在 10^{-6} 数量级。目前该方法在实验室中取得了较好的冶炼效果，西门子公司提出了完整的生产工艺。将高纯的二氧化硅制成团然后与压成块的炭黑在电弧炉中进行还原，其中炭黑是在热盐酸溶液中浸出的，这样可以降低杂质的含量，保证炭黑的纯度。荷兰能源研究中心也积极探索硅石的碳热还原，他们以天然的石英粉作为原料，可以使 B 和 P 的含量降低到 10^{-6} 级。

碳热还原的研究重点包括：多晶硅提纯、优化碳热还原过程、中间复合物。如果使用纯度较高的焦炭、木炭作为还原剂与 SiO_2 进行反应，会有很好的发展前景。但是由于对炭的纯度要求较高，而炭的纯度难以保证，并且炭黑的来源也比较困难，这也就限制了该工艺的发展。它开辟了一个较大的领域，以 SiO_2 为原料生产多晶硅，由于 SiO_2 来源丰富，易于提纯，极大地扩大了原料的来源，并且为降低生产成本提供了可能。

(6)熔盐电解法

关于熔盐电沉积硅的报道最早见于 1865 年，采用的电解质体系主要以硅石或硅酸盐为原料，在温度为 600~900℃的熔盐中进行电沉积[24, 25]。氟硅酸盐来源广泛，用碱金属或者碱土金属的氟化物与二氧化硅反应可以制备较高纯度的氟硅酸盐，并且在稳定性方面具有其他碱卤化物无可比拟的优势，所以氟硅酸盐可以作为非常好的硅源物质。在以后的熔盐电沉积硅的研究中，一般选择 K_2SiF_6 或 Na_2SiF_6 的熔盐体系。

德埃尔韦尔(Elwell D)等[24]选择碱性氟硅酸盐 Na_2SiF_6 作为溶质，为了抑制氟硅酸盐的分解，分别测验了 LiCl-KCl(352℃)、NaCl-KCl(654℃)、LiF-KF

(492℃)、NaF-KF(710℃)、LiF-NaF-KF(454℃)等混合熔盐，发现在 LiF-KF 和 LiF-NaF-KF 中氟硅酸盐最稳定。在 750℃下施加电流进行电解，制备出粒状或枝晶状的结晶硅。他们详细研究了氟硅酸盐沉积过程的机理，认为硅的沉积是分两步进行的[25]：第一步是 Si(Ⅳ)+2e ══Si(Ⅱ)，得到 Si(Ⅱ)，然后 Si(Ⅱ)+2e ══Si，制备出晶体硅。第二步是 Si(Ⅳ)+Si ══2Si(Ⅱ)，然后重复第一步反应得到晶体硅。其中第二步反应是电沉积硅的机理[26]。科学家们普遍认为，根据熔盐的性质，熔盐界面和电解产物之间的交换电流密度一般为 $10^{-1} \sim 10^{-3}\ A/cm^2$，比较高。但是离子在熔盐中和在水溶液中的扩散系数相近，所以熔盐中电极的反应一般都比较快且是可逆的，受离子扩散速率的控制。另外许多研究人员，如埃尔韦尔(Elwell D)等[27]证实 Si(Ⅳ)+Si ══2Si(Ⅱ)的反应的确存在，用这个反应也能很好地解释制备出的晶体硅粒状和枝晶状的结构。李运刚等研究了 FLiNaK-Na_2SiF_6 熔盐体系中硅的电沉积结晶过程，认为电解结晶过程是按照三维生长和连续成核的方式进行的[28]。

熔盐电沉积硅，可以在阴极得到连续、均匀的晶体硅，通过不断地添加氟硅酸盐，更换阴极实现连续生产。但是就目前研究来看，还存在许多问题：例如，由于熔盐中硅离子的浓度较低，沉积出的硅很薄，目前一般用来制备硅膜，而不能达到生产太阳能级硅的目的。此外，该方法沉积的硅没有提纯的效果，所以在沉积过程中熔盐体系中的杂质也会沉积出来，影响产品的纯度，所以对原料和熔盐都有比较高的要求。而且，该方法沉积速度过慢，受电压或电流波动的影响较大；沉积过程不稳定，沉积出的硅比较疏松，有待于进一步研究来提高硅的纯度和改善硅的微观结构。电沉积硅一般采用氟盐体系，对设备腐蚀严重，并且氟盐对人体有较大危害，操作环境比较差。

7.2 固态二氧化硅阴极熔盐电脱氧还原制备硅原理

将压片后的 SiO_2 片作为阴极，以石墨为阳极，用电化学方法将阴极氧化物中的氧除去。这种方法是以阴极电脱氧理论为基础，在高于二氧化硅分解电压且低于工作熔盐 $CaCl_2$ 分解电压的恒定电压下电脱氧；阴极发生的反应为阴极 SiO_2 中氧得到电子离子化，越过熔盐在阳极失去电子形成氧气；硅原子析出、成核、长大。

电解池构成为

$$C_{(阳极)} \mid CaCl_2 \mid SiO_2 \mid Fe\text{-}Cr\text{-}Al_{(阴极)}$$

整个反应过程可用如下反应方程式表示：

阴极反应：

$$SiO_2+4e^- =\!= Si+2O^{2-} \tag{7-2}$$

阳极反应：

$$2O^{2-}+4e^{-}=\!=\!=O_2 \tag{7-3}$$

本研究以石墨作阳极，阳极产物为 CO 和 CO_2。生成的氧气与石墨反应：

$$\frac{1}{2}O_2+C=\!=\!=CO \tag{7-4}$$

$$O_2+C=\!=\!=CO_2 \tag{7-5}$$

表 7-1、表 7-2 为 SiO_2、$CaCl_2$ 在不同温度下的热力学和电化学数据[29]。从表 7-1、表 7-2 可以看出，在 850℃以上 SiO_2 分解电压低于 1.84 V；$CaCl_2$ 分解电压随着温度升高有降低的趋势，在 850℃其分解电压为 3.29 V；这样本实验熔盐温度为 850℃、电脱氧电压采用 3.0 V 制备单质硅理论上是可行的。

表 7-1　不同温度下 SiO_2 的热力学和电化学数据[29]

化学反应	$Si(s)+O_2(g)=\!=\!=SiO_2(s)$		
温度/K	1023	1073	1123
标准吉布斯自由能/($kJ \cdot mol^{-1}$)	−727.33	−718.54	−709.76
理论分解电压/V	1.88	1.86	1.84

表 7-2　不同温度下 $CaCl_2$ 的热力学和电化学数据[29]

化学反应	$Ca(s)+Cl_2(g)=\!=\!=CaCl_2(l)$；$Ca(l)+Cl_2(g)=\!=\!=CaCl_2(l)$		
温度/K	1023	1073	1123
标准吉布斯自由能/($kJ \cdot mol^{-1}$)	−648.60	−641.91	−634.66
理论分解电压/V	3.36	3.33	3.29

7.3　固态二氧化硅阴极熔盐电脱氧[30]

7.3.1　研究内容

(1)二氧化硅阴极片电脱氧电极过程

将添加 16%$CaCl_2$ 的 SiO_2 阴极片在 850℃氯化钙熔盐中电脱氧 1 h、3 h、5 h、6 h、7 h。通过对比不同时间的产物，分析阴极片电脱氧还原的反应过程。

(2)添加氯化钙对二氧化硅阴极片制备的影响

阴极片的强度对电脱氧速率和电脱氧产物的收集至关重要。氯化钙对原料

SiO_2 具有很好的黏结作用，当以单纯的 SiO_2 作为原料进行压片时，由于 SiO_2 塑性较差，阴极片很难成形。随着氯化钙的加入，阴极片的成形较为容易。所以我们可以确定，氯化钙对原料具有很好的黏结作用。将原料 SiO_2 粉和 $CaCl_2$ 粉在研磨后按照一定的比例充分混合均匀，经过成形、干燥后制成阴极。阴极片中，氯化钙质量分数分别为 0%、6%、10%、16%、26%。阴极制备的具体流程如图 7-4 所示：

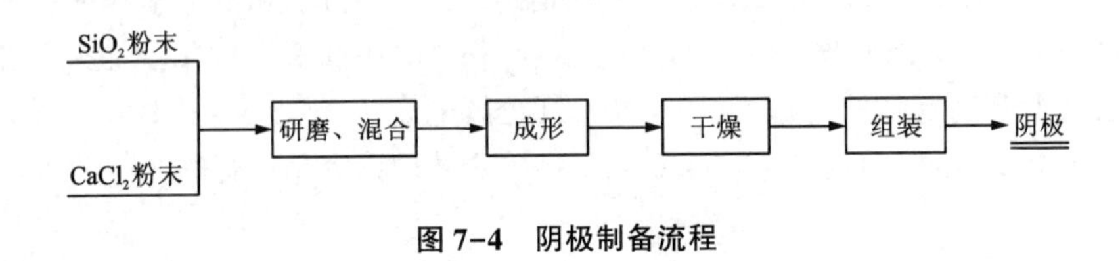

图 7-4　阴极制备流程

由于阴极片在成形过程中含有一定的水分，并且强度不大，将成形的阴极片放在马弗炉中，750℃恒温 2 h。这样可以除去阴极片中的水分，并起到提高阴极片机械强度的作用。将阴极片分别放在熔盐中浸泡 2 h，并将浸泡后的阴极片进行检测。

(3)二氧化硅阴极片在熔盐中浸泡时间对电脱氧的影响

将氯化钙添加量为 16%的二氧化硅阴极片在熔盐中分别浸泡 0 h、1 h、2 h、3 h 后，施加 3.0 V 的电压电脱氧 1 h。

(4)氯化钙添加量对二氧化硅阴极片电脱氧的影响

$CaCl_2$ 添加量分别为 6%、10%、16%、20%、26%的二氧化硅阴极片，在 850℃的熔盐中、3.0 V 恒电压下电脱氧 4 h。

(5)电压对电脱氧的影响

将氯化钙添加量为 16%的二氧化硅阴极片在 850℃的熔盐中，分别施加 2.6 V、2.8 V、2.9 V、3.0 V、3.1 V 的电压电脱氧 1 h。

(6)电脱氧温度对电脱氧的影响

将氯化钙添加量为 16%的二氧化硅阴极片分别在 800℃、850℃、900℃、950℃的熔盐中，施加 3.0 V 的电压电脱氧 1 h。

(7)正交实验

以电脱氧产物峰值比指标为考察因素和水平的依据，选择温度、浸泡时间和电压作为考察因素，采用 3 水平设计正交实验 $L_9(3^3)$，如表 7-3 所示。

表 7-3　三因素三水平选点考查表

水平＼因子	A(温度)/℃	B(浸泡时间)/h	C(电压)/V
1	850	1.0	2.9
2	875	1.5	3.0
3	900	2.0	3.1

7.3.2　结果与讨论

(1)二氧化硅阴极片电脱氧电极过程

图 7-5 为添加 16% $CaCl_2$ 的阴极片经 850℃ 电脱氧 1 h 的实物照片和 XRD 图。从图 7-5(a)实物图可以看到直径 1.5 cm 的阴极片有直径约 1.2 cm 的圆形区域被还原。从实物图还可以看到，电脱氧反应是从中间接触电极处开始反应的，进一步证明了该电脱氧工艺三相界面理论的可靠性。随着还原反应的进行，还原出的硅充当了导电介质，形成新的三相界面并不断向外进行扩散电解。由图 7-5(b)XRD 图可见，产物由 SiO_2、Si 和 $CaSiO_3$ 三种物相组成，SiO_2 占主体，说明电解进行程度小，还原出的单质硅只有极小的一部分。这可能是由于和表面相比，阴极片内部解离出来的氧离子进入熔盐的速率相对较慢。因此，阴极片表面解离出来的氧离子很快进入熔盐，在阳极失去电子，留下硅形成单质，而阴极片内部仍未被还原，所以 XRD 图显示产物中 SiO_2 物相占主体。而 $CaSiO_3$，恰是阴极片内部解离出来的氧离子没有及时进入熔盐停留在阴极片内部与钙离子和二氧化硅反应形成的。

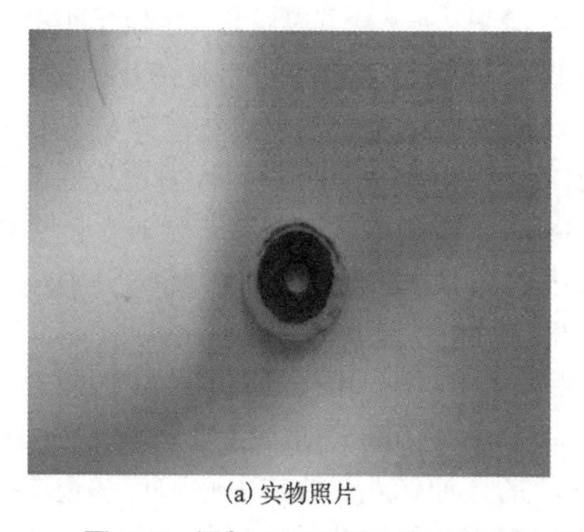

(a)实物照片

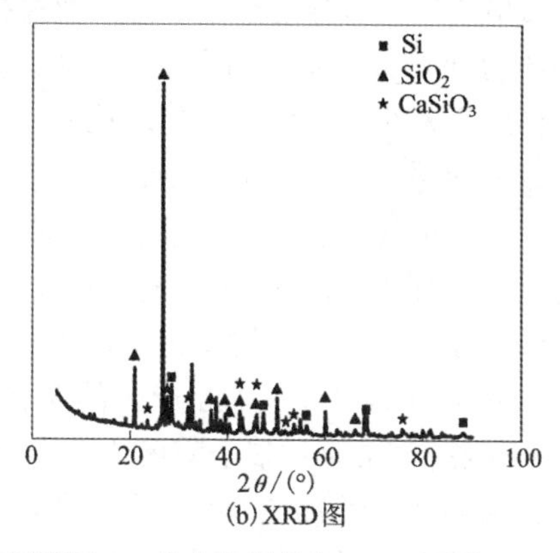

(b)XRD 图

图 7-5　添加 16% $CaCl_2$ 的阴极片经 850℃电脱氧 1 h 的实物照片和 XRD 图谱

图 7-6 是阴极片经 850℃ 电脱氧 1 h 产物的 SEM 和 EDS 图。由 SEM 图可见，电脱氧 1 h 过后，阴极片中出现了具有较大形貌差别的颗粒。柱状为被还原出来的硅，不规则的颗粒 EDS 图谱如图 7-6 (b)所示，由 Si，O，Ca 三种元素构成，结合 XRD 可以推断这部分物质是由未电解的 SiO_2 和生成的 $CaSiO_3$ 构成。从 SEM 图中还可见，柱状的硅单质和不规则的复合物颗粒连接得很好，进一步验证了硅起到导电介质作用的假设。

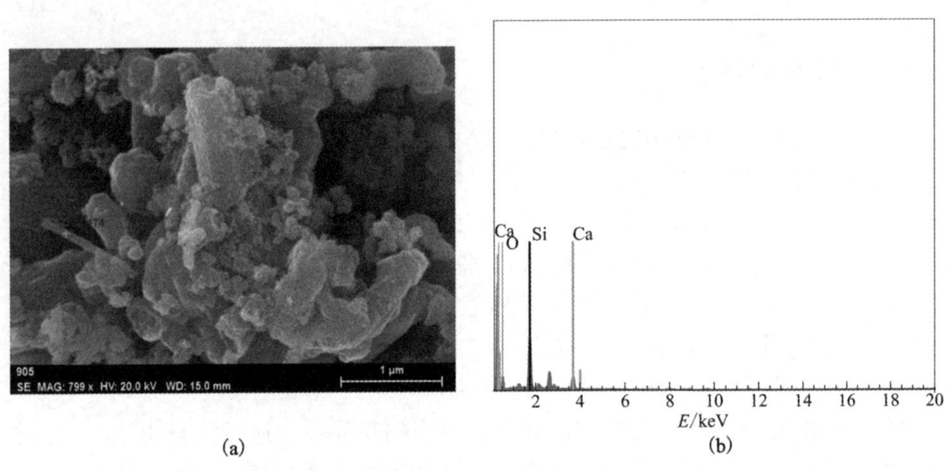

(a) (b)

图 7-6 含 16%$CaCl_2$ 的阴极片经 850℃电脱氧 1 h 的 SEM 和 EDS 图

图 7-7 是电脱氧 3 h 产物的 XRD 图谱。由图可见，产物中硅占绝大部分，相比较于 1 h 的电解反应，从峰值的变化看，产物 Si 和原料 SiO_2 的含量都发生了较大的变化。另一种物质 $CaSiO_3$ 的含量略有增加，但变化的幅度很小。阴极片在电脱氧 3 h 后具有较高 Si 含量，通过扫描电镜图 7-8(a)可以看出，生成了很多直径约为 0.1 μm 的小型圆柱体，但是这些圆柱体的长度较小，一般在 0.5 μm 左右，并且大部分共生在一起。从图 7-8(b)EDS 谱图分析看，这些产物具有较好的脱氧效果。由于这时生成的硅大都没有规则的几何外形，我们认为这是原料脱氧后生成的无定型硅，随着电脱氧时间的延长，这些单质会进一步生长。随着电解反应的深入，由于 SiO_2 的减少，还原出的单质 Si 不再依附在反应中生成的 $CaSiO_3$ 上，从扫描电镜看出这两种物质相间排列。

图 7-9 为电脱氧 5 h 产物的实物照片和 XRD 图。由图 7-9(a)实物照片可见，电脱氧 5 h 后，整个阴极片都变成了棕色，并且由于氧被脱除，硅单质之间通过较弱的连接黏接在一起，形成多孔且松软的还原产物，故在中心圆孔和边缘处出现了一定的脱落。由图 7-9(b)XRD 图谱显示，阴极片被电脱氧比较完全，几乎看不到原料 SiO_2 存在，但仍有微量的 $CaSiO_3$ 存在。这也验证了文献中关于

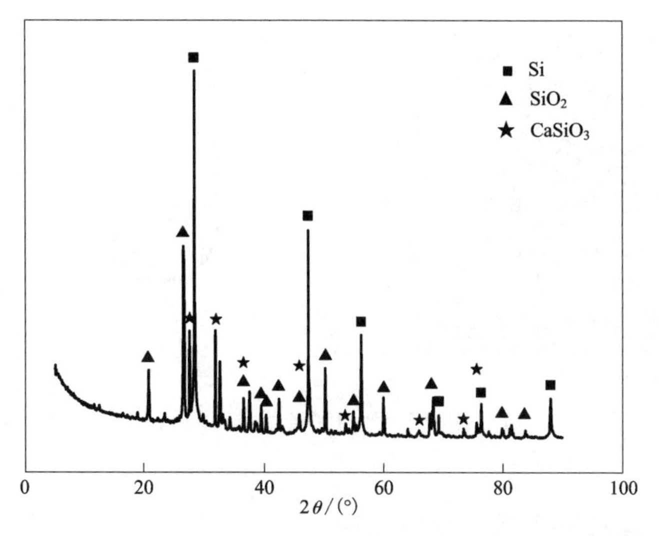

图 7-7　含 16%$CaCl_2$ 的阴极片经 850℃电脱氧 3 h 的 XRD 图谱

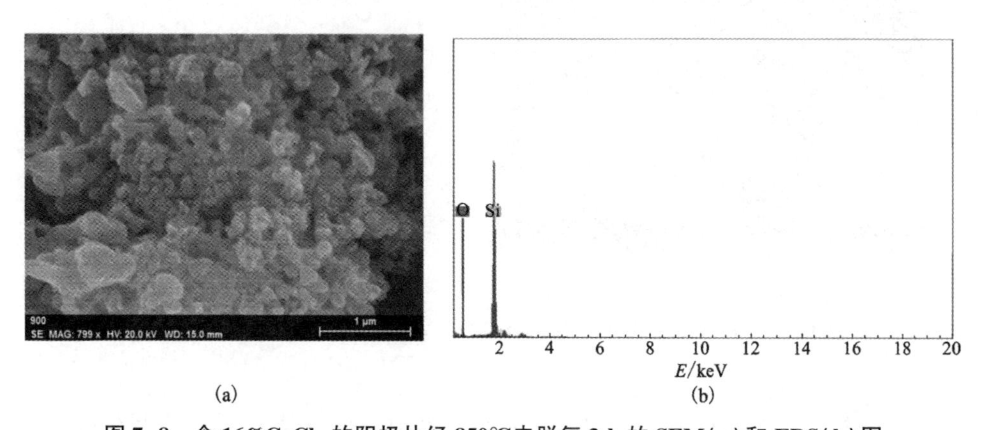

图 7-8　含 16%$CaCl_2$ 的阴极片经 850℃电脱氧 3 h 的 SEM(a)和 EDS(b)图

SiO_2 还原机理，$CaSiO_3$ 是中间产物的推论。电脱氧 5 h 产物放大 2.5 万倍的 SEM 图和 EDS 图如图 7-10 所示。从图 7-10(a)SEM 图上可以看出，电脱氧 5 h 后的产物生成的大多是长柱状的硅单质。这些长柱的直径一般在 0.2 μm，长度在 2 μm 左右。与电脱氧 3 h 的产物比较，晶体的长度明显增加了。但是从扫描电镜图看，电脱氧 5 h 的产物晶体生长得还很不均匀，体积差别较大。从图 7-9(b) XRD 图谱中发现电脱氧产物中存在 $CaSiO_3$，结合图 7-10 的 SEM 和 EDS 图谱也证实 $CaSiO_3$ 颗粒镶嵌在柱状单质硅交错排列形成的空隙内。

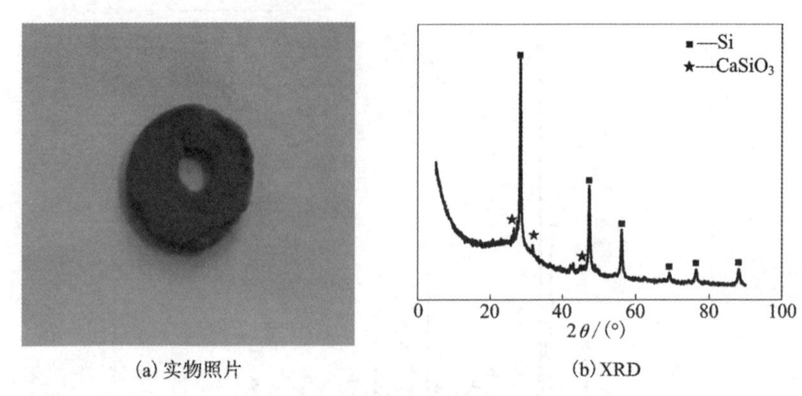

(a) 实物照片　　(b) XRD

图 7-9　含 16%$CaCl_2$ 的阴极片经 850℃电脱氧 5 h 的实物照片和 XRD 图谱

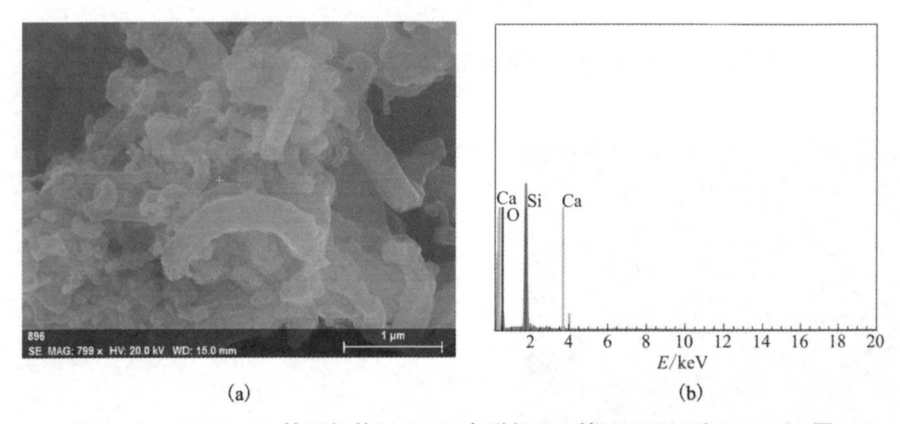

(a)　　(b)

图 7-10　16%$CaCl_2$ 的阴极片经 850℃电脱氧 5 h 的 SEM(a) 和 EDS(b) 图

为了进一步验证 $CaSiO_3$ 在还原反应中的作用，实验进一步延长电解时间至 6 h，电脱氧产物的实物照片及 XRD 图谱如图 7-11 所示。图 7-11(a) 实物照片对比电脱氧 5 h 的并无太大差别。而在 XRD 检测制样研磨时发现，延长电脱氧时间后整个产物变得更柔软，没有任何有硬度的颗粒存在，这和 5 h 电脱氧产物研磨时是明显不同的。从图 7-11(b) 的 XRD 结果来看，阴极片完全被电解成 Si，无 $CaSiO_3$ 存在。这就进一步证明了 SiO_2 是经 $CaSiO_3$ 中间产物电解还原成硅单质的。从 XRD 的峰型来考虑生成的单质硅晶体的发育情况，发现在 20°左右有一个类似馒头峰的存在，这说明晶体发育得还不够彻底，产物生长不完全，可能具有无定型硅的存在。

(a)

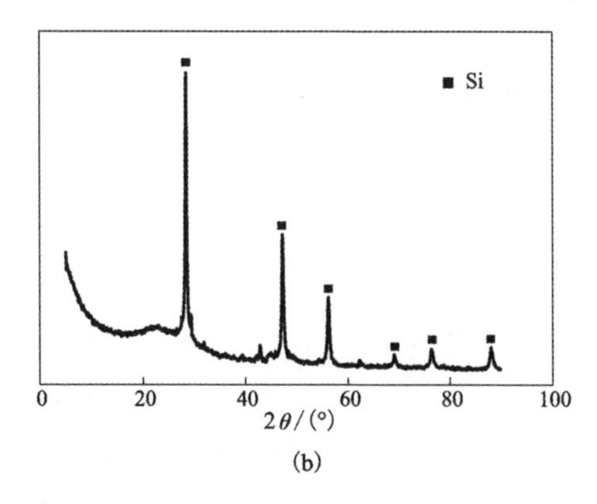

(b)

图 7-11　含 16%$CaCl_2$ 的阴极片经 850℃电脱氧 6 h 的实物照片(a)和 XRD 图谱(b)

电脱氧 6 h 的产物 3 万倍的 SEM 和 EDS 图谱如图 7-12 所示。从图 7-12(a) SEM 可见，电脱氧 6 h 的产物反应比较完全，生成的单质硅的晶体形貌非常均匀，得到的多数是直径 0.2 μm 的长条状柱体。通过图 7-12(a)的 SEM 图可以清楚地看到，还原反应得到的硅单质之间由于脱氧后体积减小，产生了大量的空隙，与图 7-10(a)不同的是，在这些空隙中没有 $CaSiO_3$ 的存在，这也说明 $CaSiO_3$ 被电解。由图 7-12(b)EDS 可见，产物是还原较彻底的 Si 单质，氧的含量已经非常低，说明在电化学还原反应 6 h 后，阴极片脱氧达到很好的效果。

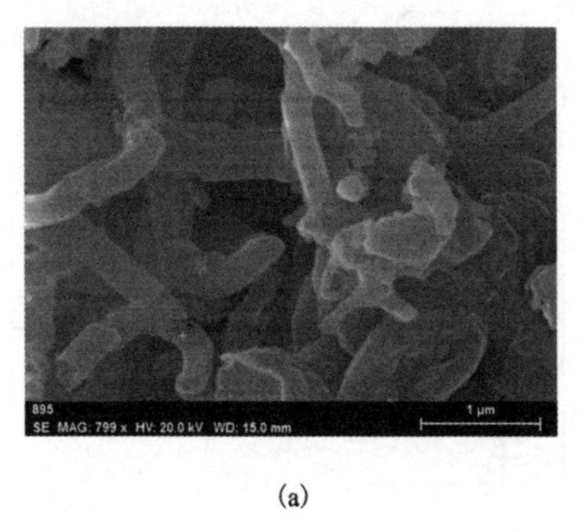

(a)

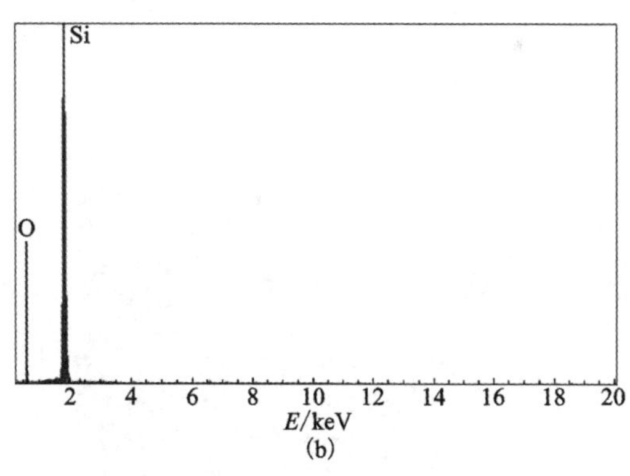

(b)

图 7-12　含 16%$CaCl_2$ 的阴极片经 850℃电脱氧 6 h 的 SEM(a)和 EDS(b)图

为了验证实验的重现性，以及进一步确定 $CaSiO_3$ 在电脱氧中的作用，并且使无定型硅持续生长成晶体硅，继续延长电脱氧时间至 7 h。图 7-13 为电脱氧 7 h 产物的 XRD 图谱。由图 7-13 可见，电脱氧 7 h 后，还原反应已进行得非常彻底，整个 XRD 曲线在单质 Si 的衍射峰以外的地方都比较平滑，而电脱氧 6 h 时出现的馒头峰也没有出现，说明还原产生的无定型 Si 生长成了多晶 Si。与电脱氧 6 h 相同的是，在电脱氧 7 h 的阴极片中依然没有 $CaSiO_3$ 的存在，这就验证了我们前面认为 $CaSiO_3$ 发生了还原反应的猜想。电脱氧 7 h 产物放大 2 万倍的 SEM 和 EDS 图谱如图 7-14 所示。由图 7-14(a)SEM 图可见，电脱氧 7 h 后，单质硅生长得非常均匀，几乎全部是直径为 0.2 μm 的长柱形结构，这些长柱形结构具有规则的几何外形，生长得非常饱满，没有明显的晶体缺陷。在图 7-14(a)中 1184 处打点，从图 7-14(b)EDS 谱中可以看到，这些长柱形结构的能谱上没有氧，几乎完全是硅的衍射峰，得到了相对纯净的硅。

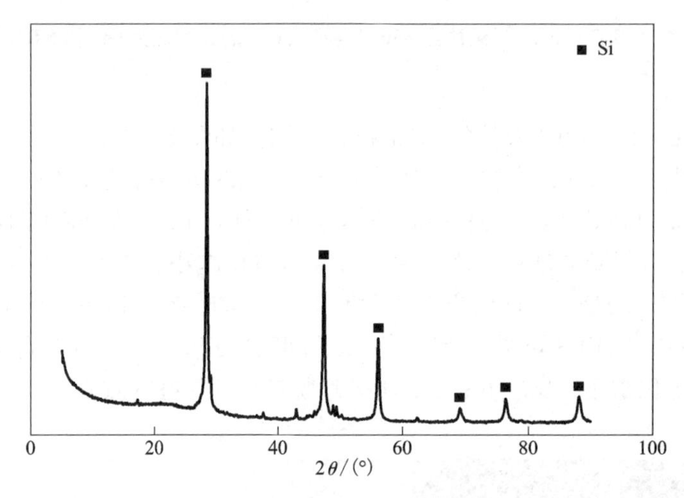

图 7-13　含 16% $CaCl_2$ 的阴极片经 850℃电脱氧 7 h 的 XRD 图谱

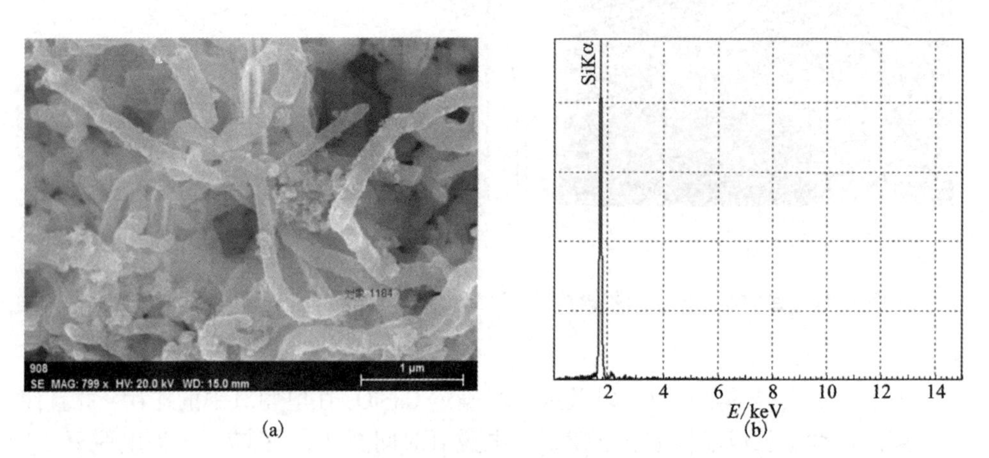

图 7-14　含 16% $CaCl_2$ 的阴极片经 850℃电脱氧 7 h 的 SEM(a)和 EDS(b)图

通过对阴极片不同电脱氧时间产物的分析发现，随着电脱氧时间的延长原料 SiO_2 的含量逐渐降低，Si 的含量逐渐增加；$CaSiO_3$ 的含量从无到有，然后相对稳定一段时间，最后被还原。在这个过程中我们判断 $CaSiO_3$ 是还原反应的中间产物，整个还原反应的过程为 $SiO_2 \rightarrow CaSiO_3 \rightarrow Si$，在整个过程中 $CaSiO_3$ 的生成和分解是同时进行的。脱氧过程的反应机理可以描述为：

阴极：

$$3SiO_2+2Ca^{2+}+4e^- = 2CaSiO_3+Si \quad (7-6)$$

$$CaSiO_3+4e^- = Ca^{2+}+Si+3O^{2-} \quad (7-7)$$

(2)添加氯化钙对二氧化硅阴极片制备的影响

不同氯化钙含量的原料压片烧结后发现，氯化钙含量越高，阴极片的硬度越大，机械强度越大。在熔盐中浸泡过后的阴极片取出后发现，单纯 SiO_2 作原料的阴极片在浸泡过程中已经完全破碎、粉化在熔盐当中，而加入了氯化钙的阴极片从表面看几乎没有什么变化(如图 7-15 所示)，但阴极片变得更加坚硬。从图 7-15 可以看出，与浸泡之前的阴极片相比，浸泡 2 h、4 h、6 h 添加氯化钙的阴极片都保持得较完整。这也就是说添加氯化钙后的阴极片在强度上可以满足电脱氧的要求，不至于在电脱氧过程中破裂分散在熔盐中，造成产物收集困难。

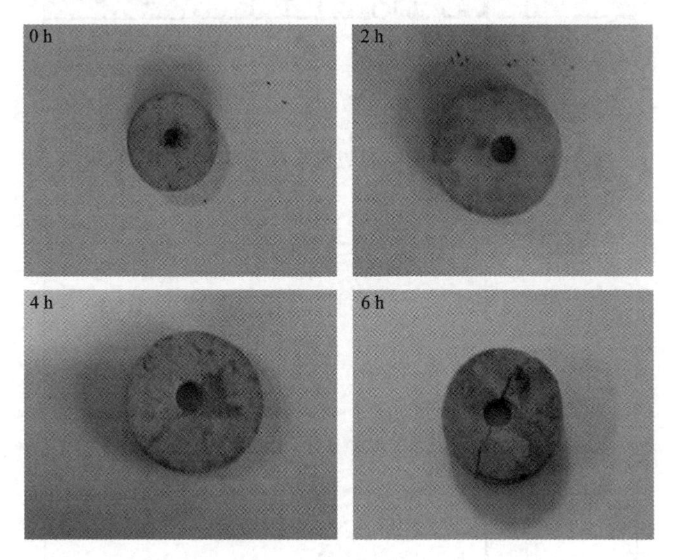

图 7-15　含 16% $CaCl_2$ 的阴极片在熔盐中浸泡 0 h、2 h、4 h、6 h 的照片

图 7-16 是氯化钙添加量为 6%、浸泡时间为 2 h 的浸泡过后的阴极片水浸除盐后的 XRD 图。由图可见，阴极片中除了 SiO_2 外，没有其他物相。这说明氯化钙添加剂并没有改变 SiO_2 原料的物相，没有相关的化学反应发生。浸泡后仍保

持完整的阴极片进一步说明 $CaCl_2$ 对 SiO_2 具有助熔作用。

为了进一步弄清氯化钙添加剂的作用，选择增大 $CaCl_2$ 的添加量，添加量为16%的阴极片浸泡后的XRD谱如图7-17所示。通过图7-17看到，虽然 $CaCl_2$ 的添加量增大到了16%，但是在熔盐中浸泡2 h、水浸除盐后，还是检测不到它的存在。通过这个实验排除了因为XRD检测限度造成的结果不准确，进一步验证了添加剂 $CaCl_2$ 对 SiO_2 的助熔作用。

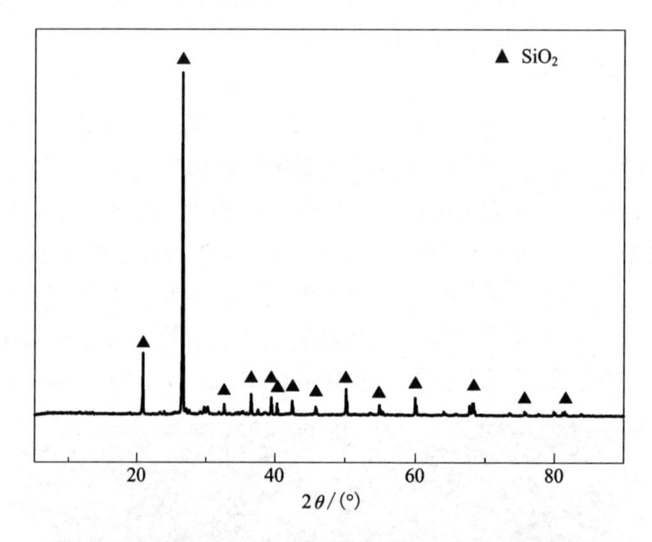

图7-16　含6%$CaCl_2$ 的阴极片浸泡2 h的XRD图谱

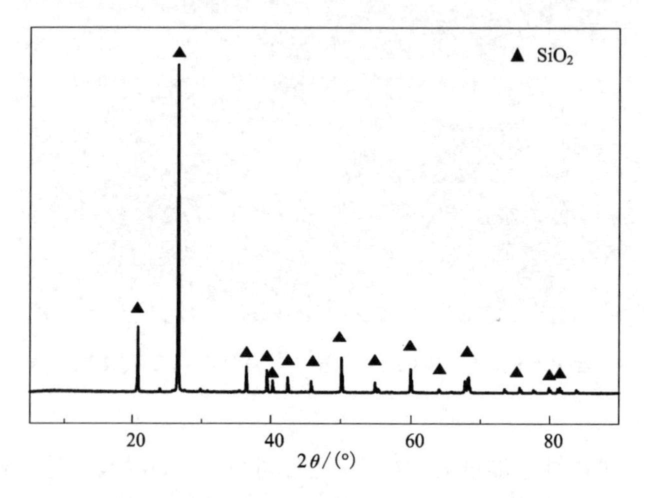

图7-17　含16%$CaCl_2$ 的阴极片浸泡2 h的XRD图谱

氯化钙添加量为16%的阴极片在熔盐中浸泡前、后的扫描电镜图如图7-18所示。图7-18(a)是浸泡之前的阴极片的扫描电镜图，图7-18(b)是浸泡后的阴极片的扫描电镜图。在图7-18(a)中，粒度较大的物质为SiO_2，在SiO_2周围的粒度较小的物质为添加的$CaCl_2$，这些细小的颗粒均匀分布在SiO_2颗粒周围，说明氯化钙在阴极片中能够均匀分布。在图7-18(b)中，粒度较大的颗粒依然是SiO_2，在SiO_2周围分布着许多小颗粒氯化钙盐。对比图7-18(a)和图7-18(b)可以发现，在浸泡前后阴极片的表面形貌发生了一些变化。浸泡后，二氧化硅颗粒变得粗大，说明在阴极片烧结过程中，氯化钙的确起到了助熔作用，使SiO_2黏接在一起，但是没有发生化学反应。

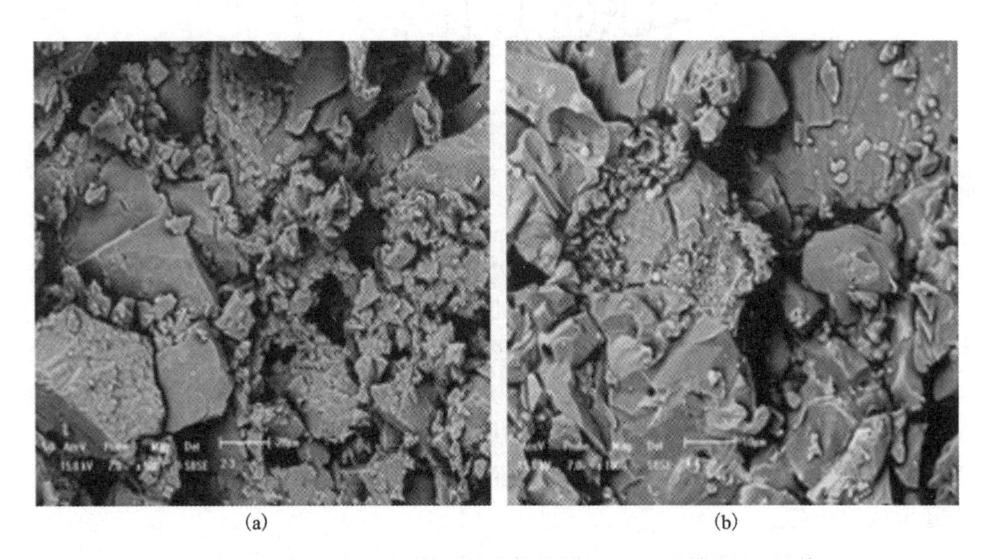

(a)　　(b)

图7-18　含16%$CaCl_2$的阴极片浸泡前(a)后(b)的SEM照片

(3)氯化钙添加量对二氧化硅阴极片电脱氧的影响

通过前面的浸泡实验已知，添加$CaCl_2$能够增加阴极片的强度，并且随着$CaCl_2$加入量的增加阴极片的强度不断增大。但$CaCl_2$添加量对电脱氧的影响需要进一步探究。选择$CaCl_2$添加量分别为6%、10%、16%、20%、26%进行电脱氧。在850℃的熔盐中，首先将熔盐在2.8 V电压下预电解2 h，然后提高电压至3.0 V对阴极片进行恒电位电脱氧4 h。

图7-19为含6%$CaCl_2$的阴极片在850℃熔盐中电脱氧4 h产物除盐后的XRD图。从图7-19可见，产物中有单质硅生成。但单质硅的峰值强度较弱，而SiO_2物相的峰值非常明显，说明SiO_2被还原得还不完全，产物中大部分还是原料SiO_2。

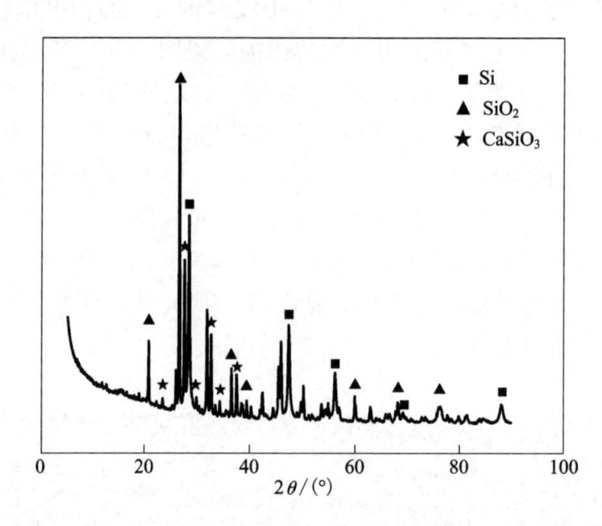

图 7-19 含 6%$CaCl_2$ 的阴极片经 850℃电脱氧 4 h 的 XRD 图谱

图 7-20 为电脱氧产物的 SEM 和 EDS 图。由图 7-20(a)SEM 图可见，产物形貌有两种：一种是颗粒状；另一种是絮状。絮状物质分布在颗粒状物质的表面。结合图 7-20(b)和图 7-20(c)EDS 谱图可以发现，图 7-20(a)中颗粒状物质的元素组成为 Si 和 O，说明是 SiO_2；而絮状物质的元素组成则有 Ca、O、Cl、Si 和杂质元素 Mn，结合图 7-19 可以推断絮状物质中含有硅酸钙和单质硅。上述结果表明，添加 6%$CaCl_2$ 的阴极片在电脱氧 4 h 后，还原进行得不完全，只有少量 SiO_2 被还原成单质硅。

图 7-21 为含 10%$CaCl_2$ 的阴极片电脱氧 4 h 产物除盐后的 XRD 图。由图 7-21 可见，电脱氧产物中主要有 Si、SiO_2、$CaSiO_3$ 等物质。从峰值的强度看，单质 Si 的含量明显增加了。

图 7-22 为产物的 SEM 图，对比图 7-20(a)可见，产物中颗粒状未电脱氧的 SiO_2 仍然存在，但絮状的 $CaSiO_3$ 和 Si 的含量明显减少，取而代之的是粒径较大的蜂窝状。这可能是由于电解出来的 Si 增多，Si 颗粒长大所致。这说明增加 $CaCl_2$ 的含量对提高阴极片电脱氧速率是有帮助的。

图 7-23 是含 16%$CaCl_2$ 的阴极片在熔盐中电脱氧 4 h 产物经除盐后的 XRD 图。由图 7-23 可见，产物仍主要由 Si、SiO_2 和 $CaSiO_3$ 组成。但 Si 的含量明显增加，占据了主体，而 SiO_2 和 $CaSiO_3$ 退居了次要位置。这说明 $CaCl_2$ 在阴极片中含量的进一步增加，更进一步加快了阴极片中 SiO_2 的还原速率。图 7-24 是电脱氧产物的 SEM 照片。由图 7-24 可见，产物中颗粒状的 SiO_2 颗粒几乎消失，线状和连接很好的颗粒状 Si 出现。

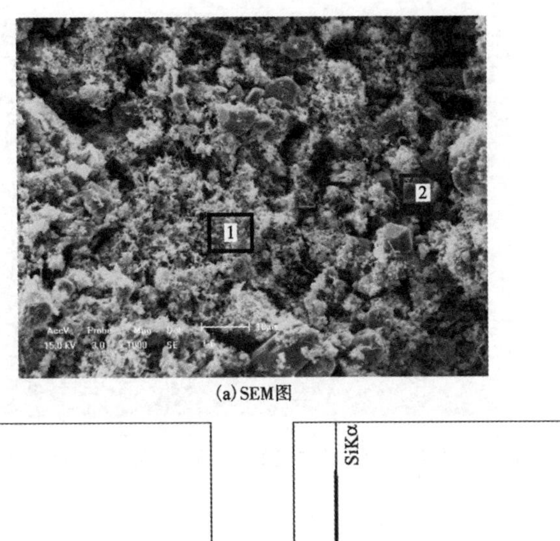

(a) SEM图

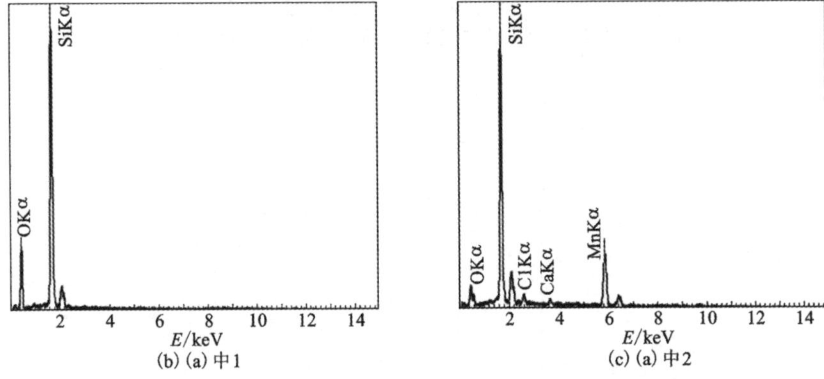

(b) (a) 中1　　(c) (a) 中2

图 7-20　含 6%$CaCl_2$ 的阴极片经 850℃电脱氧 4 h 的 SEM 图和 EDS 图谱

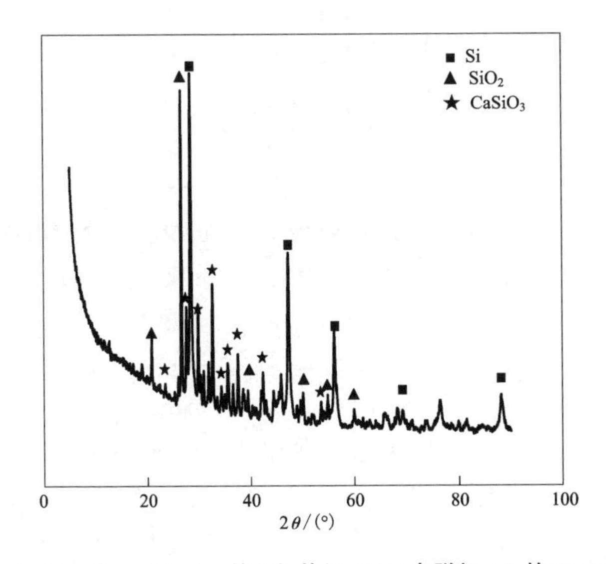

图 7-21　含 10%$CaCl_2$ 的阴极片经 850℃电脱氧 4 h 的 XRD 图

图 7-22　含 10% $CaCl_2$ 的阴极片经 850℃电解 4 h 的 SEM 照片

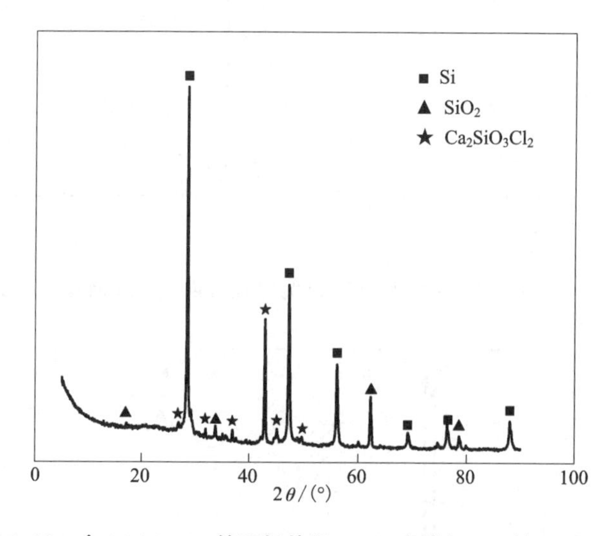

图 7-23　含 16%$CaCl_2$ 的阴极片经 850℃电脱氧 4 h 的 XRD 图谱

图 7-25 是含 20%$CaCl_2$ 的阴极片在熔盐中电脱氧 4 h 产物除盐后的 XRD 图。由图 7-25 可见，产物仍主要由 Si、SiO_2 和 Ca_2SiO_3 组成。单质 Si 仍占据了主体，SiO_2 和 $CaSiO_3$ 仍居次席。但与图 7-23 相比，Si 的含量明显降低。这说明 $CaCl_2$ 在阴极片中含量的进一步增加，并没有达到进一步加快阴极片中 SiO_2 的还原速率的效果。这可能是由于过多的 $CaCl_2$ 在阴极片中占据了较大空间，SiO_2 颗粒间接触面积减少，尽管 $CaCl_2$ 对 SiO_2 有助熔作用，但由于 SiO_2 颗粒之间的接触面降低，而无法有效黏接在一起，降低了阴极片的导电性能。

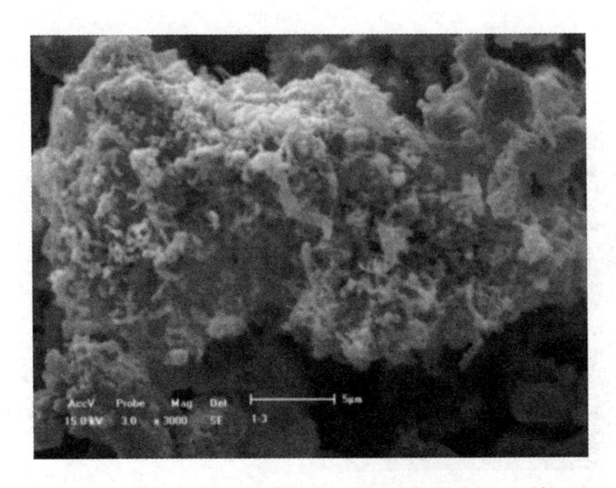

图 7-24　含 16%$CaCl_2$ 的阴极片经 850℃电脱氧 4 h 的 SEM 照片

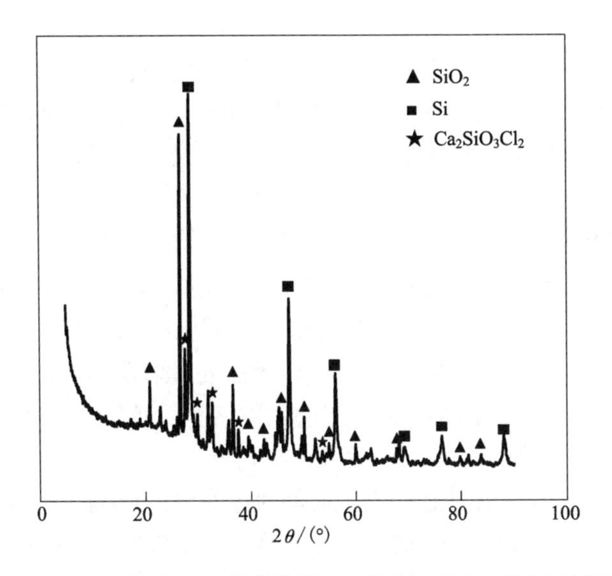

图 7-25　含 20%$CaCl_2$ 阴极片经 850℃电脱氧 4 h 的 XRD 图谱

为了进一步确认上述推测，将阴极片中 $CaCl_2$ 质量分数增加至 26%，在熔盐中电脱氧 4 h 产物除盐后的 SEM 和 XRD 图如图 7-26 所示。图 7-26(b)中物相仍主要由 Si，SiO_2 和 Ca_2SiO_3 组成，可以发现 SiO_2 仍未被还原完全。与图 7-25 相比较，产物中单质 Si 的含量进一步降低。由 SEM 图可见明显的 SiO_2 颗粒和稍有长大的 $CaSiO_3$ 和 Si 颗粒。

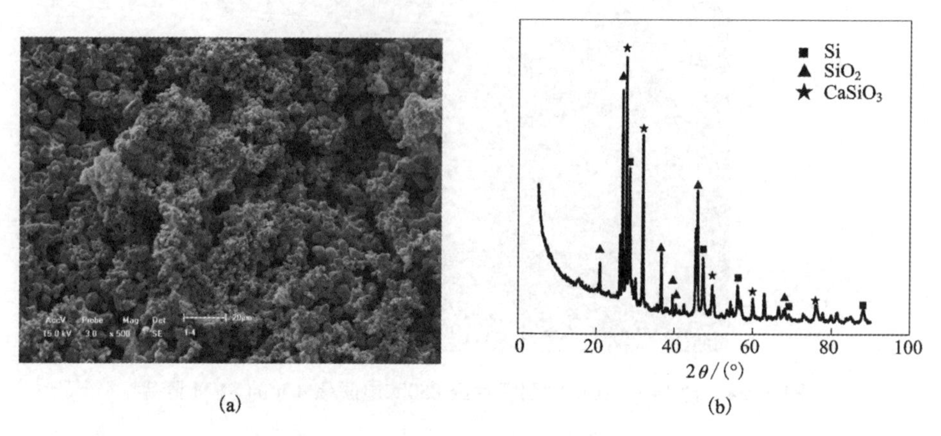

(a)　　　　(b)

图 7-26　含 26%$CaCl_2$ 的阴极片经 850℃电脱氧 4 h 的 SEM 和 XRD 图谱

虽然 XRD 不是一个定量分析的手段，但可用来进行半定量的分析。由于在阴极制作的过程中，是称取同样质量的原料，在相同的压力下制得同样规格的阴极片。因此，可以用峰值比来确定产物的相对含量，进而比较反应速率，判断 $CaCl_2$ 的最佳添加量。对比上述添加 6%、10%、16%、20%、26%$CaCl_2$ 的阴极片电脱氧 4 h 的 XRD 结果，得到单质 Si 与 SiO_2 的峰值比分别为 0.6228、1.0389、5.6443、1.1087、0.6818。以峰值比对 $CaCl_2$ 的添加量作图，如图 7-27 所示。由图 7-27 可见，随着 $CaCl_2$ 的含量不断增加，峰值比先升高后下降，也就是说还原反应进行的速率是先加快后减慢，且 $CaCl_2$ 的加入量对阴极片的还原率具有较大的影响。尤其是在 10%→16%→20%的范围内，变化的幅度在五倍左右，$CaCl_2$ 合适的添加量在此区间范围内。

(4)二氧化硅阴极片在熔盐中浸泡时间对电脱氧的影响

添加 $CaCl_2$ 有两个目的，目的之一是助熔，通过助熔，使 SiO_2 实现低温烧结，在低温条件下就能达到阴极片电脱氧和产物收集所需的强度；目的之二是电脱氧时利用 $CaCl_2$ 的熔化提供给阴极片氧离子更多的扩散通道。但烧结过程中 SiO_2 是否会形成闭孔导致部分 $CaCl_2$ 被包围，无法在电解时释放出来，进而减小目的二的作用呢？因此，通过延长浸泡时间，使氯化钙能够形成有效通道，达到目的二的效果。

图 7-28 是添加 16%$CaCl_2$ 的阴极片在熔盐中分别浸泡 0 h、1 h、2 h、3 h 后，施加 3.0 V 电压电脱氧 1 h 产物除盐后的 XRD 图谱。图 7-28(a)、图 7-28(b)、图 7-28(c)、图 7-28(d)分别对应浸泡 0 h、1 h、2 h、3 h 的阴极片的电脱氧产物

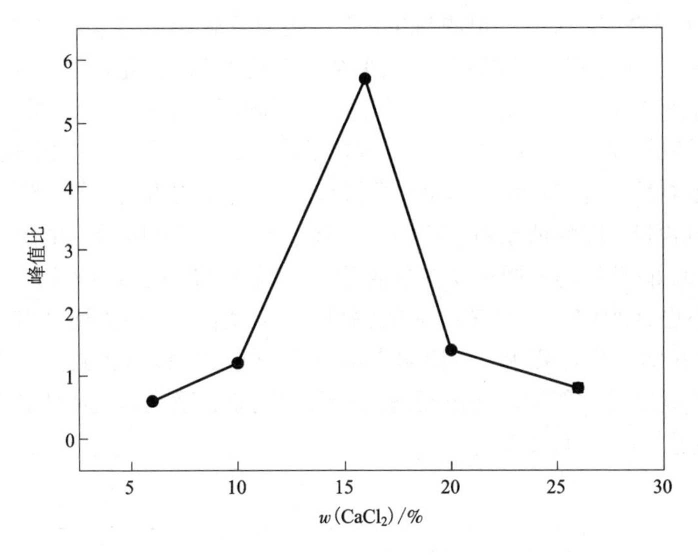

图 7-27　峰值比随 $w(CaCl_2)$ 变化

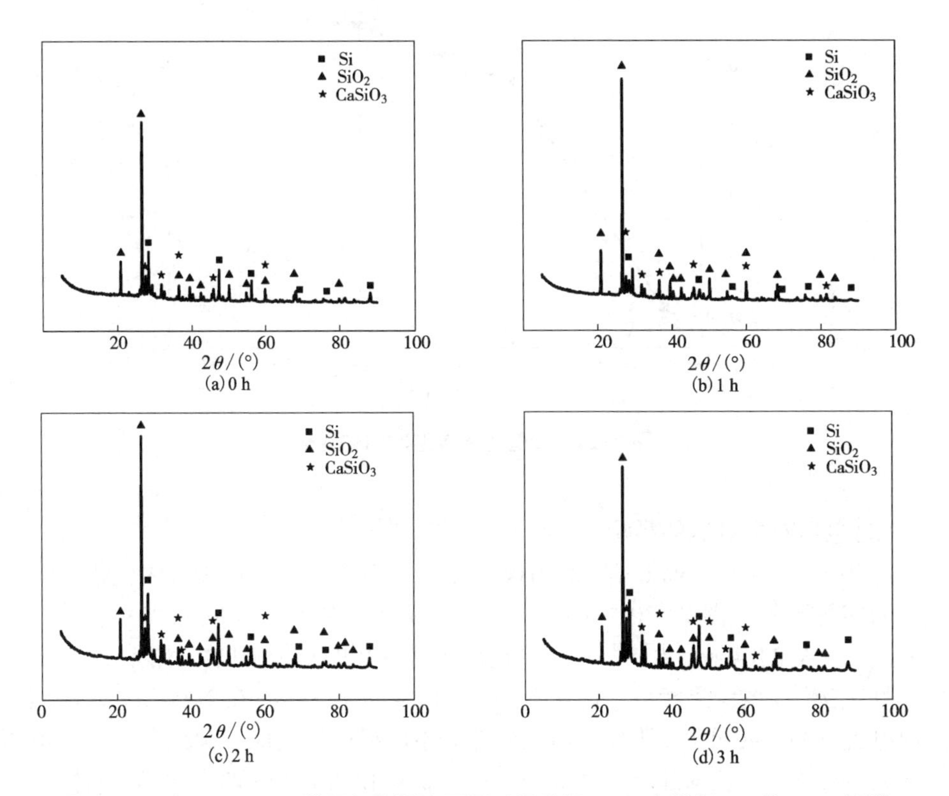

图 7-28　含 16%$CaCl_2$ 的阴极片浸泡不同时间后经 850℃电脱氧 1 h 的 XRD 图谱

XRD 图。从结果中看到，在电脱氧 1 h 后，还原率较小，阴极片中主要成分是原料 SiO_2。通过(a)、(b)、(c)、(d)四个结果对比看到，浸泡时间的不同似乎对阴极片的还原速率没有太大的影响。但是通过不同浸泡时间还原产物 Si 的相对含量的对比可以发现，虽然产物中 Si 相对含量改变的幅度并不大，但通过浸泡还是能够加快还原反应速率的。我们用峰值比表示各个结果中还原产物 Si 与原料 SiO_2 的相对含量，以峰值比对浸泡时间作图，如图 7-29 所示。由图 7-29 可见，浸泡 1 h 后的阴极片的还原率要明显高于没有浸泡的；随着浸泡时间的延长，虽然反应速率也有所增加，但是增加的幅度变小，增加的趋势逐渐减小。由此可见，浸泡 1 h 即可满足要求，也说明烧结过程中 $CaCl_2$ 没有被封闭在 SiO_2 中，起到了增加扩散通道的作用。通过浸泡实验可以确定，浸泡对提高阴极反应速率较为有利，浸泡时间为 1~2 h。

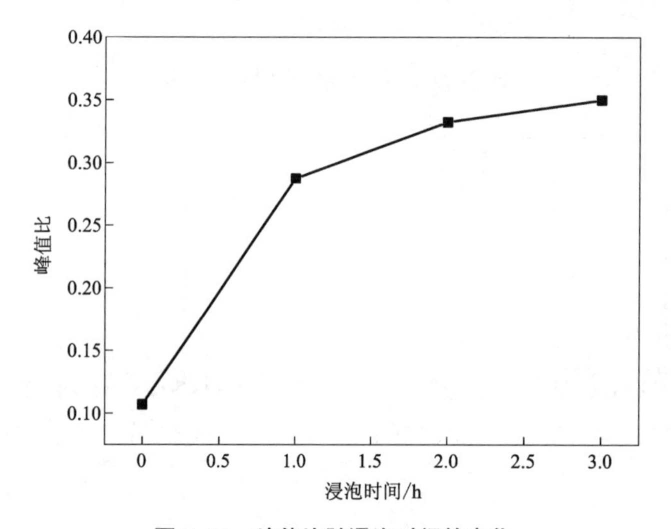

图 7-29　峰值比随浸泡时间的变化

(5)电压对电脱氧的影响

图 7-30 是添加 16% $CaCl_2$ 的阴极片在不同电压下、850℃熔盐中电脱氧 1 h 产物的实物照片。图 7-30(a)~图 7-30(e)分别对应 2.6 V、2.8 V、2.9 V、3.0 V、3.1 V 的电压。由图 7-30(a)电压为 2.6 V 的产物可见，阴极片表面的变化，和浸泡实验的结果相似。但从图 7-30(b)~图 7-30(e)在 2.8~3.1 V 电压范围内电脱氧的产物可见，阴极片白色的部分不同程度地变成了棕黑色。随着电压的增大，阴极片变色的部分明显增加，且 3.0 V 和 3.1 V 的两个样品，阴极片因为还原反应的进行而变得疏松。

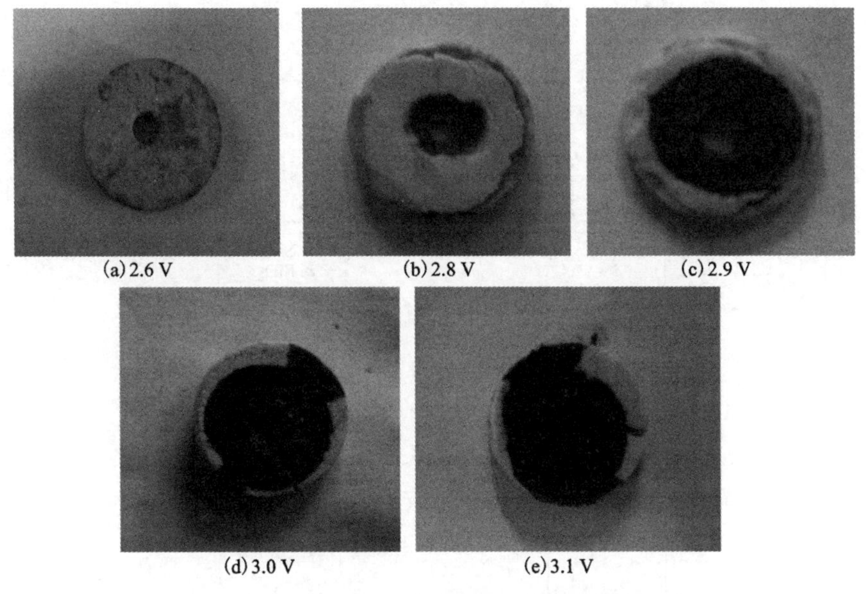

(a) 2.6 V　(b) 2.8 V　(c) 2.9 V　(d) 3.0 V　(e) 3.1 V

图 7-30　不同电压下电脱氧 1 h 的阴极片实物图

图 7-31 是不同电压下阴极片电脱氧产物的 XRD 谱图。由图 7-31 可见，2.8~3.1 V 的电压范围内电脱氧产物中都可以检测到 Si 的存在，并且随着电压的增大，阴极片中还原出的 Si 含量逐渐升高，这是因为电极电势控制着反应三相界面上氧的逸度，电压越大，电极电势也就越大，反应三相界面和固体 SiO_2 之间的氧的化学势之差越大，还原速率也就越大。虽然电压的升高对还原反应速率的增大有利，但是由于受到熔盐 $CaCl_2$ 还原电压(约为 3.2 V)的限制，电压不能无限升高。另外从还原后阴极片的实物图也可看出，在越高的槽电压下，还原出的阴极片变得越为疏松，这也与还原速率较大时生成的单质 Si 结合不够紧密有关，并且电压越大，生成的硅柱的体积越大。通过探究还原反应的电压可以确定，在实验室条件下 3.1 V 为合适的槽电压。

(6)温度对电脱氧影响

图 7-32 是添加 16%$CaCl_2$ 的阴极片在不同温度下电脱氧 1 h 产物的 XRD 图谱。图 7-32(a)、图 7-32(b)、图 7-32(c)、图 7-32(d)分别为在 800℃、850℃、900℃、950℃的条件下电脱氧的产物 XRD 图谱。从图 7-32 中可以看出，在 800℃就有还原产物 Si 的出现，且随着电脱氧温度的升高，电脱氧产物中单质 Si 的含量逐渐增加。这是因为随着温度的升高，熔盐的黏度不断降低，根据前人的研究，氧离子的扩散是整个还原反应的控速步骤，黏度降低，氧离子在熔盐中的扩散速率加快，还原反应的速率就会增加。此外，在实验过程中，当温度升高时

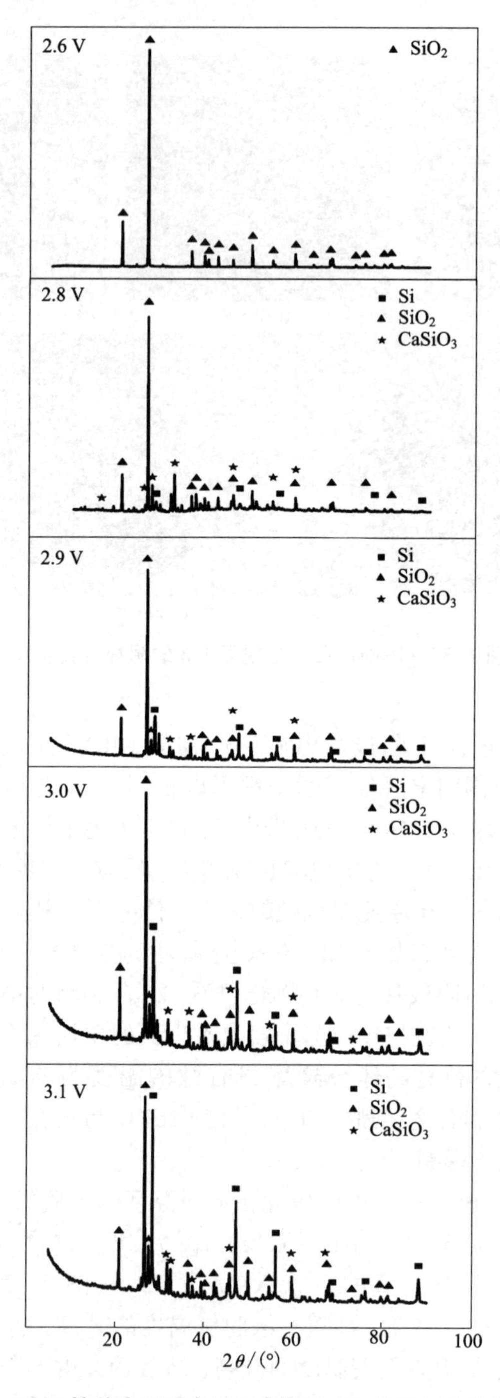

图 7-31　850℃熔盐中不同电压下电脱氧 1 h 的阴极片的 XRD 图谱

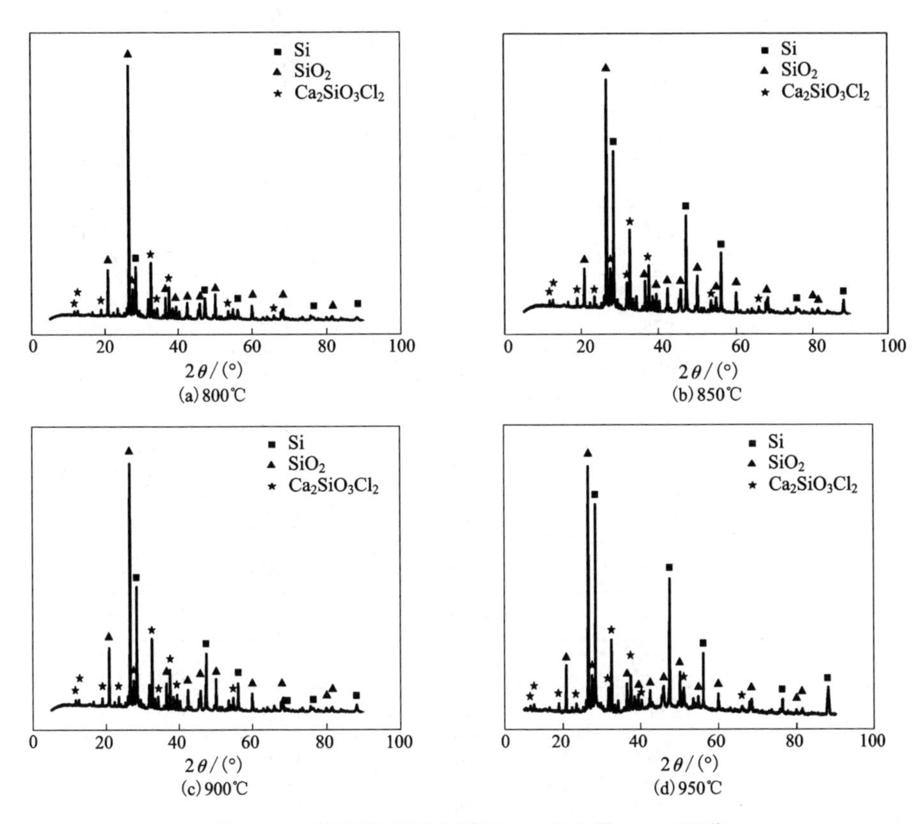

图 7-32　不同温度下电脱氧 1 h 产物的 XRD 图谱

电脱氧电流值明显升高，显示还原反应速率加快。但是以 Si 与 SiO_2 的相对峰值来看，Si 相对含量增加的幅度逐渐降低，所以结合能量消耗以及对设备的要求方面的考虑可以确定，对提高还原速率最有效的温度为 900℃。XRD 图中存在 $Ca_2SiO_3Cl_2$ 是由于清洗不够彻底，中间产物 $CaSiO_3$ 与熔盐 $CaCl_2$ 共生在一起形成的。

(7) 正交实验

实验结果如表 7-4 所示。

表 7-4　正交实验结果

实验号	A 温度/℃	B 浸泡时间/h	C 电压/V	结果 峰值比
1	850	1.0	2.9	0.185
2	850	1.5	3.0	0.513
3	850	2.0	3.1	1.04
4	875	1.0	3.0	0.624
5	875	1.5	3.1	1.10
6	875	2.0	2.9	0.307
7	900	1.0	3.1	0.200
8	900	1.5	2.9	0.478
9	900	2.0	3.0	0.766
K_1	1.78	1.01	0.970	
K_2	2.03	2.09	1.903	
K_3	1.44	2.11	2.34	
k_1	0.579	0.337	0.323	
k_2	0.667	0.679	0.634	
k_3	0.481	0.704	0.780	
极差 R	0.186	0.367	0.457	

表中 K_{jm} 表示第 j 列因素 m 水平所对应的实验指标和，k_{jm} 为 K_{jm} 的平均值，用 y 来表示各个实验的峰值比，则 A 因素水平 1 所对应的实验指标之和为：

$K_{A1}=y1+y2+y3=0.185+0.513+1.04=1.738$，$k_{A1}=K_{A1}/3=1.738/3=0.579$

A 因素水平 2 所对应的实验指标之和为：

$$K_{A2}=y4+y5+y6=0.624+1.10+0.307=2.031,\ k_{A2}=K_{A2}/3=0.667$$

A 因素水平 3 所对应的实验指标之和为：

$$K_{A3}=y4+y5+y6=0.200+0.478+0.766=1.444,\ k_{A3}=K_{A3}/3=0.481$$

A 因素的极差：$R=k_{A2}-k_{A3}=0.667-0.481=0.186$

根据同样的方法可以计算出 B、C 两因素的实验指标之和以及极差，如表 7-4 所示。通过极差可以发现各因素影响由强到弱为：电压，浸泡时间，温度，这和我们单因素实验的结果具有较大的不同(在单因素实验中，浸泡时间对还原速率影响不大)，通过 9 组实验的结果我们可以看到，第 7 组实验，即在 900℃、3.1 V

电压、浸泡 1 h 的实验结果与其他的结果具有较大的不同。在这个实验过程中，一开始反应正常，大约 30 min 后，电流迅速下降，然后在一个非常小的值稳定，取出电极时，我们发现电极上有许多针状的物质，认为是由于在这个实验条件下，金属钙析出附着在电极上，腐蚀导体，影响了电极的导电性。温度和电压之间具有交互作用。

通过正交实验，我们得出各因素的优水平为电脱氧温度 875℃、浸泡 2 h、电压 3.1 V，则本实验的最佳工艺条件为在 875℃的电脱氧温度下，浸泡 2 h 后，选择 3.1 V 的电压进行电脱氧。图 7-33 为该条件下电脱氧产物实物照片和通过感应炉 1500℃熔化后熔炼成球体的 Si 的照片。

图 7-33　在 875℃下浸泡 2 h 后以 3.1 V 电压电脱氧的产物照片

7.4　结论

添加 $CaCl_2$ 有助于阴极片成形，其对 SiO_2 阴极片烧结起到助熔作用。成形的 SiO_2 阴极片经过低温烧结，其强度可以达到熔盐电脱氧的要求。随着 $CaCl_2$ 的加入，阴极片的还原速率明显加快，证明了 $CaCl_2$ 能够增加阴极片的孔隙率，为氧离子的脱除提供了孔道结构，并且能够增加三相反应界面的数量。

明确了 SiO_2 的还原过程为 $SiO_2 \rightarrow CaSiO_3 \rightarrow Si$。$CaCl_2$ 的最佳加入量为 16%，该阴极片在 850℃的熔盐中选择 3.0 V 的电压电脱氧 4 h，SiO_2 基本完全还原。影响阴极片电脱氧速率的因素的先后顺序是电压→浸泡时间→温度，阴极片电脱氧的最佳工艺条件为：电压 3.1 V、浸泡 2 h、电脱氧温度 875℃。

参考文献

[1] 蒋荣华, 肖顺珍. 国内外多晶硅发展现状[J]. 半导体技术, 2001, 26(11): 7-10.
[2] 陈学森. 国内多晶硅工业现状及相关发展政策建议[J]. 世界有色金属, 2007(10): 10-12.
[3] 刘宁, 张国梁, 李廷举, 等. 太阳能级多晶硅冶金制备技术的研究进展[J]. 材料导报, 2009, 23: 15-19.
[4] http://www.2ic.cn. 半导体技术, 国内外多晶硅生产的主要工艺技术.
[5] 吴亚萍. 太阳能级多晶硅的冶金制备研究[D]. 大连: 大连理工大学, 2006.
[6] Yu Y, Li H, Bao H B. Price dynamics and market relations in solar photovoltaic silicon feedstock trades[J]. Renewable Energy, 2015, 86: 526-542.
[7] 念保义, 郭海琼, 何绍福. 化学法多晶硅生产工艺研究进展[J]. 广州化工, 2011, 39(6): 21-24.
[8] 郭瑾, 李积和. 国内外多晶硅工业现状[J]. 上海有色金属, 2007, 1(28): 20-25.
[9] 曾红军. 多晶硅工艺过程危险、有害因素浅析[J]. 新疆化工, 2008(4): 41-46.
[10] Khattak C P, Joyee D B, Sehaid F. Production of solar grade(SOG) silicon by refining liquid metallurgical grade (MG) silicon [R]. Sale Massachusetts: National Renewable Energy Laboratory, 1999.
[11] Ikeda T, Maeda M. Purification of metallurgical silicon for solar-grade silicon by electron beam button melting[J]. ISIJ International, 1992, 32(5): 635-642.
[12] Delannoy Y, Alemany C, Li KI, et al. Plasma refining process to provide solar grade silicon [J]. Sol Energy Mat Sol C, 2002, 72(1-4): 69-75.
[13] Yuge N, Abe M, Hanazawa K, et al. Purification of metallurgical-grade silicon up to solar grade [J]. Prog Photovoltaics, 2001, 9(3): 203-209.
[14] 郑智雄. 一种太阳能电池用高纯度硅及其生产方法, CN02135841. 9[P]. 2002-11-26.
[15] Yasuhiko S, Makoto F, Fukuo A, et al. Production of high purity silicon by carbothermic reduction of silica using AC-arc furnace with heated shaft[J]. Tetsu-to-Hagane, 1991, 77(10): 1656-1663.
[16] Pires J C S, Sotubo J, Braga A F B, et al. The purification of metallurgical grade silicon by electron beam melting[J]. J Mater Process Tech, 2005, 169(1): 21-25.
[17] 李伟明, 李永峰, 吴艳光. 太阳能级多晶硅制备技术与发展方向[J]. 现代化工, 2010, 30(7): 19-23.
[18] Kaes M, Hahn G, Peter K, et al. 4th World Conference on Photovoltaic Energy Conversion [C]. New York: IEEE, 2006.
[19] Balaji S, Du J, White C M, et al. Multi-scale modeling and control of fluidized beds for the production of solar grade silicon[J]. Powder Technol, 2010, 199(1): 23-31.
[20] 杨春梅, 陈红雨. 太阳能级多晶硅制备技术研究进展(英文) [J]. 中山大学学报(自然科学版), 2009, 48(S2): 147-148.

[21] 罗大伟, 张国梁, 张剑, 等. 冶金法制备太阳能级硅的原理及研究进展[J]. 铸造技术, 2008, 29(12): 1721-1726.

[22] Ciszek T F, Wang T H, Page M R, et al. 29th IEEE Photovoltaic Specialists Conference[C]. New Orleans: IEEE, 2002.

[23] Elwell D. Electrocrystallization of semiconducting materials from molten salt and organic solutions [J]. J Cryst Growth, 1981, 52(4): 741-752.

[24] Elwell D, Rao G M. Electrolytic production of silicon [J]. J Appl Electrochem, 1988, 18: 15-22.

[25] Lineot D. Electrodeposition of semiconductors [J]. Thin Solid Films, 2005, 487 (1-2): 40-48.

[26] Lepinay J D, Bouteillon J, Traore S, et al. Electroplating silicon and titanium in molten fluoride media[J]. J Appl Electrochem, 1987, 17(2): 294-302.

[27] Monnier R, Rao G M, Elwell D. Electrodeposition of silicon onto graphite[J]. J Electrochem Soc, 1982, 129(12): 2867-2868.

[28] 李运刚, 蔡宗英, 翟玉春, 等. FLINAK-Na_2SiF_6熔盐体系中 Si 的电结晶机理[J]. 有色金属, 2005, 57(2): 66-68, 87.

[29] 梁英教, 车荫昌, 刘晓霞. 无机物热力学数据手册[M]. 沈阳: 东北大学出版社, 1993.

[30] 王帅. 熔盐电解 SiO_2 制备多晶硅[D]. 沈阳: 东北大学, 2014.

第8章　以氧化镝/氧化铁(或铁)为阴极熔盐电脱氧法制备镝铁合金

1963年，Legvold[1]、Clark[2]发现稀土元素Tb和Dy在0 K温度附近具有磁致伸缩应变极大值(大于1%)，并于1972年，确定$TbFe_2$、$DyFe_2$、$SmFe_2$等稀土铁金属间化合物为立方Laves相结构[3]，在室温具有巨大的磁致伸缩效应，而且还具有高的机电转换效率、大的发生应力、高的能量密度和快速的机械响应等特点[4]。从此，磁致伸缩材料研究迅猛发展，尤其是20世纪80年代美国、日本、瑞士等国家争先对其性能、成分(掺杂)、相结构和磁结构进行研究，并在此基础上开发了大量的实用器件[5-13]。例如，美国和法国利用这种材料大应变和低响应频率的特点开发出声呐换能器，其海底探测距离达到数千公里。日本则开发了用于海洋音响层折X射线低周波音源照相仪，7.84 MPa预载荷和500 Oe偏场中，形变率可达0.16%。中国钢铁研究总院和中科院声学研究所合作研制成功的声呐装置，共振频率为2.4 kHz，发射电流灵敏度$Si=173$ dB，频宽800 Hz，电声效率$\eta_{ea}=45\%$。又如，利用稀土的低场大应变、大输出应力、高响应速度(100 μs~1 ms)且无反冲的特征，磁致伸缩材料被制成了结构简单的微位移制动器和高能微动力装置，广泛用于超精密定位、激光微加工、精密流量控制、原子力显微镜、数控车床、机器人和阀门控制等方面。Fe_2RE因高能量密度的特性还用于制作高能微型马达和其他机械功率源。又如，利用磁致伸缩材料的Villari和Anti-Viedemann效应做力学传感器，测量静应力、振动应力、扭转力和加速度等物理量。利用磁致伸缩材料的磁致伸缩，配以激光二极管、光纤或PZT材料可制磁强计等。此外，多元Fe_2RE化合物有一补偿温度(易轴转变温度)，在此温度，其热膨胀系数从5×10^{-6}/K突然增大到115×10^{-6}/K，弹性模量也发生蜕变，并且可以通过改变材料的成分或磁场来改变这一补偿温度，人们可用它来做成无热膨胀或负热膨胀元器件。

8.1　镝铁合金制备技术

镝铁合金常见的传统制备方法有熔盐电解法[14-17]和氧化物或氟(氯)化物直接还原-熔合法。熔盐电解法以自耗阴极熔盐电解制备 Fe_2Dy 合金；氧化物或氟(氯)化物直接还原-熔合法[18]是用金属钙(镁)高温热还原稀土氧化物或氟化物，得到金属镝后再与铁熔炼制备 Fe_2Dy 合金。

8.1.1　熔盐电解法

此方法是将 Dy_2O_3 氟化(与 HF 反应生成 DyF_3)、氯化(与 $NHCl_4$ 反应生成 $DyCl_3$)后，以铁棒作自耗阴极，在氟化物或氯化物体系中电解制取镝铁合金。此电解在 1100~1150℃下进行。在电解 Fe_2Dy 合金的同时，加热炉升温至 1150℃以上，从电解炉中钳出盛装有熔融态合金的铁坩埚放入加热炉中升温加热，在达到规定温度后取出，快速浇铸、冷却、脱模得到 Fe_2Dy 合金。图 8-1 为其电解槽示意图，图 8-2 为其工艺流程图。图 8-3 是镝铁合金相图[16]，由图可知含铁为 20%的镝铁合金其熔点约为 1120℃，但根据市场情况，镝铁合金中含铁需控制在 20%左右。此方法的缺点是，高温下的镝铁合金中铁含量不稳定及铁坩埚损耗严重。由于镝铁合金熔点与电解控制温度差值小，在该温度范围内，合金流动性

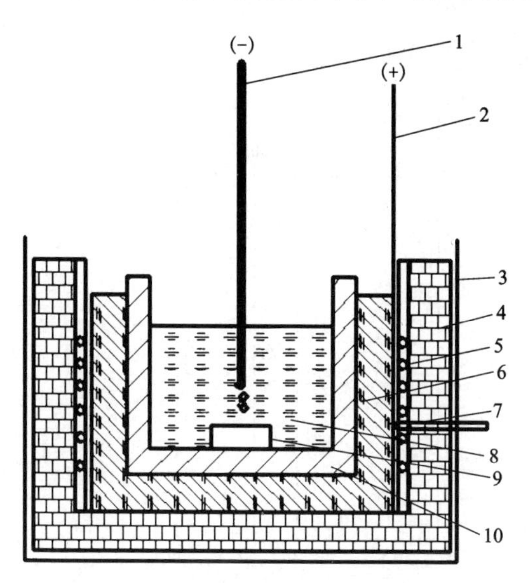

1—阴极铁棒；2—铁套；3—外保护壳；4—耐火保温砖；5—Si-C 棒加热装置；6—石墨粉；7—测温控制系统；8—熔体；9—坩埚；10—石墨电解槽阳极。

图 8-1　镝铁合金电解槽示意图

差，浇铸时熔盐与合金剥离较难，致使合金中夹杂较多的电解质，而且此方法是通过控制电流的大小来控制合金的成分，但电解过程中电流并不容易控制在极小的范围内，因此造成合金成分复杂，合金成分不好控制。

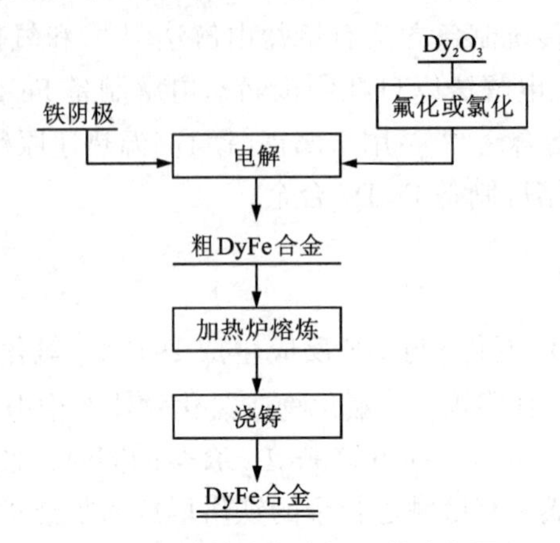

图 8-2　镝铁合金电解工艺流程图

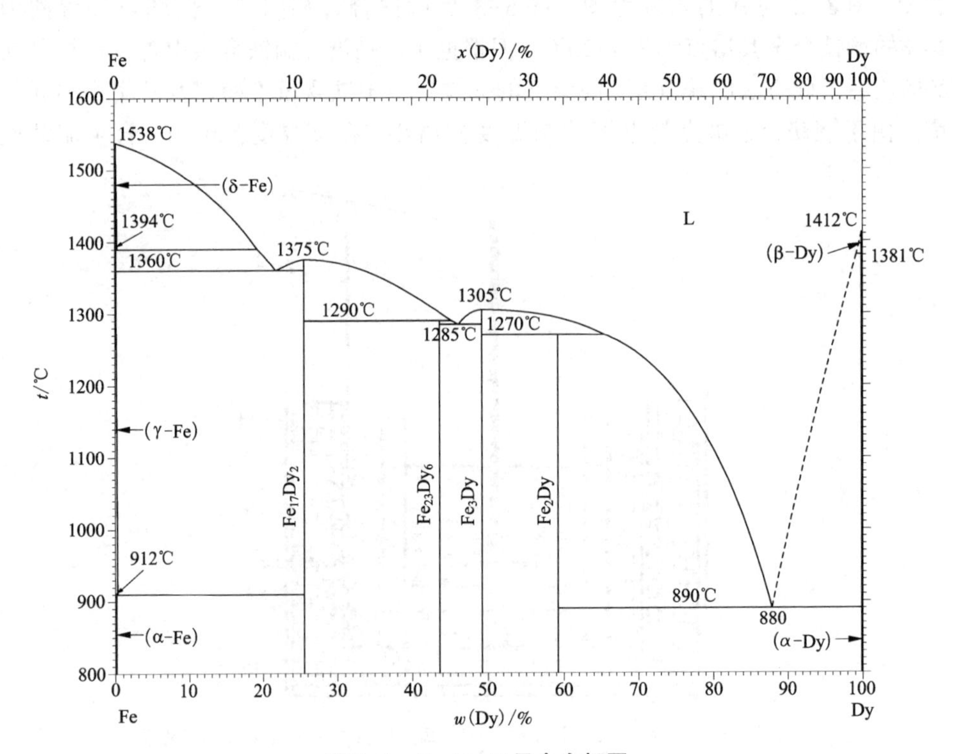

图 8-3　Dy-Fe 二元合金相图

8.1.2　氧化物或氟(氯)化物直接还原-熔合法

该方法是先将 Dy_2O_3 经氟(氯)化生成氟(氯)化物，经真空高温钙(镁)热还原制备纯金属镝(Dy)，再经过与铁真空熔合制备 Fe_2Dy 合金。此方法首先要生产出金属镝，然后与金属铁按一定比例配料进行真空熔炼。由于镝的生产工艺复杂，生产设备昂贵，生产条件要求严格，污染环境等缺点，导致金属镝的生产成本居高不下[19-25]，因此，尽管用此方法生产的 Fe_2Dy 合金质量较好，此方法仍不能得到广泛的应用。

8.2　固态氧化镝/氧化铁、氧化镝/铁阴极熔盐电脱氧还原制备镝铁合金原理

施加高于氧化镝-氧化铁且低于工作熔盐 $CaCl_2$ 分解的恒定电压进行电脱氧，将阴极上氧化镝-氧化铁的氧离子化，离子化的氧经过熔盐移动到阴极，在阳极放电除去，生成的产物合金化留在阴极。

由 Dy-Fe 二元合金相图[16](图 8-3)可知，该合金的最低共晶点温度为890℃。为了防止生成的 Fe_2Dy 合金熔化、溶解到熔盐 $CaCl_2$-NaCl 中而难于收集，电脱氧温度范围选择 550 至 850℃。

电解池构成为

$$C_{(阳极)} \mid CaCl_2\text{-}NaCl \mid Dy_2O_3\text{-}Fe_2O_3(或 Fe) \mid Fe\text{-}Cr\text{-}Al_{(阴极)}$$

整个反应过程如下：

阴极反应：

$$Dy_2O_3+6e^- = 2Dy+3O^{2-} \tag{8-1}$$

$$Fe_2O_3+6e^- = 2Fe+3O^{2-} \tag{8-2}$$

反应(8-1)、(8-2)使固态 Dy_2O_3、Fe_2O_3 中的氧逐步脱去。

阳极反应是氧离子在石墨阳极失去电子的反应。

阴极生成合金的反应：

$$Dy+2Fe = Fe_2Dy \tag{8-3}$$

反应(8-3)使阴极逐渐合金化。

电极过程总反应方程：

$$Dy_2O_3(s)+\frac{3}{x}C(s)=2Dy(s)+\frac{3}{x}CO_x(g) \quad x=1 或 2 \tag{8-4}$$

$$Fe_2O_3(s)+\frac{3}{y}C(s)=2Fe(s)+\frac{3}{x}CO_y(g) \quad y=1 或 2 \tag{8-5}$$

已知

$$2Fe(s)+1.5O_2(g)=\!=\!=Fe_2O_3(S) \qquad \Delta G^{\ominus}=-815023+251.12T \tag{8-6}$$

查热力学手册[26]得下式：

$$H^{\ominus}_{Dy_2O_3}=\Delta H^{\ominus}_{Dy_2O_3(298)}+\int_{298}^{T}C_{p,\,Dy_2O_3}\mathrm{d}T \tag{8-7}$$

$$S^{\ominus}_{Dy_2O_3}=\Delta S^{\ominus}_{Dy_2O_3(298)}+\int_{298}^{T}\frac{C_{p,\,Dy_2O_3}}{T}\mathrm{d}T \tag{8-8}$$

$$C_{p,\,Dy_2O_3}=a+b\times10^{-3}T+c\times10^{5}T^{-2}+d\times10^{-6}T^{2} \tag{8-9}$$

$$G^{\ominus}_{Dy_2O_3}=H^{\ominus}_{Dy_2O_3(T)}-TS^{\ominus}_{Dy_2O_3(T)} \tag{8-10}$$

其中，$a=128.449$，$b=19.246$，$c=-16.736$，$d=0$；$\Delta H^{\ominus}_{Dy_2O_3(298)}=-1863140$ J/mol；$\Delta S^{\ominus}_{Dy_2O_3(298)}=149790$ J/(mol·K)，$C_{p,\,Dy_2O_3(298)}=115360$ J/(mol·K)，代入这些数据，经式(8-7)~式(8-10)计算得式(8-11)

$$G^{\ominus}_{Dy_2O_3}=94.019T-128.449T\ln T-9.623\times10^{-3}T^{2}+8.368\times10^{5}T^{-1}-1863140 \tag{8-11}$$

同理，可得式(8-12)、式(8-13)

$$G^{\ominus}_{Dy}=-27.778T-18.912T\ln T+1.5875\times10^{-3}T^{2}-16.795\times10^{5}T^{-1}-2.202\times10^{-6}T^{3}-28.2 \tag{8-12}$$

$$G^{\ominus}_{O_2}=-145.763T-29.957T\ln T-2.092\times10^{-3}T^{2}+0.837\times10^{5}T^{-1}-29.32 \tag{8-13}$$

由式(8-12)和式(8-13)计算得到化学反应 $2Dy(s)+1.5O_2(g)=\!=\!=Dy_2O_3(S)$ 的吉布斯自由能变，如式(8-14)：

$$\Delta G^{\ominus}=368.2195T-45.69T\ln T-9.56\times10^{-3}T^{2}+40.7025\times10^{5}T^{-1}+2.202\times10^{-6}T^{3}-1863039.62 \tag{8-14}$$

由式(8-4)和式(8-5)计算分别得到 Dy_2O_3、Fe_2O_3 在不同温度下电极过程反应的自由能变和电动势，列于表 8-1~表 8-4。

表 8-1 阳极产物为 CO 时反应(8-4)不同温度下自由能变和电动势

温度/℃	550	600	650	700	750	800	850
$\Delta G^{\ominus}$/(J·mol^{-1})	1164663	1152152	1139845	1127737	1115825	1104104	1092571
$E^{\ominus}$/V	-2.012	-1.99	-1.969	-1.948	-1.927	-1.907	-1.887

表 8-2 阳极产物为 CO 时反应(8-5)不同温度下自由能变和电动势

温度/℃	550	600	650
$\Delta G^{\ominus}$/(J·mol^{-1})	53385.11	27967.61	2542.11
$E^{\ominus}$/V	-0.09	-0.048	-0.004

表 8-3　阳极产物为 CO_2 时反应(8-4)不同温度下自由能变和电动势

温度/℃	550	600	650	700	750	800	850
$\Delta G^{\ominus}/(J\cdot mol^{-1})$	1014838	1002327	990019.7	977912.1	965999.7	954278.6	942745.7
$E^{\ominus}/V$	-1.753	-1.731	-1.71	-1.689	-1.668	-1.648	-1.628

表 8-4　阳极产物为 CO_2 时反应(8-5)不同温度下自由能变和电动势

温度/(℃)	550	600
$\Delta G^{\ominus}/(J\cdot mol^{-1})$	14659.61	2063.11
$E^{\ominus}/V$	-0.025	-0.004

以上的计算结果表明，在 550~850℃ Dy_2O_3 的最大分解电压是 2.012 V。在 550~650℃ Fe_2O_3 的最大分解电压势为 0.09 V 左右。因此实际操作中分解电压不小于 2.012 V 即满足要求。

图 8-4 是 $CaCl_2$-NaCl 相图[27]，由图可知添加 NaCl 到 $CaCl_2$ 中可以降低熔盐的熔化温度，当 $CaCl_2$ 和 NaCl 的质量百分比为 7∶3 时，混合熔盐在 510℃左右有最低共熔点。摩尔比为 1∶1~1∶4 的 NaCl-$CaCl_2$ 熔盐的熔点低于 750℃，满足低温熔盐电脱氧的需要。

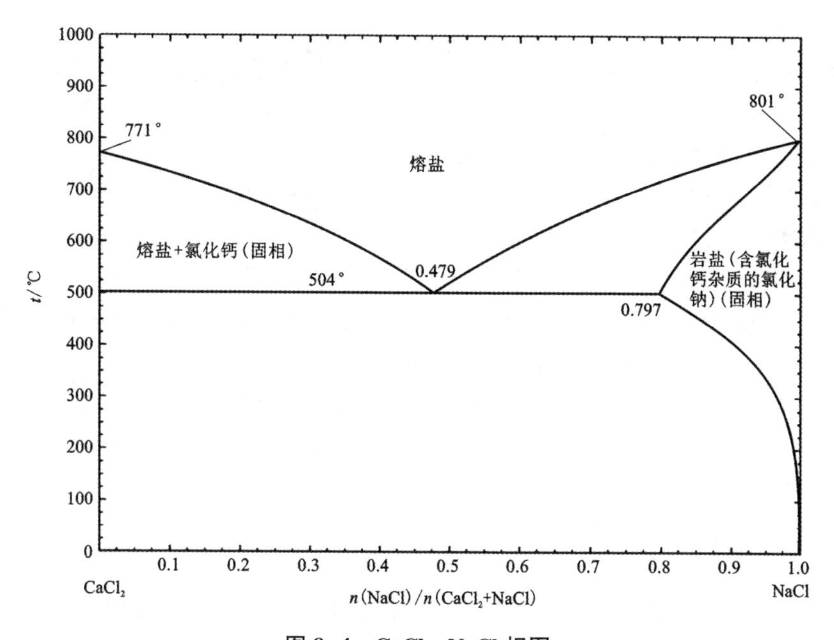

图 8-4　$CaCl_2$-NaCl 相图

8.3 固态氧化镝/氧化铁、氧化镝/铁阴极熔盐电脱氧[28]

8.3.1 研究内容

以分析纯的 Dy_2O_3 和 Fe 粉末或氧化铁为原料，按摩尔比 $n_{Dy}:n_{Fe}=1:2$ 混合，在混料罐内混合 24 h，混合均匀后称取 2.100 g，在 16 MPa 压力下压制成直径 20 mm、厚度约 2 mm 的圆片，用直径为 2.3 mm 的钻头钻孔。在硅碳管炉中、氩气(纯度 99.9%，防止铁粉被氧化)保护下烧结。选用 Fe 粉末作为原料是出于增强阴极片的导电能力和降低成本的考虑。通过混料罐混合可使 Dy_2O_3 粉末和 Fe 粉末充分接触，不但有利于合金化快速进行，而且通过均匀的混合也可以使阴极片导电能力和强度提高。

(1) Dy_2O_3-Fe 混合物阴极片电脱氧合成 Fe_2Dy 合金阴极过程

将 Dy_2O_3-Fe 混合物阴极片在摩尔比为 2 : 1 的 $CaCl_2$-NaCl 熔盐中，在 700℃、3.1 V 恒压电脱氧，对电脱氧 1 h、3 h、5 h 和 24 h 的阴极片电脱氧产物进行 XRD 表征，对比产物物相变化，研究阴极过程。

(2) 熔盐中 $CaCl_2$ 和 NaCl 不同摩尔配比对 Dy_2O_3-Fe 混合物阴极片电脱氧的影响

将 1000℃下烧结 8 h 制备的 Dy_2O_3-Fe 混合物烧结片为阴极，分别在摩尔比 1 : 1 和 2 : 1 的 $CaCl_2$-NaCl 熔盐中，在 700℃、3.1 V 恒压电脱氧制备镝铁合金。

(3) 烧结温度对 Dy_2O_3-Fe_2O_3 阴极片制备的影响

称取质量约为 1.5 g 的 Dy_2O_3-Fe_2O_3 粉末，在 16 MPa 的压力下压制成形，分别在 800℃、1000℃、1200℃烧结 4 h。

(4) 烧结时间对 Dy_2O_3-Fe_2O_3 阴极片制备的影响

称取质量约为 1.5 g 的 Dy_2O_3-Fe_2O_3(摩尔比 1 : 2)粉末，在 16 MPa 的压力下压制成形，在 800℃烧结 6 h、8 h、10 h。

(5) 熔盐温度对 Dy_2O_3-Fe_2O_3 混合物阴极片电脱氧的影响

烧结好的试样分别在 600℃、700℃、800℃温度下，在摩尔比为 1 : 1 的熔盐中、3.1 V 恒电压下电脱氧 10 h 左右。

8.3.2 结果与讨论

(1) Dy_2O_3-Fe 混合物阴极片电脱氧合成 $DyFe_2$ 合金的阴极过程

图 8-5 是阴极片电脱氧 1 h 后产物的 XRD 图。由图可见产物中有 Fe、Dy_2O_3 和 DyOCl，并没有镝铁合金出现。可能是由于在此阶段 Dy_2O_3 电脱氧刚刚开始，

生成的金属镝量少，形成的合金达不到 XRD 检测的最低量要求，因此 XRD 图上看不到镝铁合金出现。

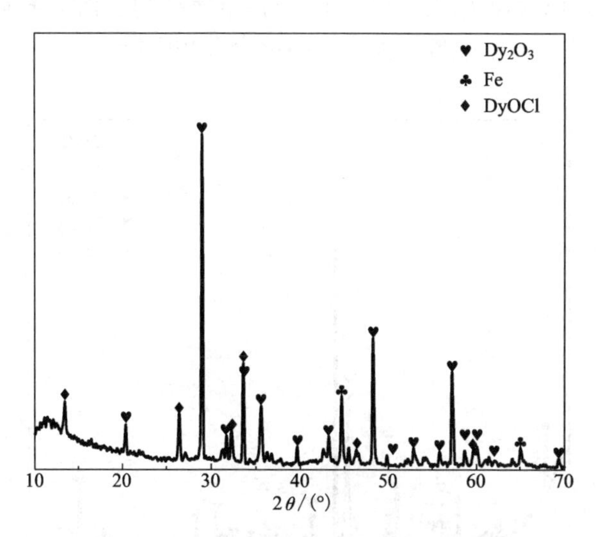

图 8-5　电脱氧 1 h 阴极片产物的 XRD 图谱

图 8-6 是阴极片电脱氧 3 h 后产物的 XRD 图。由图可见产物中有 Fe、Dy_2O_3、DyOCl 和 Fe_5Dy，说明随着电脱氧时间延长，Dy_2O_3 电解出的金属镝逐渐增多，生成的金属镝扩散到铁粉表面，在金属铁表面 Dy 与 Fe 开始合金化，形成 Fe_5Dy 合金。

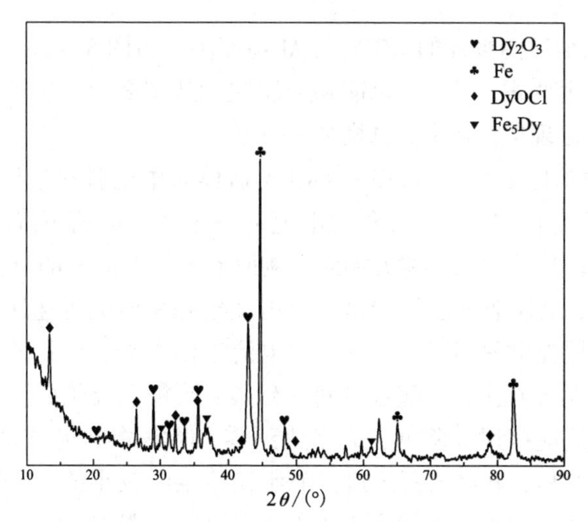

图 8-6　电脱氧 3 h 阴极片产物的 XRD 图谱

图 8-7 是阴极片电脱氧 5 h 后产物的 XRD 图。由图可见产物中有 Fe、Dy_2O_3、DyOCl、Fe_5Dy 和 Fe_3Dy，且 Fe 和 Fe_5Dy 是主要成分，说明随着电脱氧时间的延长，Dy_2O_3 电解出更多的金属镝；当在金属铁的表面上金属 Dy 与 Fe 的比例超过 1∶5 时，Fe_3Dy 合金相开始在 Fe_5Dy 合金相中析出。

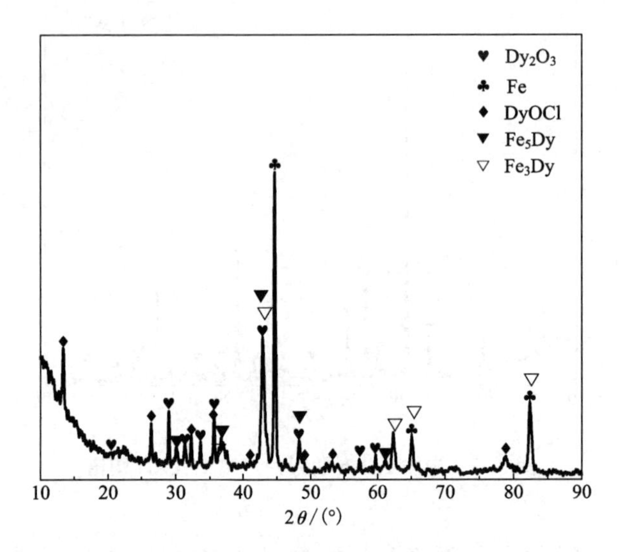

图 8-7　电脱氧 5 h 阴极片产物的 XRD 图谱

(2)熔盐中 $CaCl_2$ 和 NaCl 不同摩尔配比对 Dy_2O_3-Fe 混合物阴极片电脱氧的影响

图 8-8 是烧结后阴极片的 XRD、SEM 检测图。由图 8-8(a)可见烧结后阴极片中物相没有发生变化，仍为氧化镝和金属铁。从图 8-8(b)可以看到金属铁粉有明显的边缘钝化现象，氧化镝也烧结在一起。

图 8-9 为摩尔比 1∶1 的 $CaCl_2$-NaCl 熔盐体系中电脱氧过程的电流-时间关系曲线。由图可见在 0 h→1 h 过程中电流从一个较大的值下降到一个相对较低的值，降幅很大。这是因为实验开始时，施加于工作电极上的电极电势从 0 V 突然增加到 3.1 V，电极双电层开始迅速充电使电路中电流迅速达到最大值；随着时间延长，双电层充电逐渐完成，电路中电流逐渐下降，电脱氧开始进行，电解电流逐渐减小。从原理上讲，随着时间的延长，阴极氧离子数量逐渐减少，放电离子数减少，电流应该逐渐降低，最终达到零，但实验事实与此并不完全一致。当电脱氧进行 5 h 后，电解电流达到一个比较稳定的较小值，且偶尔会有大电流的波动，没有完全达到零。可能有以下几个原因：①熔盐中 $CaCl_2$ 含量少，熔盐溶解氧的能力差，电极反应由氧的传递步骤控制，电解电流小。②随着电解的进

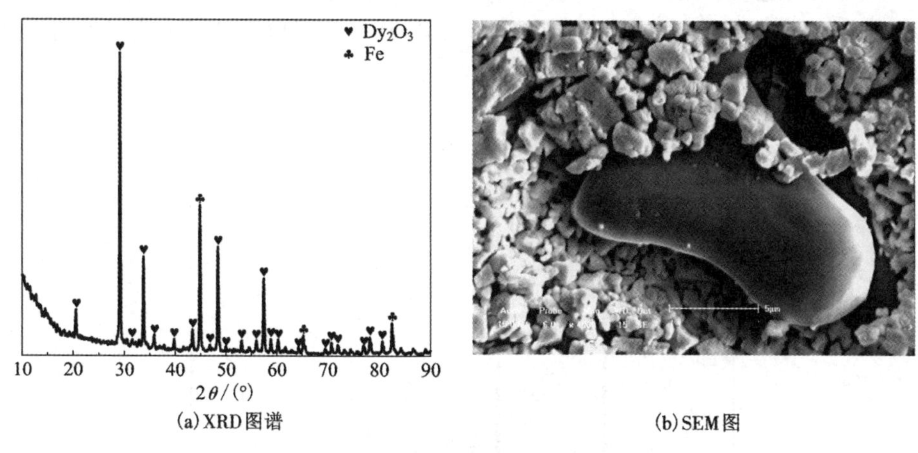

(a)XRD 图谱　　(b)SEM 图

图 8-8　烧结后阴极片的 XRD、SEM 图

行，电解反应位置逐步向阴极片内部推进，由于生成的金属是颗粒，接触面结合不好，电阻逐渐增大消耗在阴极片上的电压降逐渐增大，电脱氧速度逐渐降低，电化学反应步骤成为电极过程控制步骤，在短时间内无法将氧完全除去。③电脱氧电流不能到达 0 A 是因为熔盐本身具有电子导电能力(已经在文献中得到证实)。电解电流出现很大波动是由于石墨坩埚表面碳脱落，漂浮在熔盐表面有时会造成电极短路，这从实验结束熔盐表面有一层石墨得到证实。

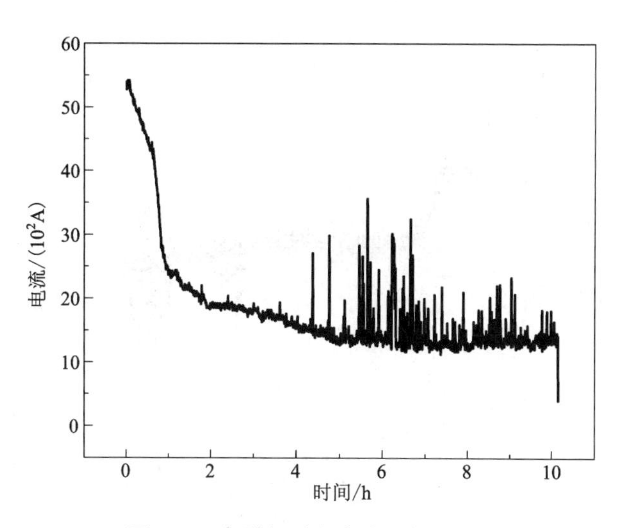

图 8-9　电脱氧过程电流/时间曲线

图 8-10 是摩尔比为 1∶1 的 $CaCl_2$-NaCl 熔盐体系中电解产物经水洗除盐后检测得到的 XRD 图。图中有 Dy_2O_3、Fe 和 Fe_5Dy 三个物相。Fe_5Dy 是由电解出来的金属镝与铁粉合金化形成的。

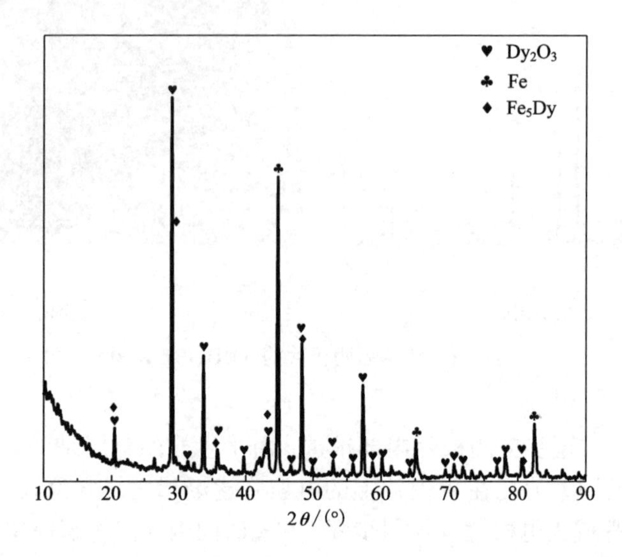

图 8-10　在 1∶1 的 $CaCl_2$-NaCl 熔盐中电脱氧产物 XRD 图谱

图 8-11 是摩尔比为 2∶1 的 $CaCl_2$-NaCl 熔盐体系中电解过程的电解电流-时间

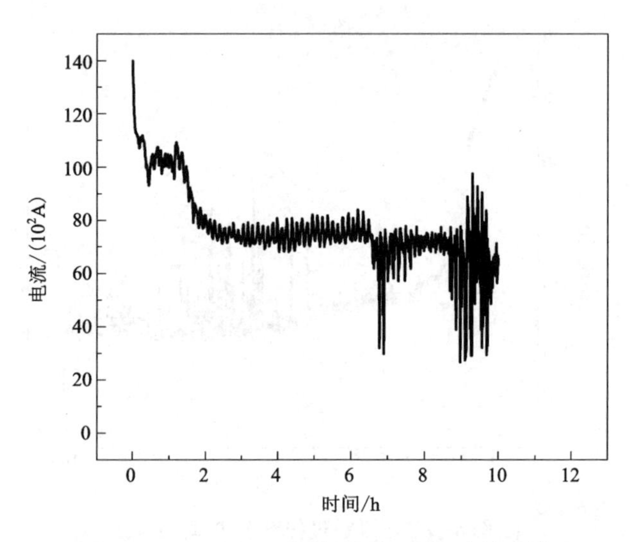

图 8-11　Dy_2O_3-Fe 电脱氧过程时间-电流曲线

关系曲线。与图 8-9 相比，两者电脱氧电流发展趋势基本相同，但在摩尔比为 2：1 熔盐体系中电脱氧电流明显增大。这说明熔盐中氯化钙的增加有利于氧离子的溶解，电脱氧速度较快，电流值较大。电脱氧后期电流的波动仍然是石墨坩埚表面碳脱落漂浮在熔盐表面，有时造成短路形成的。实验现象也进一步证实了这一点。

图 8-12 是摩尔比为 2：1 的 $CaCl_2$-NaCl 熔盐体系中电脱氧 10 h 产物的 XRD 图。产物中有 Dy_2O_3 和 Fe_2Dy、Fe_3Dy、Dy，原料中 Fe 物相消失。与图 8-10 相比，阴极片产物中 Fe_5Dy 物相消失了。上述现象表明 Fe 物相的消失是由于生成的金属镝的量有所增加，电解出来的金属镝可与金属铁粉迅速合金化的缘故。$DyFe_5$ 物相消失，Fe_3Dy 和 Dy 物相出现，说明更多的氧化镝被电解。将图 8-12 与图 8-10 进行对比，结合电脱氧过程电流增加的现象可以推断，熔盐中氯化钙的增加使电脱氧速度加快，在相同的电脱氧时间内生成的金属镝量增多，且与 Fe 完全反应导致 Fe 相消失。这说明氯化钙在熔盐中的含量对镝铁合金的生成有很重要的作用，氯化钙增多会使熔盐溶解氧的能力增加，对实验结果有重要影响。

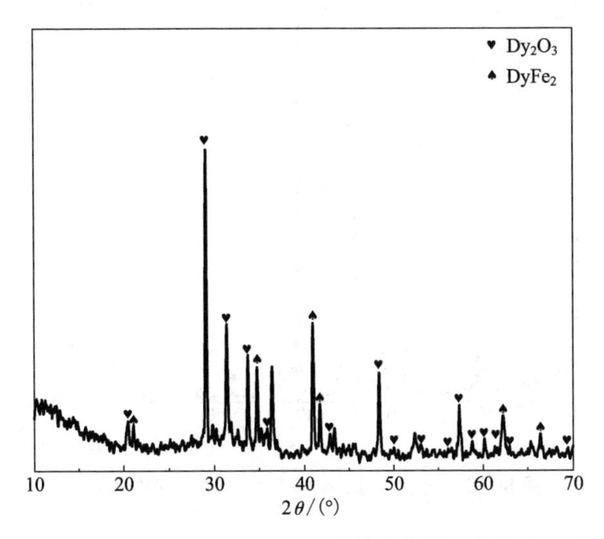

图 8-12　在 2：1 的 $CaCl_2$-NaCl 熔盐中电脱氧产物 XRD 图谱

图 8-13 是阴极片电脱氧 24 h 后产物的照片。由图可见产物多孔且呈现金属光泽。图 8-14 是阴极片电脱氧 24 h 后产物的 XRD 图。由图可见产物中有 Fe_2Dy、Fe_3Dy 和 Dy_2O_3，Fe_2Dy 是主要成分，Dy_2O_3 和 Fe_3Dy 含量很少，说明巨磁致伸缩材料 $DyFe_2$ 被合成。

综上，以 Dy_2O_3 和 Fe 粉末为原料，采用 FFC 法制备巨磁致伸缩材料 Fe_2Dy 合金的过程是电解出来的金属镝扩散到铁粉表面开始合金化，随着金属镝量的增加和在铁中扩散的深入最终形成 Fe_2Dy 合金。合金形成过程是 $Fe_5Dy \rightarrow Fe_3Dy \rightarrow Fe_2Dy$。

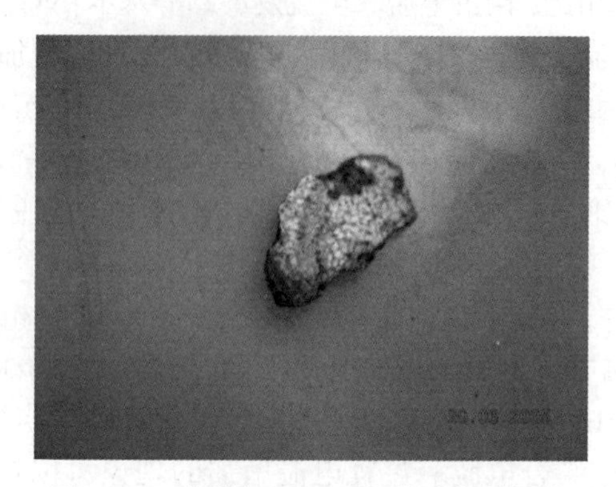

图 8-13 电脱氧 24 h 阴极片产物的照片

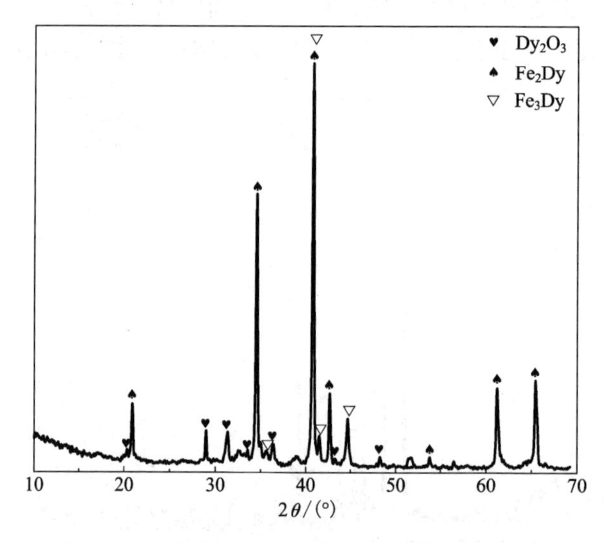

图 8-14 电脱氧 24 h 阴极片产物的 XRD 图谱

(3)烧结温度对 Dy_2O_3-Fe_2O_3 阴极片制备的影响

图 8-15(a)是样品在 1000℃烧结后的照片，图 8-15(b)是 XRD 图。由图 8-15(b)可知，经过烧结，阴极片中 Dy_2O_3 和 Fe_2O_3 生成 $DyFeO_3$ 复合物。图 8-16 是 800℃、1000℃、1200℃烧结 11 h 制备的阴极片，在 800℃、摩尔比为 1 : 1 的 $CaCl_2$-NaCl 熔盐中及 3.1 V 恒压下电脱氧过程的电流-时间图。由图可见，不同温度下烧结的阴极片，随着电脱氧时间的推移，电流的变化趋势是相同的，都是逐渐降低到一个极限。这是因为随着电脱氧的不断深入，阴极片中氧的含量不断降低，导致在阳极放电的氧离子数不断减少，最终达到一个极限。经计算得到 800℃烧结的阴极片电脱氧平均电流为 265 mA，1000℃烧结的阴极片电脱氧平均

电流为 261 mA，1200℃烧结的阴极片电脱氧平均电流为 257 mA。比较来看，800℃烧结的阴极片电脱氧电流较大，这是由于 800℃烧结的阴极片粉末颗粒之间孔隙较大，熔盐浸入到阴极片中比较容易，生成的氧离子能够快速迁移，单位时间内电解的量相对较大的缘故。1200℃烧结的阴极片电脱氧平均电流较低，是由于 1200℃烧结的阴极片粉末颗粒生长得很大，颗粒间孔隙相对少，熔盐浸入到阴极片中的量少，导致氧离子向熔盐中扩散的量少，单位时间内电解的量相对较小造成的。但是，从三个烧结温度电脱氧的平均电流值的比较上看，三者大小相差不大，说明烧结温度对合金制备的影响较小。因此，确定 800℃为阴极片的烧结温度。

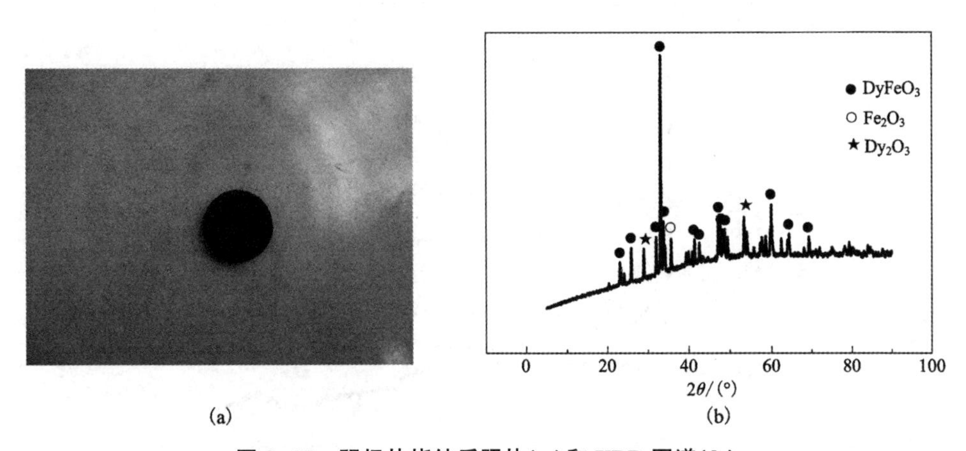

图 8-15　阴极片烧结后照片(a)和 XRD 图谱(b)

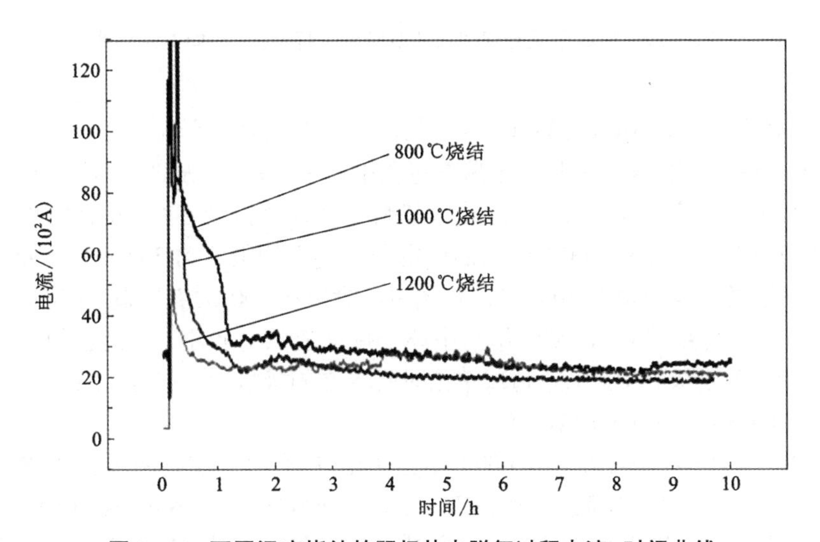

图 8-16　不同温度烧结的阴极片电脱氧过程电流-时间曲线

(4)烧结时间对 Dy_2O_3-Fe_2O_3 阴极片制备的影响

图 8-17 是不同烧结时间的阴极片，在 800℃、摩尔比 1∶1 的 $CaCl_2$-NaCl 熔盐中及 3.1 V 恒压下电脱氧过程的电流-时间图。由图可见，随着电脱氧时间的推移，电流的变化趋势是相同的，都是逐渐降低到一个极限。从电脱氧过程平均电流值的比较上看，烧结 6 h 阴极片电脱氧电流相对较大。

结合图 8-17 和图 8-16，确定阴极片的制备条件是烧结温度 800℃，烧结时间 6 h。

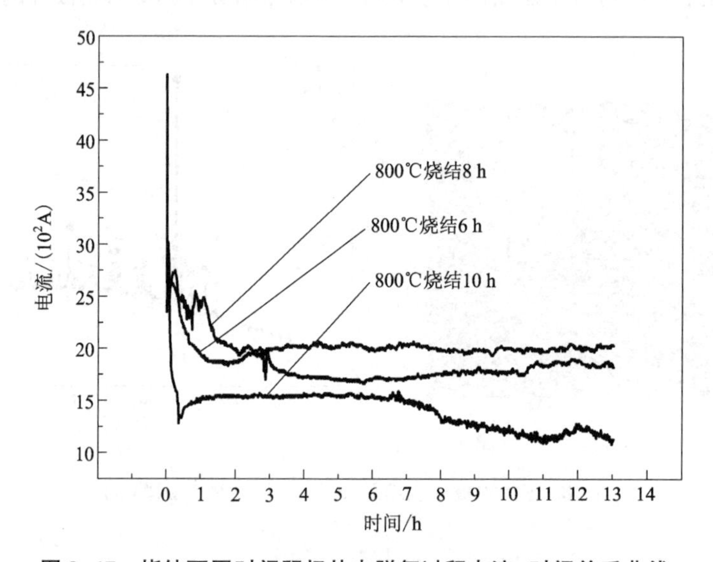

图 8-17　烧结不同时间阴极片电脱氧过程电流-时间关系曲线

(5)熔盐温度对 Dy_2O_3-Fe_2O_3 混合物阴极片电脱氧的影响

图 8-18 是不同熔盐温度下电脱氧过程电流-时间图。从图 8-18 可以看出随着熔盐温度的升高，电脱氧电流呈增大趋势。经计算得到 600℃熔盐温度电脱氧的平均电流为 223 mA，700℃熔盐温度电脱氧的平均电流为 337 mA，800℃熔盐温度电脱氧的平均电流为 408 mA。从图可以看出在 600℃熔盐温度下电脱氧时平均电流最小，这是因为 600℃时熔盐中离子振动能相对较小，阴极上的氧离子通过扩散跃迁到阳极相对较慢，造成单位时间内在阳极放电氧离子数量少，导致电流低。800℃熔盐温度电脱氧电流较大。

图 8-19 为 800℃烧结 4 h、600℃熔盐中电脱氧 10 h 左右阴极片产物的 XRD 图。由图可见，阴极片电脱氧产物中有 Dy_2O_3、$DyFeO_3$、Fe、NaCl 和 DyOCl 共五种物相，其中 Dy_2O_3 和 $DyFeO_3$ 仍然是主要成分。将图 8-19 与图 8-15(b)进行对比可以发现，阴极片中 Fe_2O_3 相消失，取而代之的是金属铁相。这说明在此温度条件下

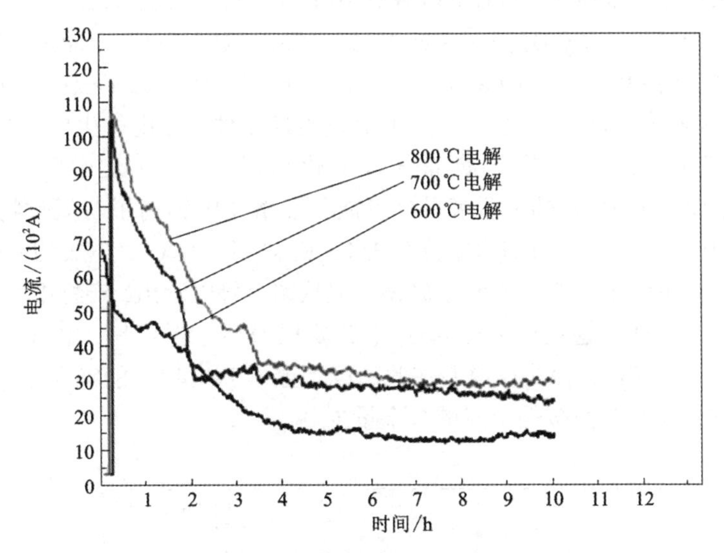

图 8-18　不同熔盐温度下电脱氧时间/电流曲线

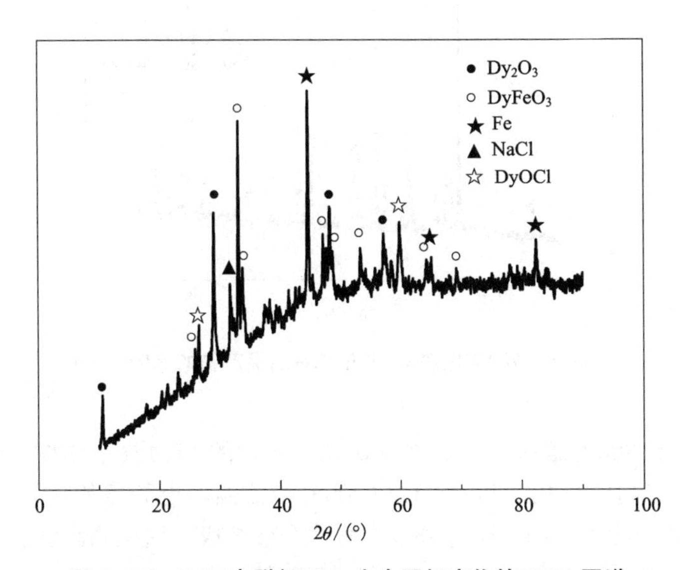

图 8-19　600℃电脱氧 10 h 左右阴极产物的 XRD 图谱

Fe_2O_3 能被电解，且电解完全。而 Dy_2O_3 和 $DyFeO_3$ 仍存在且与原料相同，是主体成分，说明 Dy_2O_3 和 $DyFeO_3$ 在此条件下未被电解或电解很缓慢，电解的量很少。这是由于 Fe_2O_3 的分解电压比 Dy_2O_3 和 $DyFeO_3$ 的低，在电解过程中，电能大部分作用在 Fe_2O_3 上生成了金属铁，而 Dy_2O_3 和 $DyFeO_3$ 并未得到足够的电解时间。

图 8-20 是熔盐温度 700℃下电脱氧 10 h 左右的阴极片电脱氧产物 XRD 图。由图可见，产物中有 Dy_2O_3、Fe、Dy、Fe_5Dy、$Ca_2Fe_2O_5$、$CaCl_2$、$CaCl_2 \cdot 3H_2O$ 共七种物相。与图 8-19 相比，图 8-20 中增加了 Dy、Fe_5Dy、$Ca_2Fe_2O_5$ 三个物相，而 $DyFeO_3$ 物相则完全消失。这说 $DyFeO_3$ 在此温度条件下被电解生成了金属铁和金属镝，电解出来的金属铁和镝部分合金化形成了 Fe_5Dy。中间产物有出现 $Ca_2Fe_2O_5$，暗示 $DyFeO_3$ 的电脱氧过程可能是在熔盐中钙离子与氧化物中离解出来的氧离子共同作用下，$DyFeO_3$ 分解成 $Ca_2Fe_2O_5$ 和 Dy_2O_3，生成的 $Ca_2Fe_2O_5$ 和 Dy_2O_3 进一步电解生成金属铁和金属镝。但从图上可以看出，产物中 $Ca_2Fe_2O_5$ 的含量远低于 Dy_2O_3，这说明 $Ca_2Fe_2O_5$ 电解要比 Dy_2O_3 更容易，电解速率相对要快。Fe、Dy、Fe_5Dy 三者共存说明在此温度下金属 Fe 和 Dy 能够合金化，但由于温度低，它们相互扩散缓慢形成的合金量少。

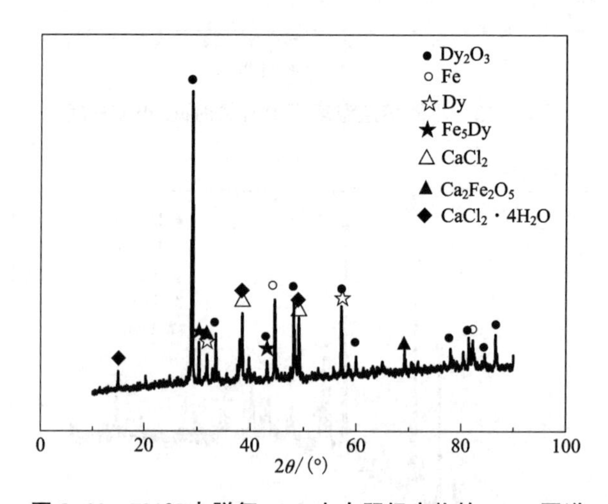

图 8-20　700℃电脱氧 10 h 左右阴极产物的 XRD 图谱

图 8-21 是 800℃熔盐温度下电脱氧 10 h 产物的 XRD 图。由图可见样品中有 Dy_2O_3、Fe 和 Fe_2Dy 三相。与 600℃和 700℃熔盐温度电脱氧相比，800℃熔盐温度下阴极产物中除了 Fe_2Dy 合金外没有其他合金组成。这说明高温有利于电脱氧生成的金属镝和铁相互扩散合金化，且阴极片中氧化镝和氧化铁的分解速率可以满足生成 Fe_2Dy 的要求。

综上研究结果认为：以 Fe_2O_3-Dy_2O_3 为原料制备镝铁合金的控制步骤在于熔盐温度的控制，必须大于等于 800℃才能达到快速制备巨磁致伸缩材料 Fe_2Dy 的目的。

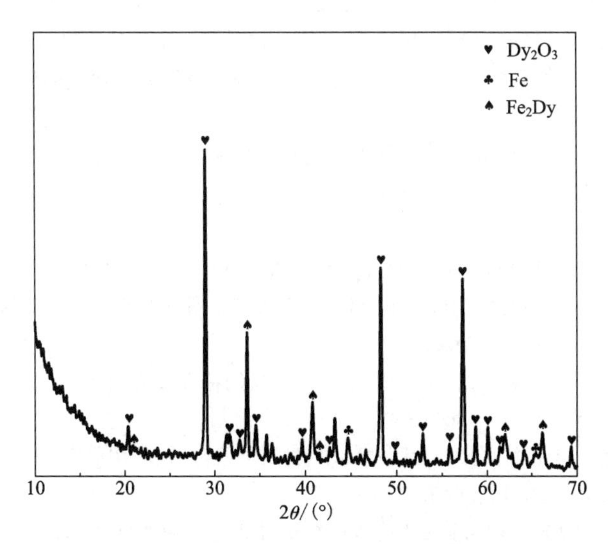

图 8-21　800℃电脱氧 10 h 左右阴极产物的 XRD 图谱

8.4　结论

以固态 Fe-Dy_2O_3、Fe_2O_3-Dy_2O_3 粉为原料低温熔盐电解合成 Fe_2Dy。确定烧结温度 800℃、烧结时间 4 h 是 Fe_2O_3-Dy_2O_3 阴极片合适的制备工艺条件。熔盐中高氯化钙含量和高电脱氧温度对两种阴极材料电脱氧制备合金有利。Fe-Dy_2O_3 阴极片电解的阴极过程是氧化镝先电解出金属镝，金属镝扩散到铁粉中形成合金，合金的形成过程是 Fe_5Dy→Fe_3Dy→Fe_2Dy。Fe_2O_3-Dy_2O_3 阴极片烧结过程中会有 $DyFeO_3$ 出现，阴极电脱氧过程是 Fe_2O_3 先电解出 Fe，然后 $DyFeO_3$ 电解出 Fe 和 Dy_2O_3，Dy_2O_3 再电解出 Dy，生成的 Fe、Dy 合金化生成 Fe_5Dy、Fe_2Dy。阳极气体产生的顺序是先 CO_2 后 CO。

参考文献

[1] Legvold S, Alsted J, Rhyne J. Giant magnetostriction in dysprosium and holmium single crystals [J]. Phys Rev Lett, 1963, 10(12): 509-511.

[2] Clark A E, Bozorth R M, Desavage B F. Anomalous thermal expansion and magnetostriction of single crystals of dysprosium[J]. Phys Rev, 1963, 5(2): 100-102.

[3] 黎文献, 余琨, 谭敦强, 马正青, 陈鼎. 稀土超磁致伸缩材料的研究[J]. 矿冶工程, 2000, 20(3): 64-67.

[4] 邬义杰. 超磁致伸缩材料发展及其应用现状研究[J]. 机电工程, 2004, 21(4): 55-59.
[5] 高有辉, 周谦莉, 祝景汉. 稀土-铁大磁致伸缩材料[J]. 金属功能材料, 1994(1): 16-21.
[6] 蒋成保, 宫声凯, 徐惠彬. 超磁致伸缩材料及其在航空航天工业中的应用[J]. 航空学报, 2000, 21(S1): 85-88.
[7] 李扩社, 徐静, 杨红川. 稀土超磁致伸缩材料发展概况[J]. 稀土, 2004, 25(4): 51-56.
[8] 杜挺, 张洪平, 邝马华. 稀土铁系超磁致伸缩材料的应用研究[J]. 金属功能材料, 1997, (4): 173-176.
[9] 张文毓. 稀土磁致伸缩材料的应用[J]. 金属功能材料, 2004, 11(4): 42-46.
[10] 李松涛, 孟凡斌, 刘何燕, 陈贵峰, 沈俊, 李养贤. 超磁致伸缩材料及其应用研究[J]. 物理, 2004, 33(10): 748-752.
[11] 胡明哲, 李强, 李银祥, 张一玲. 磁致伸缩材料的特性及应用研究(Ⅰ)[J]. 稀有金属材料与工程, 2000, 29(6): 366-369.
[12] 胡明哲, 李强, 李银祥, 张一玲. 磁致伸缩材料的特性及应用研究(Ⅱ)[J]. 稀有金属材料与工程, 2001, 30(1): 1-3.
[13] 李国栋. 1998—1999 年国际磁性功能材料新进展[J]. 功能材料, 2001, 32(3): 225-226.
[14] 郭广思, 水丽, 王广太, 隋智通. 还原扩散法制备 $DyFe_2$ 反应机理的探讨[J]. 金属学报, 2002, 38(3): 291-294.
[15] 黄文莉. 镝铁合金熔铸试验研究[J]. 江西有色金属, 2003, 17(4): 25-27.
[16] 李炜. 熔盐电解法制取镝铁合金的研究[J]. 江西有色金属, 1999, 13(11): 19-33.
[17] 刘冠昆, 童叶翔, 洪惠婵, 杨绮琴, 陈胜洋, 辜进喜. 氯化物熔体中镝铁合金形成的电化学研究[J]. 中国稀土学报, 1997, 15(4): 300-303.
[18] 王静. 稀土在功能材料中的应用与新进展[J]. 化学推进剂与高分子材料, 2003, 1(5): 29-33.
[19] 雷伯朝, 刘斌. 高纯金属镝的制备工艺研究与工业实践[J]. 稀有金属与硬质合金, 2001, 29(4): 18-20.
[20] 张世荣. 金属镝的制备、提纯及应用[J]. 稀有金属与硬质合金, 2000(142): 53-59.
[21] 余强国. 镁热法制备高纯金属镝[J]. 稀有金属与硬质合金, 2001(145): 11-14.
[22] 林河成. 稀土金属市场分析及预测[J]. 稀有稀土金属, 2003(4): 31-35.
[23] 林河成. 国内稀土金属的生产、应用及市场[J]. 稀土, 2003, 24(1): 75-77.
[24] 林河成. 我国稀土金属生产现状及其市场[J]. 世界有色金属, 1996(2): 14-19, 9.
[25] 林河成. 我国金属镝材料的生产及应用[J]. 稀有金属快报, 2001, 20(5): 5-7.
[26] 梁英教, 车荫昌, 刘晓霞. 无机物热力学数据手册[M]. 沈阳: 东北大学出版社, 1993.
[27] http://www.factsage.cn
[28] 谢宏伟. $DyFe_2$ 合金制备的研究[D]. 沈阳: 东北大学, 2005.

第 9 章　以氧化镝/氧化铽/氧化铁为阴极熔盐电脱氧法制备镝铽铁合金

稀土-铁系金属间化合物因特殊的物理性质在功能材料，如热电材料、磁性材料等方面具有良好的用途。其中 $Tb_xDy_{1-x}Fe_2$ 化合物(常称为 Terfenol-D)作为超磁致伸缩材料的研究、开发和利用一直是学术界和企业界研究的热点[1-13]。在声学领域：$Tb_xDy_{1-x}Fe_2$ 化合物压磁材料被应用于声呐，大大改善了其性能，海底探测距离已达到数千公里。在微位移领域：$Tb_xDy_{1-x}Fe_2$ 化合物被制成结构简单的微位移制动器和高能微动力装置，广泛用于超精密定位、激光微加工、精密流量控制、原子力显微镜、数控车床、机器人和阀门控制等方面。在力学传感领域：利用磁致伸缩材料的 Villari 和 Anti-Viedemann 效应，可以用来做力学传感器，测量静应力、振动应力、扭转力和加速度等物理量。在磁学领域：利用 $Tb_xDy_{1-x}Fe_2$ 化合物的磁致伸缩特性，配以激光二极管、光纤或 PZT 材料可制磁强计。在热学领域：$Tb_xDy_{1-x}Fe_2$ 化合物做成无热膨胀或负热膨胀元器件。在航空领域：Lord 公司用 $Tb_xDy_{1-x}Fe_2$ 化合物超磁致伸缩材料研制了一套智能减震系统，安装在飞机发动机支架上，使机舱内的噪声减小 20 dB 以上。在昼夜温差近 300℃ 太空中的空间站，由于热胀冷缩效应引起信号接收系统产生形变，影响信号的接收和传输。利用 $Tb_xDy_{1-x}Fe_2$ 化合物超磁致伸缩材料可以精确控制信号接收系统的形状，保证在大温差环境中正常工作。

9.1　镝铽铁合金制备技术

目前，镝铽铁合金生产主要是先采用高温钙热还原氟化物制备出纯金属铽(Tb)和镝(Dy)，再经高温真空冶炼法合成。由于在高温真空条件下进行，该合金生产能耗大、成本高、工艺复杂，且制得的合金成分不稳定。此外，原料金属镝和铽的生产也存在能耗大、成本高、污染环境等问题。

9.2 固态氧化镝/氧化铽/氧化铁(铁)阴极熔盐电脱氧还原制备 $Tb_xDy_{1-x}Fe_2$ 化合物原理

施加高于氧化镝-氧化铽-氧化铁且低于工作熔盐 $CaCl_2$ 分解的恒定电压进行电脱氧，将阴极上氧化镝-氧化铽-氧化铁的氧离子化，离子化的氧经过熔盐移动到阴极，在阳极放电除去，生成的产物合金化留在阴极。

电解池构成为

$$C_{(阳极)} \mid Dy_2O_3-Tb_2O_3-Fe_2O_3(或\ Fe) \mid Fe-Cr-Al_{(阴极)}$$

整个反应过程中，固体阴极得到电子，发生阴极反应生成 O^{2-} 和金属并合金化，即

$$Fe_2O_3+6e^- = 2Fe+3O^{2-} \tag{9-1}$$

$$6Fe+Tb_2O_3+6e^- = 2Fe_3Tb+3O^{2-} \tag{9-2}$$

$$4Fe_3Tb+Tb_2O_3+6e^- = 6Fe_2Tb+3O^{2-} \tag{9-3}$$

$$4Fe+Tb_2O_3+6e^- = 2Fe_2Tb+3O^{2-} \tag{9-4}$$

$$10Fe+Dy_2O_3+6e^- = 2Fe_5Dy+3O^{2-} \tag{9-5}$$

$$4Fe_5Dy+3Dy_2O_3+18e^- = 10Fe_2Dy+9O^{2-} \tag{9-6}$$

$$4Fe+Dy_2O_3+6e^- = 2Fe_2Dy+3O^{2-} \tag{9-7}$$

反应式(9-1)~式(9-7)使固态 Fe_2O_3、Tb_2O_3、Dy_2O_3 中的氧逐步脱去。

阳极反应是氧离子在石墨阳极失去电子，如反应式(9-8)和式(9-9)：

$$O^{2-}+C-2e^- = CO\uparrow \tag{9-8}$$

或

$$2O^{2-}+C-4e^- = CO_2\uparrow \tag{9-9}$$

电极过程总反应方程：

$$Fe_2O_3(s)+3/xC(s) = 2Fe(s)+3/xCOx(g) \quad x=1\ 或\ 2 \tag{9-10}$$

$$Tb_2O_3(s)+4Fe(s)+3/yC(s) = 2Fe_2(s)Tb+3/yCO_y(g) \quad y=1\ 或\ 2 \tag{9-11}$$

$$Dy_2O_3(s)+4Fe(s)+3/zC(s) = 2DyFe_2(s)+3/zCO_z(g) \quad z=1\ 或\ 2 \tag{9-12}$$

查热力学手册可知[14]式(9-13)~式(9-17)：

$$2Fe(s)+3/2O_2(g) = Fe_2O_3(s) \tag{9-13}$$

$$H^{\ominus}_{Fe_2O_3} = \Delta H^{\ominus}_{Fe_2O_3(298)} + \int_{298}^{T} C_{p,\ Fe_2O_3}\mathrm{d}T \tag{9-14}$$

$$S^{\ominus}_{Fe_2O_3} = \Delta S^{\ominus}_{Fe_2O_3(298)} + \int_{298}^{T} C_{p,\ Fe_2O_3}/T\mathrm{d}T \tag{9-15}$$

$$C_{p,\ Fe_2O_3}=a+b\times10^{-3}T+c\times10^{5}T^{-2}+d\times10^{-6}T^{2} \tag{9-16}$$

$$G^{\ominus}_{Fe_2O_3}=H^{\ominus}_{Fe_2O_3(T)}-TS^{\ominus}_{Fe_2O_3(T)} \tag{9-17}$$

可查得 $\Delta H^{\ominus}_{Fe_2O_3(298)}=-825500$ J/mol；$\Delta S^{\ominus}_{Fe_2O_3(298)}=87.45$ J/(mol·K)，将这些热力学数据代入到式(9-14)~式(9-17)得式(9-18)：

$$G^{\ominus}_{Fe_2O_3}=803.604T-132.675T\ln T-3.682\times10^{-3}T^{2}-863227.717 \tag{9-18}$$

查热力学手册可知[14]式(9-19)~式(9-23)：

$$2Tb(s)+3/2O_2(g)=Tb_2O_3(s) \tag{9-19}$$

$$H^{\ominus}_{Tb_2O_3}=\Delta H^{\ominus}_{Tb_2O_3(298)}+\int_{298}^{T}C_{p,\ Tb_2O_3}dT \tag{9-20}$$

$$S^{\ominus}_{Tb_2O_3}=\Delta S^{\ominus}_{Tb_2O_3(298)}+\int_{298}^{T}C_{p,\ Tb_2O_3}/TdT \tag{9-21}$$

$$C_{p,\ Tb_2O_3}=a+b\times10^{-3}T+c\times10^{5}T^{-2}+d\times10^{-6}T^{2} \tag{9-22}$$

$$G^{\ominus}_{Tb_2O_3}=H^{\ominus}_{Tb_2O_3(T)}-TS^{\ominus}_{Tb_2O_3(T)} \tag{9-23}$$

可查得 $a=107.822$，$b=41.422$，$c=-9.205$，$d=0$；$\Delta H^{\ominus}_{Tb_2O_3(298)}=-1863970$ J/mol；$\Delta S^{\ominus}_{Tb_2O_3(298)}=156.90$ J/(mol·K)，将这些热力学数据代入式(9-20)~式(9-23)，得式(9-24)：

$$G^{\ominus}_{Tb_2O_3}=582.711T-107.822T\ln T-20.711\times10^{-3}T^{2}+4.603\times10^{5}T^{-1}-1901029.102 \tag{9-24}$$

当温度为 500~2000℃，碳和氧的反应方程是

$$0.5O_2(g)+C(s)=CO(g) \tag{9-25}$$

$$O_2(g)+C(s)=CO_2(g) \tag{9-26}$$

查热力学手册可知[14]式(9-27)~式(9-29)：

$$G^{\ominus}_{O_2}=-2.228T-29.957T\ln T-2.092\times10^{-3}T^{2}+0.837\times10^{5}T^{-1}-9674.709 \tag{9-27}$$

$$\Delta G^{\ominus}_{CO}=-5.811T-28.409T\ln T-2.1\times10^{-3}T^{2}+0.23\times10^{5}T^{-1}-118669.471 \tag{9-28}$$

$$\Delta G^{\ominus}_{CO_2}=89.456T-44.141T\ln T-4.518\times10^{-3}T^{2}+4.267\times10^{5}T^{-1}-409929.373 \tag{9-29}$$

由式(9-13)、式(9-19)和式(9-10)、式(9-26)、式(9-28)计算得到的 Tb_2O_3、Fe_2O_3 在不同温度下电极过程反应的自由能变和电动势分别列于表 9-1~表 9-4。

表 9-1　Fe_2O_3 不同温度下标准生成吉布斯自由能和电动势

温度/℃	$\Delta G^{\ominus}/(J \cdot mol^{-1})$	$E^{\ominus}/V$
800	-548850.525	0.948
850	-548850.525	0.927

表 9-2　Tb_2O_3 不同温度下标准生成吉布斯自由能和电动势

温度/℃	$\Delta G^{\ominus}/(J \cdot mol^{-1})$	$E^{\ominus}/V$
800	-1566940.347	2.707
850	-1553915.495	2.684

表 9-3　阳极产物为 CO 时反应(9-10)不同温度下标准吉布斯自由能变和电动势

温度/℃	$\Delta G^{\ominus}/(J \cdot mol^{-1})$	$E^{\ominus}/V$
800	-99124.188	0.171
850	-73646.346	0.127

表 9-4　阳极产物为 CO_2 时反应(9-10)不同温度下标准吉布斯自由能变和电动势

温度/℃	$\Delta G^{\ominus}/(J \cdot mol^{-1})$	$E^{\ominus}/V$
800	-59589.916	0.103
850	-59589.916	0.082

以上计算结果表明，在 800~850℃ Fe_2O_3 的最大分解电压为 0.94 V 左右。在 800~850℃ Tb_2O_3 的最大分解电压是 2.70 V，Dy_2O_3 的最大分解电压是 2.68 V。制备 Fe_2Tb、Fe_2Dy 合金实际操作中施加不小于 2.70 V 分解电压就能满足要求。

从能量的角度来说，采用活性阳极使 Tb_2O_3、Dy_2O_3、Fe_2O_3 的分解电压降低，是由于 CO_2 和 CO 的生成释放出能量，从而减少了环境外加的能量。从电化学的观点来看，CO_2 和 CO 的生成起了一个去极化的作用。

9.3　固态氧化镝/氧化铽/氧化铁(铁)阴极熔盐电脱氧[15]

9.3.1　研究内容

(1) Tb_4O_7、Dy_2O_3、Fe_2O_3 混合物阴极片熔盐电脱氧制备 Tb-Dy-Fe 合金过程

采用三电极[工作电极、对(辅助)电极、参比电极]体系，通过循环伏安法及计时电流法电化学测量研究电化学脱氧阴极过程。工作电极、对电极制备如前所述。伪参比电极制备是将直径为 2 mm 的镍丝表面打磨光亮以去除表面的氧化层。为增大伪参比电极的表面积，将镍丝进入熔盐部分缠绕成紧致的弹簧状作为伪参比电极。在 850℃ 的 $CaCl_2$ 熔盐中进行循环伏安扫描测量。电化学测量在 AUTOLAB PGSTAT302N 电化学工作站上进行。

(2) 恒电压电脱氧实验

将分析纯 Tb_2O_3、Dy_2O_3 和 Fe_2O_3 于 150℃ 烘干后，按摩尔分数比 $x(Tb_2O_3):x(Dy_2O_3):x(Fe_2O_3)=1:1:2$ 球磨 4 h 混合均匀，在 20 MPa 下压制成直径 15 mm、厚 3 mm 圆片，并在空气中 1200℃ 烧结 6 h 制备成阴极片。阴极片与集流体连接和阳极制备如第一章所述。恒电位电脱氧实验在 AUTOLAB PGSTAT302N 电化学工作站上进行。电解后产物用水和乙醇清洗除盐、烘干后进行表征。考察：①电压对电脱氧的影响；②熔盐温度对电脱氧的影响；③时间对电脱氧的影响；④烧结温度和烧结时间对电脱氧的影响。

9.3.2　结果与讨论

(1) Tb_4O_7、Dy_2O_3、Fe_2O_3 混合物阴极片熔盐电脱氧制备 Tb-Dy-Fe 合金过程

钼丝钻孔填入 Tb_4O_7、Dy_2O_3、Fe_2O_3(1:1:2)烧结粉体压实作工作电极，电化学测量制度设定电压为±2.5 V，扫描速率为 10 mV/s，负向 -0.5 V 开始循环伏安扫描。

图 9-1 为测得 Tb_4O_7、Dy_2O_3、Fe_2O_3 循环伏安曲线。由图 9-1 可以看到，在 -0.5 V→-2.3 V 扫描过程中有六个明显的还原峰，还原峰处电压值为 -1.5 V、-1.6 V、-1.8 V、-1.9 V、-2.0 V、-2.3 V 左右，其中最后一个峰与熔盐分解有关。在五个还原峰中 -1.3 V 开始的第一个峰为氧化铁的还原峰，因为氧化铁的还原电位比氧化铽和氧化镝的还原电位还小。接下来 -1.6 V、-1.8 V、-1.9 V、

-2.0 V 的第二到第五个峰代表氧化铽和氧化镝的还原峰，但具体的还原反应需要继续探索。在-2.3 V→-0.5 V 扫描逆过程中，出现峰处电压值为-1.3~-1.0 V 的四个峰。从理论上可以推断，这些峰代表在电极上金属钙的氧化。从图 9-1 可见，固态混合氧化物熔盐直接电化学还原过程中的峰比纯熔盐($CaCl_2$)循环伏安曲线中的峰高一些，这是因为在电极上除了金属钙被氧化外，生成的金属铽、镝、铁也被氧化。

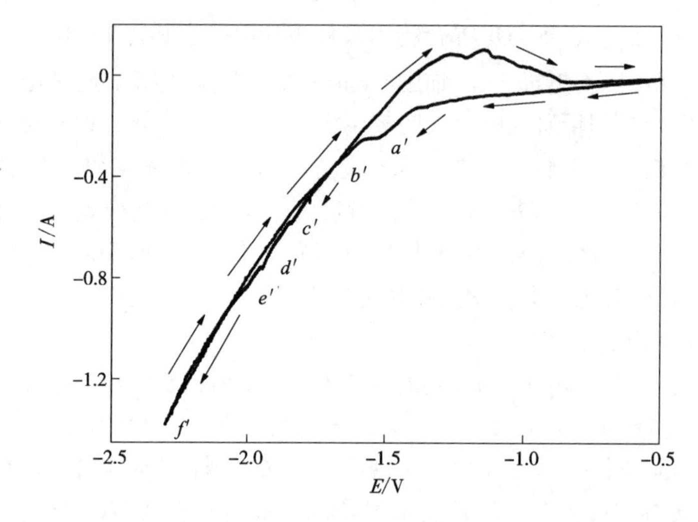

图 9-1　850℃的 $CaCl_2$ 熔盐中 Tb_4O_7、Dy_2O_3、Fe_2O_3 的循环伏安曲线

（扫描速度 10 mV/s）

图 9-2 和图 9-3 为 Tb-Fe、Dy-Fe 二元合金相图[16]。由图 9-2 和图 9-3 可见，铽和铁的合金相有四种(Fe_2Tb、Fe_3Tb、$Fe_{23}Tb_6$、$Fe_{17}Tb_2$)，而镝和铁的合金相有五种(Fe_2Dy、Fe_3Dy、Fe_5Dy、$Fe_{23}Dy_6$、$Fe_{17}Dy_2$)。根据上述二元合金相图，电解过程中可以出现多种金属和合金相。但测定的循环伏安曲线中只出现四个峰，这说明电解过程中有四个还原反应，而有四种金属和合金相。

为了进一步确认混合氧化物的还原过程，在 $CaCl_2$ 熔盐中 850℃条件下，施加-2.0 V 预电解。预电解结束后，采用两电极法，石墨电极作阳极，Tb_4O_7、Dy_2O_3、Fe_2O_3(1∶1∶2)烧结粉体压实作阴极，电极间距为 5 mm，施加-3.0 V 恒压电解进行 Tb_4O_7、Dy_2O_3、Fe_2O_3 电脱氧实验。电脱氧结束，将阴极用水、酒精洗完后，对电极产物进行表征、检测。

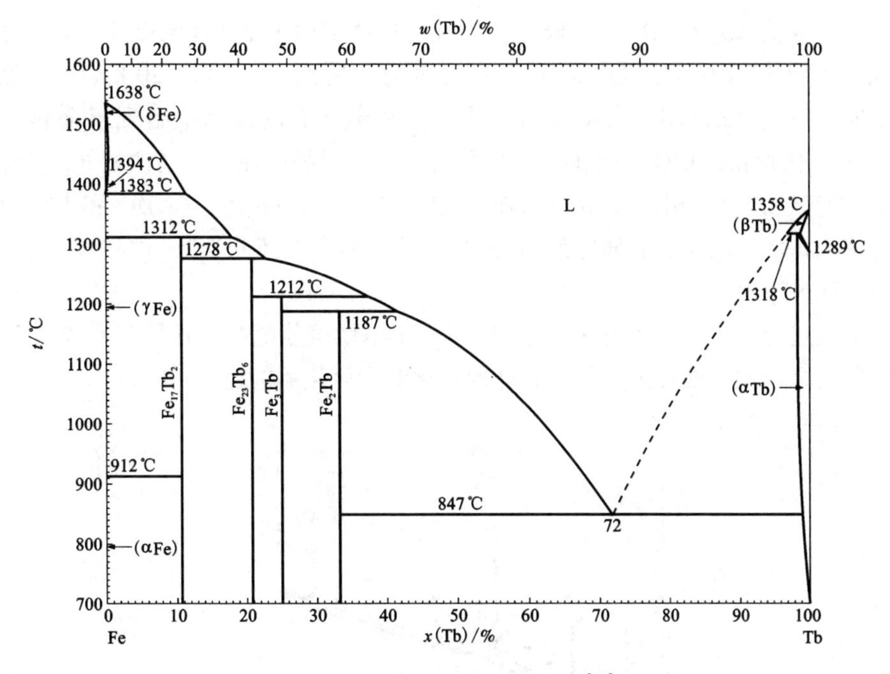

图 9-2　Tb-Fe 二元合金相图[16]

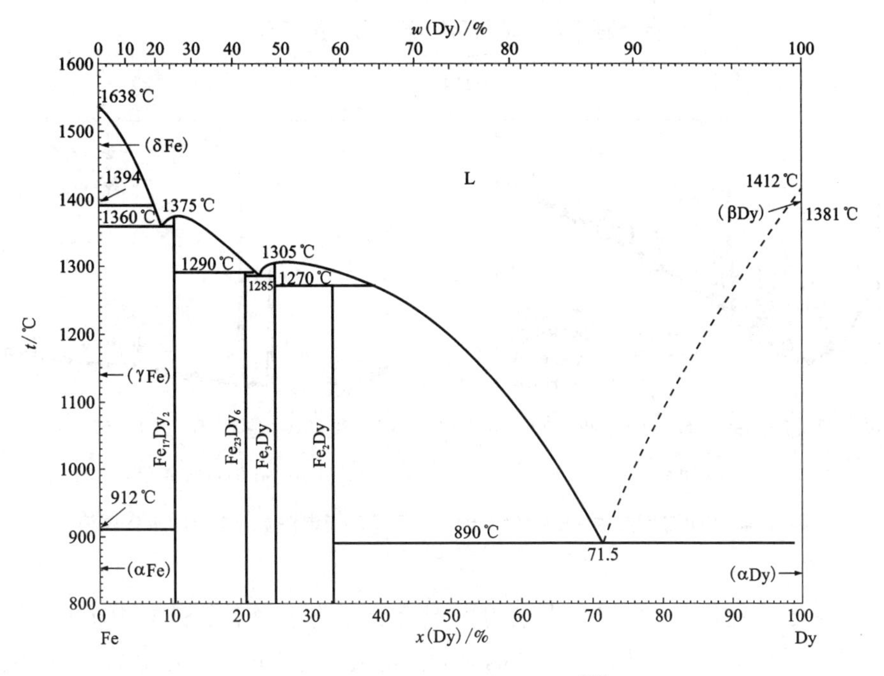

图 9-3　Dy-Fe 二元合金相图[17]

图 9-4 为 Tb_4O_7、Dy_2O_3、Fe_2O_3(1∶1∶2)烧结粉体压实作阴极片，不同时间电脱氧产物的 XRD 图，其中 a、b、c 图分别为电脱氧 5 h、10 h、20 h 后混合氧化物还原产物的 XRD 图。由图 9-4 可见，电脱氧 5 h 的样品中出现了金属铁相(Fe)和氧化物相(Tb_2O_3、Dy_2O_3)；电脱氧 10 h 的样品中除了金属铁相外，出现了一定量的铽-铁合金相(Fe_3Tb、Fe_2Tb)、镝-铁合金相(Fe_5Dy、Fe_2Dy)和少量的氧化物相(Tb_2O_3、Dy_2O_3)；而电脱氧 20 h 后的样品中大部分为铽-铁和镝-铁合金相(Fe_2Tb、Fe_2Dy)。

由上述分析可确认固态 Tb_4O_7、Dy_2O_3、Fe_2O_3 熔盐电脱氧还原过程是先氧化铁还原成金属铁，然后在金属铁上进行氧化铽和氧化镝的还原。

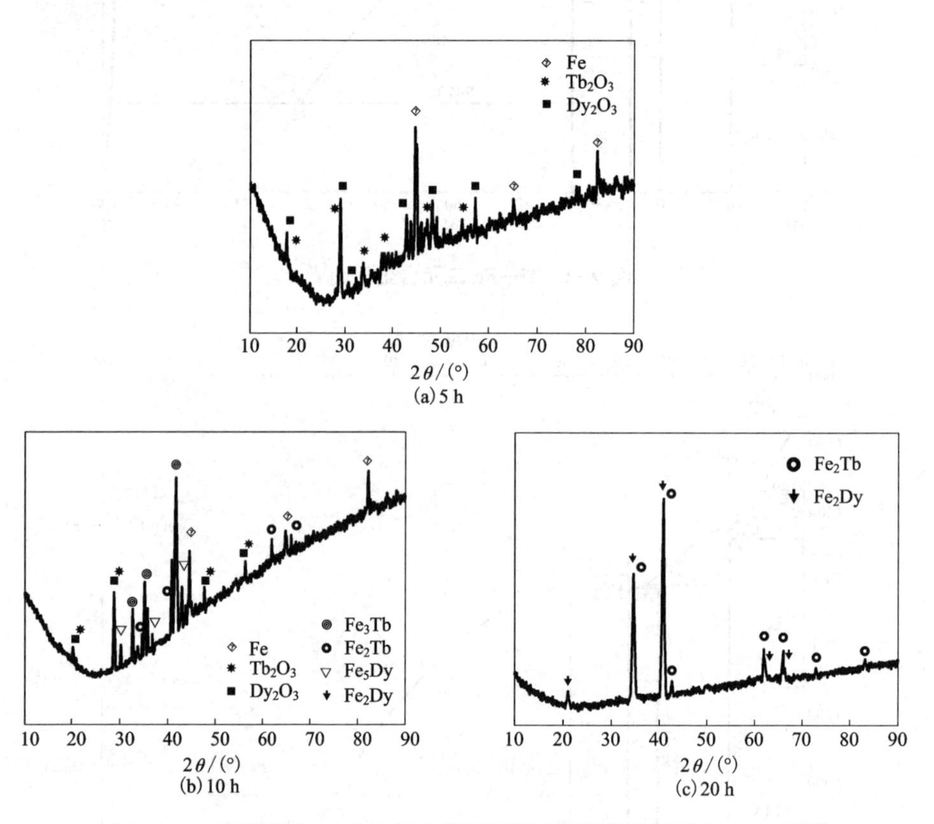

图 9-4　850℃熔盐中-3.1 V 恒电位下不同时间电脱氧试样的 XRD 图谱

图 9-5 为在熔盐($CaCl_2$)中获得的混合氧化物电脱氧的计时电流曲线。由图 9-5 可见，在电位阶跃初期很短的时间内电流迅速下降，这是由双电层放电造成的。-1.3 V 电位阶跃和-1.4 V 电位阶跃获得的曲线基本一致，与-1.5 V 电位

阶跃相比,-1.6 V 电位阶跃计时电流曲线上 0~5 s 内电流急剧增大, 5 s 后电流逐渐下降并趋缓, 这说明电位从-1.5 V 阶跃到-1.6 V 过程中, 工作电极上有电化学反应发生。从-1.6 V 阶跃到-2.0 V 过程中的趋势与从-1.5 V 阶跃到-1.6 V 过程一样。这与图 9-1 循环伏安曲线中发生还原反应处的电位(-1.5 V、-1.8 V、-1.9 V、-2.0 V)基本吻合, 进一步证实了在该电位下有电化学还原发生。以后从电流-时间曲线中可以看出, 在 30 s 内无法进行电极氧化过程, 所以 5 s 后稳定的电流值与固态混合氧化物中 O^{2-} 的释放速度成正比。随着电位值减小, 电流值也减小, 但电流变化的趋势一样。这反映应用更高的电压有利于加快还原过程的速度。

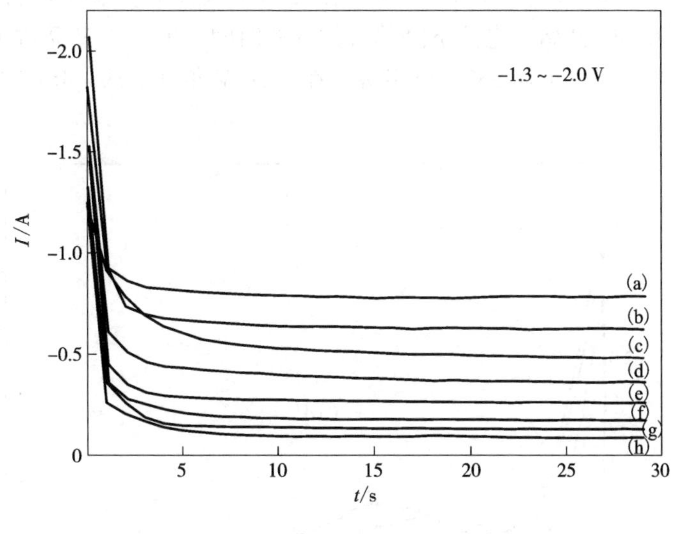

(a)-2.0 V; (b)-1.9 V; (c)-1.8 V; (d)-1.7 V;
(e)-1.6 V; (f)-1.5 V; (g)-1.4 V; (h)-1.3 V。

图 9-5　850℃ $CaCl_2$ 熔盐中 Tb_4O_7, Dy_2O_3, Fe_2O_3 的计时电流曲线

由上述循环伏安曲线、计时电流曲线以及电脱氧样品的 XRD 谱可推断在图 9-1 循环伏安曲线中 a'(-1.5 V)代表氧化铁的电化学还原反应, b'(-1.6 V)、c'(-1.8 V)、d'(-1.9 V)、e'(-2.0 V)代表氧化铽与氧化镝的电化学还原反应。

(2)电压对熔盐电脱氧的影响

图 9-6 为 1200℃下烧结 6 h 的混合氧化物(Tb_4O_7、Dy_2O_3、Fe_2O_3)阴极片在不同电压(-2.6 V、-2.8 V、-3.0 V)下电脱氧的电流-时间曲线。

图 9-6(a)为采用-3.0 V 恒电压电脱氧过程时间-电流曲线图，由曲线上可见，在 0~100 min，电脱氧电流明显下降，这包括双电层放电因素。100~200 min 电流升高，这是由于氧化物集中电解形成的，200 min 后电流开始下降，350 min 后电流下降幅度趋缓。图 9-6(b)为采用-2.8 V 恒电位电脱氧过程时间-电流曲线，由曲线上可见，在 0~80 min，电脱氧电流明显下降，这仍旧包括双电层放电因素，80~120 min 时电流升高，这也是由于氧化物集中电解形成的，120 min 后电流开始下降，350 min 后电流下降幅度趋缓。图 9-6(c)为采用-2.6 V 恒电压电脱氧过程时间-电流曲线，由曲线上可见，在 0~60 min，电流明显下降，这包括双电层放电因素，60~90 min 电流升高，这也是由于氧化物集中电脱氧形成的，90 min 后电流开始下降，180 min 后电流下降幅度趋缓。氧化物集中电脱氧的开始时间，在-3.0 V 条件下从 100 min 开始，在-2.8 V 条件下从 80 min 开始，在-2.6 V 条件下从 60 min 开始。电流下降趋缓的开始时间，在-3.0 V 条件下从 350 min 开始，在-2.8 V 条件下从 350 min 开始，在-2.6 V 条件下从 180 min 开始。

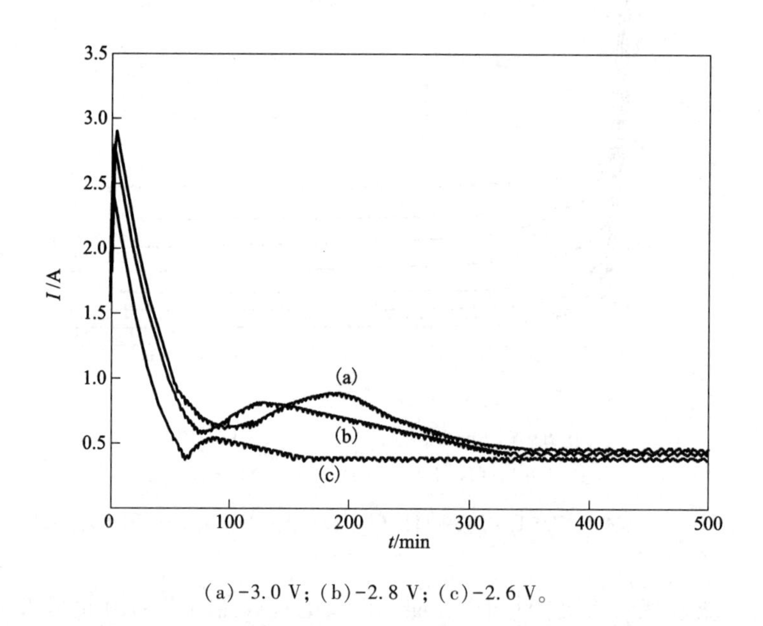

(a)-3.0 V；(b)-2.8 V；(c)-2.6 V。

图 9-6　850℃的 $CaCl_2$ 熔盐中氧化物阴极片在不同电压下电脱氧电流-时间曲线

综上可以发现，随着施加电位的提高，氧化物集中电脱氧的开始时间推后，电流下降趋缓的开始时间也推后。这是因为随着施加电位的降低，无法进行一些氧化物(Tb_2O_3、Dy_2O_3)的电化学还原反应。

图 9-7 为不同电压下混合氧化物片电脱氧 20 h 后阴极产品的 XRD 图。由图 9-7 可见，随着电压的升高，电脱氧后阴极产物中的合金相逐渐增加。电压为

-2.6 V 时，电脱氧后阴极产物中出现了金属铁相(Fe)和还没电解的氧化物相(Tb_2O_3、Dy_2O_3)，这主要是因为阴极氧化物(Tb_2O_3、Dy_2O_3)的理论分解电压比实际电解电压较大而使部分阴极进行电化学反应。

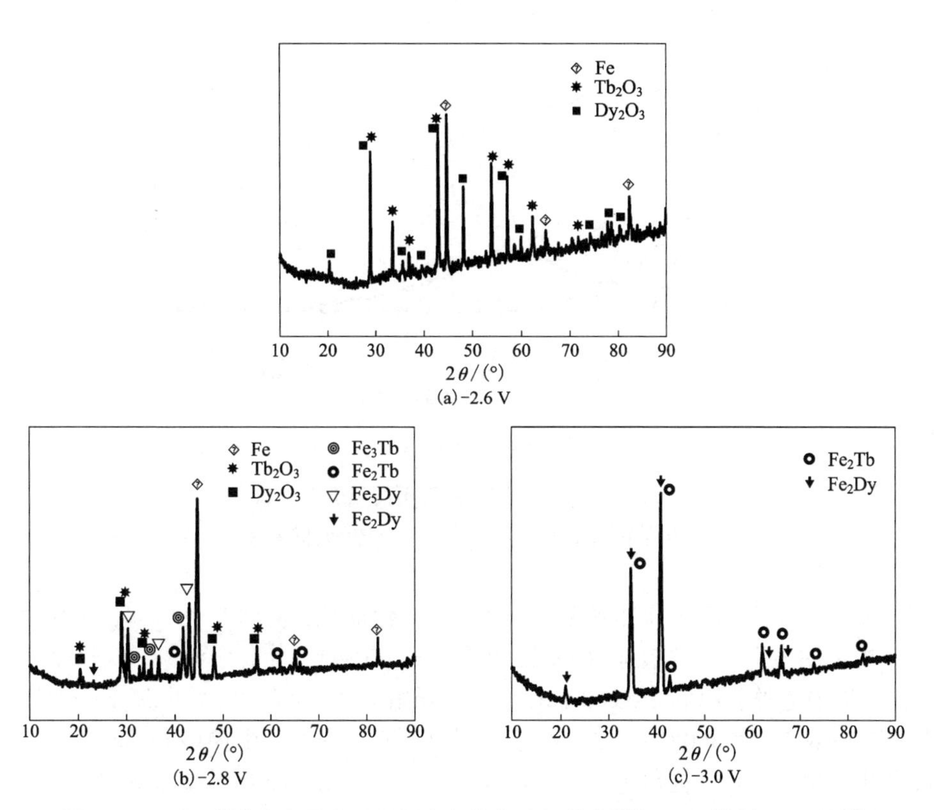

图 9-7　850℃熔盐中不同电压下混合氧化物阴极片电脱氧 20 h 样品 XRD 图谱

当电压为-2.8 V 时，电脱氧后阴极产物中除了金属铁相(Fe)以外，出现了一些合金相(Fe_3Tb、Fe_5Dy、Fe_2Tb、Fe_2Dy)，不过还有氧化物相(Tb_2O_3、Dy_2O_3)。当电压为-3.0 V 时，合金相(Fe_2Tb、Fe_2Dy)完全占据了电脱氧后阴极产物，这说明电压为-3.0 V 时才够完成电化学反应，而随着电压提高阴极中电化学反应发生。但若电压在-3.0 V 以上，可能发生熔盐分解。所以电压不能超过熔盐的分解电压，最合适的电脱氧电压为-3.0 V。

(3) 熔盐温度对电脱氧的影响

图 9-8 为 1200℃下烧结 6 h 的 Tb_4O_7、Dy_2O_3、Fe_2O_3 阴极片在不同温度下电脱氧的电流-时间曲线。

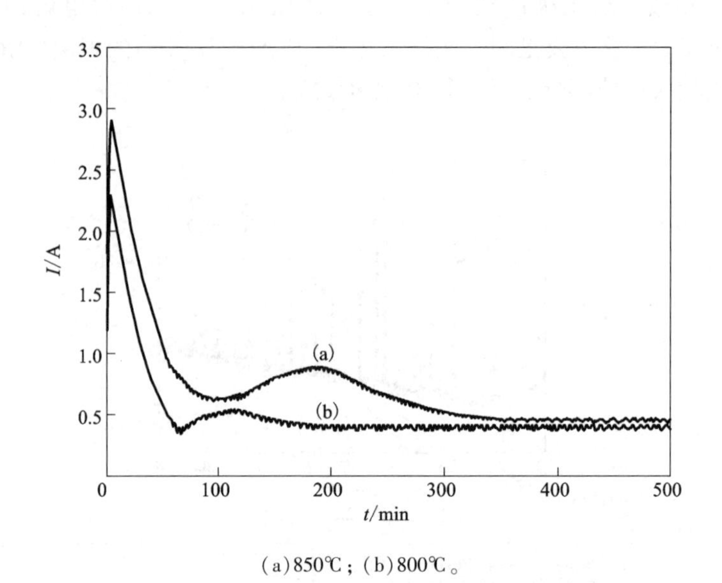

(a)850℃；(b)800℃。

图 9-8　氧化物阴极片在不同温度 $CaCl_2$ 熔盐中-3.0 V 恒电压电脱氧电流-时间曲线

图 9-8(a)为 850℃下电脱氧过程时间-电流曲线，由曲线上可知，在 0~100 min，电流明显下降，这包括双电层放电因素，100~200 min 电流升高，这是由于氧化物集中电脱氧形成的，200 min 后电流开始下降，350 min 后电流下降幅度趋缓。图 9-8(b)为 800℃下电脱氧过程时间-电流曲线，由曲线可知，在 0~80 min，电流明显下降，这包括双电层放电因素，80~120 min 电流逐渐升高，这也是由于氧化物集中电脱氧形成的，120 min 后电流开始下降，200 min 后电流下降幅度趋缓，这说明在此温度下氧化物电解有限。氧化物集中电脱氧的开始时间，在 850℃下从 100 min 开始，在 800℃下从 80 min 开始；电流下降趋缓的开始时间，在 850℃温度下从 350 min 开始，在 800℃温度下从 200 min 开始。

综上，可以发现随着施加温度的提高，氧化物集中电脱氧的开始时间推后，电流下降趋缓的开始时间也推后。这是因为随着电脱氧温度的降低，有一些氧化物(Tb_2O_3、Dy_2O_3)的电化学还原反应速度较慢。在电脱氧电流-时间曲线上，电流峰符合先在电极和氧化物接触点的表面上进行还原反应(电流增加)，再逐渐扩散到表面内部(电流减少)的三相界面(3PI)扩散理论：金属(合金)|氧化物|电解质。因为还原过程中质量迁移较困难，而按上述的三相界面扩散理论进行还原反应：$Fe|Fe_2O_3|CaCl_2$、$Tb-Dy-Fe|Tb_2O_3-Dy_2O_3|CaCl_2$。所以在电解电流-时间曲线中电流峰表明电子还原过程符合三相界面扩散理论。

图9-9为不同温度下混合氧化物片电脱氧20 h后阴极产品的XRD图。由图9-9可见，随着温度的升高，电脱氧后阴极产物中的合金相逐渐增加。温度为800℃时，电脱氧后阴极产物中出现了金属铁相(Fe)和少量的合金相(Fe_3Tb、Fe_5Dy、Fe_2Tb、Fe_2Dy)。当温度为850℃时，合金相(Fe_2Tb、Fe_2Dy)占据了电脱氧后阴极产物的全部。这说明温度为850℃时才够完成电化学反应，而随着温度升高阴极中电化学反应完成。若温度为850℃以上，电脱氧出来的合金相易发生分解。所以电脱氧温度不能超过850℃，而最合适的电脱氧温度为850℃。

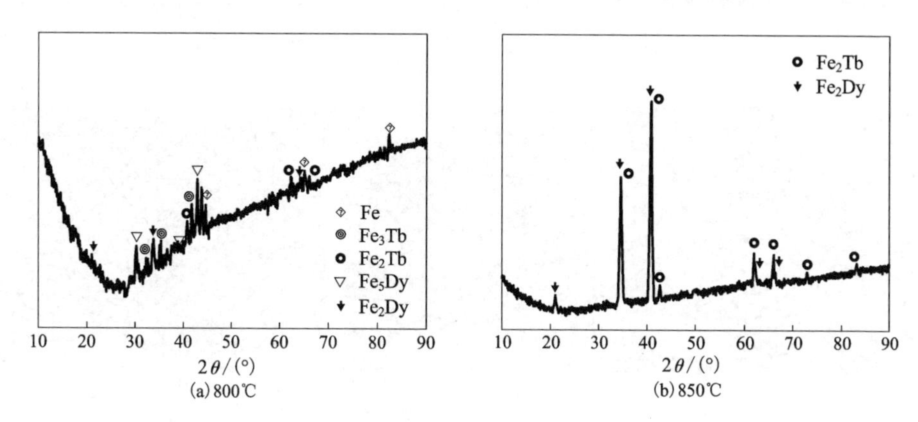

图9-9　不同温度、-3.0 V恒电压下混合氧化物阴极片电脱氧20 h后产物XRD图谱

(4)时间对电脱氧的影响

由前述的图9-4混合氧化物在1200℃下烧结6 h电脱氧5~20 h后样品的XRD图可知，电脱氧5 h的产物中大部分都是金属铁(Fe)和氧化物(Tb_2O_3、Dy_2O_3)，电脱氧10 h的产物中除含有金属铁(Fe)外，还有一定量的铽-铁合金(Fe_3Tb、Fe_2Tb)和镝-铁合金(Fe_5Dy、Fe_2Dy)。电脱氧20 h的产物主要成分是铽-铁和镝-铁合金(Fe_2Tb、Fe_2Dy)。由以上分析可知，随着电脱氧时间的延长，氧化物可逐渐还原为金属和合金。1200℃烧结的阴极片在850℃下电脱氧20 h后电解完全。

图9-10为1200℃下烧结6 h后电脱氧(850℃、-3.0 V)5 h、10 h、20 h后的样品SEM、EDS图。由图9-10可看出，电脱氧5 h、10 h、20 h后的样品晶粒大小相似。这说明在850℃下电脱氧时间对样品晶粒大小影响不大。还可看出除了合金以外，很少量的O、Cl、Ca出现，但这些杂质含量可以忽略。

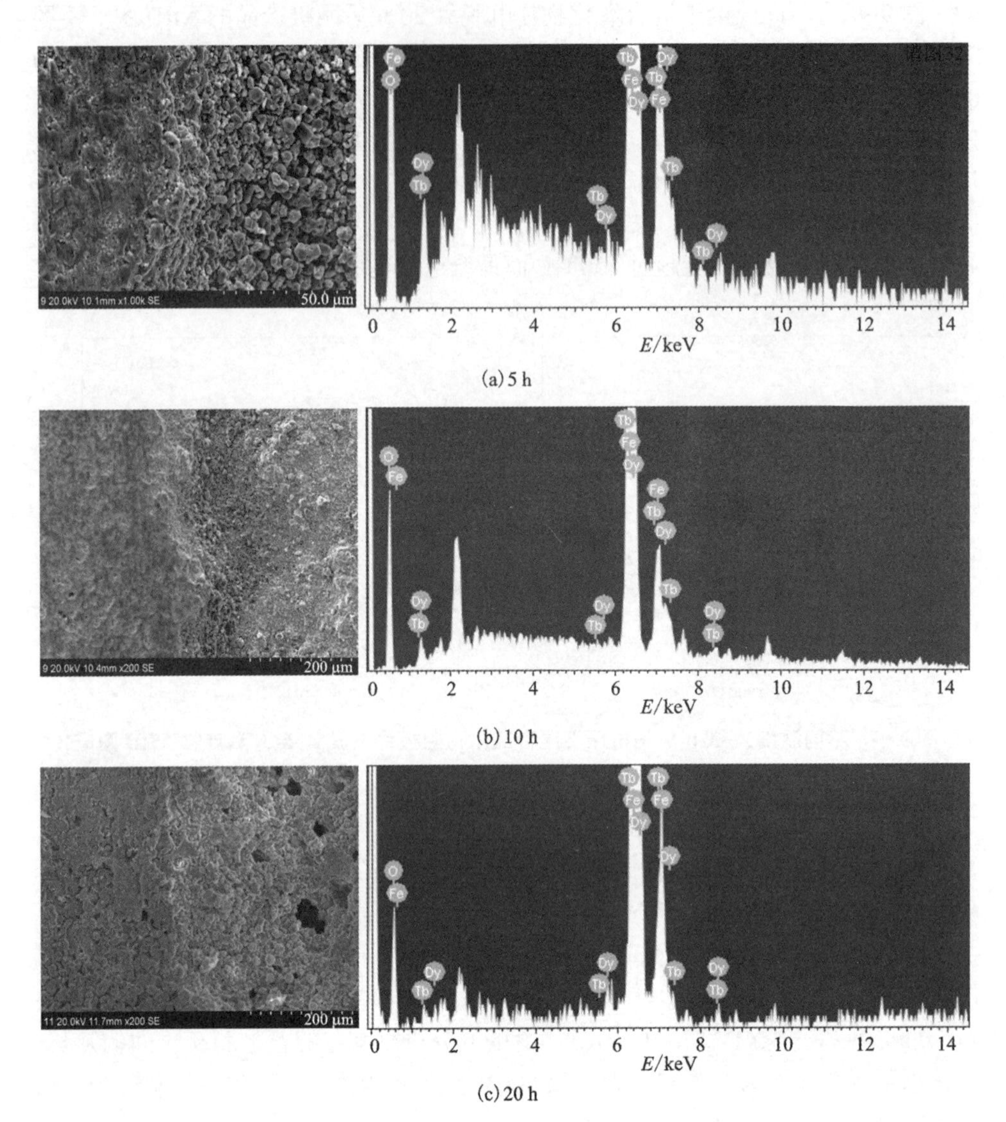

(a) 5 h

(b) 10 h

(c) 20 h

图 9-10　混合氧化物烧结片在 850℃熔盐中-3.0 V 恒电压电脱氧不同时间后的 SEM、EDS 图谱

图 9-11 为 1200℃下烧结 6 h 后电解(850℃、-3.0 V)5 h、10 h、20 h 后样品断面的 SEM 图。

由图 9-11 可看出，电脱氧 5 h、10 h、20 h 后的样品断面逐渐致密。这表明随着电脱氧时间延长，电脱氧制备合金进行得更完全。

(a) 5 h　　(b) 10 h　　(c) 20 h

图 9-11　混合氧化物烧结片在 850℃熔盐中电脱氧不同时间后断面的 SEM 照片

由上述实验结果可知，电脱氧混合氧化物的最佳条件是-3.0 V、850℃电脱氧 20 h。

(5)烧结温度和烧结时间对电脱氧的影响

图 9-12 为未烧结、1000℃、1100℃和 1200℃下烧结 6 h 混合氧化物片的 SEM 照片。由图 9-12 可见，随着烧结温度的增加，混合氧化物的晶粒逐渐长大。同时，氧化物中的孔隙度逐渐减小，但由于烧结过程中大颗粒吞并小颗粒和小颗粒与小颗粒熔合在一起，使烧结后的混合氧化物片中孔隙尺寸逐渐增大。

图 9-13 为 1000℃、1100℃和 1200℃烧结 6 h 及电脱氧(850℃、-3.0 V)20 h 后样品的 SEM 图。

由图 9-13 可见，1000℃下烧结的阴极片电脱氧后样品的颗粒较电脱氧前变小，1200℃烧结的阴极片电脱氧后样品的颗粒大小均匀。因此，烧结温度主要影

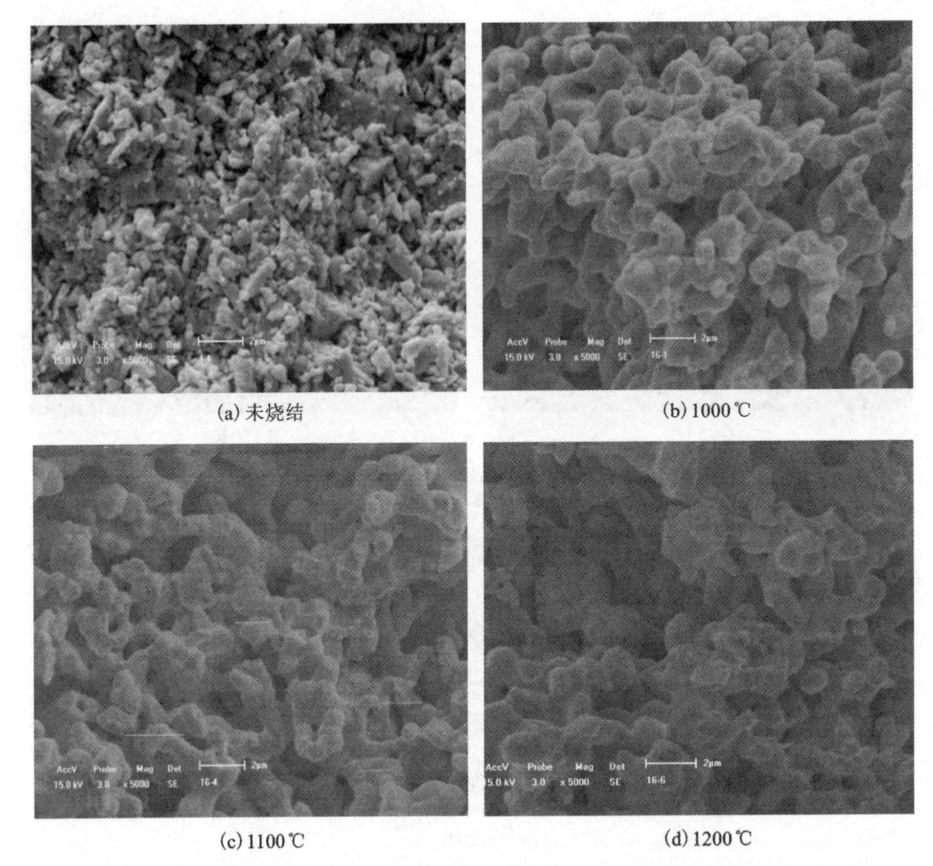

(a) 未烧结　　(b) 1000℃

(c) 1100℃　　(d) 1200℃

图 9-12　不同温度下烧结 6 h 混合氧化物片的 SEM 照片

响了烧结片的颗粒尺寸和孔隙尺寸，而以上两个因素同时对电脱氧过程产生影响。烧结片的烧结程度对阴极的还原过程有重要影响，研究表明 1200℃烧结的烧结片具有良好的电化学反应性能。

图 9-14 为 1200℃下烧结时间对烧结片微观形貌的影响。由图 9-14 可见，烧结 2 h 和 4 h 后的烧结片的颗粒尺寸没有明显地增大，而气孔率逐渐减小。但比较烧结时间为 4 h 和 6 h 的烧结片微观形貌，发现样品的颗粒尺寸明显增大。

图 9-15 为 1200℃下烧结不同时间的烧结片电脱氧(850℃、-3.0 V)20 h 后的 SEM 照片。由图 9-15 可见，经不同时间烧结后的烧结片电脱氧后阴极产物的颗粒尺寸表观形貌明显不同。烧结时间改变了烧结片中孔隙尺寸和颗粒尺寸，而这两个因素是影响电极反应进行的重要因素。烧结时间为 6 h 的烧结片的微观结构具有良好的电化学活性。

(a) 1000℃　　(b) 1100℃

(c) 1200℃

图 9-13　不同温度下烧结 6 h 电脱氧 20 h 样品的 SEM 照片

电脱氧电流效率计算公式为：

$$\eta = (m_1/m_2)\times 100\% \tag{9-30}$$

合金的理论形成质量，可根据法拉第定律来计算

$$m = Q/(zF)\times M \tag{9-31}$$

为了研究温度对电脱氧阴极电流效率的影响，在电压-3.0 V、电脱氧时间 20 h、不同的温度条件下进行电脱氧实验。电流效率测定结果如图 9-16 所示。

(a) 2 h　(b) 4 h　(c) 6 h

图 9-14　1200℃不同时间下烧结片的 SEM 照片

由图 9-16 可以看出，随着温度的升高，阴极电流效率呈先升高后降低的趋势。当温度为 850℃时，阴极电流效率最高(72.3%)，继续升高电解温度时，电流效率开始下降。这是因为，随着电脱氧温度的升高，熔盐的黏度降低，电导率增大，从而提高电流密度，有利于提高阴极电流效率。但是当电解温度过高时，制成的合金再分解，从而导致阴极电流效率下降。

图 9-17 为 850℃、-3.0 V 恒电压电脱氧 20 h 制得的合金磁滞曲线。图中曲线上磁力矩随磁场强度 H 增大而增加，到了 12.9 $A \cdot m^2/kg$ 后曲线变缓，出现了磁滞现象。曲线上显示矫顽力 H_{cj} 约为 2.99×78.6 A/m，剩余磁化强度 M_r 约为 0.0109 $A \cdot m^2/kg$。可见，剩磁和矫顽力都较低。说明合金具有很好的软磁特性。

(a) 2 h　　(b) 4 h

(c) 6 h

图 9-15　1200℃不同时间的烧结片在 850℃熔盐中电脱氧 20 h 后的 SEM 照片

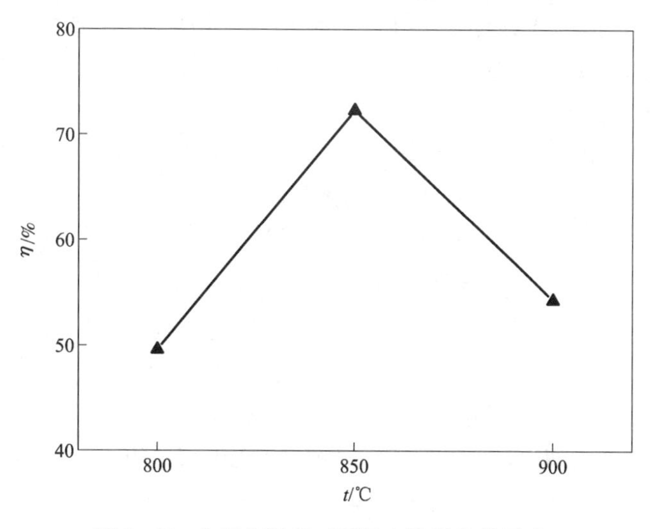

图 9-16　电脱氧温度对阴极电流效率的影响

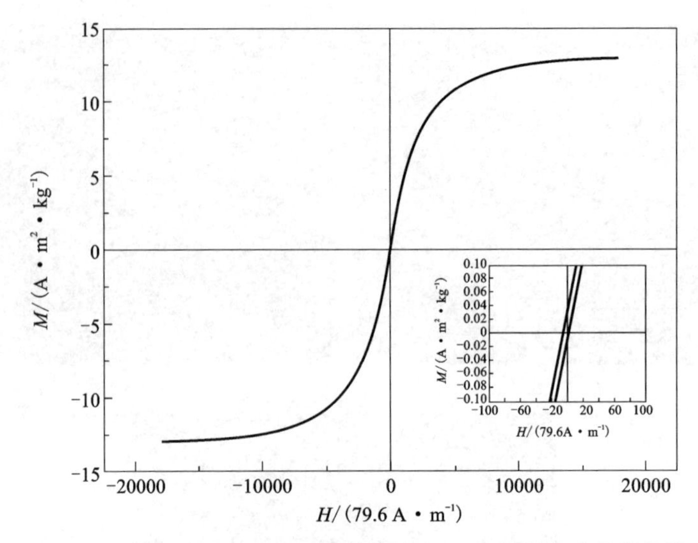

图 9-17 850℃、-3.0 V 恒电压电脱氧 20 h 制得的合金磁滞曲线

9.4 结论

本章采用三电极体系，将打孔填入 Tb_4O_7、Dy_2O_3、Fe_2O_3(1：1：2)烧结粉体的钼丝组装成工作电极，光谱纯石墨作辅助电极，在850℃的 $CaCl_2$ 熔盐中采用循环伏安法和计时电流法对电极过程进行了研究，并对恒电位固态 Tb_4O_7、Dy_2O_3、Fe_2O_3(1：1：2)烧结片电脱氧法进行了深入讨论。研究主要取得了以下结果：

(1)固态 Tb_4O_7、Dy_2O_3、Fe_2O_3 在熔盐($CaCl_2$)分解前被电脱氧还原成铽-镝-铁(Tb-Dy-Fe)合金；

(2) 固态 Tb_4O_7、Dy_2O_3、Fe_2O_3 阴极电脱氧的电极反应是分五步完成的不可逆过程，电极过程受电荷传递控制，阴极反应为：

$$Fe_2O_3+6e^- = 2Fe+3O^{2-}$$

$$6Fe+Tb_2O_3+6e^- = 2Fe_3Tb+3O^{2-}$$

$$4Fe_3Tb+Tb_2O_3+6e^- = 6Fe_2Tb+3O^{2-}$$

$$4Fe+Tb_2O_3+6e^- = 2Fe_2Tb+3O^{2-}$$

$$10Fe+Dy_2O_3+6e^- = 2Fe_5Dy+3O^{2-}$$

$$4Fe_5Dy+3Dy_2O_3+18e^- = 10Fe_2Dy+9O^{2-}$$

$$4Fe+Dy_2O_3+6e^- = 2Fe_2Dy+3O^{2-}$$

(3)固态 Tb_2O_3-Dy_2O_3-Fe_2O_3 混合氧化物阴极电脱氧还原制备铽-镝-铁合金为不可逆过程，按照 Fe、Fe_5Dy、Fe_3Tb、Fe_2Dy 和 Fe_2Tb 的先后顺序分五步进行。

阴极还原符合“三相界面(3PI)”扩散理论，电化学还原过程是在 Fe | Fe_2O_3 | $CaCl_2$、Tb-Dy-Fe | Tb_2O_3-Dy_2O_3 | $CaCl_2$ 两个三相界面上先后进行的。

(4)最佳电脱氧条件为：恒电压-3.0 V、温度 850℃、时间 20 h；

(5)阴极片合适的烧结条件为：烧结温度 1200℃、烧结时间 6 h。

(6)电脱氧电流效率为 72.3%。

参考文献

[1] Legvold S, Alsted J, Rhyne J. Giant magnetostriction in dysprosium and holmium single crystals [J]. Phys Rev Lett, 1963, 10(12): 509-511.

[2] Clark A E, Bozorth R M, Desavage B F. Anomalous thermal expansion and magnetostriction of single crystals of dysprosium[J]. Phys Rev, 1963, 5(2): 100-102.

[3] 黎文献，余琨，谭敦强，马正青，陈鼎. 稀土超磁致伸缩材料的研究[J]. 矿冶工程，2000, 20(3): 64-67.

[4] 邬义杰. 超磁致伸缩材料发展及其应用现状研究[J]. 机电工程，2004, 21(4): 55-59.

[5] 高有辉，周谦莉，祝景汉. 稀土-铁大磁致伸缩材料[J]. 金属功能材料，1994(1): 16-21.

[6] 蒋成保，宫声凯，徐惠彬. 超磁致伸缩材料及其在航空航天工业中的应用[J]. 航空学报，2000, 21(S1): 35-38.

[7] 李扩社，徐静，杨红川. 稀土超磁致伸缩材料发展概况[J]. 稀土，2004, 25(4): 51-56.

[8] 杜挺，张洪平，邝马华. 稀土铁系超磁致伸缩材料的应用研究[J]. 金属功能材料，1997 (4): 173-176.

[9] 张文毓. 稀土磁致伸缩材料的应用[J]. 金属功能材料，2004, 11(4): 42-46.

[10] 李松涛，孟凡斌，刘何燕，陈贵峰，沈俊，李养贤. 超磁致伸缩材料及其应用研究[J]. 物理，2004, 33(10): 748-752.

[11] 胡明哲，李强，李银祥，张一玲. 磁致伸缩材料的特性及应用研究(Ⅰ)[J]. 稀有金属材料与工程，2000, 29(6): 366-369.

[12] 胡明哲，李强，李银祥，张一玲. 磁致伸缩材料的特性及应用研究(Ⅱ)[J]. 稀有金属材料与工程，2001, 30(1): 1-3.

[13] 李国栋. 1998—1999 年国际磁性功能材料新进展[J]. 功能材料，2001, 32(3): 225-226.

[14] 梁英教，车荫昌，刘晓霞. 无机物热力学数据手册[M]. 沈阳：东北大学出版社，1993.

[15] 谢宏伟，王锦霞，金炳勋，翟玉春. $CaCl_2$ 熔盐中直接电化学还原制备铽-镝-铁合金机制[J]. 稀有金属材料与工程，2012, 41(12): 2233-2237.

[16] http: //www. factsage. cn.

第10章　以二氧化钛/铁粉为阴极熔盐电脱氧法制备钛铁合金

Fe和Ti在平衡状态下，不仅可以形成固溶体，还可以形成FeTi和Fe_2Ti两种金属间化合物[1, 2]。FeTi合金作为贮氢材料受到人们的关注，但不具有磁性；而Fe_2Ti具有磁性[3, 4]。Fe和Ti的这两种化合物和固溶体(高钛铁)用途广泛，常作为脱氧剂、孕育剂与合金添加剂等，用于冶炼特种钢、结构钢和特种合金钢[5]。

10.1　铁钛合金制备技术

Fe-Ti合金的制备方法主要包括以下几种：重熔法、铝热还原法、机械合金法。

10.1.1　重熔法

重熔法是以钛材或海绵钛为原料加铁重熔，国内利用废钛屑生产高钛铁采用的方法主要有中频炉重熔、真空炉冶炼等[6]。而国外除此之外，还有采用有衬电渣炉冶炼重熔生产[7]。有衬电渣炉熔炼制备高钛铁工艺，是根据电渣重熔原理和优点发展而来的，利用电流通过液态渣产生的渣阻热(焦耳热)，把待熔化的金属炉料——自耗电极熔化与精炼，省去了感应炉和自耗电弧炉的复杂真空系统，降低了成本，而生产操作得到极大简化[8]。重熔法生成的高钛铁中的氧质量分数可稳定控制在0.1%以下，能很好地满足军工、航天等领域对优质高钛铁的需求。由于其以钛材为原料，生产成本过高，而且受市场价格影响很大[9]，严重制约了我国高新技术的发展[7, 10]。

10.1.2　铝热还原法

我国主要采用铝热还原法生产Fe-Ti合金。铝热法是应用高活性的金属铝，将低活性的金属从其氧化物或盐类中还原出来的方法[11, 12]。该方法是将钛精矿、氧化钛粉、铝粉、石灰粉及氯酸钾按照一定比例混料，竖炉中以铝为还原剂，添加 CaO、CaF_2 等为造渣剂，$KClO_3$ 为发热剂，充分反应后得到 Fe-Ti 合金[13]。

铝热还原法生产的产品存在氧含量高，钛回收率低，以及 Al、Si 等杂质元素含量超标等缺点。其中氧质量分数高达 5%~8%[14, 15]，有的甚至超过 10%，这是铝热还原法最大的缺点[16, 17]。

10.1.3　机械合金法

机械合金化(MA)是近年来用于制备过饱和固溶体、非晶和纳米晶等合金粉的主要方法之一[18-20]。Hideki Hotta 等[21]将纯度为 99.9%的金属钛和纯度为 99.9%的金属铁按照 1∶1 的摩尔比混合，装入不锈钢球磨罐中，采用高能球磨机(NEV—MA—8)实现合金化，不锈钢球和金属粉质量比为 40∶1，经过 20 h 的球磨获得 FeTi 合金。Guedea J 等[19]采用纯度 99.9%的金属铁和纯度 99.9%金属钛按照摩尔比 2∶1 混合，Fe、Ti 的颗粒大小分别为 3 μm 和 250 μm，同纯度 99.99%的氩气一起装入不锈钢球磨罐中(采用 5∶1 和 10∶1 球料比)，在高能球磨机中(Spex8000D)实现合金化，经过 20 h 高能球磨获得 Fe_2Ti 合金。目前机械合金化方法只是在实验室研究阶段，还未有大批量生产报道。

10.2　固态二氧化钛/铁阴极熔盐电脱氧还原制备钛铁合金原理

施加高于二氧化钛-铁且低于工作熔盐 $CaCl_2$、NaCl 分解的恒电压进行电脱氧。将阴极上二氧化钛-铁的氧离子化，离子化的氧经过熔盐移动到阴极，在阳极放电除去，生成的产物合金化留在阴极。

电解池构成为

$$C_{(\text{阳极})} \mid CaCl_2\text{-}NaCl \mid TiO_2\text{-}Fe \mid Fe\text{-}Cr\text{-}Al_{(\text{阴极})}$$

Fe 与 TiO_2 混合构成的阴极，在 $CaCl_2$-NaCl 熔盐中电脱氧制备钛铁合金的电极反应为：

阴极反应

$$TiO_2+4e^- \longrightarrow Ti+2O^{2-}$$

$$xFe+yTi \longrightarrow Fe_xTi_y$$

阳极反应

$$2O^{2-}+C-4e^- \longrightarrow CO_2$$

或

$$O^{2-}+C-2e^- \longrightarrow CO$$

总反应为：

$$TiO_2+C+Fe \longrightarrow Fe_xTi_y+CO_z\ (z=1,\ 2)$$

10.3 固态二氧化钛/铁阴极熔盐电脱氧[22]

10.3.1 研究内容

将二氧化钛粉和铁粉摩尔比 n(Ti) : n(Fe) 为 9 : 1、8 : 2、7 : 3、6 : 4、5 : 5、4 : 6、3 : 7、2 : 8、1 : 9(记为 1#~9#)的阴极片在硅碳棒炉中烧结，在 700℃的 $CaCl_2$-NaCl(1 : 1)混合熔盐中恒电压电脱氧 14 h。研究原料中钛铁比对电脱氧制备 Fe-Ti 合金的影响。

10.3.2 结果与讨论

图 10-1 为二氧化钛粉和铁粉不同配比的阴极电脱氧时间-电流曲线。由图可见，不同配比的阴极起始电流接近，都在 1.8~1.9 A。但是随着电解时间的延长，电流很快就出现了不同，铁含量少的阴极电流减少的速度快；并且，随着铁含量的减小，电流减少的量增大，规律性很明显。例如 1#样，在电脱氧的初始 0.5 h 电流很快减小到约 0.5 A，而 9#样，在相同时间里电流约为 1.7 A。随着时间的增加，不同配比的阴极电流都逐渐减少，电解时间达 7 h 时，各阴极电流趋于一致，约为 0.3 A。

电脱氧起始瞬间，在各阴极出现较大电流是阴极片表面双电层所致。随后的二氧化钛以及电脱氧得到的低价态氧化物 Ti_xO_y 同钙离子结合得到 $CaTiO_3$[23, 24]。但随着电脱氧时间的延长，阴极表面和熔盐间形成的双电层所积累的电子很快消耗殆尽，所以电流很快减小，接下来的电流是由外电源提供电子，在阴极和熔盐界面发生电化学反应，形成氧阴离子 O^{2-}，O^{2-} 进入熔盐，经熔盐到达阳极放电，生成氧原子 O。而此时阴极电流的大小，决定于生成的 O^{2-} 的量；而生成 O^{2-} 的多少决定于二氧化钛-铁-熔盐三相界面的大小。铁含量越高的阴极片三相界面越大，放电点越多，因而电流越大。随着电脱氧的进行，TiO_2 的量逐渐减少，二氧化钛-铁-熔盐三相界面也随之逐渐减小，放电点减少，因而电流也逐渐减小。由于铁含量大的阴极片三相界面较大，电流减小得较慢，在电脱氧 7 h 以前的不同时刻的电流都相对较大。但当电脱氧时间为 7 h 左右时，各阴极片的二氧化钛-铁-熔盐三相界面大小已接近，并已消耗得差不多，所以电流趋于相同，约为 0.3 A。

比较图 10-2 可见，不同配比的阴极片经过约 7 h 电解以后，产物并不完全相同，导电性也不一样，但电流已趋于一致。这表明，电流趋同是由三相界面决定而不是由导电性决定。从图 10-2 可见，所有电解产物中都有 $CaTiO_3$ 存在，并且是随着铁含量的增加，$CaTiO_3$ 峰的强度有所减弱，尤其是 1#、2#和 3#样品，钛铁

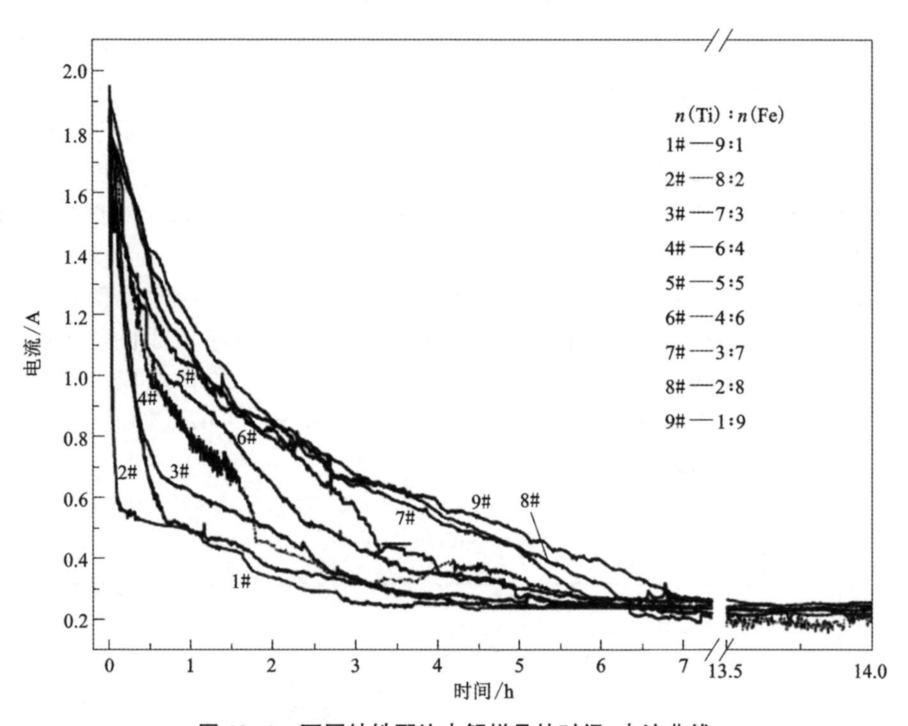

图 10-1　不同钛铁配比电解样品的时间-电流曲线

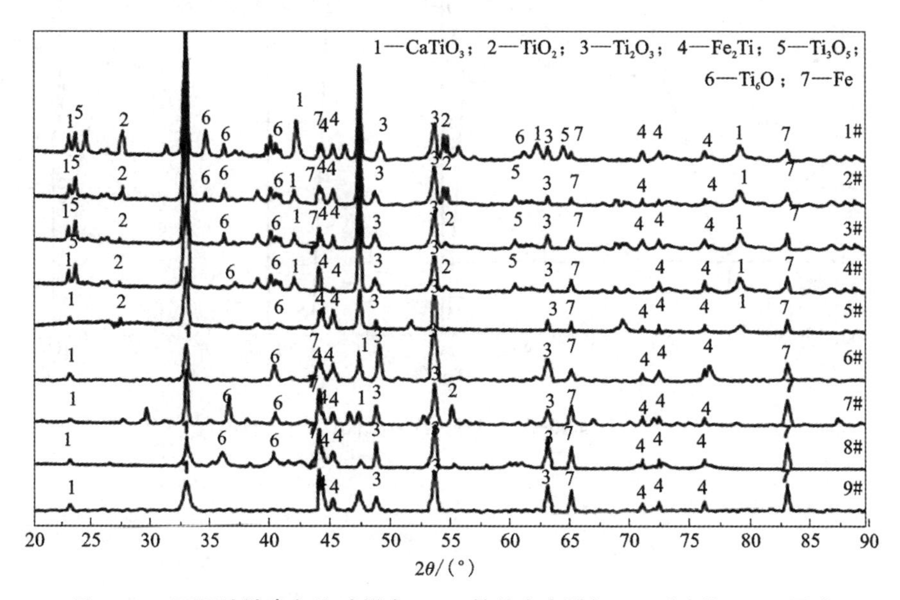

图 10-2　不同钛铁摩尔比试样在 700℃熔盐中电脱氧 7 h 后产物 XRD 图谱

摩尔比在 9∶1、8∶2 和 7∶3 时 $CaTiO_3$ 峰强。这是因为二氧化钛含量越高，随着反应进行氧浓度越大，通过 Fray 等[23]的研究也证明氧的扩散是反应的限制性环节，大量积累的氧、熔盐中的钙离子与低价态的 Ti_xO_y 结合生成大量 $CaTiO_3$。

由图 10-2 可见，不同钛铁配比的电脱氧产物都未见到 FeTi 合金的生成，只有 Fe_2Ti 生成，这是因为二氧化钛电脱氧缓慢，只有很少的金属钛由电脱氧还原得到，同时有大量的 Fe 存在，因此过量的 Fe 和金属钛先结合得到 Fe_2Ti。由于钛还原速度慢、还原量小，还有大量的 Fe 以单质形态存在。

TiO_2-Fe 阴极电脱氧还原出的金属钛首先生成 Fe_2Ti，随着 Ti 的增加再逐渐生成 FeTi。由于阴极含铁量不同，电脱氧 14 h 后的产物不同。当电解完全发生后，产物便按照图 10-3[25]中的物相规律生成，当 $x(\mathrm{Fe})<50\%$时生成 Ti 和 TiFe；当 x(Fe)为 67%～72.2%时生成 Fe_2Ti；当 x(Fe)为 50%～67%时生成 TiFe 和 Fe_2Ti，见图 10-4 和表 10-1。

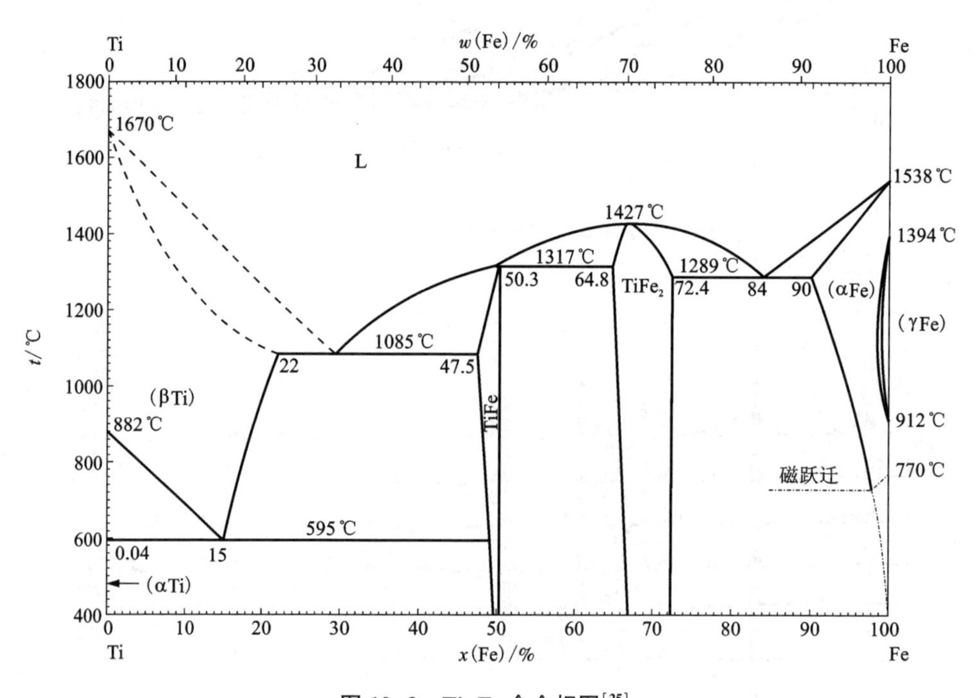

图 10-3　Ti-Fe 合金相图[25]

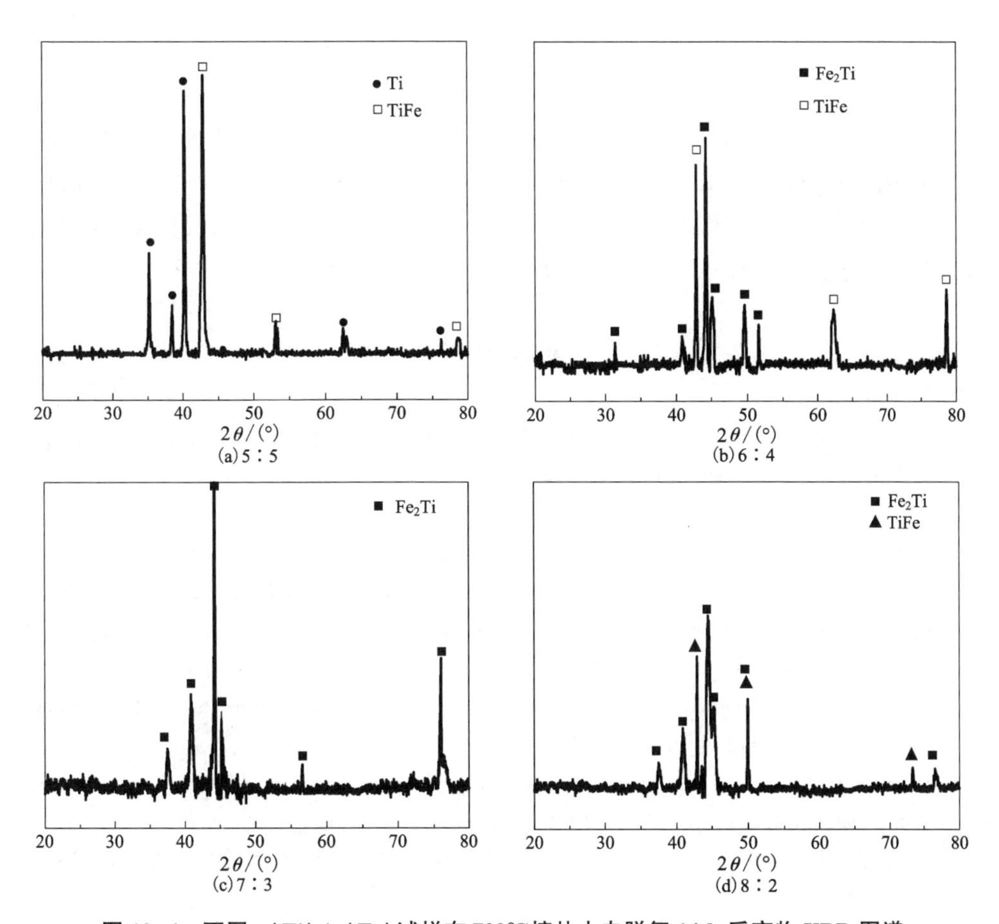

图 10-4　不同 n(Ti)/n(Fe)试样在 700℃熔盐中电脱氧 14 h 后产物 XRD 图谱

表 10-1　不同铁钛原子配比条件下的电脱氧产物

x(Fe)或 R/%	电脱氧产物
$0<R<50$	TiFe、Ti
$50<R<67$	TiFe、Fe_2Ti
$67<R<72.2$	Fe_2Ti
$72.2<R<100$	Fe_2Ti、Fe

10.4 结论

以 $Fe-TiO_2$ 混合粉末为原料，经 20 MPa 压力成形，1100℃下马弗炉烧结 4 h 后作为熔盐电脱氧的阴极；以石墨为阳极，$CaCl_2-NaCl$ 为电解质，在 700℃，3.4 V 恒电压下电脱氧 14 h，制得 Fe-Ti 合金。无论终产物是 Fe_2Ti 还是 FeTi，反应过程中均是先生成 Fe_2Ti 化合物，后生成 FeTi 化合物。

参考文献

[1] Rai D K, Yadav T P, Subrahmanyam V S, et al. Structural and Mossbauer spectroscopic investigation of Fe substituted Ti-Ni shape memory alloys[J]. J Alloys Compd, 2009, 482(1-2): 28-32.

[2] 范旭，真下茂. 亚稳态 Fe-Ti 块状合金的制备和磁性[J]. 2007, 6(5): 606-609.

[3] Yan X L, Chen X Q, Grytsiva A, et al. Site preference, thermodynamic, and magnetic properties of the ternary Laves phase $Ti(Fe_{1-x}Al_x)_2$ with the crystal structure of the $MgZn_2$-type[J]. Int J Mater Res, 2006, 97(4): 450-460.

[4] Bormio-Nunes C, Belarmino A R, Santos C T, et al. Near zero magnetostriction of Fe-Ti alloys [J]. J Phys D: Appl Phys, 2009, 42(16): 1-5.

[5] Singh B K, Ryu H. Development of new hydrogen storage material FeTi(Ni) for improved hydrogenation characteristics[J]. IEEJ T Electr Electr, 2006, 1(1): 24-29.

[6] 张英明，周廉，孙军，等. 钛合金真空自耗电弧熔炼技术发展[J]. 稀有金属快报，2008, 27(5): 9-14.

[7] Dasa J, Kim K B, Baier F, et al. Bulk ultra-fine eutectic structure in Ti-Fe-base alloys[J]. J Alloys Compd, 2007, 434(31): 28-31.

[8] 夏文堂，张启修. 有衬电渣炉冶炼高品位钛铁的研究[J]. 铁合金，2004(4): 36-40.

[9] 张英明，周廉，孙军，韩明臣，舒滢，杨建朝. 钛合金冷床熔炼技术进展[J]. 钛工业进展，2007, 24(4): 27.

[10] 张金林，陈红，郭培军，等. 真空自耗凝壳炉直接熔配和铸造钛合金件的工艺研究[J]. 铸造，2006, 55(5): 452-455.

[11] 许磊，竺培显，袁宜耀. 高品位钛铁生产新工艺的研究与探讨[J]. 南方金属，2008(2): 4-7.

[12] 翟玉春，梅泽锋. 铝热法制备高钛铁合金的研究[C]//第十六届全国炼钢学术会议论文集. 深圳，2010: 616-617.

[13] 夏冬冬，吴晓东. 铝热法冶炼高钛铁合金的试验研究[J]. 上海金属，2008, 30(2): 28-33.

[14] 洪艳，沈化森，曲涛，等. 钛冶金工艺研究进展[J]. 稀有金属，2007(5): 356-364.

[15] Hayes F H. Advances in titanium extraction metallurgy [J]. JOM, 1984, 56(4): 1133-1328.

[16] 崔先云, 范耀煌. 钛铁生产降低铝耗的途径[J]. 铁合金, 2002, 33(6): 1-4.

[17] Palm M, Lacaze J. Assessment of the Al-Fe-Ti system[J]. J Acoust Soc Am, 2006, 14(10-11): 1291-1303.

[18] Hotta H, Abe M, Kuji T, et al. Synthesis of Ti-Fe alloys by mechanical alloying[J]. J Alloys Compd, 2007, 439(1-2): 221-226.

[19] Guedea J, Yee-Madeira H, Cabañas J G, et al. Mechanically induced instability in Fe_2Ti and mechanical alloying of Fe and Ti[J]. J Mate Sci, 2004, 39(7): 2523-2528.

[20] Ivasishin O M, Bondareva K O, Dekhtyar O I, et al. Synthesis of Ti-Fe and Ti-Al-Fe alloys from elementary powder mixtures[J]. Metallofizikai Noveishie Tekhnologii, 2004, 26(7): 963-980.

[21] Hotta H, Abe M, Kuji T, et al. Synthesis of Ti-Fe alloys by mechanical alloying[J]. J Alloys Compd, 2007, 439(1-2): 221-226.

[22] 廖先杰. 熔盐电脱氧法制备 Ti、钛合金、Al-Sc 合金[D]. 沈阳: 东北大学, 2013.

[23] Chen G Z, Fray D J. Voltammetric studies of the oxygen-titanium binary system in molten calcium chloride[J]. J Electrochem Soc, 2002, 149(11): E455-E467.

[24] Jiang K, Hu X H, Ma M, et al. "Perovskitization"-assisted electrochemical reduction of solid TiO_2 in molten $CaCl_2$[J]. Angew Che Int Edit, 2006, 45(3): 428-432.

[25] http://www.factsage.cn.

第 11 章　以二氧化钛/氧化镍为阴极熔盐电脱氧法制备钛镍合金

Ni-Ti 系形状记忆合金具有稳定的形状记忆和超弹性功能，同时还具有优良的加工性、强度、耐磨性、耐腐蚀性和生物相容性等性能，因此备受人们的青睐，也是研究最早、最充分的形状记忆合金[1]。在双程记忆效应方面：Ni-Ti 合金不但可记忆它的母相(高温相)形状，同时也可记忆低温状态的形状[2]。即材料通过特殊处理，在加热与冷却循环中，能重复记住高温状态和低温状态的形状，称为双程记忆效应(Two Way Shape Memory Effect，缩写为 TWSME)[3-5]。它也是所有记忆合金中记忆性能最好、最稳定、发展最早、研究最全面的合金，即使是多晶合金也具有 8%的超弹性，而回复应力可达 600 MPa[6-10]。人们将这种特性应用于机械、电子、医疗等领域，从而为解决加工和设计问题提供了许多新途径。在超弹性或伪弹性方面：Ni-Ti 合金的室温延伸率可达 50%，弹性应变可达 5%～20%，而普通金属仅为 0.5%[11]，利用这一特性可将 Ni-Ti 合金做成口腔矫形器和眼镜框架，并可做成贮能元件用于机械上[9, 10, 12-18]。在抗磨性与耐蚀性方面：钛镍合金是一种新型的低硬度、高耐磨合金。室温硬度只有 HRC35～45，但它的耐磨性却优于表面渗碳的 38CrMoAlA 和 Co45 合金。不仅耐磨性好，且又有良好的耐蚀性[19]，其耐蚀性高于纯钛、青铜和不锈钢[20]。氧化处理使合金表面形成致密均匀的 TiO_2 钝化膜，能有效提高 Ni-Ti 合金的耐腐蚀性能，尤其加入 Nb 以后形成的 $Ni_{55}Nb_{30}Sn_5Ti_5Zr_5$ 合金具有更宽的过冷液相区和更好的抗腐蚀性能[21-26]。在生物相容性方面：生物医用材料最重要的性能是良好的生物相容性。材料的生物相容性包括组织相容性和血液相容性。Ni-Ti 合金具有良好的生物相容性是由于其表面形成的 TiO_2 钝化膜。TiO_2 膜可以阻止基体的腐蚀，增加材料的稳定性，并形成一层物理化学屏障阻止 Ni 的氧化[26]。

Ni-Ti 合金自问世以来，经国内外专家和学者 40 多年的潜心研究和开发，已经从实用化走向商品化，市场已初具规模，在工业自动化、航天航空、医疗卫生、仪器仪表及机械制造等工业领域得到广泛应用[27]。在工业中的应用方面：由于

Ni-Ti 合金的 R 相变具有一些优良特性(机器特殊的形状记忆效应), 在工业中主要用作以智能温控百叶窗和石蜡-记忆合金双重驱动节温器为代表的驱动器[28]; 以 Ni-Ti-Nb 宽滞后形状记忆合金同轴电缆屏蔽网和接头的紧固圈为代表的连接紧固件; 以汽车控制引擎、传送、悬吊等为代表的制动器[29]; 以飞机的翼尖部位为代表的智能机翼(Smart Wing)[30-35]等。在建筑工程方面: 形状记忆合金所具有的独有特性, 使其在智能混凝土、阻尼耗能器和防震隔震等建筑工程上应用广泛。利用 Ti_2Ni 合金的电阻和变形是温度的函数特性, 可制成含 SMA 的复合材料或构件, 从而完成对混凝土结构的自诊断与自修复[36]; 利用 SMA 的超弹性和高阻尼特性, 将其置入工程结构中, 可显著增加系统的阻尼性, 减少结构的动力反应[37, 38]; 利用 SMA 合金所具有的 SE 特性, 使合金在变形后产生大变形位移功, 以减少下部结构将地震能量向上部结构传输, 从而达到保护上层结构的目的, 提高结构的抗震性能[32, 33]。在医学应用方面: Ni-Ti 合金以其独特的形状记忆效应、超弹性及优良的生物相容性已成为一种发展前景最为广阔的生物医用材料[39, 40]。由于 Ni-Ti 合金形状恢复温度接近人体的体温(30~40℃), 这使得 Ni-Ti 合金在生物医学领域有广泛的应用前景[41]。

11.1　钛镍合金制备技术

11.1.1　熔铸法

熔铸法是人们使用 Ni-Ti 合金以来一直采用的一种生产方法, 相对比较成熟[25-27], 主要采用真空感应熔炼、真空自耗电极电弧熔炼, 真空感应水冷铜坩埚熔炼。该方法是将难熔金属或者活性金属混合经过高温重熔得到合金[41]。熔铸法优点是能利用传统的冶金设备, 工艺过程简单, 原料形状不受严格限制等特点。缺点是该法增强相的分布、形貌甚至化学成分都难以控制, 高温时增强相与基体的界面反应也是一个问题。此外由于钛的熔点高, 活性大, 易于受到碳、氧、氮等杂质的污染, 使其加工性能和使用性能恶化。因而熔铸法所得 Ni-Ti 合金的收率只有 30%~40%, 造成其生产成本高, 很大程度上限制了其推广应用。熔铸法浪费原材料成本和加工成本, 生产周期长。因此, 探索低成本、高性能的 Ni-Ti 合金制备新技术成为形状记忆合金技术发展中亟待解决的问题。

11.1.2　机械合金法

该法是一个使用高能研磨机或球磨机实现固态合金化的过程。机械合金化合成高熔点合金或金属间化合物时具有如下优点: 避开普通冶金方法的高温熔化、凝固过程, 在室温下实现合金化, 得到均匀的具有精细结构的合金, 且产量较高,因而已成为生产常规手段难以制备的合金及新材料的好方法。这是目前小批量生产 Ni-Ti 合金的常用方法。因此一直还有不少科研工作者从事该项工艺的研究。但是这种方法一般合金时间都要超过 40 h，耗时长、能耗大[42-46]。

11.1.3 粉末冶金法

粉末冶金制备多孔 Ni-Ti 形状记忆合金的方法包括预合金粉末法、燃烧合成法(又称自蔓延高温合成法)、热等静压法、元素粉末混合烧结法等[47]。这些方法可避免产生严重偏析的现象，使合金成分更趋均匀；同时，可制备形状复杂，加工困难的元件，减少加工程序，易获得接近最终形状的产品[48]。该法具体包括：

①预合金粉末烧结制备法

预合金粉末烧结工艺包括制合金粉与烧结，其制合金粉工艺对烧结合金的最终成分和性能有很大影响。在制粉过程中，容易使粉末氧化和吸附杂质，受到污染，且预合金粉的烧结需要较高的烧结温度(1323 K 以上)，因此，其制备工艺还有待于进一步完善。

②燃烧合成制备法[49]

燃烧合成，也称为自蔓延高温合成，即将两种或两种以上的粉末经混合和压制成形后，置于空气或保护气氛中局部点燃并形成自我蔓延的燃烧波，燃烧波过后便生成了新的化合物。燃烧合成的多孔 Ni-Ti 合金具有高孔隙度、较大孔隙、节能省时、产品纯度高等特点，目前属于应用较多的一种制备多孔 Ni-Ti 合金的方法。

③热等静压制备多孔 Ni-Ti 形状记忆合金

将近等摩尔比的镍钛粉末混合均匀，装入不锈钢包套，在一定压力下加热静压，并在高压缩气体下直接烧结而成的制备方法为热等静压法。用这种工艺制备的多孔 Ni-Ti 形状记忆合金具有高孔隙率、没有尖角孔和孔隙分布均匀等特点。

④元素粉末混合烧结法

元素粉末混合烧结法是用金属粉末作原料，经混料与成形之后进行烧结而获得所需要的各种类型制品。元素粉末混合烧结法制备多孔 Ni-Ti 形状记忆合金具有高孔隙率，力学性能、形状记忆性能和生物相容性好的特点。

现有的粉末冶金制备方法普遍存在工艺复杂、成本高、能耗大以及环境污染严重等问题，造成 Ni-Ti 合金价格较高，使其应用受到限制。因此，有必要研究一种工艺流程短、成本低及对环境友好的 Ni-Ti 合金制备方法，使其能更加广泛地应用。

11.1.4 磁控溅射法

溅射是指具有一定能量的粒子轰击固体表面，使得固体分子或原子离开固体，从表面射出的现象[50]。溅射镀膜是指利用粒子轰击靶材产生的溅射效应，使得靶材原子或分子从固体表面射出，在基片上沉积形成薄膜的过程[51]。

采用该法来生产的记忆合金薄膜，其成膜质量远高于其他方法，且工艺简单，可靠性高。磁控溅射技术只能用于生产金属、半导体、铁磁材料以及绝缘的氧化物、陶瓷、聚合物等薄膜，这制约了该方法的发展。

11.2　固态二氧化钛/氧化镍阴极熔盐电脱氧还原制备钛镍合金原理

施加高于二氧化钛-氧化镍且低于工作熔盐 $CaCl_2$、NaCl 分解的恒定电压进行电脱氧，将阴极上二氧化钛-氧化镍的氧离子化，离子化的氧经过熔盐移动到阴极，在阳极放电除去，生成的产物合金化留在阴极[52]。

电解池构成为

$$C_{(阳极)} \mid CaCl_2\text{-}NaCl \mid TiO_2\text{-}NiO \mid Fe\text{-}Cr\text{-}Al_{(阴极)}$$

NiO 与 TiO_2 混合构成的阴极，在 $CaCl_2$-NaCl 熔盐中电脱氧法制备钛铁合金的电极反应为：

阴极反应

$$TiO_2+4e^- \longrightarrow Ti+2O^{2-}$$

$$NiO+2e^- \longrightarrow Ni+O^{2-}$$

$$xNi+yTi \longrightarrow Ni_xTi_y$$

阳极反应

$$2O^{2-}+C-4e^- \longrightarrow CO_2$$

或

$$O^{2-}+C-2e^- \longrightarrow CO$$

总反应为：

$$TiO_2+C+Ni \longrightarrow Ni_xTi_y+CO_z(z=1,\ 2)$$

11.3　固态二氧化钛/氧化镍阴极熔盐电脱氧[53]

11.3.1　研究内容

(1)烧结温度对阴极片制备的影响

NiO 与 TiO_2 摩尔比为 1∶1 的混合物在 10 MPa 压力下压制成形，在 800℃、900℃、1000℃、1300℃温度下烧结 6 h。

(2)烧结时间对阴极片制备的影响

上述比例成形的阴极片，在 1000℃下烧结 2 h、4 h、6 h、8 h。

(3)烧结温度对电脱氧过程的影响

上述比例成形在 800℃、900℃、1000℃、1300℃温度下烧结 6 h 的阴极片，在

700℃的 NaCl-$CaCl_2$ 熔盐中以 3.2 V 电压恒压电脱氧还原 12 h。

(4)熔盐温度对阴极片电脱氧的影响

NiO 与 TiO_2 按摩尔比为 1∶1 成形、在 1000℃烧结 6 h 的阴极片，在 650℃、700℃、750℃、800℃下电脱氧 20 h。

(5)阴极片中钛镍比例对电脱氧制备 Ti-Ni 合金的影响

NiO 与 TiO_2 摩尔比分别为 9∶1、8∶2、7∶3、6∶4、5∶5、4∶6、3∶7、2∶8、1∶9，在 10 MPa 压力下成形、1000℃烧结 6 h 的阴极片，在 700℃熔盐温度下以 3.2 V 恒电压电脱氧。

11.3.2 结果与讨论

(1)烧结温度对阴极片制备的影响

图 11-1 是不同温度烧结产物的 SEM 图。由图 11-1(a)可见，在 800℃下烧结的阴极片颗粒间的孔隙和颗粒尺寸较小，同烧结前平均尺寸 0.1 μm 比较，尺寸变化小，颗粒间的连接是点接触。在 900℃下烧结的阴极片颗粒间的孔隙和颗粒尺寸相应较大(0.2 μm 左右)，颗粒孔隙尺寸小不利于熔盐电解质的渗入。在 1000℃下烧结的阴极片晶粒间接触颈长大明显，同时晶粒平均尺寸长大到 1 μm，颗粒的接触由点开始生长转化成面接触；在 1300℃烧结的前驱体，多个颗粒已经完全连接成一体，多个颗粒熔合成一个大的颗粒，已经完全实现了颗粒的长大合并。

图 11-2 是不同温度烧结 NiO-TiO_2 颗粒平均尺寸变化曲线。从图 11-2(a)更直观地看到，在较低温度 800~950℃区域烧结的颗粒长大缓慢，950℃以后晶粒长大速度加快，1000℃以后长大速度更快。晶粒的长大速度主要和热缺陷与物质迁移有关，当温度低于 950℃时，热缺陷少、物质迁移速度慢。从图 11-2(b)可见，伴随温度的升高，烧结片的孔隙率呈减小的趋势，可以将烧结体的烧结过程划分为三个阶段：在 800~950℃，显气孔率 P_a 和闭气孔率 P_c 都只有微量的减少，没有体积收缩；在 900~1000℃，显气孔率 P_a 降低幅度大，而闭气孔率 P_c 变化缓慢；在 1000~1300℃，闭气孔率 P_c 大幅度降低，显气孔率 P_a 降低较小，晶粒大量合并，烧结体的体积大幅度收缩；根据 E. A. Olevsky 的观点[54]，在 1000~1300℃，经过 6 h 的烧结，烧结体迅速进入烧结后期，闭气孔率 P_c 从 51%迅速减小到 35%左右，烧结颗粒从 0.1 μm 合并长大到 3 μm。

阴极片经烧结表现出不同程度的晶粒团聚现象，见图 11-3。如图可见，从 800℃到 1300℃，都有不同程度的晶粒团聚现象；分别对团聚小球表面(Ⅱ)、容纳团聚小球的凹槽(Ⅰ)和其他非团聚区域(Ⅲ)做成分分析，结果见表 11-1，从表 11-1 中的 EDS 分析结果可知，图 11-3(c)中(Ⅰ)所示的灰色凹槽区域为氧的富集区；图 11-1(d)中(Ⅱ)所示的团聚球为 Ni 元素的富集区；剩下区域(Ⅲ)为 Ti 的富集区域。在高温下 NiO 晶粒会出现肖特基热缺陷，镍离开正常的晶格位，

(a) 800 ℃　(b) 900 ℃

(c) 1000 ℃　(d) 1300 ℃

图 11-1　不同温度烧结 **6 h** 后 **$NiO-TiO_2$** 片的 **SEM** 照片

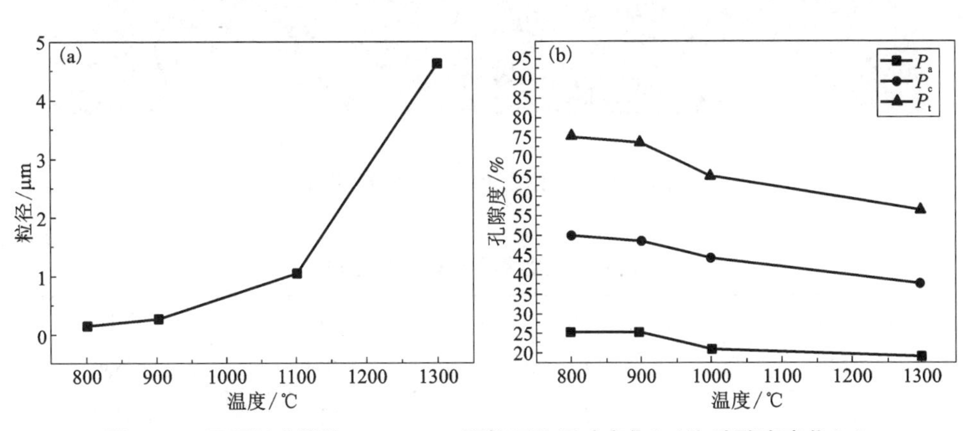

图 11-2　不同温度烧结 **$NiO-TiO_2$** 颗粒平均尺寸变化(**a**)和孔隙率变化(**b**)

剩下带负电的镍空位与带正电的电子空穴；本书中的 NiO 颗粒细小(50~100 nm)、活性高，脱离正常晶格点的 Ni 原子在晶体表面沉积下来，失去了 Ni 原子的晶体在静电和高活性表面能的综合作用下集合到一起，直到聚集到一起的颗粒尺寸超出该表面能和长程静电作用范围，剩下过剩的氧原子围绕在富集的 Ni 原子团的四周[55-60]。在高温烧结的条件下 NiO 为阳离子缺位型半导体的缺陷反应见式(11-1)。

(a) 800℃　(b) 900℃　(c) 1000℃　(d) 1300℃

图 11-3　出现团聚的 $NiO-TiO_2$ 烧结片

表 11-1　发生烧结样 EDS 结果对比

元素含量	点Ⅰ	点Ⅱ	点Ⅲ
x(Ni)/%	12.980	71.321	7.530
x(Ti)/%	26.355	5.126	41.759
x(O)/%	60.665	23.553	50.711

$$O \longrightarrow V_{Ni}'' + O_o^x + 2h\cdot \quad (11-1)$$

随着烧结的进行，包围 Ni 富集的团聚颗粒的富氧区域，在 Laplace 孔洞收缩本征力和 Ni 富集球的静电作用下不断收缩，最后能将 Ni 富集球排出腔体。该烧结现象，一方面低氧高 Ni 的富集球团区域其 x(Ni)高达 71.3%，有良好的电子传导能力与磁性，在电脱氧过程中可以加速电脱氧过程；另一方面由于 Ni 的富集与团聚，造成 Ni 与 Ti 的分布不均匀，不利于生产成分均匀的 Ni-Ti 合金。因此，要尽量避免该现象的发生，主要可以通过调整 NiO 与 TiO_2 的颗粒尺寸来实现。将两种氧化物充分混合，经长时间的球磨之后再进行烧结，未出现团聚现象。

图 11-4 是 1000℃烧结 NiO-TiO_2 片的 XRD 图，从图中可以看到，烧结之后，主要有 $NiTiO_3$、TiO_2 和 NiO 相。其中除 TiO_2 和 NiO 是原料中包含的相外，还有新生成的 $NiTiO_3$ 相。

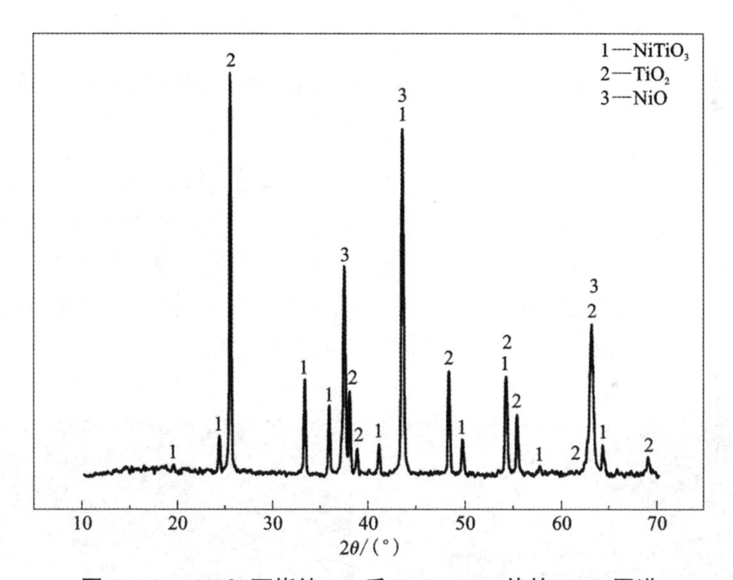

图 11-4　1000℃下烧结 6 h 后 NiO-TiO_2 片的 XRD 图谱

图 11-5 是 K. T. Jacob 等[61]最新得出的 NiO 和 TiO_2 反应生成 $NiTiO_3$ 的研究数据；通过图中数据可以看出在所列温度 800~1800℃ 下所有 $\Delta G^{\ominus}<0$。因此，烧结过程中能自发生成 $NiTiO_3$。$NiTiO_3$ 具有反磁性和半导体的性质，它的生成有利于电解还原进行[62-64]。

在本烧结过程中，1300℃ 温度下烧结 6 h 后，出现了大量异常长大烧结体[54, 55, 65]，如图 11-6(a)所示，其中 10 μm 尺寸的球形异常长大颗粒将会损坏烧结体的均匀性，在电脱氧过程中阻碍电子与氧的传导并直接影响含氧量，这是烧结需要避免出现的现象。这可以从两个方面加以控制，首先是烧结颗粒的均匀

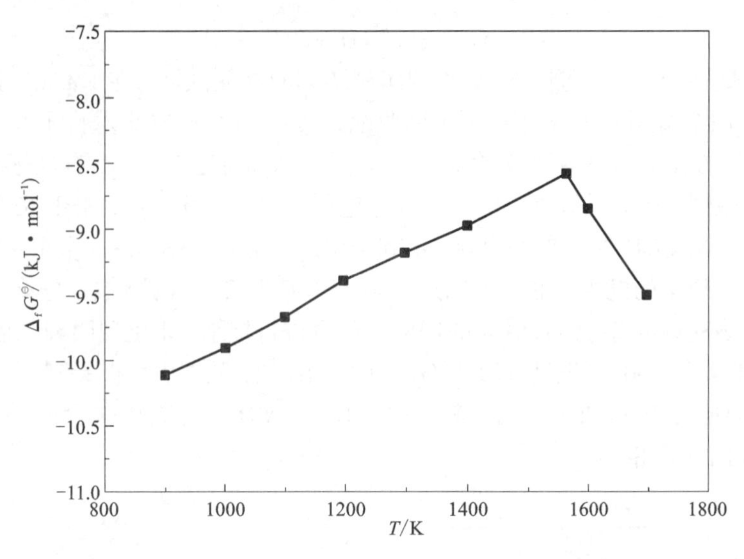

图 11-5　由 NiO（rs）and TiO_2(rut)生成 $NiTiO_3$ 的标准吉布斯生成自由能-温度曲线[61]

性，选料均匀或者长时间球磨使其均匀化；烧结炉的升温缓慢均匀，烧结体处于恒温带同一位置，温差不超出 50℃[56]。从图 11-6(b)可见，经过 8 h、1300℃的烧结，晶粒已经完全合并长大，气孔已经封闭(显气孔率 P_a 为 2.2%，闭气孔率 P_c 为 4.5%)，烧结体已经开始进入烧结后期致密化，这是本电脱氧实验不需要的烧结结果；解决办法是：降低烧结温度，缩短烧结时间。

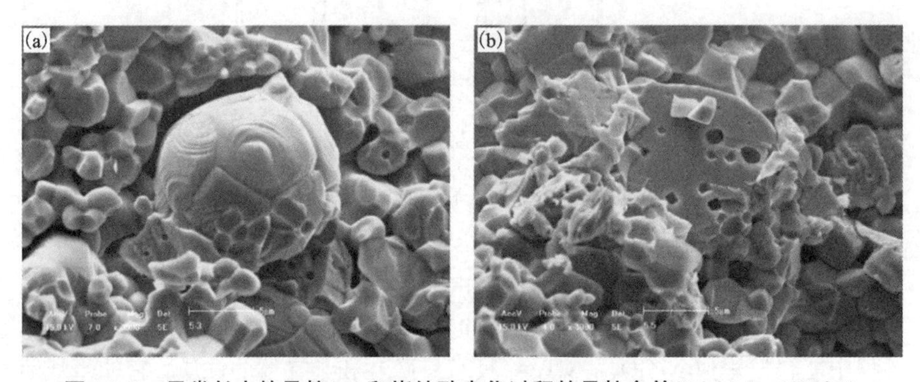

图 11-6　异常长大的晶粒(a)和烧结致密化过程的晶粒合并(b)(8 h，1300℃)

从以上分析可知，800~900℃的烧结温度太低，烧结程度不够；1300℃的烧结温度过高，烧结体易过度烧结而造成烧结气孔封闭、晶粒大量合并，不利于电脱氧还原；950~1000℃烧结前驱体能获得理想的烧结体晶粒形状、孔隙率以及外观形貌。

(2)烧结时间对烧结前驱体影响

前驱体经过 2 h 的烧结，颗粒尺寸约 0.7 μm，显气孔率 P_a 为 27.5%，闭气孔率 P_c 为 50.18%，烧结度不够，烧结片极易粉碎，不适合做阴极片。将烧结 4～8 h 的前驱体做 SEM 扫描，得图 11-7(a)～(c)，由图可见，在这个烧结时间段，颗粒生长缓慢且均匀，尺寸分别为 0.8 μm、1.0 μm、1.1 μm；闭气孔率 P_c 变化小，稳定在 48%至 47%范围；显气孔率 P_a 降低幅度大，从烧结 4 h 的 27.3%降低到 8 h 的 23.1%，这是烧结初期或者初中期的气孔收缩特点。三个烧结时间段的烧结颗粒形貌均匀，颗粒间以小于颗粒直径的面接触为主；在 4 h 烧结时间后，有少量的颗粒仍然独立或者以点接触，证明该烧结时间短，烧结程度不够。总的来说，整个烧结时间段都处于烧结的初期或者初中期。

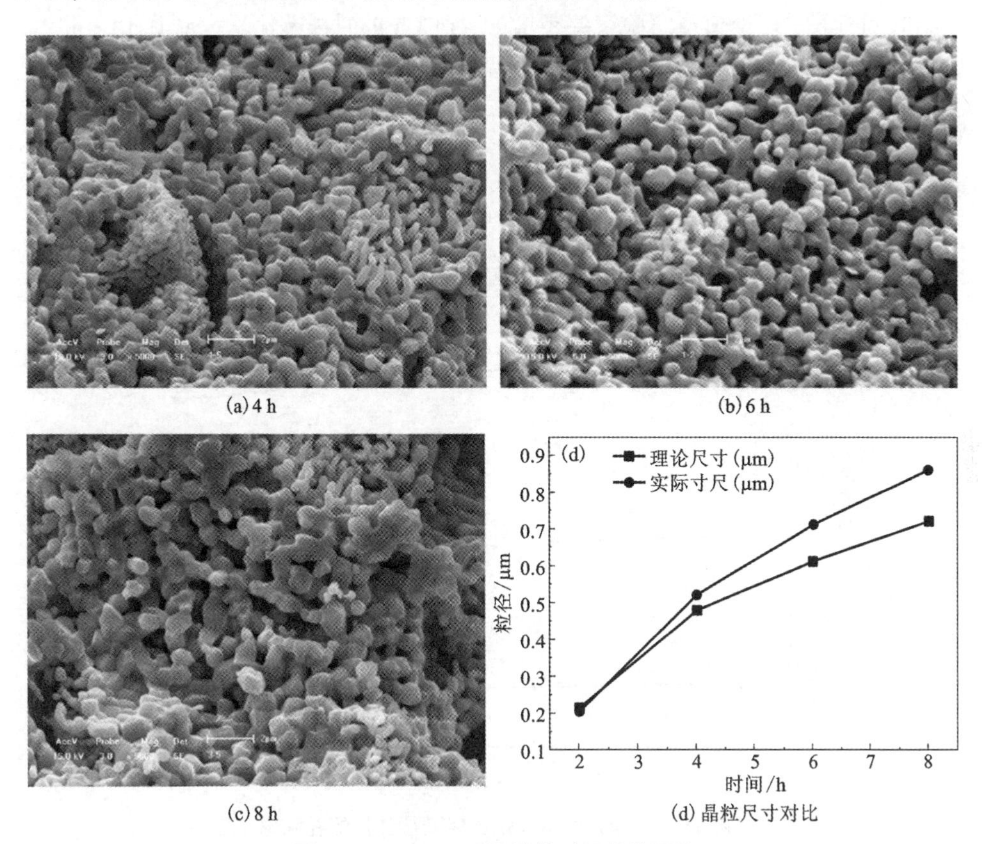

(a)4 h　(b)6 h　(c)8 h　(d)晶粒尺寸对比

图 11-7　1000℃不同烧结时间的前驱体

经过 2 h 烧结的烧结片强度不够，容易粉碎，因此对 4～8 h 做 SEM 分析。同不同烧结温度相比，随着烧结时间的变化颗粒尺寸增长幅度小，但烧结片的结合强度变化比较大，2 h 的粉化严重，4 h 的烧结片就结合得相对较好，到 6 h 时便能承受钻孔力作用了，8 h 结合力更好。从图中也可以看到晶粒间不是独立的点，也不是单独的点接触，而是形成了由点扩散生长成的稳固面接触结构。虽然接触是面接触，但是从图 11-8 可以看出孔隙率没有大幅度地下降，保持缓慢降低的速度。

按照 Harker、Parker、Belk、Burke 和 Turabull 等[54]提出的初中期晶粒生长的动力学方程：

$$D^2 - D_0^2 = \frac{k}{2}t \tag{11-2}$$

计算得到的不同烧结时间的晶粒尺寸，如图 11-7(d)所示，上部的曲线为实际烧结的晶粒尺寸。从图中可以看到在烧结时间很短时理论值与实际值吻合好，随着烧结时间延长，理论值与实验室差距增大，到 8 h 的时候差值增大到 0.14 μm，可见在烧结时间短的初期情况下可以运用晶粒生长的动力学方程(11-2)做晶粒尺寸估算。

从以上分析可知，在 900～1000℃，6～8 h 的烧结时间能获得较理想的烧结前驱体，烧结体物理强度足够、孔隙率适当、颗粒生长结合好。

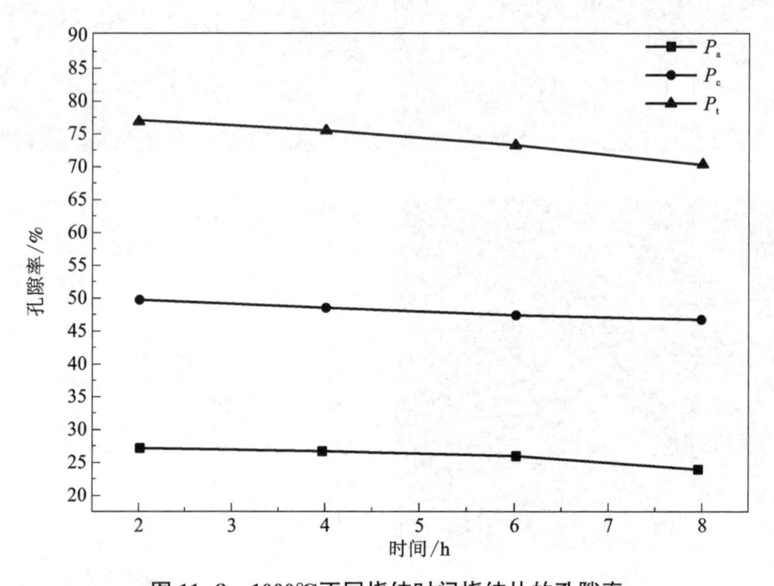

图 11-8　1000℃不同烧结时间烧结片的孔隙率

(3)烧结温度对电脱氧的影响

图 11-9 是 800～1300℃烧结的阴极片电脱氧过程时间-电流曲线。由图 11-9

可见，各温度下烧结片电流具有类似变化，在反应初期 5~6 h 出现电流峰值和电流平台，可近似划分为三个不同的阶段。反应开始，所有试样都有一个电流峰值，并且随着烧结温度升高，电流的峰值也升高，但 1300℃电脱氧峰值电流却低于 1000℃烧结温度的峰值电流；在这过程中双电层的充放电对电流贡献大。紧随峰值电流之后，出现一个较高平台的电流；该电流值随烧结温度的升高而增大，当烧结温度为 1300℃时平台电流值有所下降，电流平台最高的为 1000℃烧结体。烧结温度为 800℃、900℃时，平台不明显。由于 800℃、900℃温度下烧结的试样，颗粒间连接松散，烧结程度低，结合强度不高，导致烧结体电阻高，电子传递困难，反应程度低和速度慢，所以该电流平台不明显；而 1300℃烧结体中颗粒过大，孔隙率因为体积收缩变得过小，不利于熔盐进入带走过剩的氧，同时颗粒的巨大尺寸也不利于氧从晶粒内部向反应界面扩散，这是它电流不高的原因。1000℃烧结试样孔隙率和颗粒尺寸适中，作为电脱氧反应的阴极，电子传导和氧的扩散同时具有较快速度，提高了电极反应的速率与阴极的电脱氧程度。然后是持续时间很长的背景电流，或者是降低到背景电流阶段。在这一阶段 1000℃烧结的阴极片的电流值最低为 0.19 A 左右，是钛钙氧化物分解脱氧和镍(钛)氧低价固溶体脱氧的过程，这是一个比较缓慢的过程，因此也是耗时最长的阶段。

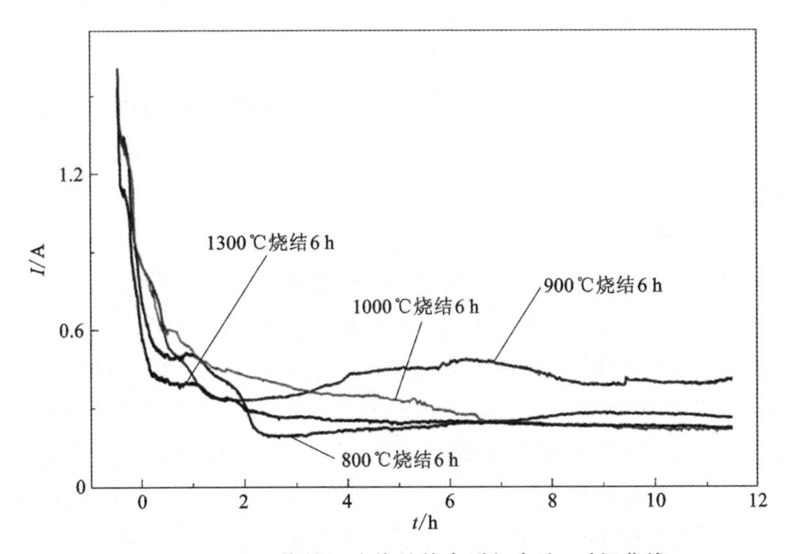

图 11-9　不同烧结温度烧结片电脱氧电流-时间曲线

不同烧结温度的样品经过 12 h 电脱氧的 XRD 结果见图 11-10，可见 1000℃的烧结样除了少量的低价氧化物 Ni_2Ti_4O，Ni_5TiO_7 和 $CaTiO_3$ 外，其他都是 Ni-Ti 合金化合物相；而 1300℃的烧结样却只有少量的 Ni_3Ti 没有 NiTi，主要是 TiO_2 和

$CaTiO_3$ 相，没有检测到烧结生成的相；900℃的烧结样有少量的 NiTi 和 Ni_3Ti 生成，同时还观测到相 $NiTiO_3$；800℃的烧结样没有 Ni-Ti 合金相生成，仍有 $NiTiO_3$ 和大量 TiO_2 存在。

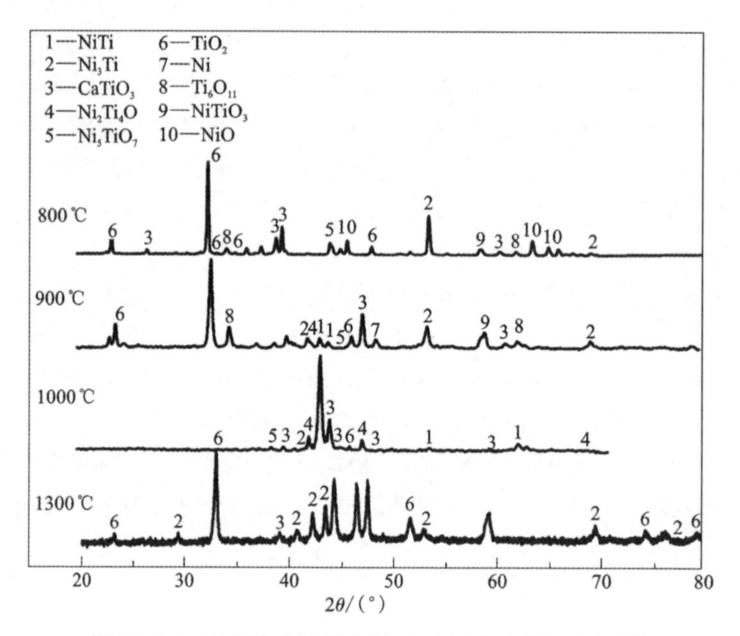

图 11-10　不同烧结温度电脱氧 12 h 样品的 XRD 图谱

(4)熔盐温度对电脱氧过程的影响

图 11-11 是阴极片在 650~800℃ 电脱氧电流-时间曲线。由图 11-11 可见，实验四个电脱氧温度下电流下降趋势类似，电流变化仍为三阶段。

起始双电层和表面氧化物冲击电流随电脱氧温度增加而增加，这是因为温度高，阴极氧化物和表面形成的氧化物活性高、分解电压相对低。随后电流的平台持续时间和电流都随电解温度升高而延长和升高。第三阶段发生的副反应增多，电流不能说明电极反应速度的快慢。在实验中，值得注意的是当温度升高到 800℃时，不仅峰电流增幅大，背景电流也增加到 0.4 A 左右。电流的大幅度增加，除了上面分析的原因外，还可能有副反应发生，在相对较低的温度下反应缓慢或者不发生，当升高到一定温度时就会发生相应的副反应，高温熔体中的电子还会对电流有一定贡献[66, 67]并且随温度升高呈指数增长，对于电脱氧这些都是需要避免的。

图 11-12 为不同温度下烧结片[n(Ni)∶n(Ti)= 1∶1]电脱氧 20 h 后阴极产品的 XRD 图。由图 11-12 可见，随着温度的升高，阴极产物电脱氧后的物相逐

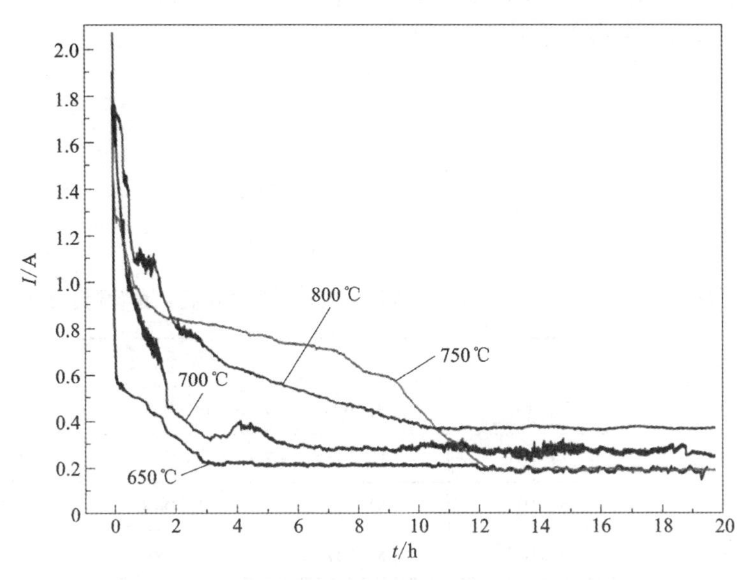

图 11-11　不同熔盐温度烧结片电脱氧电流-时间曲线

渐减少。温度为 650℃时，电脱氧后阴极产物中残存 Ni_2Ti_4O 和 TiO 氧化物。这主要是因为当温度为 650℃和 700℃时，阴极氧化物的理论分解电压较大，电脱氧困难，同时 O^{2-}的扩散速度也慢，因此，电解 20 h 后仍有低价氧化物未分解完全。

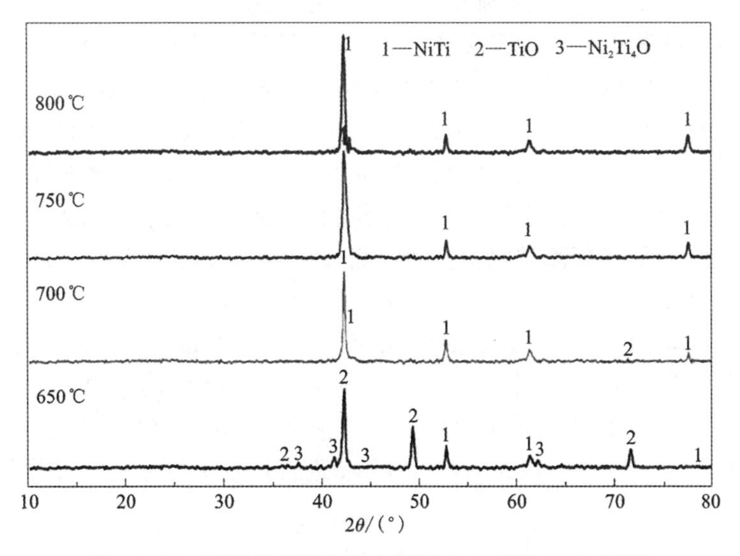

图 11-12　不同熔盐温度下电脱氧 12 h 产物 XRD 图谱

实验采用 $n(NiO):n(TiO_2)=1:1$ 的混合物，根据式(11-3)~(11-5)计算得到电解产物残余氧含量，见表 11-2。

$$A:B=1 \tag{11-3}$$

$$74.7A+B=m_0 \tag{11-4}$$

$$\frac{w(O)m_0+(m-m_0)}{16}=A+2 \tag{11-5}$$

表 11-2　不同温度 $NiO-TiO_2$ 阴极片电脱氧后产物中含氧量(质量分数)

温度/K	m_0/g	m_1/g	m_1-m_0/g	η/%
1023	00.092	00.103	00.011	222.78
1073	00.101	00.131	00.030	110.54
1123	00.104	00.147	00.043	22.51
1173	00.103	00.147	00.044	11.84

根据不同电脱氧温度产物中含氧量计算所得表 11-2 绘图得到图 11-13，从图中直观可见，在 1000℃下烧结 6 h，在 650℃、700℃、750℃和 800℃下电解 20 h，阴极片电脱氧后产物中 $w(O)$ 分别为 22.78%、10.54%、2.51%和 1.84%。阴极中的残余含氧量随电脱氧温度的升高而降低，降低幅度是逐渐减小的。温度超过 750℃后含氧量减少速度降低明显。电脱氧温度升高使残余含氧量降低主要是由于加速氧化物中氧的扩散或固溶体中氧的扩散。固相扩散的活化能远比液相扩散活化能大。所以，电脱氧温度对孔隙熔盐中的 O^{2-} 的扩散速率和 O^{2-} 从阴极表面向阳极迁移的影响与对 O^{2-} 在阴极中扩散的影响相比较是很小的。D. J. Fray、G. Z. Chen 等[66, 68-70]认为熔盐电脱氧的电子传递速度远比氧扩散速度要快，固体中氧扩散是电脱氧的限制性环节。升高熔盐温度能很大程度地加速氧扩散，但温度超过 750℃以后，尽管熔盐温度升高，熔盐中 O^{2-} 扩散速度加快，而阴极片中含氧量降低幅度小。

$n(Ni):n(Ti)=1:1$ 的氧化物粉末混合均匀，经过烧结后还未电脱氧前称取烧结片体质量为 m，用直径为 15 mm 的模具在 20 MPa 的压力下压制成片，在 1000℃下烧结 6 h 后，分别在 650℃、700℃、750℃、800℃电解 20 h，将电解产品洗净低温烘干后，称取处理完毕的粉末 m_0 进行焙烧完全氧化，并作如下计算。电脱氧消耗电量计算：

$$Q_0=It \tag{11-6}$$

式中：Q_0 为电量，C；I 为电流，A；t 为时间，s。依据图 11-11 烧结片在 20 h 电

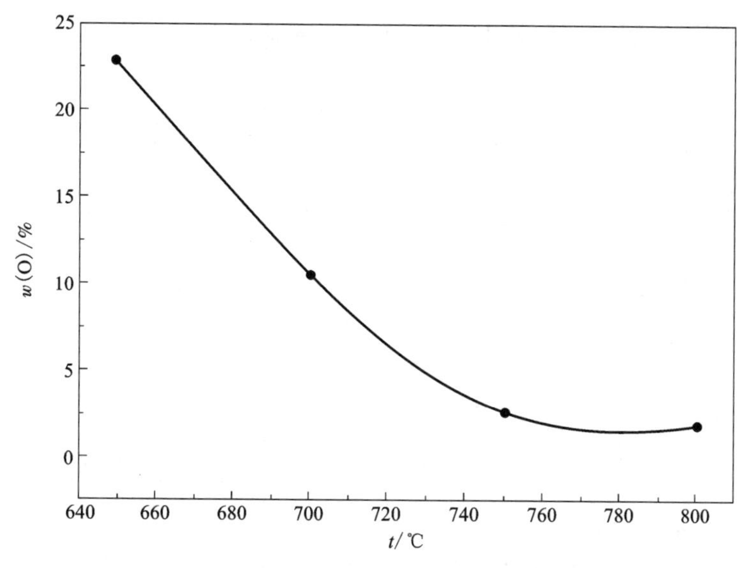

图 11-13　温度对电脱氧后阴极产物中残余含氧量的影响

脱氧过程中电流与时间关系曲线，可得电流-时间图的积分面积，得到该时间内通过电量。不同温度阴极片电脱氧 20 h 后，通过的电量经积分计算，结果分别为 1651 C、3272 C、3733 C、3933 C。电流效率计算公式如下：

$$\chi = w(\mathrm{O}) \times m_0 + (m - m_0) \tag{11-7}$$

$$z = \frac{\chi - m_0 \times w(\mathrm{O})}{16} \times \frac{m}{m_1} \tag{11-8}$$

$$Q = 96500 \times 2 \times z \tag{11-9}$$

$$\rho = Q/Q_0 \tag{11-10}$$

式中：$w(\mathrm{O})$为电脱氧后阴极产物中氧的质量分数；m_0 为焙烧前阴极产物的质量，g；m_1 为焙烧完全氧化后样品的质量，g；χ 为完全氧化后产物中氧的质量，g；z 为 m g 氧化物的电脱氧量，mol；Q 为电脱氧量为 z 时消耗的理论电量，C；Q_0 为电脱氧时通过的电量，C；ρ 为电流效率，%。

根据以上公式，计算得到不同温度(650℃、700℃、750℃、800℃)阴极片的电脱氧电流效率分别为 29.46%、47.88%、58.21%和 56.13%，见图 11-14。由此可知 800℃、750℃的电流效率远远高于 650℃的电流效率，可见不同的温度对电脱氧产物的含氧量和电流效率有极大的影响，但是温度过高加速熔盐的挥发，同时升温也会浪费很多能源，并且电流效率不会有太大升高；从图 11-13 可以直观地看到，尽管温度升高到 800℃，但是电流效率并没有升高。在含氧量降低不是很明显的前提下还降低了电流效率，损耗设备，浪费能源，因此，电脱氧温度升高到 800℃并不可取，750℃是更为理想的电脱氧温度。

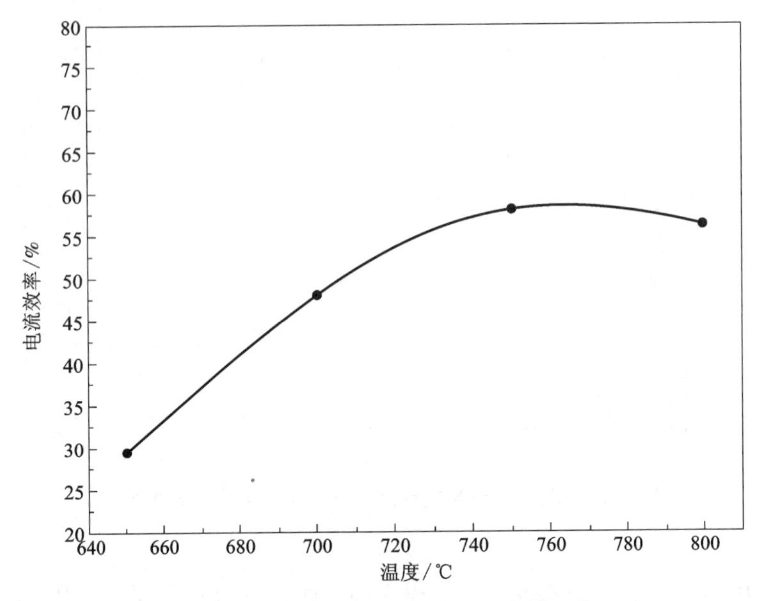

图 11-14　电脱氧温度对电流效率的影响

(5)阴极片中钛镍比对电脱氧制备 Ti-Ni 合金的影响

在图 11-15 所示的 Ni-Ti 相图中[71-73]，近等摩尔比的地方，即从 Ni_3Ti 相到 $NiTi_2$ 相之间的区域，Ni 的摩尔百分数含量从 75.2%到 33.3%，单一的 NiTi 相(B2 有序相)可以转变为单斜的马氏体相[74]，这也是制备 Ni-Ti 合金基体的有效区域。本研究旨在考察不同 Ni、Ti 原子配比的氧化物混合物，经过烧结、电解之后，其产物能否得到预期的 Ni-Ti 合金基体，这对随后的 Cu、Nb、Al 或 Fe 等元素的添加以制备最终的形状记忆合金有着决定性的影响[75, 76]。

图 11-16 为在相同的熔盐温度(700℃)、槽电压(3.2 V)的条件下，经过在 1000℃空气中烧结 6 h，不同配比的镍钛阴极片的电流-时间图，1 到 9 分别为镍钛摩尔比 1∶9、2∶8、3∶7、4∶6、5∶5、6∶4、7∶3、8∶2 和 9∶1。

反应电流仍可近似划分为 3 个不同的阶段，在反应初期起始电流都在 1.5 至 1.6 A 范围。经过 0.5~1 h 出现第二个平台，经过 6~8 h 进入平稳期。反应开始，所有试样都有一个电流峰值，并且随着 Ni 含量的增加，电解电流的峰值也升高；但是紧随峰值电流之后，出现的平台电流却随着 Ti 含量的增加而增大，当摩尔比 $n(Ni):n(Ti)=1:9$ 时平台电流值最大。综合不同的烧结温度与不同的电脱氧温度的电解结果，同时考虑到 NiO 相对 TiO_2 活性高，烧结后会产生更多的缺陷，导电性能更好，反应更快[77, 78]，NiO 含量较高的 1、2 和 3 号样，经过 3~4 h 电流

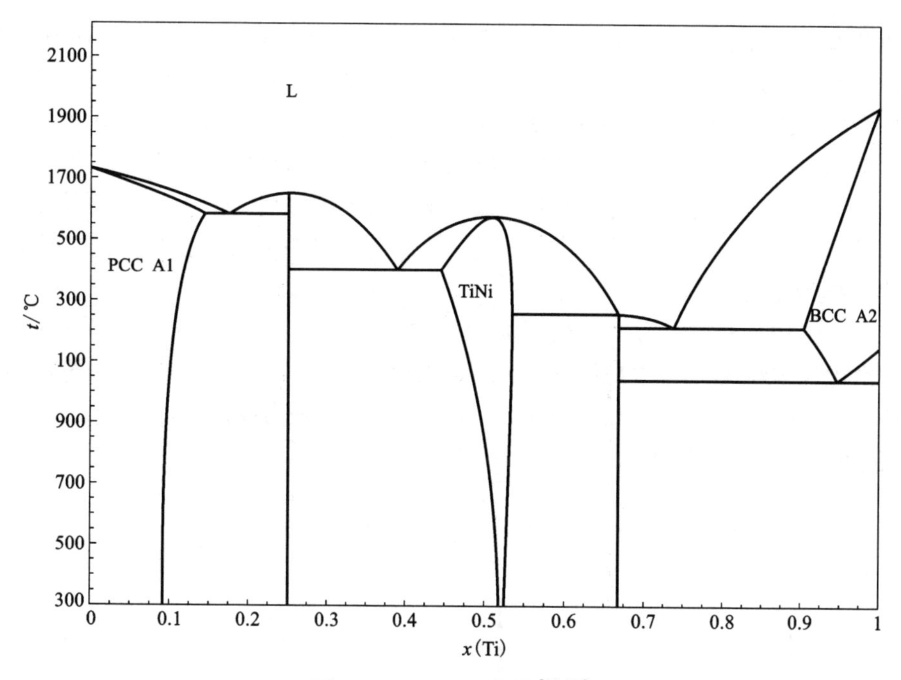

图 11-15　Ni-Ti 相图[71-73]

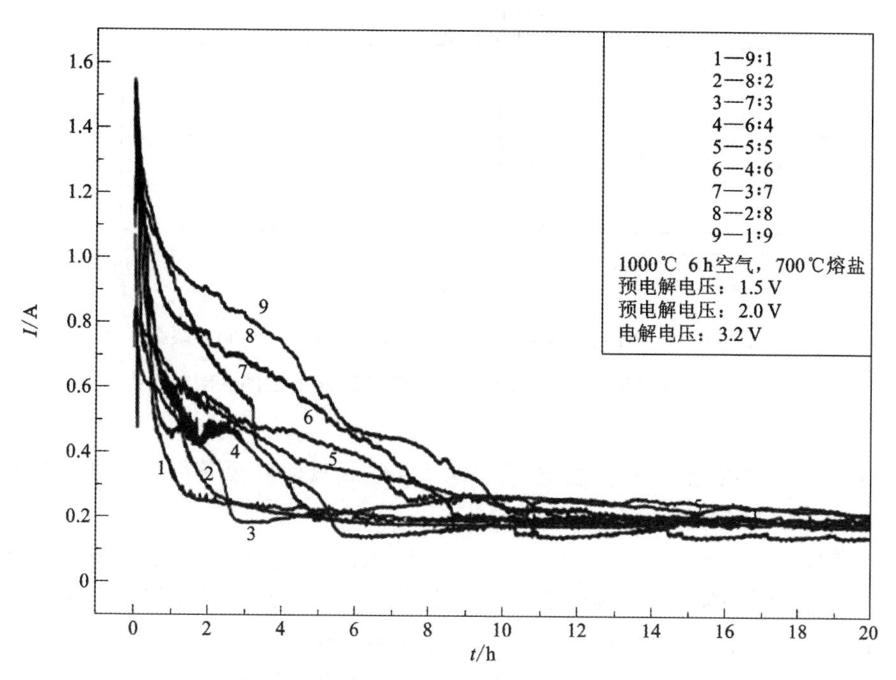

图 11-16　Ni-Ti 按照不同摩尔比配料的烧结片电脱氧电流-时间曲线

趋近于0.2 A左右的背景电流，而NiO含量较低的8号和9号样要到9~10 h电流才为0.2 A左右，这主要是由于钛含量高的钛钙氧化物多，该化合物分解脱氧与镍(钛)氧低价固溶体脱氧的过程缓慢且耗时长。随着反应的进行，在钙钛化合物、$NiTiO_3$以及还原的单质Ni和逐级被还原的Ti的综合作用下内部氧化物继续反应。总的来说，阴极氧离子浓度减少，放电离子数也减少，因此电流逐渐降低，当电流低到一定程度后，阴极片会出现一个动态的平衡电流(背景电流)，达到此平衡后电流平稳[78, 79]。

图11-17~图11-21为在相同的熔盐温度(700℃)、槽电压(3.2 V)的条件下，经过在1000℃空气中烧结6 h，不同配比的$NiO-TiO_2$阴极片的电脱氧产物的XRD扫描图，按照镍原子和钛原子比计量，1到9分别为镍钛摩尔比9∶1、8∶2、7∶3、6∶4、5∶5、4∶6、3∶7、2∶8和1∶9。

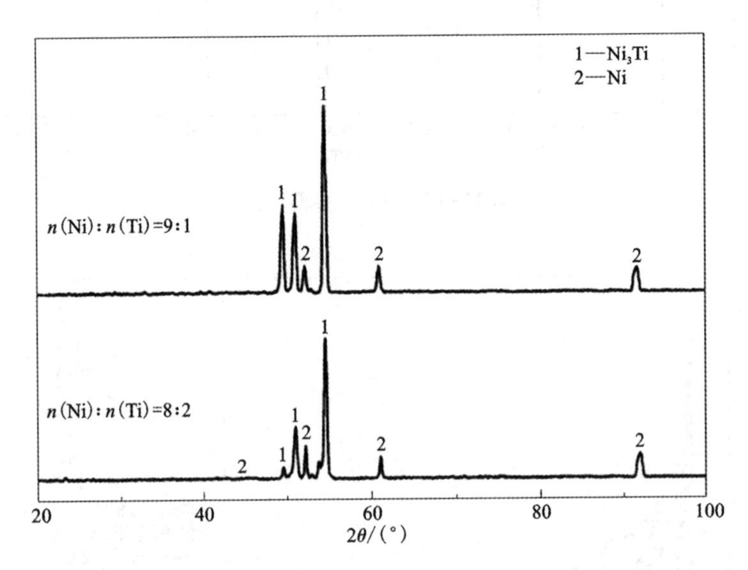

图11-17 Ni与Ti物质的量比为9∶1和8∶2，1000℃烧结6 h的$NiO-TiO_2$片在700℃熔盐中电脱氧20 h后的XRD图谱

可见，通过控制原料配比、电脱氧时间、电脱氧温度等条件，可以得到预期的Ni-Ti合金化合物。

将镍钛物质的量比为5∶5的$NiO-TiO_2$试样，在1000℃下空气中烧结6 h后，在熔盐温度700℃、槽电压3.2 V下电脱氧。电脱氧产物做SEM分析，得到图11-22(a)，可以看到生成了蓬松多孔的泡沫状TiNi合金。图11-22(b)为TiNi合金的EDS图，其中x(Ti)为49.548%，x(Ni)为50.452%。

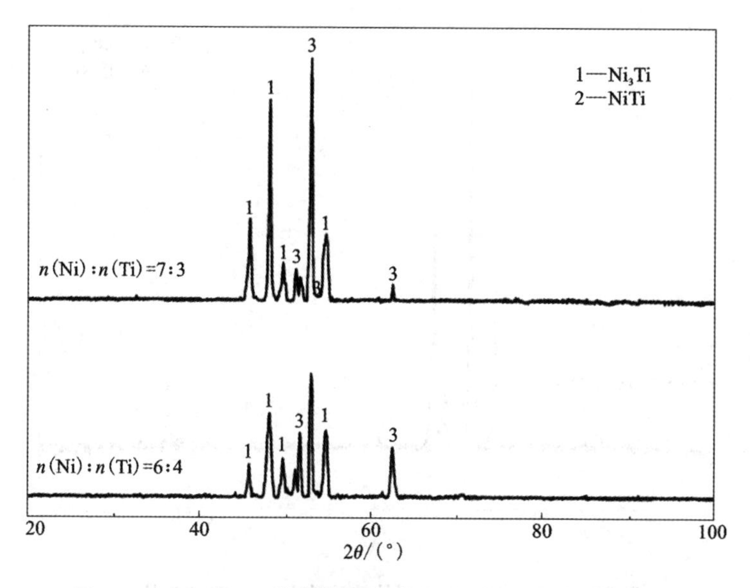

图 11-18　Ni 与 Ti 物质的量比为 7：3 和 6：4，1000℃烧结 6 h 的 $NiO-TiO_2$ 片在 700℃熔盐中电脱氧 20 h 的 XRD 图谱

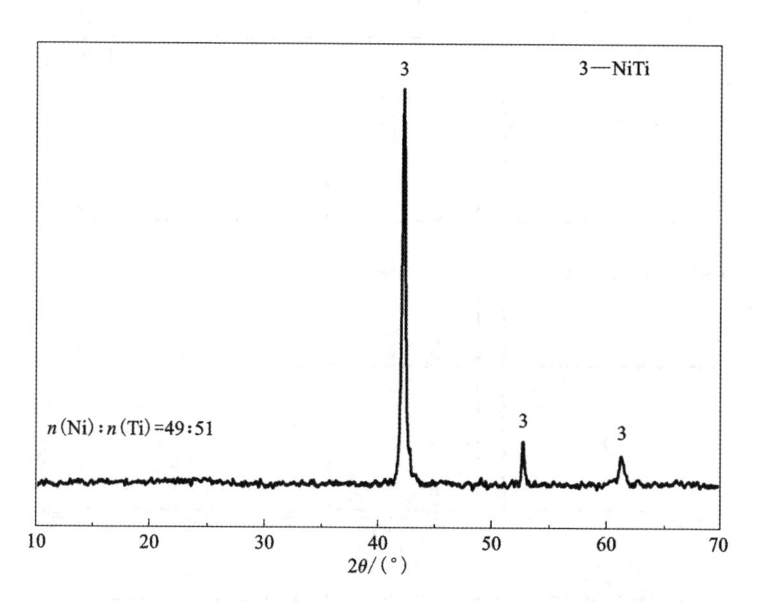

图 11-19　Ni 与 Ti 物质的量比为 49：51，1000℃烧结 6 h 的 $NiO-TiO_2$ 片在 700℃熔盐中电脱氧 20 h 的 XRD 图谱

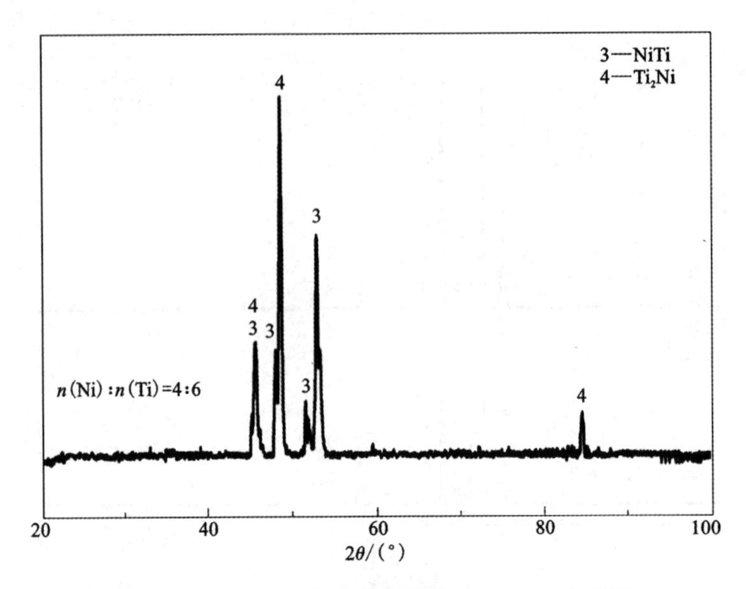

图 11-20　Ni 与 Ti 物质的量比为 4 : 6，1000℃烧结 6 h 的 $NiO-TiO_2$ 片在 700℃熔盐中电脱氧 20 h 的 XRD 图谱

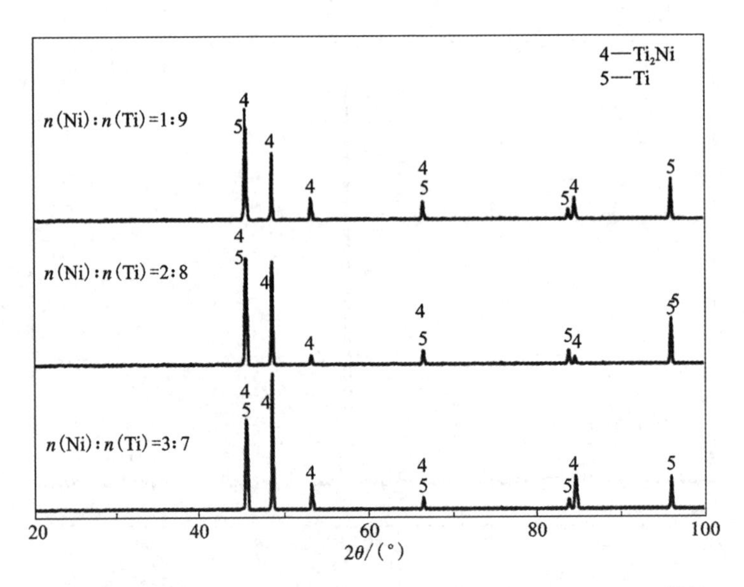

图 11-21　Ni 与 Ti 物质的量比为 3 : 7、2 : 8 和 1 : 9，1000℃烧结 6 h 的 $NiO-TiO_2$ 片在 700℃熔盐中电脱氧 20 h 的 XRD 图谱

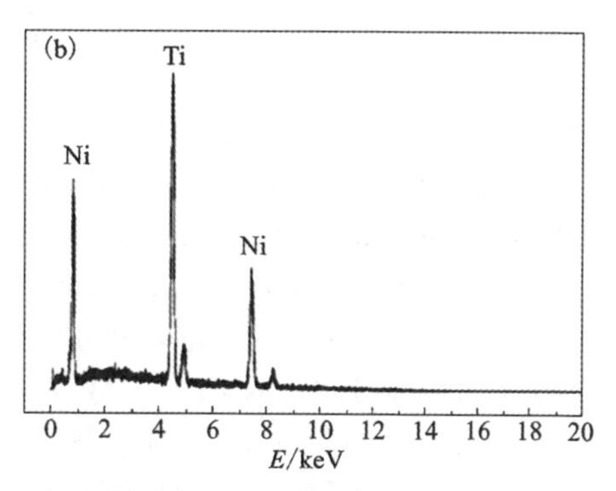

图 11-22　摩尔比 1∶1 的 $NiO-TiO_2$ 混合物经 1000℃烧结 6 h 制成的阴极片在 700℃熔盐中电脱氧 10 h 产物 TiNi 合金的 SEM 图(a)和电脱氧产物的 EDS 图(b)

11.4　结论

采用不同的烧结温度、不同的烧结时间及不同 NiO 和 TiO_2 物质的量比，经过混合压制烧结后，电脱氧制备 Ni-Ti 合金。本研究考察了烧结温度、电脱氧温度和原料配比对电脱氧效果的影响，通过实验得到以下结论：

(1) $NiO-TiO_2$ 混合粉末经过 1300℃、6 h 烧结，晶粒尺寸增长 20 倍，多个晶粒合并成一个大晶粒并伴随异常长大现象，烧结片收缩，孔隙率急剧下降，烧结强度过大，有碍于电脱氧进行。烧结温度对于晶粒尺寸、孔隙率、烧结强度影响大。900~1000℃温度区间的烧结片有较好的强度，孔隙率和晶粒尺寸明显增加。

(2) 经过 1000℃、6 h 烧结的氧化物片体显气孔率 P_a 为 20.6%、闭气孔率 P_c 为 44.8%，孔隙率适当、晶粒细小且具有足够的物理强度，是本实验中最好烧结效果。在 750℃、3.2 V 电压下电脱氧还原 20 h，制得 Ni-Ti 合金，电流效率为 58.21%的，产物残余 $w(O)$ 为 2.51%。

(3) 在 1000℃烧结温度下，对不同烧结时间做 Harker 晶体生长动力学拟合，发现烧结时间在 2.5 h 左右理论值与实测值吻合最好，随着烧结时间的延长，误差增加。

参考文献

[1]Martins R M S, Schell N, Von Borany J, et al. Structural evolution of magnetron sputtered shape memory alloy Ni-Ti films[J]. Microsc Microanal, 2010, 84(7): 913-919.

[2]Sinha Arijit, Sikdar Dey Swati, Chattopadhyay Partha Protim, et al. Optimization of mechanical property and shape recovery behavior of Ti-(~49 at. %) Ni alloy using artificial neural network and genetic algorithm[J]. Mater Design, 2012, 30(3): 1-35.

[3] Piao M, Miazaki S, Otsuka K, et al. Effects of Nb addition on the microstructure of Ti-Ni alloys [J]. Mater T JIM, 1992, 33(4): 337-345.

[4]Shi F, Song X P. Effect of niobium on the microstructure, hydrogen embrittlement, and hydrogen permeability of $Nb_xHf_{(1-x)/2}Ni_{(1-x)/2}$ ternary alloys[J]. Int J Hydrogen Energ, 2010, 35(19): 10620-10623.

[5] Magnone E, Jeon S I, Park J H, et al. Relationship between microstructure and hydrogen permeation properties in the multiphase $Ni_{21}Ti_{23}Nb_{56}$ alloy membranes[J]. J Membrane Sci, 2011, 384(1/2): 136-141.

[6]李大圣, 张宇鹏, 熊志鹏, 等. 轻质高强 NiTi 形状记忆合金的制备及其超弹性行为[J]. 金属学报, 2008, 44(8): 995-1000.

[7]周宏霞, 吕锁宁, 李国柱, 等. 不同应变率下 Ni-Ti 形状记忆合金压缩力学行为分析[J]. 海军航空工程学院学报, 2008, 51(6): 215-226.

[8]贺志荣. Ti-Ni 形状记忆合金多阶段可逆相变的类型及其演化过程[J]. 金属学报, 2007, 43(4) : 353-357.

[9]Inoue H, Miwa N, Inakazu N. Texture and shape memory strain in TiNi alloy sheets[J]. Acta Mater, 1996, 44(12): 4825-4834.

[10]张红钢, 何勇, 刘雪峰, 等. Ni-Ti 形状记忆合金热压缩变形行为及本构关系[J]. 金属学报, 2007, 23(9): 36-42.

[11] Yoneyama T, Doi H, Hamanaka H, et al. Basic properties of superlastic Ni-Ti alloy ligature wires for a new intermaxillary fixation method[J]. Biomaterials, 1994, 15(1): 71-74.

[12]Ota A, Yazaki Y, Yokoyama K, et al. Hydrogen absorption and thermal desorption behavior of Ni-Ti superelastic alloy immersed in neutral NaCl and NaF solutions under applied potential[J]. Mater Trans, 2009, 50(7): 1843-1849.

[13] Wang Y B, Zheng Y F, Liu Y. Effect of short-time direct current heating on phase transformation andsuperelasticity of Ti-50. 8%Ni alloy[J]. J Alloys Compd, 2009, 477(1-2): 764-767.

[14] Yokoyama K, Tomita M, Sakai J. Hydrogen embrittlement behavior induced by dynamic martensite transformation of Ni - Ti superelastic alloy [J]. Acta Mater, 2009, 57(6): 1875-1885.

[15]陶亦亦, 吴倩, 戈晓岚. 多孔 Ni-Ti 形状记忆合金低频内耗性能测量研究[J]. 苏州市职业

大学学报, 2007, 18(1): 68-70.

[16] Zhao L X, Liu F S, Xu H B. Microstructure and mechanical properties of cross-rolled $Ti_{50}Ni_{47}Fe_3$ shape memory alloy[J]. Chinese J Aeronaut, 2006, 19(S1): 227-232.

[17] Wilthan B, Pottlacher G. Experimental investigation of the normal spectral emissivity and other thermophysical properties of pulse-heated Ni-Ti and Au-Ni alloys into the liquid phase[J]. Rare Metals, 2006, 25(5): 592-596.

[18] Van Moorleghem W, Chandrasekaran M, Reynaerts D, et al. Shape memory and superelastic alloys: The new medical materials with growing demand[J]. Bio-Med Mater Eng, 1998, 8(2): 55-60.

[19] Martins Rui M S, Schell Norbert, Gordo Paulo R, et al. Development of sputtered shape memory alloy (SMA) Ni-Ti films for actuation in ice cooled environments[J]. Vacuum, 2009, 83(10): 1299-1302.

[20] 光明. TiNi 形状记忆合金的耐磨性[J]. 金属功能材料, 1998, 5(1): 99-107.

[21] 檀朝桂, 蒋文娟, 吴学庆, 等. Ti 对部分晶化 Ni 基非晶合金电化学腐蚀性能的影响[J]. 稀有金属, 2007, 31(4): 463-469.

[22] 丁少华, 蔡萍. 镍钛合金抗腐蚀性的研究进展[J]. 国际口腔医学杂志, 2007, 34(6): 512-523.

[23] 隋解和, 吴冶, 王志学, 等. NiTi 合金表面类金刚石膜的表面特征和腐蚀行为[J]. 稀有金属材料与工程, 2007, 36(2): 256-262.

[24] 赵兴科, 王中, 蔡伟, 等. 一种 NiTi 合金耐蚀性能的正交试验研究[J]. 腐蚀科学与防护技术, 2001, 13(1): 22-25.

[25] 徐发, 张俭. 抗磨耐蚀镍钛合金的研究[J]. 特种铸造及有色合金, 1989, 9(3): 22-27.

[26] 韩明臣. Ti-Ni 形状记忆合金的生物相容性评价[J]. 稀有金属快报, 2008, 27(6): 45.

[27] Lehnert T, Grimmer H, Beni P, et al. Characterization of shape-memory alloy thin films made up from sputter-deposited Ni/ Timultilayers[J]. Acta Mater, 2000, 48(16): 4065-4071.

[28] Rondelli G, Vicentini B. Effect of copper on the localized corrosion resistance of Ni-Ti shape memory alloy[J]. 2002, 23(3): 639-644.

[29] Tomita M, Yokoyama K, Sakai J. Effects of potential, temperature and pH on hydrogen absorption and thermal desorption behaviors of Ni-Ti superelastic alloy in 0.9% NaCl solution [J]. Corros Sci, 2008, 50(7): 2061-2069.

[30] Withers J C, Loutfy R O, Laughlin J P. Electrolytic process to produce titanium from TiO_2 feed [J]. Mater Techonol, 2007, 22(2): 66-70.

[31] Zou X L, Lu X G, Li Ch H, et al. A direct electrochemical route from oxides to Ti-Si intermetallics[J]. Electrochim Acta, 2010, 55(18): 5173-5179.

[32] 孟祥龙, 蔡伟. TiNi 基形状记忆材料及应用研究进展[J]. 中国材料进展, 2011, 30(9): 13-20.

[33] Lu X, Hiraki T, Nakajima K, et al. Thermodynamic analysis of separation of alloying elements in recycling of end-of-life titanium products[J]. Sep Purif Technol, 2012, 89(1): 135-141.

[34]Shinde P S, Sadale S B, Patil P S, et al. Properties of spray deposited titanium dioxide thin films and their application in photoelctrocatalysis[J]. Sol Energ Mat Sol C, 2008, 92(3): 283-290.

[35]张鹏省, 毛小南, 赵永庆, 等. 世界钛及钛合金产业现状及发展趋势[J]. 稀有金属快报, 2007, 26(10): 1-9.

[36] 贺志荣. TiNi 形状记忆合金的工程应用研究现状和展望[J]. 材料导报, 2005, 19(4): 50-53.

[37] 薛素铎, 卞晓芳. SMA-MR 阻尼器在大跨度挑篷结构中的减振控制研究[J]. 空间结构, 2005, 11(2): 19-26.

[38]杨孟刚. 磁流变阻尼器在大跨度桥梁上的减震理论研究[D]. 长沙: 中南大学, 2004.

[39]朱胜利, 杨贤, 金王媛, 等. Ni-Ti 形状记忆合金性能及表面活化研究进展[J]. 金属热处理, 2004, 29(12): 40-45.

[40]Horiuchi Y, Horiuchi M, Hanawa T, et al. Effect of surface modification on the photocatalysis of Ti-Ni alloy in orthodontics[J]. Dent Mater J, 2007, 26(6): 924-929.

[41]Undisz A, Schrempel F, Wesch W, et al. In situ observation of surface oxide layers on medical grade Ni-Ti alloy during straining[J]. J Biomed Mater Res A, 2009, 88(4): 1000-1009

[42] 中国有色金属工业协会钛锆铪分会. 钛行业“十二五”规划研究[J]. 钛工业进展, 2011, 28(4): 10-18.

[43]Tulugan K, Park C H, Qing W. Composition design and mechanical properties of BCC Ti solid solution alloys with low Young's modulus[J]. J Mech Sci Technol, 2012, 26(2): 373-377.

[44]邵娟. 钛合金及其应用研究进展[J]. 稀有金属与硬质合金, 2007, 35(4): 62-68.

[45] JohnD R, Craiga K B, David C H. The thermaomechanical processing of titanium and Ti-6Al-4V thin gage sheet and plate[J]. JOM, 2005, 389(57): 58-61.

[46] 吕双坤, 赵树萍. 钛合金在航空航天领域中的应用[J]. 钛工业进展, 2002, 22(6): 18-21.

[47] 洪艳, 沈化森, 曲涛, 等. 钛冶金工艺研究进展[J]. 稀有金属, 2007, 31(5): 694-700.

[48] Fan D, Sun Y N, FUR, et al. In-situ formation of TiC particles reinforced Ni_3(Si, Ti) composite coating produced by laser cladding [J]. Mater Sci Tech-lond, 2008, 15(6): 806-809.

[49]Hayes F H. Advances in titanium extraction metallurgy [J]. JOM, 1984, 56(4): 1133-1328.

[50]Martins R M S, Schell N, Silva R J C, et al. In-situ study of Ni-Ti thin film growth on a TiN intermediate layer by X-ray diffraction[J]. Sensor Actuat B—Chem, 2007, 126(1): 332-337.

[51]李芬, 朱颖, 李刘合, 等. 磁控溅射技术及其发展[J]. 真空电子技术, 2011(3): 49-54.

[52]Chen G Z, Fray D J, Farthing T W. Direct electrochemical reduction of titanium dioxide to titanium in molten calcium chloride[J]. Nature, 2000, 407: 361-363.

[53] 廖先杰. 熔盐电脱氧法制备 Ti、钛合金、Al-Sc 合金[D]. 沈阳: 东北大学, 2012.

[54] Bordia R, Olevsky E A. Advances in Sintering Science and Technology: Ceramic Transactions [M]. Wiley, 2010.

[55]朱小平，于长凤. 缺陷化学概论[M]. 武汉：武汉理工大学，2005.

[56]Sun K，Li A，Cui X，et al. Sintering technology research of Fe_3Al/Al_2O_3 ceramic composites [J]. J Mater Process Tech，2001，113(1-3)：482-485.

[57] 崔国文. 缺陷、扩散与烧结[M]. 北京：清华大学出版社，1990.

[58] Sakurai T，Ishida N，Ishizuka S，et al. Investigation of relation between Ga concentration and defect levels of Al/Cu (In，Ga)Se_2 Schottky junctions using admittance spectroscopy[J]. Thin Solid Films，2007，515(15)：6208-6211.

[59] Alfe D，Gillan M J. Schottky defect formation energy in MgO calculated by diffusion Monte Carlo [J]. Physical Review B，2005，71(22)：6755-6769.

[60] Tumakha S，Ewing D J，Porter L M，et al. Defect-driven inhomogeneities in Ni/4H-SiC Schottky barriers[J]. Applied Physics Letters，2005，87(24)：242106-242106.

[61] Jacob K T，Saji V S，Reddy S N S. Thermodynamic evidence for order-disorder transition in $NiTiO_3$[J]. J Chem Thermodyn，2007，39(2)：230-235.

[62]Zhou G W，Kang Y S. Synthesis and characterization of the nickel titanate $NiTiO_3$ nanoparticles in CTAB micelle[J]. J Disper Sci Technol，2006，27(5)：727-730.

[63]Singh R S，Ansari T H，Singh R A，et al. Electrical-conduction in $NiTiO_3$ single-crystals[J]. Mater Chem Phys，1995，40(3)：173-177.

[64]Salvador P，Gutierrez C，Goodenough J B. Photoresponse of n-type semiconductor $NiTiO_3$[J]. Appl Phys Lett，1982，40(2)：188-190.

[65] 果世驹. 粉末烧结理论[M]. 北京：冶金工业出版社，1998.

[66]Chen G Z，Fray D J. Cathodic refining in molten salts：Removal of oxygen，sulfur and selenium from static and flowing molten copper[J]. J Appl Electrochem，2001，31(2)：155-164.

[67] Stöhr U，Freyland W. Intervalence charge transfer and electronic transport in molten salts containing tantalum and niobium complexes of mixed valency[J]. Physical Chemistry Chemical Physics ，1999，1：4383-4387.

[68] Mohandas K S，Fray D J. Electrochemical Deoxidation of Solid Zirconium Dioxide in Molten Calcium Chloride[J]. Metallurgical and Materials Transactions B，2009，40(5)：685-699.

[69] Li G M，Wang D H，Jin X B，et al. Electrolysis of solidMoS(2) in molten $CaCl_2$ for Mo extraction without CO2 emission [J]. Electrochemistry Communications，2007，9(8)：1951-1957.

[70] Chen G Z，Fray D J，Farthing T W. Direct electrochemical reduction of titanium dioxide to titanium in molten calcium chloride[J]. Nature，2000，407(6802)：361-364.

[71] Massalski T B，Murray J L，Bennett L H，et al. Binary Alloy phase diagrams[M]. American Society for Metals，1986.

[72] Massalski T B，Okamoto H，Subramanian P R，et al，Binary Alloy Phase Diagrams. In Second edition ed. WILEY-VCH Verlag GmbH：ASM International，Materials Park，Ohio，USA.，1991，3：628-629.

[73] Menon E，Aaronson H. Nucleation，growth，and overall transformation kinetics of grain

boundary allotriomorphs of proeutectoid alpha in Ti-3. 2 At. Pct Co and Ti-6. 6 At. Pct Cr alloys[J]. Metallurgical and Materials Transactions A, 1986, 17(10): 1703-1715.

[74]秦桂红, 严彪, 殷俊林. Ni-Ti 基形状记忆合金的研究与应用[J]. 热处理, 2004, 19(4): 12-16.

[75] 何向明, 张荣发, 向军淮, 等. Ti-Ni-Cu 形状记忆合金的温度记忆效应[J]. 中国有色金属学报, 2005, 15(11): 1751-1754.

[76] Metikoš-Hukovič M, Katič J, Milošev I. Kinetics of passivity of NiTi in an acidic solution and the spectroscopic characterization of passive films[J]. J Solid State Electr, 2012, 16(7): 1-11.

[77] Lalena J N, Cleary D A. Principles of Inorganic Materials Design [M]. Wiley-Interscience, 2005.

[78] Schwandt C, Fray D J. Determination of the kinetic pathway in the electrochemical reduction of titanium dioxide in molten calcium chloride[J]. Electrochimic Acta, 2005, 51(1): 66-76.

[79] Schwandt C, Fray D J. Determination of the kinetic pathway in the electrochemical reduction of titanium dioxide in molten calcium chloride[J]. Electrochimic Acta, 2005, 51(1): 66-76.

[80] Fouletier J, Ghetta V. High-Temperature Applications of Solid Electrolytes: Fuel Cells, Pumping, and Conversion[M]. 2009: 397-426.

第 12 章　以氧化铝(或铝)/氧化钪为阴极熔盐电脱氧法制备铝钪合金

Al-Sc 二元系有很多化合物，如 $ScAl_3$、$ScAl_2$ 和 ScAl 等，其中最稳定的是 $ScAl_2$[1]，距 Al 最近的化合物是 $ScAl_3$，它是包晶反应的产物。在结晶过程中容易形成过饱和的固溶体，在加热和挤压过程中容易析出共格的 $ScAl_3$ 质点[2, 3]，因而能强烈抑制再结晶[4]，减少沿晶断裂倾向，显著地提高了合金的强度[5]、塑性和断裂性[6-9]。含钪的铝合金有诸多的优良性能，使铝钪合金的应用广泛[10]，在船舶、航天工业、火箭、导弹和核能等高新技术领域内有很广的应用[11]。但由于钪是稀有元素，它的价格比较贵，目前的应用主要是在高性能的铝合金上。随着钪生产工艺的不断提高和材料科学的深入研究，Al-Sc 合金将会有一个更大的发展空间[12]。

12.1　铝钪合金制备技术

12.1.1　熔盐电解法

熔盐电解法制备铝钪合金，以铝阴极作为捕收剂，主要有以下几种体系[13]：①以 $ScCl_3$ 为原料，在 $KCl-NaCl-ScCl_3$ 熔盐体系中电解；②以 Sc_2O_3 为原料，在 $Sc_2O_3-ScF_3-3NaF \cdot AlF_3$ 熔盐体系中电解；③以 Sc_2O_3 为原料，在 $Sc_2O_3-ScF_3-LiF$ 熔盐体系中电解；④以 Sc_2O_3 为原料，在 $Sc_2O_3-ScF_3-NaF$ 熔盐体系中电解[8, 14, 15]；⑤以 $ScCl_3$ 为原料，在 $LiF-ScF_3-ScCl_3$ 熔盐体系中电解，铝液为阴极捕收剂，石墨为阳极，生产过程中析出的主要产物为 CO 和 CO_2[16]；⑥以 Sc_2O_3 为原料，在 nNaF/$AlF_3-ScF_3-Sc_2O_3$ 体系中电解[17]；⑦以 Sc_2O_3 为原料，在 $Na_3AlF_6-LiF-Sc_2O_3$ 熔盐体系中电解[18]。上述方法存在的问题：①采用 $ScCl_3$ 为原料的方法，$ScCl_3$ 制备流程长，一般采用气相氯化方法，设备复杂，污染严重；②采用

Sc_2O_3 为原料的方法，由于 800℃时 Sc_2O_3 在 Na_3AlF_6 熔盐体系中的溶解度低，约为 2%，并且随着电解的进行，Sc_2O_3 浓度不断降低，需周期性向电解质中加入 Sc_2O_3 才能维持电解过程的进行；③在高温熔盐电解条件下，氟盐及氢氟酸的腐蚀性严重，电解槽及电极材料容易腐蚀失效，电流效率低，电耗高，单产能力低，难以实现工业化。

12.1.2 对掺法

该方法是制备钪中间合金的传统方法，也称直接熔合法。它是将一定比例的高纯金属钪用铝箔包好后，在氩气保护下掺入熔化的铝液中保温足够时间，充分搅拌后铸入铁模或水冷铜模中，即制得钪中间合金。熔炼可用高纯石墨或氧化铝坩埚。该法可熔制 $w(Sc)$ 为 3.0%~11.0%的中间合金[17]。该方法存在问题是用高纯金属钪为原料，配制中间合金成本偏高，工业用户难以企及，也不符合金属钪应用领域军转民的总体思路。

12.1.3 铝热/铝镁热还原法

该法包括真空热还原法和常压热还原法。真空热还原法主要以 ScF_3 为原料，以活性铝粉为还原剂，在真空下进行还原。该方法加热速度慢，需要长时间的真空环境，对设备要求高，生产效率低。常压热还原法又细分为以下几种：①混合法：以 Sc_2O_3 为原料，以液体铝为还原剂[19-26]，在熔融铝上方覆盖一层熔盐电解质，然后向铝液中加入 Sc_2O_3，铝液还原 Sc_2O_3 得到的 Sc 立即与 Al 结合生成 Al-Sc 合金。②压团法：以 Sc_2O_3 为原料，以铝粉为还原剂，把 Sc_2O_3 与过剩铝粉进行充分混合并压成团，再将制好的球团加入熔化的铝液中，小团还原后产生的钪溶在铝液中，而产生的氧化铝在铝液表面张力的作用下，被排斥到铝液表面[27-29]。③合金法：以 Sc_2O_3 为原料，以 Al-Mg 合金中的 Mg 为还原剂。该法以非高纯 Sc_2O_3 作原料，经盐酸溶解转变为含 $ScCl_3$ 的溶液，再经蒸发、真空脱水及中温加热制得 $ScCl_3$ 后，在熔融的铝镁合金液中将其还原为金属钪，同时生成 Al_3Sc 化合物[28, 30-34]。铝热/铝镁还原法生产的 Al-Sc 中间合金偏析少，流程基本成形，但是中温脱水制熔盐的控制参数需要进一步优化[35]。

12.2 固态氧化铝(或铝)/氧化钪阴极熔盐电脱氧还原制备铝钪合金原理

施加高于氧化铝-氧化钪且低于工作熔盐 $CaCl_2$、NaCl 分解的恒定电压进行电脱氧，将阴极上氧化铝-氧化钪的氧离子化，离子化的氧经过熔盐移动到阴极，在阳极放电除去，生成的产物合金化留在阴极。

电解池构成为

$$C_{(阳极)} \mid CaCl_2\text{-}NaCl \mid Al_2O_3(或\ Al)\text{-}Sc_2O_3 \mid Fe\text{-}Cr\text{-}Al_{(阴极)}$$

Sc_2O_3 与 Al_2O_3 混合构成的阴极，在 $CaCl_2$-NaCl 熔盐中电脱氧制备铝钪合金的电极反应为：

阴极反应
$$Al_2O_3+6e^- \longrightarrow 2Sc+3O^{2-}$$
$$Sc_2O_3+6e^- \longrightarrow 2Sc+3O^{2-}$$
$$xAl+ySc \longrightarrow Al_xSc_y$$

阳极反应
$$2O^{2-}+C-4e^- \longrightarrow CO_2$$

或
$$O^{2-}+C-2e^- \longrightarrow CO$$

总反应为：
$$Al_2O_3+C+Sc_2O_3 \longrightarrow Al_xSc_y+CO_z(z=1,\ 2)$$

或
$$Al+C+Sc_2O_3 \longrightarrow Al_xSc_y+CO_z(z=1,\ 2)$$

12.3　固态氧化铝(或铝)/氧化钪阴极熔盐电脱氧[36]

12.3.1　研究内容

(1)成形压力对阴极片制备的影响

按照 n(Al)∶n(Sc)为 3∶1 混合物料，分别选取 Al_2O_3 与 Sc_2O_3 混合粉末，Al 混合 Sc_2O_3 粉末作为原料，采用 5 MPa、10 MPa、20 MPa、30 MPa、40 MPa、50 MPa 的成形压力，Al_2O_3-Sc_2O_3 片在 1200℃ 空气中烧结 4 h，Al-Sc_2O_3 片在 1000℃氩气气氛下烧结 4 h，产物进行孔隙率检测。

(2)烧结温度对阴极片制备的影响

选取上述同样原料，10 MPa 压力成形后，在 900~1200℃烧结 4 h，同样进行孔隙率检测。

(3)烧结时间对阴极片制备的影响

n(Al)∶n(Sc)的比例同上，按照 Al_2O_3、Sc_2O_3 和 Al 摩尔比为 5∶2∶2 进行混合，10 MPa 压力压片成形，在氩气保护下 1000℃烧结 2 h、4 h、6 h、8 h，产物同样用孔隙率进行表征。

(4)原料组合对阴极片制备及电脱氧的影响

n(Al)∶n(Sc)的比例同上，分别选取 Al_2O_3-Sc_2O_3 混合粉末、Al-Sc_2O_3 混合粉末、Al-Al_2O_3-Sc_2O_3(2∶5∶2)混合粉末三种原料体系，在 10 MPa 压力下成形，1000℃烧结 4 h(含 Al 物料在氩气下烧结)，产物进行 XRD 和 SEM 表征，并

将制得的 $Al_2O_3-Sc_2O_3$、$Al-Al_2O_3-Sc_2O_3$ 阴极片在 700℃的 $CaCl_2-NaCl$(摩尔比 1∶1)熔盐中以 3.2 V 恒电压电脱氧 24 h。

12.3.2 结果与讨论

(1)成形压力对阴极片制备的影响

图 12-1 是不同压力成形烧结产物的孔隙率，可见 Al_2O_3 与 Sc_2O_3 混合粉末，所有成形压力下的烧结片都保持一个趋势，即随着成形压力的增大，烧结片的孔

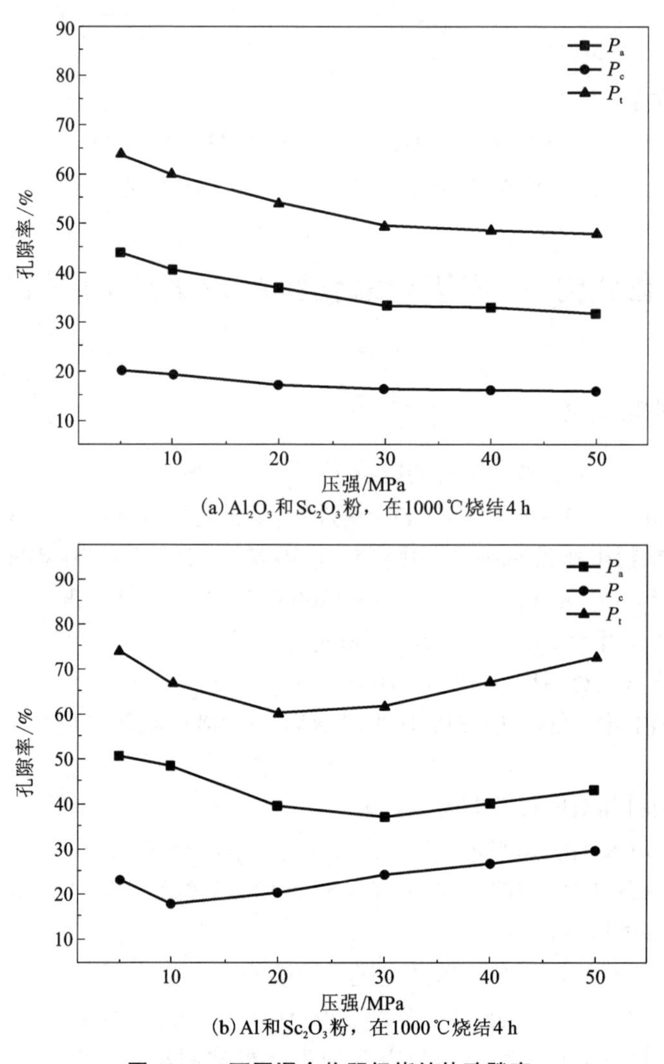

图 12-1　不同混合物阴极烧结片孔隙率

隙率呈下降趋势，这个大的趋势可以分为两个阶段：5~30 MPa 为第一个阶段，在这一阶段，开气孔率 P_a 和闭气孔率 P_c 都迅速地从 $P_a=43.7\%$ 与 $P_c=20.1\%$ 减小到 $P_a=33.1\%$ 与 $P_c=16.1\%$；30 MPa 之后为第二阶段，当成形压力超过 30 MPa 之后，则在 1000℃、4 h 的烧结条件下孔隙率呈趋于稳定的趋势。这是因为小于等于 30 MPa 的时候，Al_2O_3 与 Sc_2O_3 颗粒间还有很大的孔隙率，随着压强继续增大，Al_2O_3 与 Sc_2O_3 固体颗粒间的孔隙率被压得很小，1000℃温度下经过几个小时的烧结，颗粒仍然处在晶体烧结的初期，只是颗粒间的接触颈长大，没有发生大量的气孔收缩[37]。而 Al 混合 Sc_2O_3 粉末作为原料时，却出现了两个孔隙率变化的趋势。首先，开气孔率在 30 MPa 压力以前始终保持孔隙率减小，但是当压力超过 30 MPa 以后孔隙率不再减小，反而增大；其次，闭气孔率在压力超过 5 MPa 以后始终保持增大的趋势。闭气孔率升高的原因是，Al 和 Sc_2O_3 的物质的量比是 3∶1，在烧结过程中有大量的液体，在液化过程中的体积变化以及毛细作用力都会阻止烧结体的收缩；当压片压力比较小时(低于 10 MPa)，固体颗粒间有大量的孔隙，因此在烧结过程中烧结体还能继续收缩，闭气孔率与开气孔率减少；当压力超过 10 MPa 以后，颗粒间封闭的孔隙减少，该空间不能满足熔化液体的需要，于是烧结体的闭气孔率变大，当压力继续增大，固体颗粒间的孔隙更小，在烧结过程中的液体于是向开口的孔隙位置运动膨胀，这就出现了 30 MPa 以后的开气孔率变大的现象。

从以上分析可见，10 MPa 是液相烧结孔隙率变化的一个临界点，因此是本实验条件下最优的成形压力。

(2)烧结温度对阴极片制备的影响

图 12-2 是不同烧结温度下的产物孔隙率。由图可见，Al_2O_3 与 Sc_2O_3 混合粉末阴极，经过 10 MPa 压力成形，在 900~1200℃烧结 4 h 后，总的孔隙率保持下降的趋势；而 Al 混合 Sc_2O_3 粉末阴极，经过 10 MPa 压力成形，在 900~1200℃烧结 4 h 后则呈相反的趋势，烧结片的孔隙率不断变大，烧结片的体积也不膨大。这在上节压强大于 10 MPa 的孔隙率分析也曾看到。

该现象是液相烧结的特有现象——反致密化[37]。出现该现象主要原因为溶解度失配：在烧结过程液相出现，固相在液相的溶解度(S_S)和液相在固相的溶解度(S_L)也伴随产生，并且这两个溶解度的匹配影响着烧结过程的致密化或者是膨胀反致密化。German 总结该影响的判据为[38-40]：

$S_S/S_L>1$：浓缩致密化

$S_S/S_L<1$：膨胀反致密化

也就是说该烧结片出现的膨胀反致密化现象说明，Sc_2O_3 在液态 Al 液中溶解度 $S_{Sc_2O_3}$ 小于 Al 液在 Sc_2O_3 固体中的溶解度 S_{Al}，该反致密化现象直接导致烧结片内部结构不均匀，烧结片蓬松无法进行电解操作。

根据以上分析可知，成形压力对反致密化有一定改善作用，通过改变烧结温度无法避免该现象；另外可以调节固相 Sc_2O_3 与液相 Al 的比例来控制烧结体的体积收缩与膨胀。

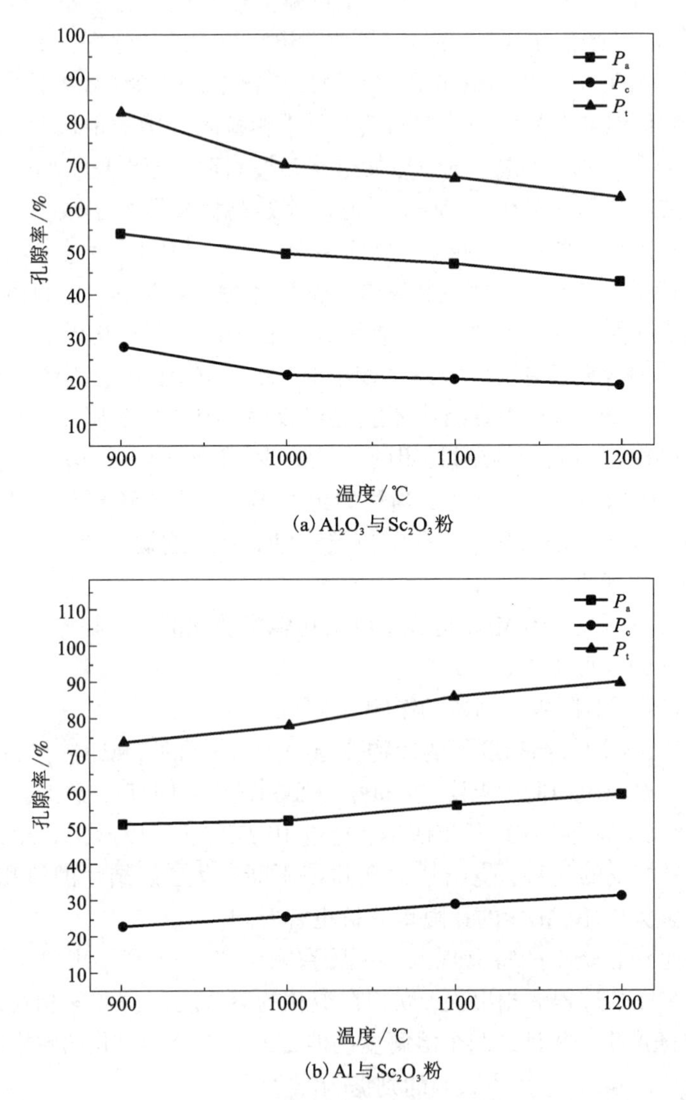

图 12-2　不同混合物在不同烧结温度下烧结 4 h 后阴极烧结片孔隙率

(3)烧结时间对阴极片制备的影响

图 12-3 是 $Al-Al_2O_3-Sc_2O_3$ 混合物烧结时间与产物孔隙率的关系图。由图 12-3 可见，经过不同烧结时间，阴极片的孔隙率始终保持减小趋势，没有出现孔

隙率增大现象。这是因为添加了 Al_2O_3 固相，它与 Al 液有良好的润湿性，增加了固相在 Al 液相的溶解度，从而避免了反致密化现象的出现。

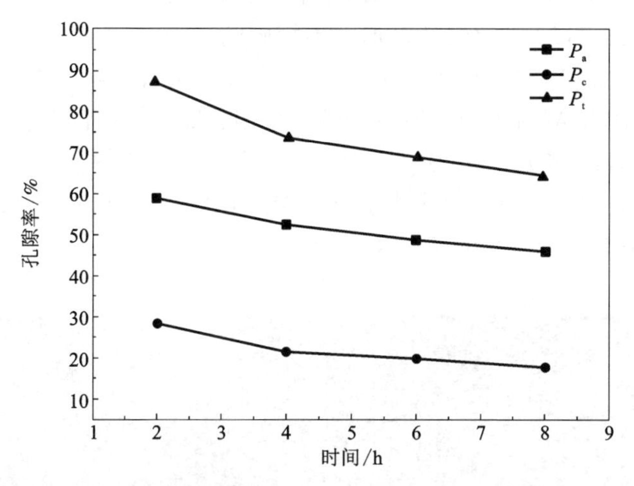

图 12-3　不同烧结时间下 $Al-Al_2O_3-Sc_2O_3$ 粉阴极烧结片孔隙率

图 12-4(a)是未添加 Al_2O_3 出现膨胀反致密化现象的烧结片，图 12-4(b)是添加了 Al_2O_3 之后，收缩致密化的烧结片。然而，对于熔盐直接电脱氧还原 FFC 法来说，反致密化现象提供了一个有效途径来控制烧结前驱体的孔隙率与体积密度，这可以更方便地将烧结前驱体控制在电脱氧需要的孔隙率范围。

(a) 出现膨胀反致密化的阴极片

(b) 未出现反致密化的阴极片

图 12-4　在 1000℃下烧结 4 h 的阴极片照片

(4)原料组合对阴极片制备及电脱氧的影响

图 12-5 是 Al_2O_3-Sc_2O_3 混合粉末、Al-Sc_2O_3 混合粉末、Al-Al_2O_3-Sc_2O_3 混合粉末烧结后产物阴极片的 SEM 及 EDS 图。由图 12-5(a)可见，当阴极片由 Al_2O_3-Sc_2O_3 原料烧结而成时，烧结体是形状不规则的大小颗粒，烧结片质硬，孔隙率小，烧结后除了添加物 Al_2O_3 和 Sc_2O_3 外，还有 $AlScO_3$ 化合物生成。由图 12-5(b)可见，当阴极片由 Al 和 Sc_2O_3 原料烧结而成时，烧结体内部有大量的丝状物生成。由图 12-5(c)可见，Al、Sc_2O_3 和 Sc_2O_3 原料烧结的阴极同样有大量的丝状物。对图 12-5(b)和 12-5(c)中大量丝状物做 EDS 分析测得：x(Al)为 17.14%，x(Sc)为 23.06%，x(O)为 59.78%。

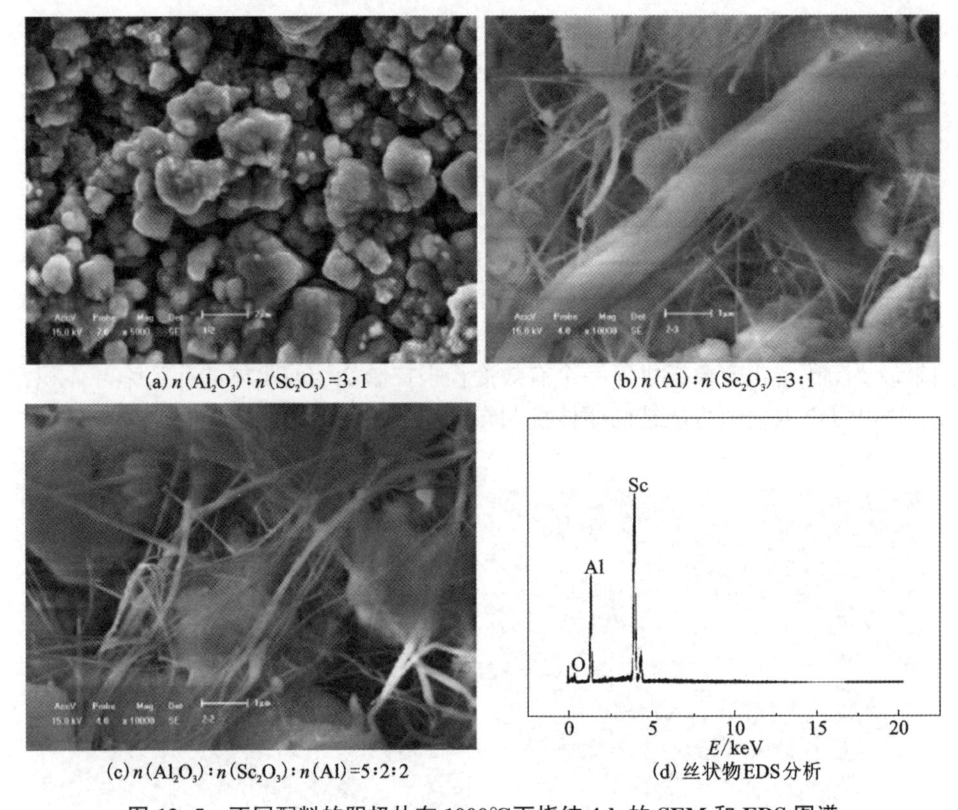

(a) $n(Al_2O_3):n(Sc_2O_3)=3:1$　(b) $n(Al):n(Sc_2O_3)=3:1$

(c) $n(Al_2O_3):n(Sc_2O_3):n(Al)=5:2:2$　(d) 丝状物EDS分析

图 12-5　不同配料的阴极片在 1000℃下烧结 4 h 的 SEM 和 EDS 图谱

将烧结片做 XRD 检测分析，得图 12-6。可见图 12-6(a)和(b)中都有化合物 $Sc_{3.3}Al_{2.7}O_9$ 生成，该化合物的组成与丝状物的 EDS 元素分析相吻合，为 Al 在高温烧结过程中与 Sc_2O_3 形成的化合物，或者在 Al 液的活化作用下，出现了肖特基缺陷的复合氧化物[41, 42]：

$$Sc_2O_3 \xrightarrow{Al_2O_3} ScAl+O_O$$

但是由于 Al^{3+} 和 Sc^{3+} 两种离子价态相同因此该缺陷是电中性的。

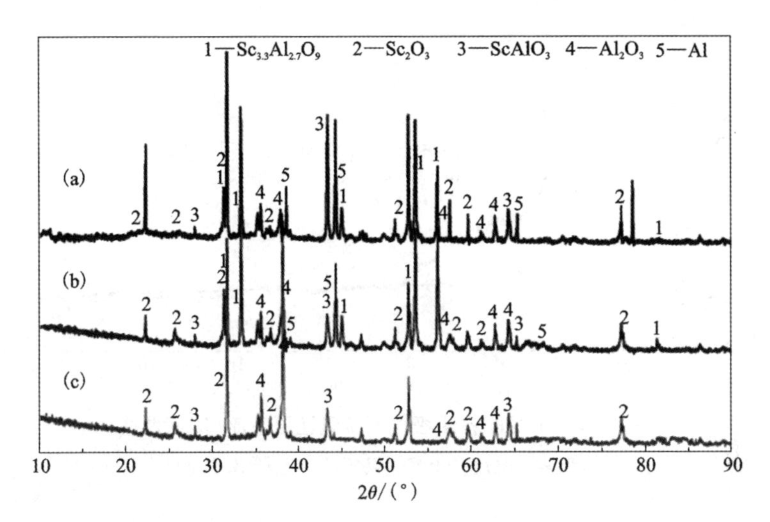

(a)$n(Al_2O_3):n(Sc_2O_3)=3:1$；(b)$n(Al):n(Sc_2O_3)=3:1$；

(c)$n(Al_2O_3):n(Sc_2O_3):n(Al)=5:2:2$。

图 12-6　不同配料的阴极片在 1000℃下烧结 4 h 的 XRD 图谱

由于纯 Al 与 Sc_2O_3 混合的阴极在反致密化作用下，体积膨胀严重，烧结片物理强度不够，选用 $Al_2O_3-Sc_2O_3-Al$ 混合烧结阴极片与 $Al_2O_3-Sc_2O_3$ 混合烧结阴极片做直接电脱氧还原实验，烧结条件为 1000℃，氩气气氛，烧结时间 4 h。图 12-7 是恒压电解还原的电流-时间曲线，从图中可见两种混合烧结阴极片起始电流都为 1.5 A 左右，这是因为外表面积、表面电容都大致相当，因此起始电流差距不大。但是，随着电脱氧还原的进行，反应逐渐转入内部进行，$Al_2O_3-Sc_2O_3$ 混合烧结阴极片闭气孔少，电脱氧反应缓慢，宏观表现出来就是电流下降快，0.5~8 h $Al_2O_3-Sc_2O_3-Al$ 混合烧结阴极片的电流数据都远远高于 $Al_2O_3-Sc_2O_3$ 混合烧结阴极片的电脱氧电流数据。电脱氧还原 8 h 后，电脱氧电流都进入背景电流平稳期。电脱氧还原 14 h 后，将阴极片冷却取出，样品放入真空皿中进行抽真空水洗并用无水乙醇超声振荡洗涤，低温烘干之后做 XRD 检测，得图 12-8。由图可见，不论是哪种配料的烧结前驱体都有 Al_3Sc 合金相生成，但是没有发现单质 Al 和 Sc，这是由于阴极粉末都是 1 μm 以下的细小颗粒，Al 和 Sc 单质都是极其活泼的金属单质，即使在常温状态下也无法暴露在空气中保存，如果有也会被空气中的氧迅速氧化。

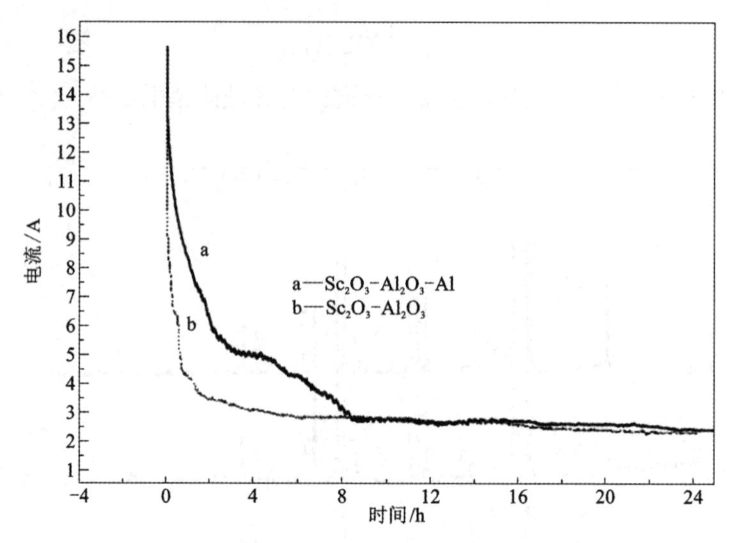

图 12-7　不同配料阴极片电脱氧还原电流-时间曲线

(电脱氧温度 700℃，氩气氛，电压 3.2 V)

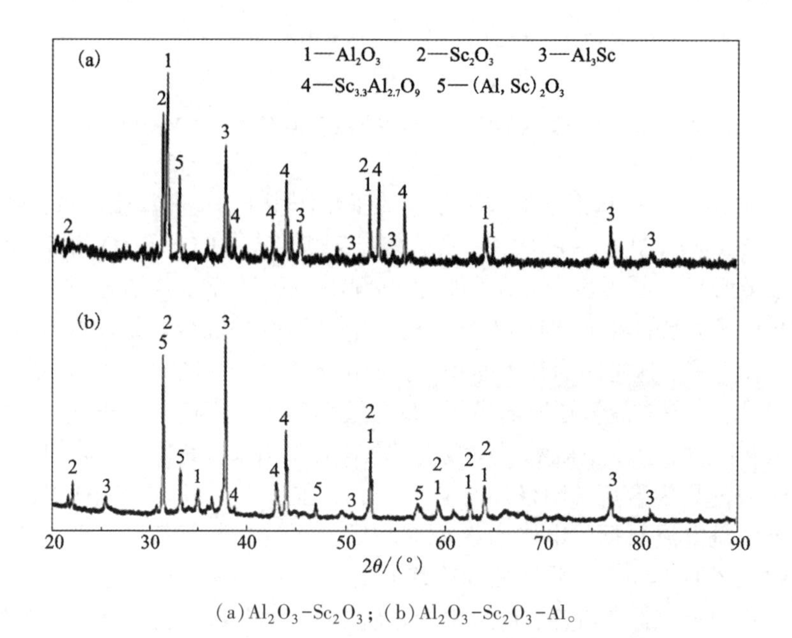

(a) Al_2O_3-Sc_2O_3；(b) Al_2O_3-Sc_2O_3-Al。

图 12-8　不同配料阴极片电脱氧还原 14 h 的 XRD 图谱

图 12-9 是电脱氧还原 24 h 后的 XRD 图。由图 12-9 可见，Al_2O_3-Sc_2O_3 混料烧结阴极片经过 24 h 电脱氧后，除了获得的 Al_3Sc 合金外仍然还有大量的氧化物存在，而 Al_2O_3-Sc_2O_3-Al 混料烧结阴极片则获得的几乎完全是合金相。做氧

含量分析得这两种阴极电脱氧产物的 $w(O)$ 分别为 19.6%和 0.08%；电流效率分别为 28.3%和 59.5%。

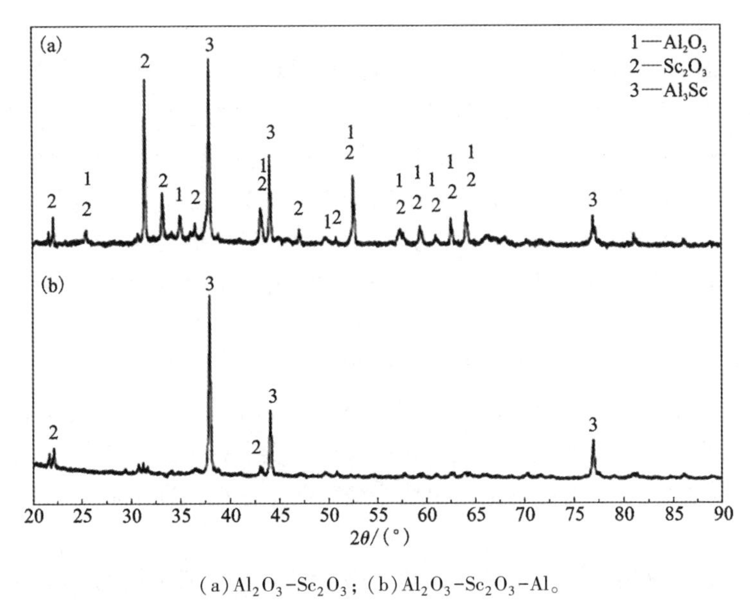

(a) Al_2O_3-Sc_2O_3；(b) Al_2O_3-Sc_2O_3-Al。

图 12-9　不同配料阴极片电脱氧还原 24 h 的 XRD 图谱

将 Al_2O_3-Sc_2O_3-Al 阴极电脱氧 24 h 后的产品做 SEM 和 EDS 分析，结果如图 12-10 所示，其中 Al 和 Sc 的质量分数分别为 64.937%和 35.063%，符合 Al_3Sc 合金的质量比关系。

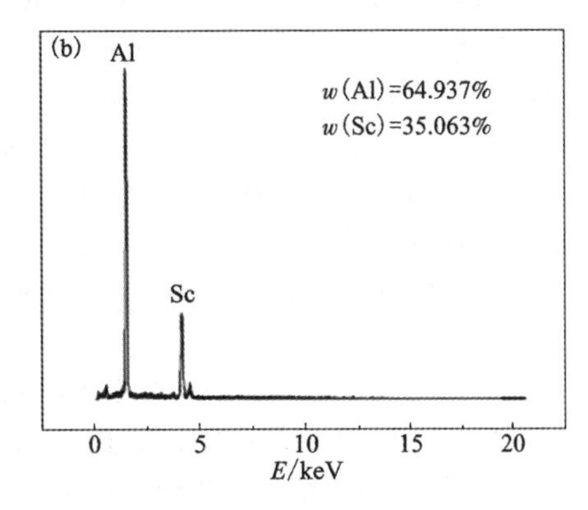

图 12-10　经过 24 h 电脱氧还原得到 Al_3Sc 的 SEM 图像(a)及 EDS 图谱(b)

12.4 结论

鉴于金属 Al 的熔点低，本章采用液态烧结法烧结阴极片，电脱氧制备 Al_3Sc 合金，并对阴极烧结压力、烧结温度、烧结时间和原料配比进行研究，结论如下：

(1)以 Sc_2O_3、Al_2O_3 和 Al 为原料，10 MPa 压力成形，经过 1000℃、4 h 烧结后，在 700℃的 $CaCl_2$-NaCl 熔盐[x(CaO)为 2%]、3.4 V 电压下电脱氧还原 24 h 制得 Al_3Sc 合金粉末，其残余 w(O)为 0.08%，电流效率为 59.5%；而同等条件下以 Sc_2O_3、Al_2O_3 原料电脱氧制得 Al_3Sc 合金的残余 w(O)为 19.6%，电流效率为 28.3%。

(2)采用 Al-Sc_2O_3 为原料，在烧结过程中由于溶解度失配会出现膨胀反致密化现象，通过改变烧结压力、添加与 Al 液润湿性好的 Al_2O_3 来避免该现象；同时对于熔盐电脱氧还原法来说，反致密化现象也提供了一个途径来控制烧结前驱体的孔隙率与体积密度，这可以更方便地将烧结前驱体控制在电脱氧需要的孔隙率范围。

总之，采用液相烧结的阴极片孔隙率高，烧结颗粒细小均匀，电脱氧产物含氧量低，电流效率高；虽然不像微波烧结有广泛的实用意义，但是对于存在液相的前驱体烧结来说，也是一个好的烧结方法。

参考文献

[1] Málek P, Turba K, Cieslar M, et al. Structure development during superplastic deformation of an Al-Mg-Sc-Zr alloy[J]. Mat Sci Eng A—Struct, 2007, 462(1-2): 95-99.

[2] Senkov O N, Shagiev M R, Senkova S V, et al. Precipitation of Al_3(Sc,Zr) particles in an Al-Zn-Mg-Cu-Sc-Zr alloy during conventional solution heat treatment and its effect on tensile properties[J]. Acta Mater, 2008, 56(15): 3723-3738.

[3] Clouet Emmanuel, Nastar Maylise, Sigli Christophe. Nucleation of Al_3Zr and Al_3Sc in aluminum alloys: From kinetic Monte Carlo simulations to classical theory[J]. Phys Rev B, 2004, 69: 064109.

[4] Lathabai S, Lloyd P G. The effect of scandium on the microstructure, mechanical properties and weldability of a cast Al-Mg alloy[J]. Acta Mater, 2002, 50(17): 4275-4292.

[5] Røyset J, Ryum N, Bettella D, et al. On the addition of precipitation- and work-hardening in an Al-Sc alloy[J]. Mat Sci Eng A, 2008, (483/484): 175-178.

[6] 杜元元，苏学宽，邹景霞，等. Al-Sc 合金中 Al_3Sc 析出相的研究进展[J]. 金属热处理, 2007, 32(2): 12-15.

[7] Neubert V, Smola B, Stulikova I, et al. Microstructure, mechanical properties and corrosion

behaviour of dilute Al-Sc-Zr alloy prepared by powder metallurgy[J]. Mat Sci Eng A—Struct, 2007, 464(1-2): 358-364.

[8] Røyset J, Ryum N. Scandium in aluminium alloys[J]. Int Mater Rev, 2005, 50(1): 19-44.

[9] Kim W J, Kim J K, Kim H K, et al. Effect of post equal-channel-angular-pressing aging on the modified 7075 Al alloy containing Sc[J]. J Alloys Compd, 2008, 450(1-2): 222-228.

[10] Watanabe C, Monzen R, Tazaki K. Effects of Al_3Sc particle size and precipitate-free zones on fatigue behavior and dislocation structure of an aged Al-Mg-Sc alloy[J]. Int J Fatigue, 2008, 30(4): 635-641.

[11] Lathabai S, Lloyd P G. The effect of scandium on the microstructure, mechanical properties and weldability of a cast Al-Mg alloy[J]. Acta Mater, 2002, 50(17): 4275-4292.

[12] 杨少华, 邱竹贤, 张明杰. 铝钪合金的应用及生产[J]. 轻金属, 2006(4): 55-57.

[13] Krishnamurthy N, Gupta C K. Rare earth metals and alloys by electrolytic methods[J]. Miner ProcessExtr M, 2002, 22(4-6): 477-507.

[14] 张明杰, 李金丽, 梁家骁. 熔盐电解法生产 Al-Sc 合金[J]. 东北大学学报(自然科学版), 2003, 24(4): 358-360.

[15] Davydov V G, Yelagin V I, Zakharov V V, et al. On prospects of application of new 01570 high-strength weldable Al-Mg-Sc alloy in aircraft industry[J]. Materials Science Forum, 1996, 217: 1841-1846.

[16] 李广宇, 杨少华, 李继东, 等. 熔盐电解法制备铝钪合金的研究[J]. 轻金属, 2007(5): 54-57.

[17] 张明杰, 梁家骁. 铝钪合金的性质及生产[J]. 材料与冶金学报, 2002(2): 110-114.

[18] 孙本良, 翟玉春, 田彦文. 氟盐体系中电解制取铝钪合金的研究[J]. 稀有金属, 1998(3): 191-194.

[19] Yan X Y, Fray D J. Electrosynthesis of NbTi and Nb-Sn superconductors from oxide precursors in $CaCl_2$-based melts[J]. Adv Funct Mater, 2005, 15(11): 1757-1761.

[20] 何碧宁, 杨庆山, 柳术平, 等. ScF_3 冰晶石熔盐体系中铝热还原 Sc_2O_3 制备 Al-Sc 中间合金[J]. 湖南冶金, 2006(3): 9-12.

[21] 杨庆山, 陈建军, 陈卫平. 铝热还原 Sc_2O_3 制备 Al-Sc 中间合金[J]. 稀有金属与硬质合金, 2007, 35(2): 5-7, 24.

[22] 路贵民, 刘学山. 冰晶石熔体中 Al 热还原法制备 Al-Sc 合金[J]. 中国有色金属学报, 1999, 9(1): 171-174.

[23] Røyset J, Ryum N. Scandium in aluminium alloys[J]. Int Mater Rev, 2005, 50(1): 19-44.

[24] 程荆卫. 钛合金熔炼技术及理论研究现状[J]. 特种铸造及有色合金, 2001(2): 70-72, 2.

[25] Bhagat R, Jackson M, Inman D, et al. Production of Ti-W alloys from mixed oxide precursors via the FFC cambridge process[J]. J Electrochem Soc, 2008, 156(1): E1-E7.

[26] 刘松利, 白晨光, 杨绍利, 等. 熔盐电解法制备钛的进展和发展趋势[J]. 轻金属, 2006(12): 46-19.

[27] 崔先云，范耀煌. 钛铁生产降低铝耗的途径[J]. 铁合金，2002，33(6)：1-4.

[28] Huang M S. Preparation of Al-Sc Alloy[J]. Jiangxi Nonferrous Metals，2005(2)：28-31.

[29] 张康宁，蒋家顺，张晓梅，等. 铝热还原制备铝钪合金的方法，CN200410046915[P]，2004-11-09.

[30] 姜锋，尹志民，李汉广，等. 氧化钪-氯化-铝镁热还原法制备钪中间合金新工艺研究[J]. 稀土，2001，22(3)：34-36.

[31] 姜锋，尹志民，李汉广. 铝钪中间合金的制备方法 [J]. 稀土，2001，22(1)：41-44.

[32] 姜锋，白兰，尹志民. Al-Mg-Sc 中间合金的制备[J]. 中国有色金属学报，2003，13(3)：584-588.

[33] 姜锋，尹志民，李汉广，等. 氯化钪-氯化钠-氯化钾熔盐制备新工艺研究[J]. 中国稀土学报，2003，22(3)：34-36.

[34] 姜锋，尹志民，李汉广，等. 氧化钪-氯化-铝镁热还原法制备钪中间合金新工艺研究[J]. 稀土，2001，22(3)：39-41.

[35] 朱昌洛，廖祥文，沈明伟. Al-Sc 中间合金的制备工艺[J]. 矿产综合利用，2007(1)：39-41.

[36] 廖先杰. 熔盐电脱氧法制备 Ti、钛合金、Al-Sc 合金[D]. 沈阳：东北大学，2013.

[37] Patil D，Mutsuddy B，Garard R. Microwave reaction sintering of oxide ceramics [J]. J Microwave Power E E，1992，27(1)：49-53.

[38] 朔风. 微波烧结技术专利[J]. 粉末冶金技术，2007，25(4)：311-311.

[39] Wang H L，Chen D L，Xu H L，et al. Preparation and characterization of ZrB_2-SiC ultra-high temperature ceramics by microwave sintering[J]. Frontiers of Materials Science in China，2010(3)：276-280.

[40] 范景莲，黄伯云，刘军，等. 微波烧结原理与研究现状[J]. 粉末冶金工业，2004，14(1)：29-33.

[41] Thompson K，Booske J H，Ives R L，et al. Millisecond microwave Annealing：Reaching the 32Nm Node[J]. MRS Proceedings，2004，810(1)：657-664.

[42] Booske J H，Cooper R F. Microwave ponderomotive forces in solid-state ionic plasmas[J]. Phys Plasmas，1998，5(5)：1664-1670.

第 13 章　以碳/氧化铬为阴极熔盐电脱氧法制备碳化铬

碳化铬具有高硬度、高熔点、高弹性模量、耐化学腐蚀以及耐磨损等优良性能，是被广泛应用的金属碳化物之一[1-11]。在切削工具领域，碳化铬作为表面涂层材料广泛应用[12, 13]。在 Fe-Cr-C 合金中，碳化铬作为重要的析出相，使得材料具有优异的抗磨性能[14]，因此其被许多该领域科研工作者探索研究[15-21]。

碳化铬存在 3 种结构：正交 Cr_3C_2(Pnma)、正交 Cr_7C_3(Pnma) 和立方 $Cr_{23}C_6$(Fm-3m)[22]，如图 13-1 所示，这 3 种结构的碳化铬得到了广泛的研究[23-33]。其

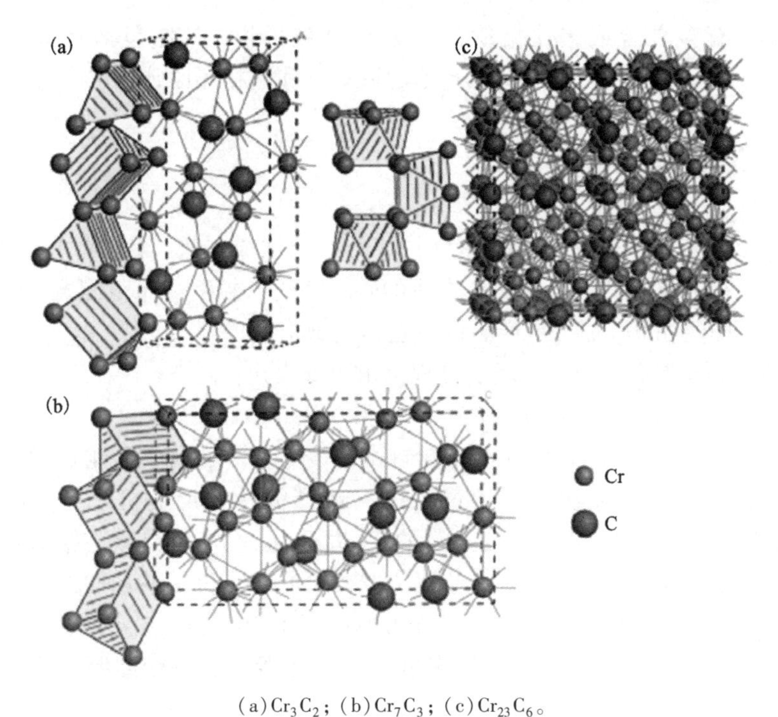

(a) Cr_3C_2；(b) Cr_7C_3；(c) $Cr_{23}C_6$。

图 13-1　碳化铬的晶体结构

中，Cr_3C_2 的共价性最强。另外德拜温度由大到小顺序依次为：Cr_3C_2，$Cr_{23}C_6$，Cr_7C_3，这与杨氏模量和剪切模量大小顺序一致。结合德拜温度和杨氏模量值，可以总结出 Cr_3C_2 的力学稳定性和热力学稳定性均是最好的[33]。部分 Cr_3C_2、$Cr_{23}C_6$ 及 Cr_7C_3 参数如表 13-1 所示。

表 13-1　碳化铬的平衡晶格常数、生成焓[34-36]

相	a/nm	b/nm	c/nm	生成焓 $-\Delta_r H$/(eV·atom^{-1})
Cr_3C_2	0.549 (0.554)	0.279 (0.283)	1.147 (1.1.49)	0.114 (0.15)
Cr_7C_3	0.451 (0.453)	0.690 (0.701)	1.208 (1.214)	0.112 (0.149)
$Cr_{23}C_6$	1.055 (1.066)	0.087 (0.123)	—	—

目前，有多种合成碳化铬粉体的方法已被报道，具体包括直接元素反应法[37]、机械合金化法[38, 39]、程序升温反应法[40]和气相还原碳化法[41]。

13.1　碳化铬制备技术

碳化铬生产目前以碳热还原法为主[42, 43]。该法成本低，工艺简单，但生产温度高，一般在 1400℃以上。另外，合成的碳化铬粉末粒度分布范围宽，产品需要球磨加工，即便如此，加工后产品也只能达到微米级。

碳热还原法制备 Cr_3C_2 的反应过程可由下式表达：

$$Cr_2O_3+C \longrightarrow Cr_3C_2+CO_2(CO) \tag{13-1}$$

在 800℃下，该反应式标准吉布斯自由能变大于零，反应不能自发进行。文献中曾提到在碳热还原法的制备过程中一般遵循两种反应机理：一种是通过 Boudouord 反应形成 CO/CO_2 传质进行的气-固反应，另一种是碳与铬氧化物之间的固-固反应，哪种反应机理占主导地位取决于 Cr_2O_3 和 C 的初始混合态。但不管哪种反应机理，反应温度均要求高于 800℃，而实际的反应温度均远远高于理论反应温度，且对真空度、CO 的排出量、H_2 气氛等方面有较高要求才可顺利进行反应。

13.2　固态碳/氧化铬阴极熔盐电脱氧还原制备碳化铬原理

施加高于碳-氧化铬且低于工作熔盐 $CaCl_2$ 分解的恒定电压进行电脱氧，将阴极上氧化铬的氧离子化，离子化的氧经过熔盐移动到阴极，在阳极放电除去，生成的碳化产物留在阴极。

电解池构成为

$$C_{(阳极)} \mid CaCl_2 \mid C-Cr_2O_3 \mid Fe-Cr-Al_{(阴极)}$$

整个反应过程如下：

阴极反应：

$$Cr_2O_3+6e^- \longrightarrow 2Cr+3O^{2-} \tag{13-2}$$

$$3Cr+2C \longrightarrow Cr_3C_2 \tag{13-3}$$

阳极反应是氧离子在石墨阳极失去电子，如反应式(13-4)和式(13-5)：

$$O^{2-}+C-2e^- = CO\uparrow \tag{13-4}$$

或

$$2O^{2-}+C-4e^- = CO_2\uparrow \tag{13-5}$$

查热力学手册[44]可知下式

$$H^{\ominus}_{Cr_2O_3} = \Delta H^{\ominus}_{Cr_2O_3(298)} + \int_{298}^{T} C_{p,\,Cr_2O_3}\mathrm{d}T \tag{13-6}$$

$$S_{Cr_2O_3} = \Delta S_{Cr_2O_3(298)} + \int_{298}^{T} \frac{C_{p,\,Cr_2O_3}}{T}\mathrm{d}T \tag{13-7}$$

$$C_{p,\,Cr_2O_3} = a+b\times10^{-3}T+c\times10^{5}T^{-2}+d\times10^{-6}T^{2} \tag{13-8}$$

$$G^{\ominus}_{Cr_2O_3} = H^{\ominus}_{Cr_2O_3(T)} - TS^{\ominus}_{Cr_2O_3(T)} \tag{13-9}$$

$$\Delta G^{\ominus} = \left(\Delta H^{\ominus}_{298}-298a-\frac{b\times10^{-3}}{2}\times298^{2}+\frac{c\times10^{5}}{298}+\frac{d\times10^{-6}\times298^{2}}{3}\right)+ \\ \left(a-\Delta S^{\ominus}_{298}+a\ln298+b\times10^{-3}\times298-\frac{c\times10^{5}}{2\times298^{2}}+\frac{d\times10^{-6}\times298^{2}}{2}\right)T- \\ \frac{b\times10^{-3}}{2}T^{2}-\frac{c\times10^{5}}{2}T^{-1}-\frac{d\times10^{-6}}{6}T^{-3}-aT\ln T \tag{13-10}$$

已知 $a=119.37$，$b=9.205$，$c=-15.648$，$d=0$；$\Delta H^{\ominus}_{Cr_2O_3(298)}=-1129680$ J/mol；$\Delta S^{\ominus}_{Cr_2O_3(298)}=81.17$ J/(K · mol)，代入到式(13-10)计算得式(13-11)：

$$\Delta G_{Cr_2O_3} = -1160409+729.75T-4.602\times10^{-3}T^{2}+7.824\times10^{5}T^{-1}-119.37T\ln T \tag{13-11}$$

同理可得：

$$\Delta G_{\mathrm{Cr}}^{\ominus}=-6171.73+102.03T-11.24\times10^{-3}T^{2}-0.188\times10^{5}T^{-1}-17.715T\ln T \tag{13-12}$$

$$\Delta G_{\mathrm{O_2}}^{\ominus}=-9674.716-2.126T-2.092\times10^{-3}T^{2}+0.837\times10^{5}T^{-1}-29.957T\ln T \tag{13-13}$$

根据式

$$2\mathrm{Cr}+\frac{3}{2}\mathrm{O_2}=\!=\!=\mathrm{Cr_2O_3} \tag{13-14}$$

$$\Delta G_{\mathrm{Cr_2O_3}}^{\ominus}=G_{\mathrm{Cr}}^{\ominus}+G_{\mathrm{O_2}}^{\ominus}-G_{\mathrm{Cr_2O_3}}^{\ominus} \tag{13-15}$$

将温度 $T=1073$ K 代入以上关系式，即可得 800℃时铬氧化物的标准吉布斯自由能变为 1665876 J/mol，由能斯特方程 $\Delta G=-nEF$ 求得 Cr_2O_3 最大分解电压为 -2.88 V。

13.3 固态碳/氧化铬阴极熔盐电脱氧[45]

13.3.1 研究内容

本节研究内容为：

(1)固态碳/氧化铬熔盐电脱氧制备碳化铬的阴极过程

在前述的钼棒微孔工作电极(MCE)中分别填入 C、Cr_2O_3 和 Cr_2O_3-C 粉体，镍片作伪参比电极，石墨棒作辅助电极，在 800℃ 的 $CaCl_2$ 熔盐中以扫描速率 50 mV/s 进行循环伏安曲线扫描，电位扫描范围设定为-2.5～-0.2 V。

(2)脱氧时间对固态碳/氧化铬熔盐电脱氧制备碳化铬的影响

将 Cr_2O_3-C 阴极片在 800℃的 $CaCl_2$ 熔盐中，恒电位电脱氧 0 h、5 h、18 h，分析电脱氧产物物相组成，并计算电流效率。

13.3.2 结果与讨论

(1)熔盐中电脱氧制备碳化铬的阴极过程

图 13-2(a)、(b)、(c)三图分别为 MCE 中填入 C、Cr_2O_3 和 Cr_2O_3-C 粉体作为工作电极，扫描速率 50 mV/s 条件下所测得的循环伏安曲线，电位扫描范围设定为-2.5～-0.2 V。填入 C 粉末的循环伏安曲线上电位负向扫描过程中，在-1.7 V 处有明显的还原峰出现，如图 13-2(a)所示。可以判断这是 Ca^{2+} 的嵌入峰，随后随着电位的负移，电流强度迅速增大，说明金属钙逐渐沉积；而当电位扫描由

-2.5 V 向-0.2 V 正向扫描过程中，分别在-1.75 V 和-1.25 V 处出现了两个峰，可以判定-1.75 V 处是 Ca 的氧化峰，而-1.25 V 处峰则是 Ca^{2+} 从石墨中脱嵌所导致的。由工作电极中填入 Cr_2O_3 粉末获得的循环伏安曲线图 13-2(b)可见，电位负向扫描过程中，分别在-1.7 V 和-1.4 V 处出现明显的还原峰，而在正向扫描过程中，只在-1.3 V 处有一个氧化峰。根据文献[46]可知，在-1.5 V 处发生了 Cr_2O_3 的一步还原，而在-1.7 V 处产生的还原电流可能是金属钙沉积所致。由填入 Cr_2O_3-C 粉末获得的循环伏安曲线图 13-2(c)可见，电位负向扫描过程中，在-1.5 V 和-1.8 V 处有明显的还原峰电流出现，在-1.5 V 出现还原峰始于-1.25 V 左右而终于-1.6 V 左右。结合前面测量结果可以判断在该电位范围内发生了氧化铬一步还原和 Ca^{2+} 在石墨上嵌入的反应，而-1.8 V 处则是金属钙的析出峰。而电位正向扫描过程中，曲线上-1.85 V 和-1.3 V 处存在 2 个氧化峰，

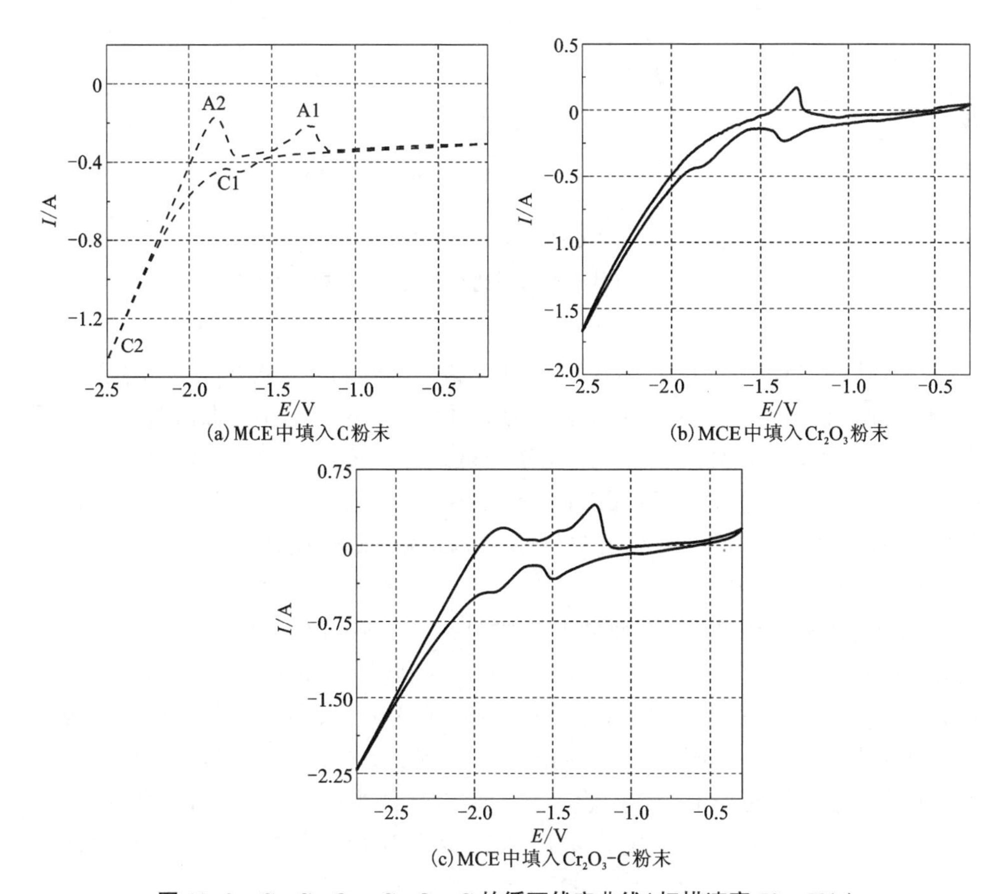

图 13-2　C、Cr_2O_3、Cr_2O_3-C 的循环伏安曲线(扫描速率 50 mV/s)

可以确定-1.85 V 处是钙的氧化峰，-1.3 V 处为 Ca^{2+} 在石墨上脱嵌形成的。图 13-3 是图 13-2 的三条循环伏安曲线的对比图，从图 13-3 可以更为明显分析出 MCE 中填有不同物料时，在不同电位下工作电极发生反应的差别。

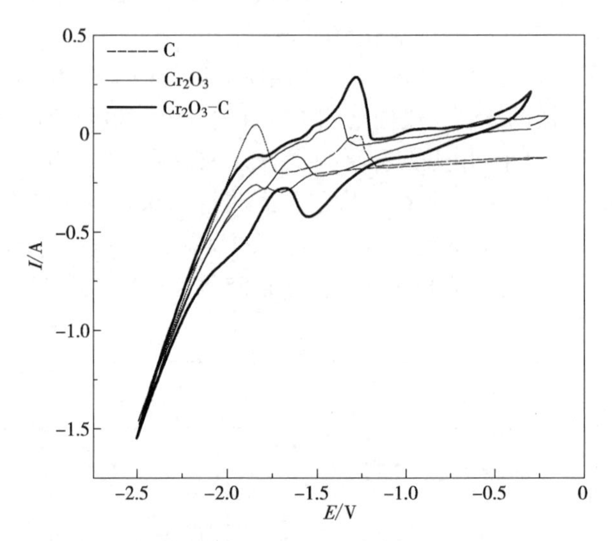

图 13-3 800℃的 $CaCl_2$ 熔盐中 C、Cr_2O_3、Cr_2O_3-C 的循环伏安曲线对比图(扫描速率 50 mV/s)

为了进一步检验上述关于 Ca^{2+} 在石墨上嵌入的判断，实验将电位扫描范围调整为-1.5~-0.2 V，测得循环伏安曲线如图 13-4 所示。图中 a 曲线为扫描范围在-1.5~-0.2 V 的循环伏安曲线，从图中可以看出该扫描范围内没有钙的嵌入峰出现，也没有上述钙的脱嵌峰出现。对比-2.5~-0.2 V 扫描范围的部分循环伏安 b 曲线，曲线中该扫描范围内只有钙的脱嵌峰，这说明在电位大于-1.5 V 时 Ca^{2+} 不会嵌入到石墨中。

采用计时电流法进一步验证熔盐电脱氧条件下碳化铬的形成过程。图 13-5 为 800℃时不同电位下的计时电流曲线。-1.4 V 阶跃电位和-1.5 V 阶跃电位下所获得的计时电流曲线基本趋势一致。而-1.5 V 阶跃电位计时电流曲线和-1.6 V 阶跃电位曲线相比，在 5 s 内电流下降幅度更大，说明在该阶跃电位下有还原反应发生。这与图 13-2(c)循环伏安曲线所测得的 Cr_2O_3-C 还原峰电位为-1.5 V 基本吻合，进一步验证了循环伏安电化学测量所分析的 Cr_2O_3-C 的还原步骤为一步还原。

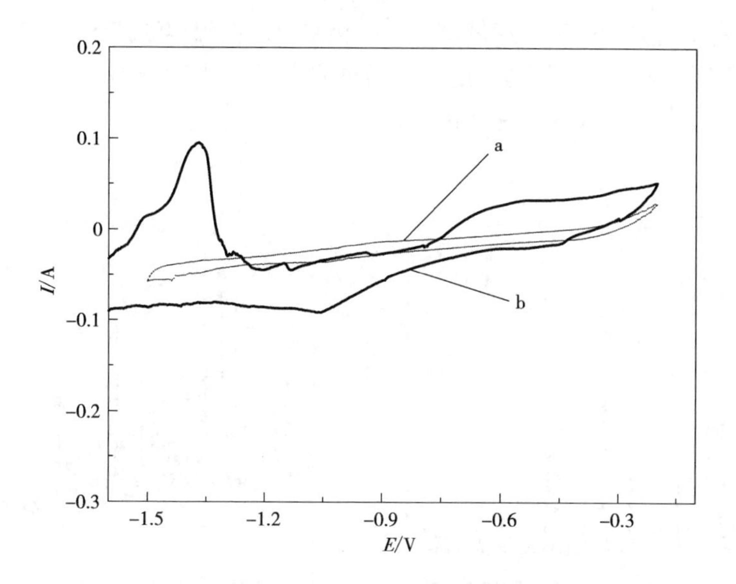

图 13-4　改变和未改变电位扫描范围的循环伏安曲线图

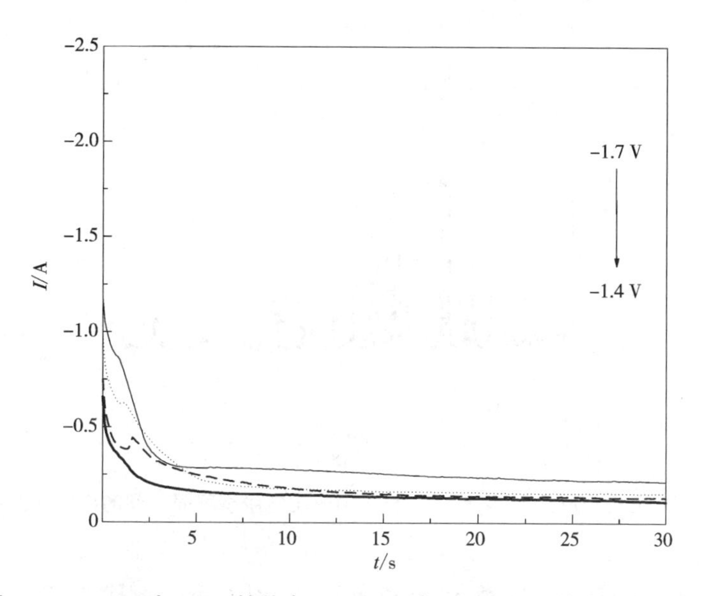

图 13-5　800℃时 $CaCl_2$ 熔盐中 Cr_2O_3-C 在不同电位下的计时电流曲线

(2)脱氧时间对固态碳/氧化铬熔盐电脱氧制备碳化铬的影响

图 13-6 为 Cr_2O_3-C 恒电压电脱氧 0 h、5 h 和 18 h 后产物的 XRD 图。对比图 13-6(a)、图 13-6(b)和图 13-6(c)可以发现，随着恒电压电脱氧时间的延长

阴极片原料中的 Cr_2O_3 和 C 逐渐消失，产物 Cr_3C_2 物相逐渐清晰，最终阴极产物的物相全部为 Cr_3C_2。在熔盐电脱氧中间过程阴极片只有 Cr_2O_3、Cr_3C_2 和 C 三个物相组成，并没有 $Cr_3C_xO_{2-x}$ 物相出现。

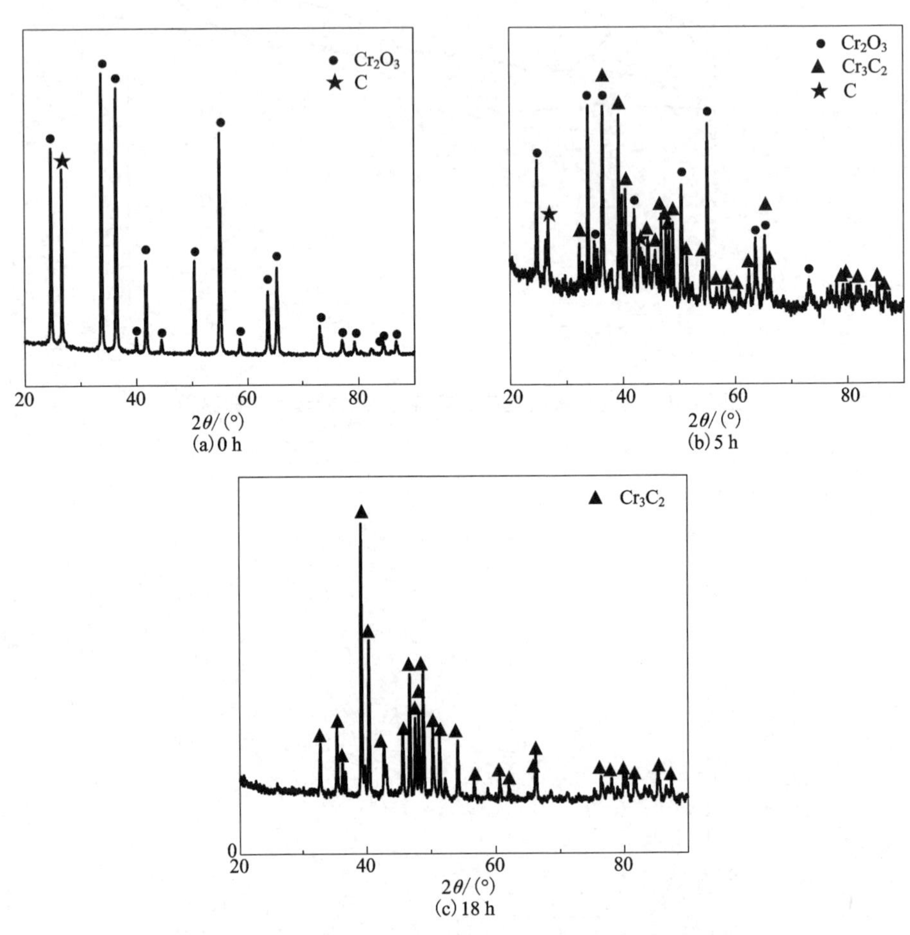

图 13-6　800℃的 $CaCl_2$ 熔盐中 3.2 V 恒电压电脱氧不同时间的产物 XRD 图谱

以上不同电脱氧阶段产物 XRD 检测结果，结合前节所述的 Cr_2O_3-C 循环伏安电化学测量结果，可以证明该电脱氧过程与其他研究结果[47]不同，Cr_2O_3 在恒电压电脱氧过程中发生的是一步还原，然后与 C 反应形成 Cr_3C_2。

经 18 h 电解后，阴极片由墨绿色全部变为黑色。由于氧化铬与石墨混合阴极片为墨绿色，而碳化铬为黑色，从宏观方面说明阴极片可能被电解完全。图 13-7 为产物的 XRD 图。由图可知，产物为 Cr_3C_2 晶体粉末，物相单一。

图 13-8 是阴极片经 18 h 恒电压电脱氧后的 SEM 和 EDX 分析图。由图 13-8(a)可见，产物为粒径较为均匀的颗粒，且有明显烧结迹象而形成多孔团聚状。由于 Cr_3C_2 的熔点为 1890℃，而在实验 800℃熔盐温度下就发生了烧结现象，说明电脱氧产物为表面能大的超细颗粒。图 13-8(b)的 EDX 检测结果反映出阴极片最终的电脱氧产物由 Cr 和 C 元素组成，该结果与 XRD 检测结果相呼应，进一步说明产物为组分单一的高纯度 Cr_3C_2。

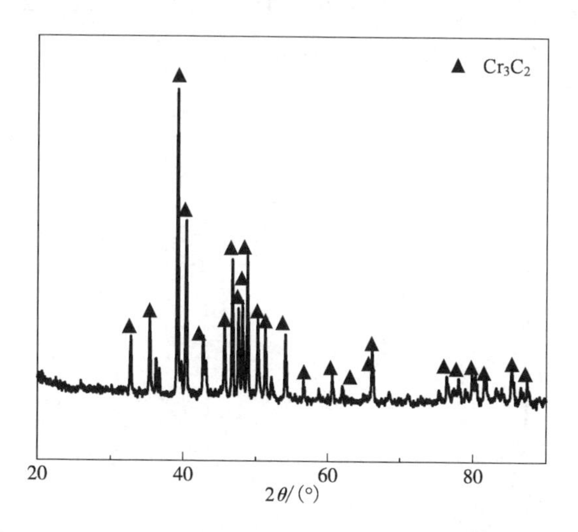

图 13-7　800℃的 $CaCl_2$ 熔盐中 3.2 V 恒电压电脱氧 18 h 阴极电解产物 XRD 图谱

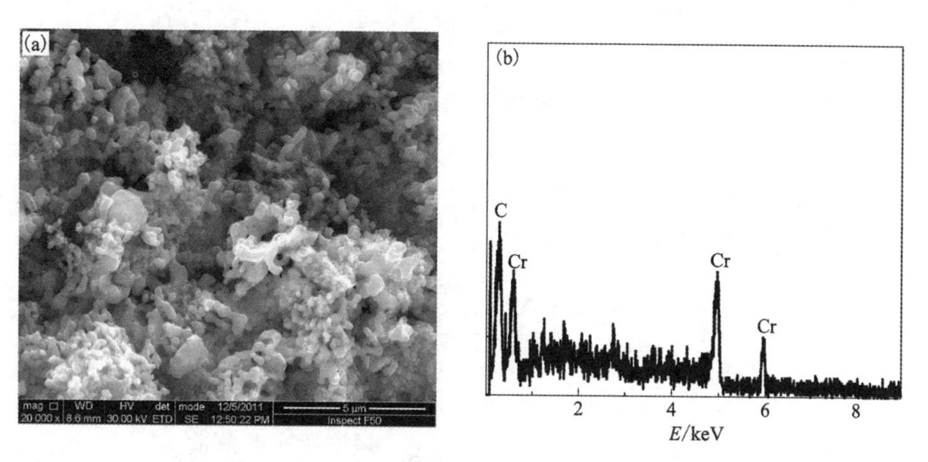

图 13-8　电解终产物的 SEM 图(a)和 EDX 图谱(b)

在实际生产过程中，由于电脱氧过程中有一部分电流消耗于电极上产生副反应和漏电现象，电流不能100%被利用，所以实际产量总比理论产量低，将实际产量和理论产量的比值称为电流效率，用 η 表示。

图 13-9 为电脱氧过程的电流-时间曲线。由图可以看出，在 800℃、3.2 V 的条件下，恒电压电脱氧过程的电流整体呈逐渐下降的趋势。电脱氧初期，在 20 min 内电流迅速下降至 0.4 A，而后至 2.5 h，电流继续稳速下降至 0.2 A 以下；在 2.5 h 之后，电流趋于平缓，稳定在 0.16 A 左右。其中，锯齿状微小的波动可能为还原反应在石墨阳极引起的阳极效应所致。

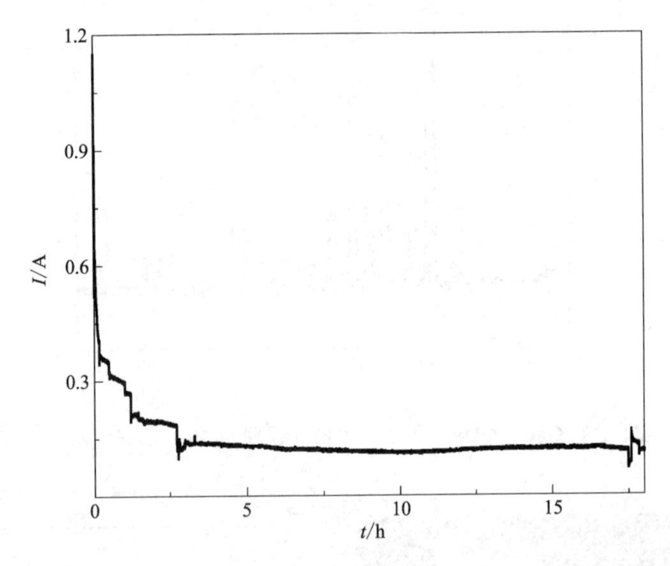

图 13-9　800℃的 $CaCl_2$ 熔盐中恒电压电脱氧 Cr_2O_3-C 的电流-时间曲线

经过 18 h 电脱氧完全的终产物称重质量约为 0.72 g，电脱氧过程所耗电量和电流效率可由下式计算得出：

$$电流效率=\frac{实际产量}{理论产量}\times 100\% \tag{13-16}$$

设实际产量为 m，通过电荷量 $Q=It$，电化当量为 k，则

$$\eta=\frac{m}{kIt}\times 100\%=\frac{\frac{m}{k}}{It}\times 100\%=\frac{Q_c}{Q_a}\times 100\%=\frac{理论所需电荷量}{实际电荷量}\times 100\% \tag{13-17}$$

$$Q_a=\int_0^T I(t)\,dt=9310\ C \tag{13-18}$$

$$Q_c=\frac{m}{M}\cdot n\cdot F=\frac{0.72}{180}\times9\times96500=3474(\text{C}) \tag{13-19}$$

$$\eta=\frac{Q_c}{Q_a}\times100\%=\frac{3474}{9310}\times100\%\approx37.3\% \tag{13-20}$$

式中，Q_a 为电脱氧 18 h 过程所耗电量，T 为电脱氧所耗时间 18 h，m 为电脱氧终产物称重质量(理论产物质量应为 0.86 g，经电脱氧、洗涤、称重各环节损耗，实际产物质量较理论产物质量减少 0.14 g)，M 为产物 Cr_3C_2 摩尔质量，n 为电子转移数，F 为法拉第常数，取 96500 C/mol，η 为电流效率。经 ORIGIN 软件计算求得电解过程中所耗电量 Q_a 为 9310 C，经式(13-19)计算求得理论耗电量 Q_c 为 3474 C，η 电流效率为 37.3%。

电耗是企业日常运行中的重要经济技术指标，因此有必要对本研究中自烧结熔盐电脱氧法制备碳化铬的制备工艺进行电耗的计算。

功：

$$W=P\cdot t=U\cdot I\cdot t \tag{13-21}$$

电流为：

$$I=\frac{Q_a}{12\times3600} \tag{13-22}$$

每小时做功为：

$$W=U\cdot I=U\cdot\frac{Q_a}{12\times3600}\times3600=U\cdot\frac{Q_a}{12}=3.2\times\frac{9310}{12}\approx2483(\text{J})=2.483(\text{kJ}) \tag{13-23}$$

而：

$$1\ \text{kW}\cdot\text{h}=3600\ \text{kJ} \tag{13-24}$$

因此：

$$\text{电能}(W)=\frac{W(\text{功})}{3600}=\frac{2.483}{3600}(\text{kW}\cdot\text{h}) \tag{13-25}$$

因此可得制备每千克 Cr_3C_2 消耗电能为：

$$\text{电能}(W)=\frac{2.483(\text{kJ})}{3600\times0.00072(\text{kg})}\approx0.96(\text{kW}\cdot\text{h}) \tag{13-26}$$

以上计算结果得出，在实验室条件下，采用自烧结恒电压电脱氧的方法制备碳化铬，每千克的电能消耗为 0.96 kW · h。

13.4　结论

Cr_2O_3-C 为原料，石墨为阳极，$CaCl_2$ 熔盐中阴极自烧结电还原制备出 Cr_3C_2

粉体；Cr_2O_3-C 生成 Cr_3C_2 的阴极电还原制备过程为 $Cr^{3+}+(C)\longrightarrow Cr_3C_2$ 一步还原，$Cr_2O_3\text{-}C\rightarrow Cr_3C_2$ 的还原过程是不可逆的。合适的制备工艺条件为温度 800℃，电压 3.2 V、电脱氧时间 18 h，该条件下电流效率约为 37.3%，电耗约为 0.96 kW · h/kg。

参考文献

[1]Loubière S, Laurent C, Bonino J P, et al. Elaboration, microstructure and reactivity of Cr3C2 powders of different morphology[J]. Material Research Bulletin, 1995, 30(12): 1535-1546.

[2] 林锋, 任先京, 李振铎, 等. 碳化铬基自润滑耐磨涂层材料的制备及表征[J]. 有色金属(冶炼部分), 2006(S1): 68-70.

[3] 闫志醒, 孟昭宏. 碳化铬堆焊复合钢板及在水泥立磨设备上的应用[J]. 中国建材, 2007(4): 61-62.

[4]罗力行. 碳化铬硬质合金玻璃成形模[J]. 粉末冶金技术, 1988, 6(2): 105-108.

[5] 吴月天. 碳化铬硬质合金密封环的研制[J]. 流体工程, 1987, 15(11): 32-34, 22.

[6] 刘崇锁. 用新型刀具材料加工碳化铬铸铁[J]. 工具技术, 1988, 22(4): 33-34.

[7]赵志星, 金山同. 碳化铬涂层耐磨性及应用[J]. 新技术新工艺, 2002(4): 37-38.

[8]李剑锋, 李先强, 丁传贤, 等. 碳化铬-镍铬涂层对几种陶瓷的滑动摩擦磨损[J]. 郑州工业大学学报, 1997, 18(1): 17-23.

[9] 林化春, 丁润刚. 镍基合金-碳化铬复合涂层材料的研究[J]. 机械工程材料, 1995, 19(6): 47-49.

[10] 林化春, 黄新波, 林晨. 镍基-碳化铬复合涂层材料的界面分析[J]. 金属热处理, 2002(2): 5-7.

[11] Čekada M, Panjan P, Maček M, et al. Comparison of structural and chemical properties of Crbased hard coatings[J]. Surface and Coatings Technology, 2002, 151-152: 31-35.

[12] Kok Y N, Hovsepian P E. Resistance of nanoscale multilayer C/Cr coatings against environmental attack [J]. Surface and Coatings Technology, 2006, 201(6): 3596-3605.

[13] Cheng F J, Wang Y S, Yang T G. Microstructure and wear properties of Fe-VC-Cr_7C_3 composite coating on surface of cast steel [J]. Materials Characterization, 2008, 59(4): 488-492.

[14] Xie J Y, Chen N X, Teng L D, et al. Atomistic study on the site preference and thermodynamic properties for $Cr_{23-x}Fe_xC_6$[J]. Acta Materialia, 2005, 53(20): 5305-5312.

[15] Reza E K, Hossein M Z, Vahid N. Synthesis of chromium carbide by reduction of chromium oxide with methane[J]. International Journal of Refractory Metals & Hard Materials, 2010, 28(3): 412-415.

[16] 王元骅, 陈芳, 董志军, 等. 熔盐法制备碳化钒涂层纳米纤维[J]. 武汉科技大学学报, 2010, 33(4): 402-405.

[17] 孙天康, 汪成刚. 自蔓燃高温合成工艺制取铸造碳化铬[J]. 粉末冶金材料科学与工程,

1996, 1(2): 64-66.

[18] 张雪峰, 方民宪, 同艳维, 等. 碳热还原法制取碳化铬、金属铬的热力学分析[J]. 材料导报, 2010, 24(8): 108-111.

[19] Huang H, McCormick P G. Effect of milling conditions on the synthesis of chromium carbides by mechanical alloying[J]. Journal of Alloys and Compounds, 1997, 256(1-2): 258-262.

[20] Zhao Z W, Zheng H J, Wang Y R, et al. Synthesis of chromium carbide (Cr_3C_2) nanopowders by the carbonization of the precursor[J]. International Journal of Refractory Metals and Hard Materials, 2011, 29(5): 614-617.

[21] 赵立伟, 何秀军, 李青松. 碳化铬粉的研制与生产[J]. 铁合金, 2005, 36(1): 26-29.

[22] Coltters R G, Belton G R. High temperature thermodynamic properties of the chromium carbides Cr_7C_3 and Cr_3C_2 determined using a galvanic cell technique[J]. Metallurgical Transactions B, 1984, 15(3): 517-521.

[23] Hirota K, Mitani K, Yoshinaka M, et al. Simultaneous synthesis and consolidation of chromium carbides (Cr_3C_2, Cr_7C_3 and $Cr_{23}C_6$) by pulsed electric-current pressure sintering[J]. Materials Science and Engineering A, 2005, 399(1-2): 154-160.

[24] Tian B, Lind C, Paris O. Influence of $Cr_{23}C_6$ carbides on dynamic recrystallization in hot deformed Nimonic 80a alloys[J]. Materials Science and Engineering A, 2003, 358(1-2): 44-51.

[25] Kleykamp H. Thermodynamic studies on chromium carbides by the electromotive force (EMF) method[J]. Journal of Alloys and Compounds, 2001, 321(1): 138-145.

[26] Music D, Kreissig U, Mertens R, et al. Electronic structure and mechanical properties of Cr_7C_3 [J]. Physics Letters A, 2004, 326(5-6): 473-476.

[27] Jiang C. First-principles study of structural, elastic, and electronic properties of chromium carbides[J]. Applied Physics Letters, 2008, 92(4): 041909.

[28] Esteve J, Romero J, Gómez M, et al. Cathodic chromium carbide coatings for molding die applications[J]. Surface & Coatings Technology, 2004, 188-189: 506-510.

[29] Hussainova I, Jasiuk I, Sardela M, et al. Micromechanical properties and erosive wear performance of chromium carbide based cermets[J]. Wear, 2009, 267(1-4): 152-169.

[30] Jellad A, Labdi S, Benameur T. On the hardness and the inherent ductility of chromium carbide nanostructured coatings prepared by RF sputtering[J]. Journal of Alloys and Compounds, 2009, 483(1-2): 464-467.

[31] 周庆德. 铬系抗磨铸铁(论文汇编)[M]. 西安: 西安交通大学出版社, 1987: 89.

[32] Schroder D V. An introduction to thermal physics[M]. New York: Addison Wesley Longman, 1999: 311.

[33] 闵婷, 高义民, 李烨飞, 等. 第一性原理研究碳化铬的电子结构、硬度和德拜温度[J]. 稀有金属材料与工程, 2012, 41(2): 271-275.

[34] Glaser J, Schmitt R, Meyer H J. Structure refinement and properties of Cr_3C_2[J]. Zeitschrift fur Naturforschung B-A Journal of Chemical Sciences, 2003, 58(10): 929-933.

[35] Rouault M A, Herpin P, Fruchart M R. Etude cristallographique des carbures Cr_7C_3 et Mn_7C_3 [J]. Annales de Chimie, 1970, 5: 461-470.

[36] Yakel H L. Atom distributions in tau-carbide phases: Fe and Cr distributions in $(Cr_{23-x}Fe_x)C_6$ with $x=0$, 0. 74, 1. 70, 4. 13 and 7. 36[J]. Acta Crystallographica B, 1987, 43(3): 230-238.

[37] Schwarzkopf P, Kieeffer P. Refractory hard metals [M]. New York: MacMillan, 1953: 60-67.

[38] Gomari S, Sharafi S. Microstructural characterization of nanocrystalline chromium carbides synthesized by high energy ball milling [J]. Journal of Alloys and Compounds, 2010, 490(1-2): 26-30.

[39] Zhang B, Li Z Q. Synthesis of vanadium carbide by mechanical alloying [J]. Journal of Alloys and Compounds, 2005, 392(1-2): 183-186.

[40] Kapoor R, Oyama S T. Synthesis of vanadium carbide by temperature programmed reaction [J]. Journal of Solid State Chemistry, 1995, 120(2): 320-326.

[41] Ebrahimi-Kahrizsangi R, Zadeh H M, Nemati V. Synthesis of chromium carbide by reduction of chromium oxide with methane [J]. International Journal of Refractory Metals and Hard Materials, 2010, 28(3): 412-415.

[42] Zhao Z W, Zheng H J, Wang Y R, et al. Synthesis of chromium carbide (Cr_3C_2) nanopowders by the carbonization of the precursor[J]. International Journal of Refractory Metals and Hard Materials, 2011, 29 (5): 614-617.

[43] Xing T Y, Cui X W, Chen W X, et al. Synthesis of porous chromium carbides by carburization [J]. Materials Chemistry and Physics, 2011, 128 (1-2): 181-186.

[44] 梁英教, 车荫昌. 无机物热力学数据手册[M]. 沈阳: 东北大学出版社, 1993.

[45] 郎晓川. 熔盐中阴极自烧结电化学还原制备钛、钒及铬碳化物研究[D]. 沈阳: 东北大学, 2014.

[46] Qiu G H, Ma M. Metallic Cavity electrodes for investigation of powders electrochemical reduction of NiO and Cr_2O_3 powders in molten $CaCl_2$[J]. Journal of the Electrochemical Society, 2005, 152(10): E328-E336.

[47] Tang D D, Xiao W, Tian L F, et al. Electrosynthesis of Ti_2CO_n from TiO_2/C composite in molten $CaCl_2$: Effect of electrolysis voltage and duration[J]. Journal of the Electrochemical Society, 2013, 160(11): F1192-F1196.

第 14 章　以碳/二氧化钛为阴极熔盐电脱氧法制备碳化钛

TiC 是由较小的 C 原子插入到 Ti 密堆积点阵的八面体位置而形成面心立方的 NaCl 型结构[图 14-1(a)]，其空间群为 Fm3m。TiC 真实组成常常是非化学计量的，以分子式 TiC_x 表示，此处 x 是指 C 与 Ti 物质的量之比，x 值的范围在 0.5 至 0.96 之间，晶体结构不随 x 值的变化而变化。

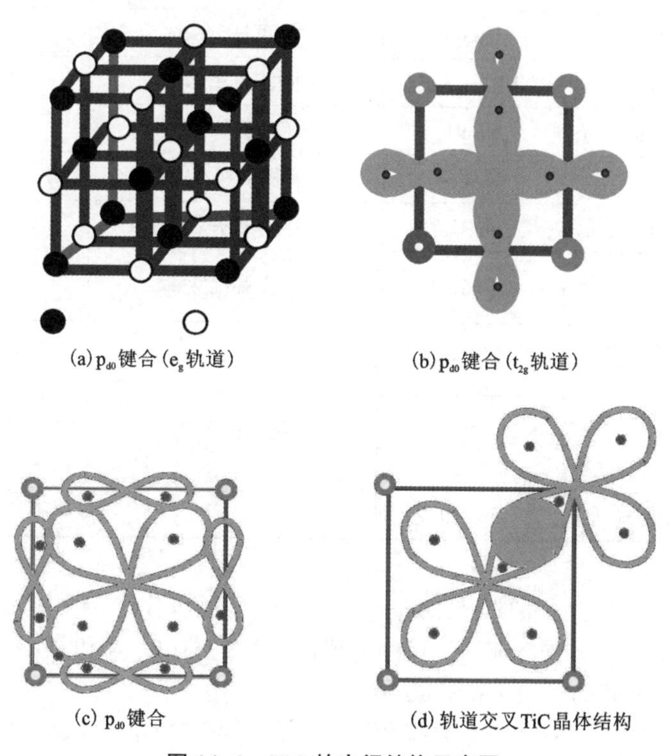

图 14-1　TiC 的空间结构示意图

碳化钛化学键的主要成分是共价键、金属键和离子键。共价键的比例，根据碳原子八面体配位场能级的衰退，用分子轨道的线性组成进行计算。一个 Ti 原子的 5 个 3d 轨道分裂成 t_{2g} 对称的三个轨道和 e_g 对称的两个轨道。因此，Ti 的 e_g 轨道的凸起角朝着邻近 C 的 $2p_x$ 轨道延伸并形成 p_{d0} 键，而 Ti 的 t_{2g} 轨道和相邻 C 的 p_y 轨道重叠形成 $p_{d\pi}$ 键以及相邻的 Ti 原子的相应 t_{2g} 轨道形成 p_{d0} 键。金属键来自费米能态非零密度和原子球之间区域相对高的电子密度。已证实碳化钛金属键随亚化学计量的增加而增加。离子键的形成是由于电荷从 Ti 原子迁移到 C 原子产生静电力的结果。相对于中性原子的理想晶体，有 0.36 个电子从 Ti 原子球迁移。表 14-1 列出 TiC 一些常见的基本性质。

表 14-1　碳化钛的基本性质

基本特性	指标	基本特性	指标
晶体结构	立方堆积(FCC, B, NaCl)	超导转变温度/K 霍尔常数/(10^{-4}cm·A·S)	1.15 -113.0
晶格常数/nm	0.4328	磁化率/(10^{-6}emu · mol^{-1})	6.7
空间群	Fm3m	硬度 HV/GPa	28~35
化学组成	$TiC_{0.47\sim0.97}$	弹性模量/GPa	410~510
摩尔质量/(g · mol^{-1})	59.91	剪切模量/GPa	186
颜色	银灰色	体积模量/GPa	240~390
密度/(g · cm^{-3})	4.91	摩擦系数	0.25
熔点/℃	3067	抗氧化性	空气中 800℃ 缓慢氧化
比热容 C_p/(J · mol^{-1} · K^{-1})	33.8	化学稳定性	耐大多数的酸腐蚀，但 HNO_3 和 HF 及卤素对它有腐蚀性，在空气中加热到熔点无分解
热导率/(W·m^{-3}·K)	21		
线膨胀系数/10^6℃$^{-1}$	7.4		
电阻率/(Ω · m)	50±10		

另外，TiC 与 TiN 和 TiO 是同一结构，O 与 N 可以作为杂质添加或以定量加入来取代碳形成二元固溶体。这些固溶体被认为是 Ti(C, N 和 O)的混合晶。TiC 也可以与Ⅳ、Ⅴ族的非碳化物形成固溶体。

图 14-2 是 Ti 与 C 的二元平衡相图[1]。由图可以看出，碳化钛相具有特别宽的范围，在 NaCl 型结构的中心立方碳亚晶格中形成 2%~3%空位；在 TiC_{1-x} 中，其摩尔分数范围是 32%~48.8%；温度为 1870℃、接近 1900℃时另一碳化物 Ti_2C

(摩尔分数为 33%)明显形成。在富 C 角上，$TiC_{0.96}$ 与 C 在 2776℃形成一低固溶相，近似于63%的 C。Ti-B-C 在不同的温度有不同的等温界面，此时产生的各种相对材料的性能有重要的影响。例如用金属作为烧结助剂的 Ti-Ni、Ti-Ni-Co 等合金已经成为较为传统的金属陶瓷。以金属来改善 TiC 的烧结性能及材料的硬度，韧性、强度以及抗磨损性能已经取得许多有益的进展。

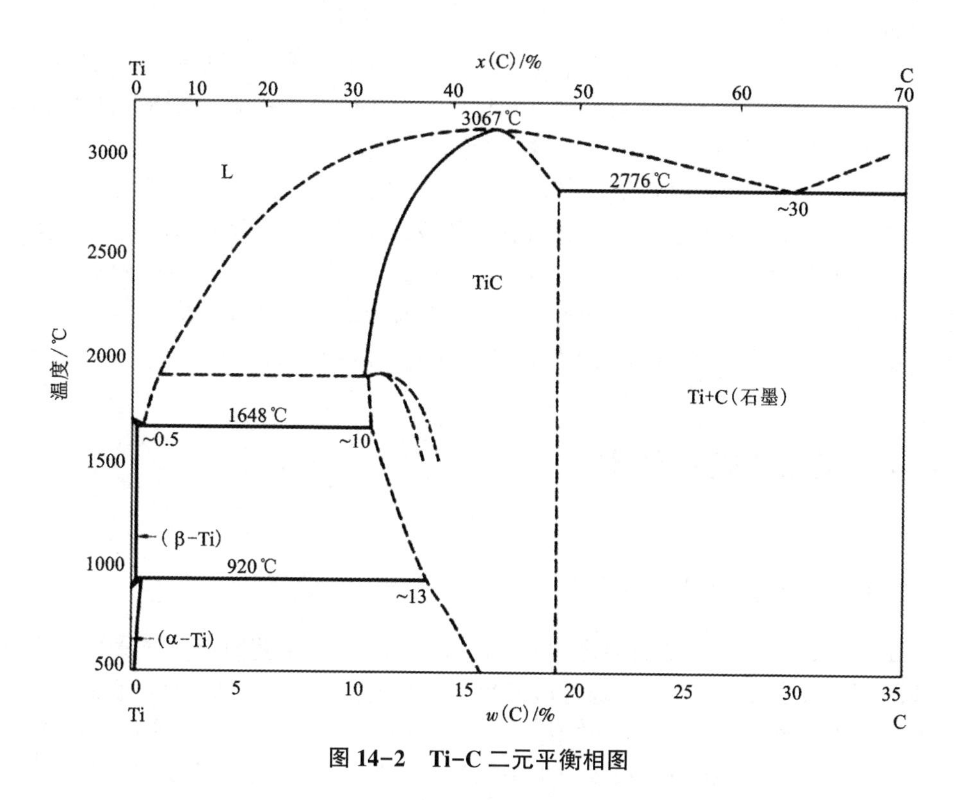

图 14-2　Ti-C 二元平衡相图

碳化钛熔点高、硬度高，具有优良的导热、导电性能，化学性能稳定。这些特质使其主要用来制备复相陶瓷材料，例如在氧化铝硬质分散相组成的复相材料中，以氧化铝-碳化钛复相陶瓷的性能较好，碳化钛可以抑制烧结时氧化铝晶粒的长大，阻碍裂纹扩展。碳化钛与某些金属具有良好的润湿性，其陶瓷发展得较快，是金属基复合材料中的重要增强剂。它的产品在机械、电子、化工、环境保护、聚变反应堆、国防工业等许多领域也有广泛的应用；此外，在切削刀具、耐磨部件等方面也具有广泛的应用前景。除此之外，碳化钛从粉体、块体到薄膜的应用也均被进行较为深入的研究。碳化钛基金属陶瓷因不与钢产生月牙洼状磨损、抗氧化性能好而用于高线速材料的导轮和碳钢的切削加工。碳化钛还可以用来制作熔炼锡、铅、镉、锌等金属的坩埚。透明的碳化钛陶瓷又是良好的光学材料。

另外碳化钛-氮化钛的表面涂层是一种极为耐磨损的材料。在材料设计和相图研究的基础上，过渡金属碳化物超高温陶瓷材料的高温抗氧化性能将可能得到显著改进。在此基础上，以过渡金属硼化物、碳化物为代表的超高温陶瓷材料的研发必然对空间技术领域产生重大的影响，从现代飞船的热防护结构到火箭发动机或喷气飞机引擎的推动系统都将得到广泛的应用，在航天航空和国防军工领域占有不可替代的地位。

碳热还原法是 TiC 工业生产中应用最为广泛的方法之一。随着 TiC 粉体的应用领域拓展及新的制备设备的出现以及近年来对 TiC 粉体制备方法研究的不断深入，气相沉积法、微波法、球磨法、自蔓延法及溶胶-凝胶法等制备方法相继被科研工作者提出并得到广泛的关注及研究。由于 TiC 粉体的应用领域所需，其粉体的力学及热学等性能与对应应用领域材料的致密化程度、显微结构以及杂质含量(或晶界相组成)有着直接的关系，因而性质均匀的高纯 TiC 粉体的制备至关重要。综上所述，探索一种高效节能方法来制备纯度高、粒度分布均匀、颗粒团聚小、接近化学计量的 TiC 粉末是国内外广大材料研究者关注的焦点。

14.1 碳化钛制备技术

14.1.1 碳热还原法

碳热还原法是最传统的碳化钛粉体制备方法之一，工艺简单，对设备要求不苛刻，原料成本较低，并可以通过改变反应过程的温度以及反应时间有效地控制粉体的成分等特点而被应用于碳化钛的工业生产中。该方法是在惰性气体保护下，在管式炉、电阻炉或高频真空炉中用炭黑还原 TiO_2 粉末而得到碳化钛粉体，通常需要 1700~2100℃的高反应温度。反应式如下：

$$2TiO_2+C \longrightarrow Ti_2O_3+CO\uparrow \tag{14-1}$$

$$Ti_2O_3+C \longrightarrow 2TiO+CO\uparrow \tag{14-2}$$

$$TiO+2C \longrightarrow TiC+CO\uparrow \tag{14-3}$$

然而，该法亦存在至今仍难以解决的弊端，例如受限于产品成本要求，反应物颗粒较大，导致在反应过程中不能完全接触，所以产物中常含有未反应的碳和 TiO_2 粉末。为了解决上述问题，Woo 等[2]采用 TiO_2(20~30 nm)和树脂碳作原料，将摩尔比 1∶3 的原料在甲醇溶剂中球磨 2 h，然后在旋转蒸发器上烘干并研磨成颗粒，最后把混合物放入流动氢气保护气氛的石墨管式炉内加热。结果表明在 1500℃保温 15 min 条件下可得到粒度约为 80 nm、均匀分布的超细碳化钛粉末。Razav 等[3]以商业用的 TiO_2 和炭黑为混合原料，在高能行星球磨机上球磨不同时间(5~50 h, Ar 保护)后，加入氢气流保护气氛的管式炉中以 10℃/min 加热到 1259~1500℃保温 1 h，产物得到晶粒大小约 80 nm 的近化学计量碳化钛粉体。Koc 等[4]用碳均匀覆盖在 TiO_2 表面(64 m^2/g)，在 1550℃保温 4 h 条件下制备出氧质量分数为 0.6%、粒度为 0.1~0.3 μm、颗粒团聚小且晶粒形状一致的碳化钛粉体。

随后亦有部分文献报道不同改进方式的碳热还原法，但都由于较难实现工业化而未应用到 TiC 的实际生产中。

14.1.2　化学气相沉积法(CVD 法)

利用化学气相沉积可制备出化学纯的 TiC 粉体或涂层。例如在 1600~2000℃，气态四氯化钛与甲烷(或其他碳氢化合物)反应沉积 TiC，反应式如下：

$$TiCl_4+CH_4 \longrightarrow TiC+4HCl \tag{14-4}$$

四氯化钛与 C_2H_4 在氢等离子体中的分解：

$$TiCl_4+1/2C_2H_4+H_2 \longrightarrow TiC+4HCl \tag{14-5}$$

四氯化钛与金属铝粉及 C 之间的反应：

$$3TiCl_4+4Al+3C \longrightarrow 3TiC+4AlCl_3(200\sim1100℃) \tag{14-6}$$

CVD 法除了上面的气相反应制备方法，还有其他的方法，如 $TiCl_4$、H_2、C 之间的气相反应，反应气体与高温的钨或者碳丝接触发生反应，产物 TiC 沉积在碳丝上，反应式如下：

$$TiCl_4+2H_2+C \longrightarrow TiC+4HCl \tag{14-7}$$

该法合成的粉末不但为纳米级，而且改变气体的流量可以控制 TiC_x 的化学计量数，但不足点是产量和质量受到严格的限制；同时 $TiCl_4$ 与 HCl 都有很强的腐蚀性，对仪器设备操作要求很高。最近 Borsella 等[5]提出用 CO_2 激光束辐射 $TiCl_4$ 与碳氢化合物的混合气体，制备出了 TiC 粉体。CVD 技术制备金属碳化物，同其他涂层处理方法相比，设备简单，操作灵活，通常是在常压或低真空状态下工作，并且该法能够实现形状较复杂的工件或深孔、细孔较为均匀的镀膜，涂层与基体之间结合得较好，不易发生脱落。但 CVD 法制备 TiC 的发展也受到一定限制。通常 CVD 法只适用于 TiC 镀层的制备，并且沉积温度高，在 CVD 法高温下许多被镀层的基体都不能承受这样高的温度，使其用途受到很大的限制。

14.1.3　微波碳热还原法

胡晓力等[6]提出以炭黑与二氧化钛为原料，利用微波加热的方式合成出纳米级的 TiC 粉体，其合成温度低于传统加热方式。合成碳化钛过程中有 CO 气体生成，在密闭的反应空间中 CO 的含量会影响反应腔的温度。它的含量越大，所需的合成温度越高，合成率越低。因此，有效地降低 CO 含量是制备出晶粒小、团聚少的纳米 TiC 粉体的关键。杜宇等[7]提出以钛铁矿为原料，通过等离子体化学气相沉积生长纳米碳管，再通过微波加热强制碳化得到碳化钛-纳米碳管(TiC-CNTS)复合粉体。该复合粉体能够有效增强镍基镀层的硬度和摩擦性能。

14.1.4　球磨法

金属或合金粉体在球磨的过程中发生反应，最终制备出所需产物的材料制备技术称之为球磨法。利用该方法制备 TiC 所用的原材料为单质 Ti 粉或者 TiO_2 粉末及石墨粉。用球磨法制备 TiC，是将原材料放入高能球磨机，利用高能球磨机不断地对粉末搅拌，粉末撞击使材料达到原子级上的紧密结合，最后通过简单的热处理即可合成 TiC 粉末。该方法所需的反应温度比其他方法要低，但对气氛要求比较高，必须在真空或者可控制的气氛下反应。这类方法的缺点为无明显放热反应且反应较慢。

14.1.5　自蔓延法

(1)高温自蔓延法(SHS)

SHS 法合成 TiC 的工艺是以 Ti 粉、C 粉为原料，加热粉末至一定的温度(此时 Ti 粉有很高的反应活性)，点燃反应物，燃烧放出大量的热使 Ti、C 迅速反应生成 TiC。SHS 法反应快，但需要高纯度、粒度小的 Ti 为原料，并且产量有限。影响 SHS 工艺制备 TiC 的参数：①钛粉粒度：钛粉粒度变小，比表面积变大，粉体的颗粒间反应界面和扩散界面增加，燃烧速率增大，燃烧温度升高。但过细的钛粉会影响 Ti 与 C 的化合，同时过细的 Ti 粉容易吸附空气中的杂质，燃烧放出大量的气体，破坏碳化条件，因此需要选择适当细度的 Ti 粉作为原料。②C 与 Ti 的摩尔比：碳化钛是面心立方型，晶格参数为 0.4329，当碳与钛的摩尔比为 0.5～0.96 时，产物为单一的 TiC。SHS 法制备复合材料工艺简单，反应迅速，反应温度高，但材料的尺寸、形貌及反应均难以控制。

(2)机械激活-高温自蔓延法(MA-SHS)

MA-SHS 法制备 TiC 通常是将钛粉、炭粉混合，利用碳化物生成温度的差异制备出金属碳化物粉体。该方法的特点是采用高能球磨机械激活方法提高固体颗粒之间的反应性，降低反应温度，同时有利于改善粉体的混合均匀性，适合粉体 TiC 的大量制备。MA-SHS 法制备 TiC 可以避免自蔓延反应过快、热量过于集中的问题，且可制备出粒度更小、更均匀的碳化钛粉末。不足之处是在球磨过程中给材料造成一定的污染，并且产物的纯度不高，会含有未反应的钛粉和碳粉，研磨时间也需要几十甚至上百小时。

14.1.6　溶胶-凝胶法

溶胶-凝胶法合成 TiC，是将钛的有机物溶解成溶液变成溶胶，然后生成凝胶固化，最后经热处理后而得到最终产物。黎茂祥等[8]以乙二酸甲醚为溶剂，冰乙酸为稳定剂，钛酸四丁酯和酚醛树脂为原料，用硝酸作催化剂，制备出了凝胶前驱体，最后将前驱体高温碳化制备出了 TiC。溶胶-凝胶法合成 TiC 的产物成分易控制，产品纯度高，但成本高，操作复杂。

14.1.7　镁热还原法

镁热还原法是以液态金属镁作还原剂，直接还原钛和碳的氯化物发生反应，还原出单质钛与碳，反应期间放出大量的热，钛与碳直接化合生成碳化钛[9]。反应式如下：

$$TiCl_4+CCl_4+4Mg = TiC+4MgCl_2 \tag{14-8}$$

该反应需在真空条件下通氩气作保护气体。该法制备出的 TiC 结晶完全，粉末粒度可达 50 nm。

14.1.8　熔融金属浴中合成法

TiC 在铁族金属中的溶解度很低，利用 TiC 的这一性质将钛与碳固溶在金属中并使之反应生成 TiC，之后从熔融金属中析出。Cliche G 等[10]运用该方法在 2000℃以上的电热真空炉中、液态金属铁或镍中合成了氮、氧含量低的纯度较高的 TiC 粉体。

14.1.9　其他方法

KOC R 等[11]利用 TiS_2 与 C 反应合成 TiC：

$$TiS_2+2C = TiC+CS_2 \tag{14-9}$$

该反应必须在高真空的条件下进行，并且反应温度为 2000℃。Xin Feng 等[12]用 $TiCl_4$、CaC_2 粉末作原料在低温、低压的条件下合成了纳米 TiC。反应式如下：

$$TiCl_4+2CaC_2 = TiC+2CaCl_2+3C \tag{14-10}$$

该反应过程需用不锈钢高压瓶做容器，并通氮气作保护气体，反应温度为 500℃，反应时间 8 h 左右。制备出的 TiC 经无水乙醇洗涤，氯酸除去未反应的物质，然后干燥制得 TiC 粉体，粒径约 40 nm。该方法简单易控制，但产量较小。

由上可见，TiC 粉体的制备方法众多，但大多反应温度较高。特别是最常见的碳热还原法、自蔓延法、气相沉积法这三种方法均是强吸热反应，并且反应产物颗粒大小在 10 至 100 μm 之间。一般陶瓷、金属陶瓷用的 TiC 粉末颗粒粒径在

1 至 2 μm 之间，含质量分数 20%的碳。表 14-2 为 TiC 粉体粒径对烧结 TiC 陶瓷性能影响的比较，从表中可以看出，随着 TiC 原始粉体粒径变大，烧结后 TiC 陶瓷的相对密度略微下降，并且电导率、弯曲强度、洛氏硬度等性能都有所下降，特别是对弯曲硬度影响最为明显。

表 14-2　TiC 粒径对热压烧结 TiC 陶瓷的性能影响

原始粉末颗粒大小/μm	相对密度/%	电阻率/(Ω·m)	弯曲强度/MPa	洛氏硬度 HRA
2~8	100	6.82×10^{-7}	865	92.5~ 93.5
8~37	100	7.21×10^{-7}	700	91~92
37~44	99.5	7.2×10^{-7}	640	88~89
44~74	98.6	7.83×10^{-7}	515	89

14.2　固态碳/二氧化钛阴极熔盐电脱氧还原制备碳化钛原理

施加高于碳-二氧化钛且低于工作熔盐 $CaCl_2$ 分解的恒定电压进行电脱氧，将阴极上二氧化钛的氧离子化，离子化的氧经过熔盐移动到阴极，在阳极放电除去，生成的碳化产物留在阴极。

电解池构成为

$$C_{(阳极)} \mid CaCl_2 \mid C\text{-}TiO_2 \mid Fe\text{-}Cr\text{-}Al_{(阴极)}$$

TiO_2-C 熔盐电脱氧制备 TiC 的过程，阴极发生的电化学反应是三步还原过程，如下式所示：

$$2TiO_2+2e^- \longrightarrow Ti_2O_3+O^{2-} \quad (14\text{-}11)$$

$$Ti_2O_3+2e^- \longrightarrow 2TiO+O^{2-} \quad (14\text{-}12)$$

$$TiO+2e^- \longrightarrow Ti+O^{2-} \quad (14\text{-}13)$$

阴极总还原反应式为：

$$TiO_2+4e^- \longrightarrow Ti+2O^{2-} \quad (14\text{-}14)$$

还原后 Ti 与 C 反应：

$$Ti+C \longrightarrow TiC \quad (14\text{-}15)$$

阴极总反应式为：

$$TiO_2+C+4e^- \longrightarrow TiC+2O^{2-} \quad (14\text{-}16)$$

阴极电离出的氧离子在石墨阳极失去电子，即：

$$O^{2-}+C \longrightarrow CO\uparrow +2e^- \quad (14\text{-}17)$$

或

$$2O^{2-}+C \longrightarrow CO_2\uparrow+4e^- \tag{14-18}$$

由式(14-16)和式(14-17)[或式(14-18)]可得电极过程总反应方程为：

$$TiO_2(s)+C(阳极)+C(阴极)=\!=\!=TiC(s)+CO_x(g)\ (x=1\ 或\ 2) \tag{14-19}$$

对于 TiO_2 标准吉布斯自由能变，本书采用定积分法进行计算。查热力学手册[13]可知下式：

$$H^{\ominus}_{TiO_2}=\Delta H^{\ominus}_{TiO_2(298)}+\int_{298}^{T}C_{p,\ TiO_2}\mathrm{d}T \tag{14-20}$$

$$S^{\ominus}_{TiO_2(T)}=\Delta S^{\ominus}_{TiO_2(298)}+\int_{298}^{T}\frac{C_{p,\ TiO_2}}{T}\mathrm{d}T \tag{14-21}$$

$$C_{p,\ TiO_2}=a+b\times10^{-3}T+c\times10^{5}T^{-2}+d\times10^{-6}T^{2} \tag{14-22}$$

$$G^{\ominus}_{TiO_2}=H^{\ominus}_{TiO_2(T)}-TS^{\ominus}_{TiO_2(T)} \tag{14-23}$$

$$\begin{aligned}\Delta G^{\ominus}=&\left(\Delta H^{\ominus}_{298}-298a-\frac{b\times10^{-3}}{2}\times298^{2}+\frac{c\times10^{5}}{298}+\frac{d\times10^{-6}\times298^{2}}{3}\right)+\\&\left(a-\Delta S^{\ominus}_{298}+a\ln298+b\times10^{-3}\times298-\frac{c\times10^{5}}{2\times298^{2}}+\frac{d\times10^{-6}\times298^{2}}{2}\right)T-\\&\frac{b\times10^{-3}}{2}T^{2}-\frac{c\times10^{5}}{2}T^{-1}-\frac{d\times10^{-6}}{6}T^{-3}-aT\ln T\end{aligned} \tag{14-24}$$

已知 $a=62.856$，$b=11.360$，$c=-9.958$，$d=0$；$\Delta H^{\ominus}_{TiO_2(298)}=-944750$ J/mol；$\Delta S^{\ominus}_{TiO_2(298)}=50.33$ J/(mol · K)。

代入上式得：

$$\Delta G^{\ominus}_{TiO_2}=-967326+377.99T-5.68\times10^{-3}T^{2}+4.979\times10^{5}T^{-1}-62.856T\ln T \tag{14-25}$$

同理可得：

$$\Delta G^{\ominus}_{Ti}=-7059+120.57T-5.14\times10^{-3}T^{2}-22.158T\ln T \tag{14-26}$$

$$\Delta G^{\ominus}_{O_2}=-9674.716-2.126T-2.092\times10^{-3}T^{2}+0.837\times10^{5}T^{-1}-29.957T\ln T \tag{14-27}$$

根据式(14-14)得：

$$\Delta G^{\ominus}=-950593+259.546T+1.55\times10^{-3}T^{2}+4.149\times10^{5}T^{-1}-10.748T\ln T \tag{14-28}$$

将 T 值代入即可求得不同温度下对应的标准吉布斯自由能变。另由能斯特方程 $\Delta G=-nEF$，即可求得不同温度下的该反应的电动势。表 14-3 的计算结果说明在 800 至 900℃ 之间，TiO_2 的理论分解电压最大为-1.94 V，远远低于熔盐 $CaCl_2$ 的分解电压-3.25 V。

表 14-3 TiO_2 不同温度下标准生成吉布斯自由能和电动势

温度/℃	800	850	900
$\Delta G_T^{\ominus}/(J \cdot mol^{-1})$	750591	741577	732759
$E_T^{\ominus}/V$	-1.94	-1.92	-1.90

14.3 固态碳/二氧化钛阴极熔盐电脱氧[14]

已报道的 FFC 法金属或合金的制备工艺，均在电脱氧前对阴极片进行预烧结以满足熔盐电脱氧对阴极片强度的要求。烧结通常需在 1100℃以上进行若干小时。如果能实现省略预烧结步骤，那将大幅优化熔盐电脱氧工艺。

熔盐中恒电压电脱氧通常是在 500~950℃的液态熔盐电解质中进行，因此对电极的强度、孔隙率等方面均有限制。另外，通过在 5~50 MPa 不同压力条件下压制阴极片的结果可以发现，无论在哪种压力条件下制片，都很难满足阴极片强度要求，甚至无法达到制备阴极电极过程中对阴极片进行捆绑固定的强度需求。分析原因主要是由于阴极片的原料中以 TiO_2 和石墨为主，而石墨最大的特点是其原子的层状排列，同一层上的原子以共价键结合，而层与层之间的原子却是以分子键结合，层与层之间的作用力很小，故很容易在层间相对滑动，因此石墨具有很好的润滑作用。这就导致干法压片很难达到自烧结熔盐电解对阴极片强度的要求。据此本研究向阴极片中添加少量的聚乙烯醇作为黏结剂，以给予阴极片电解过程中所需的初始强度。

本研究采用熔盐中阴极自烧结电脱氧制备金属碳化物，即阴极片在熔盐电脱氧之前免去烧结增加阴极片强度的步骤，只是利用熔盐本身温度达到阴极片自烧结的目的。除了上述使用黏结剂增加阴极片的强度之外，压制阴极片压力的大小也是确保其初始强度的重要因素。压片时压力过小，阴极片颗粒间的黏接达不到电脱氧所需强度需求，会致使电脱氧过程中阴极片粉化脱落；压片时压力过大，会导致阴极片孔率过小，电脱氧过程中熔盐渗入不良而不利于电脱氧。

14.3.1 研究内容

(1)成形压力对阴极片熔盐电脱氧制备碳化钛的影响

C、Ti 摩尔比为 1∶1 的碳-二氧化钛混合物中添加质量百分比 1%聚乙烯醇，混匀后分别在 10 MPa、20 MPa、50 MPa 下压制成形，在 3.2 V、800℃的 $CaCl_2$ 中电脱氧 8 h。

(2)电压对阴极片熔盐电脱氧制备碳化钛的影响

同上 10 MPa 制得的阴极片，在 800℃的 $CaCl_2$ 熔盐中，分别施加 2.8 V、

3.0 V、3.2 V 恒电压电脱氧 12 h。

(3)脱氧时间对阴极片电脱氧制备碳化钛的影响

同上阴极片，在 800℃的 $CaCl_2$ 熔盐中 3.2 V 恒电压电脱氧 1 h、3.5 h、5 h、8 h、12 h。

(4)熔盐温度对电脱氧制备碳化钛的影响

同上阴极片，分别在 800℃、850℃、900℃的 $CaCl_2$ 熔盐中，以 3.2 V 恒电压电脱氧 5 h；在 700℃、800℃的 $CaCl_2$-NaCl(摩尔比 1∶1)熔盐中电脱氧 12 h。

(5)TiO_2-C 阴极熔盐中初步放大电脱氧制备碳化钛探索

将 TiO_2、C 及少量黏结剂均匀混合后压制成片作为阴极，压制成直径 50 mm、厚度约为 18 mm 的阴极片(上述恒电压电脱氧实验阴极直径为 15 mm，厚度约为 2 mm)，在 800℃的 $CaCl_2$ 熔盐中以 3.2 V 恒电压电脱氧 12 h。

(6)钛酸钙-C 熔盐电脱氧制备碳化钛探索

阴极片的制备与上述实验基本一致，只是在原料中加入与 TiO_2 等摩尔比的 CaO，其他工艺不改变。

14.3.2　结果与讨论

(1)成形压力对阴极片熔盐电脱氧制备碳化钛的影响

在 10 MPa, 20 MPa 和 50 MPa 成形压强下，经 8 h 电脱氧后阴极片均基本完整，说明在 10~50 MPa 压制的阴极片，均满足自烧结熔盐电脱氧制备碳化钛对阴极片强度的要求。图 14-3 是三个压强下成形阴极片电脱氧产物的 XRD 图。

从图 14-3 中可以看出，10 MPa、20 MPa、50 MPa 三种不同模压成形压力下所制的阴极片熔盐电脱氧后产物物相基本一致；不同的模压成形压力下均可以实现熔盐电脱氧法制备 TiC，但三种不同压力下所制备的阴极片自烧结熔盐电脱氧后的产物物相的衍射峰强度有明显区别。随着压力的增大，TiC 与 $CaTiO_3$ 衍射峰强度的比值明显减小，具体数值如表 14-4 所示。这说明随着模压压力的增大，阴极片的孔隙率变小，电解过程中熔盐向阴极片内部的渗入随孔隙率的变小而逐渐困难，阴极内部氧离子较难迁移至熔盐中，导致电脱氧过程中阴极发生还原反应受限。

表 14-4　不同成形压强下电脱氧产物 TiC、$CaTiO_3$ 衍射峰强度比值

成形压强/MPa	TiC、$CaTiO_3$ 峰强比值
10	1.55
20	0.58
50	0.20

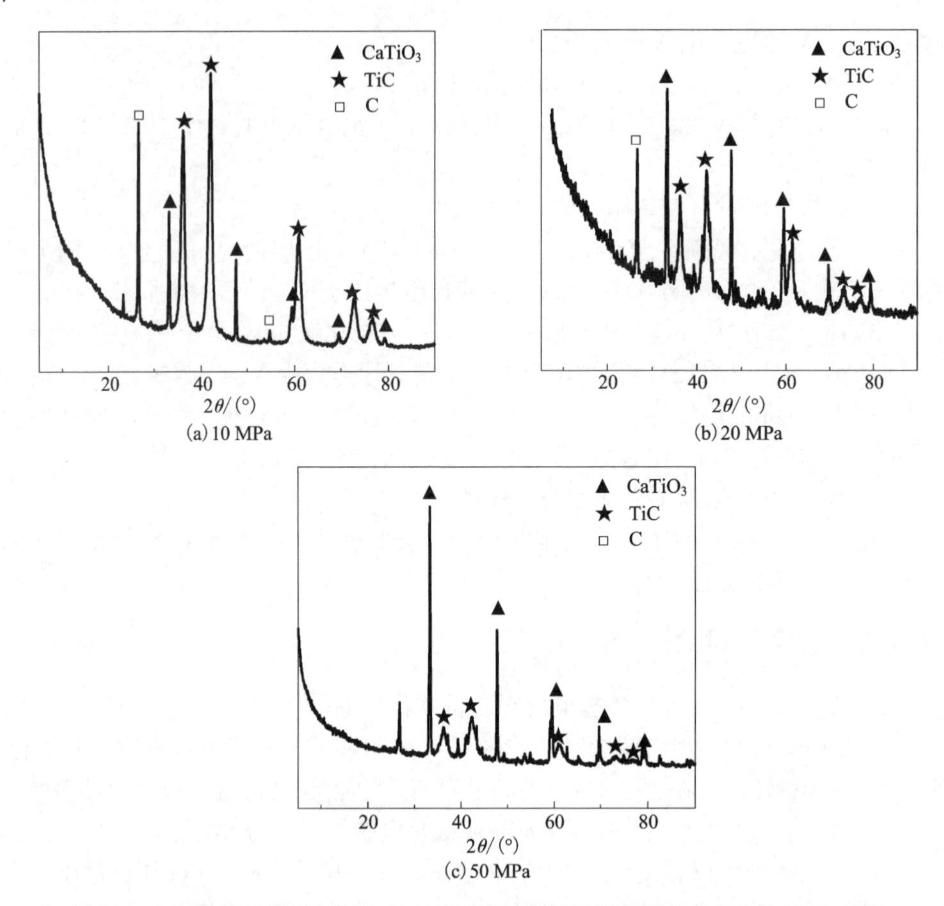

图 14-3　不同压强成形阴极片在 3.2 V、800℃条件下电解 8 h 产物的 XRD 图谱

另外，在电脱氧过程中为防止阴极片在电极的提升和下降过程中与坩埚壁或阳极碰撞导致阴极破裂，采用光谱石墨制备出凹状的石墨衬托，如图 14-4 所示。该衬托的上端敞开，底部的孔洞确保熔盐与阴极片充分接触，同时也有效地避免阴极由于碰撞而导致脱落的情况发生。该衬托除了对阴极片有保护性，还对阴极片起到一定的支撑作用，克服重力作用导致的阴极片脱落。有关克服重力的支撑作用在直径较大的阴极片熔盐电脱氧实验中更为显著。

(2)电压对熔盐电脱氧制备碳化钛的影响

在两极间施加电脱氧电压，是为克服反应物分解电压(即极化反电动势)而促使电脱氧反应顺利进行。因此，电脱氧电压必须大于反应物分解电压。在熔盐电脱氧过程中，电压需大于反应物分解电压而小于熔盐体系的分解电压。当电压大于反应物分解电压时，反应物的电脱氧速率可能随着电压增大而改变。然而，电压的增大也意味着电能损耗的增加。因此，对电压对熔盐电脱氧制备 TiC 粉体的

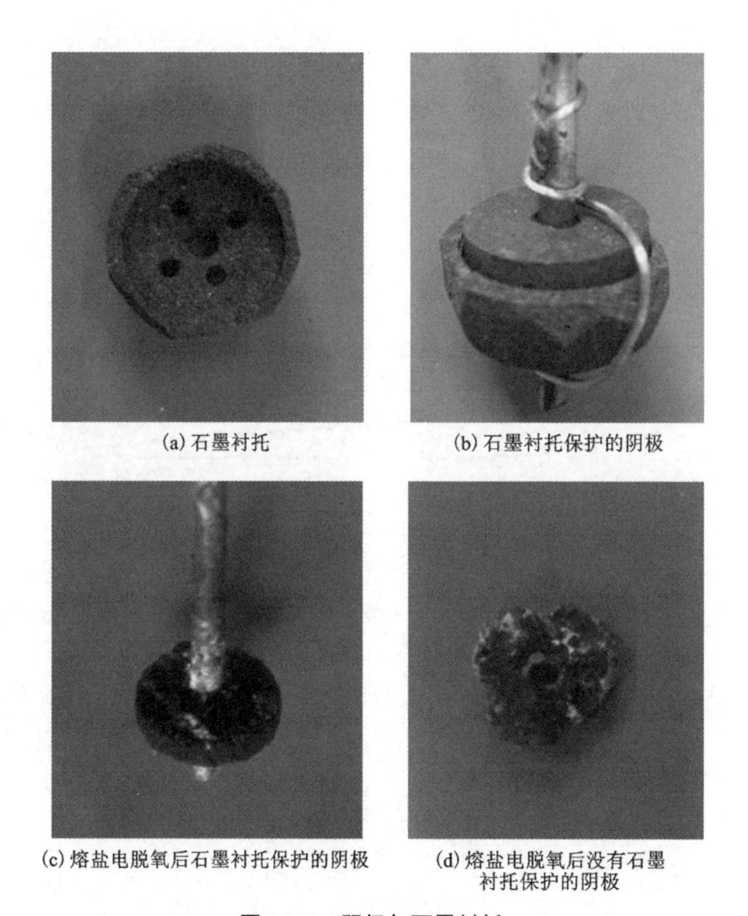

(a) 石墨衬托　(b) 石墨衬托保护的阴极

(c) 熔盐电脱氧后石墨衬托保护的阴极　(d) 熔盐电脱氧后没有石墨衬托保护的阴极

图 14-4　阴极与石墨衬托

影响进行研究。

图 14-5 为 $CaCl_2$ 熔盐中，反应物 TiO_2-C 在电脱氧温度 800℃、不同电脱氧电压下进行电脱氧 12 h 的电流-时间曲线。电压分别为 2.8 V、3.0 V 和 3.2 V。

从图 14-5 可以看出在熔盐电脱氧实验过程中，电流强度随着电脱氧电压的增大而增加，且不同电压下，随着电脱氧时间的增加，电流强度的变化基本趋于一致。电脱氧初期，阴极表面的双电层充电导致电流强度急剧增大。但随后不久，电流强度迅速下降，在 1~2 h 后基本趋于稳定。随着电脱氧时间的延长，电流强度逐渐平缓，呈缓步下降。2.8 V 电压下，电流强度趋于平缓后约为 0.1 A，而 3.2 V 电压下，电流强度趋于平缓后约为 0.3 A。这说明与电脱氧电压 2.8 V 相比较，电压 3.2 V 条件下有更多的电化学反应发生。

图 14-6(a)为电压 2.8 V、温度 800℃条件下电脱氧 12 h 后电脱氧产物的

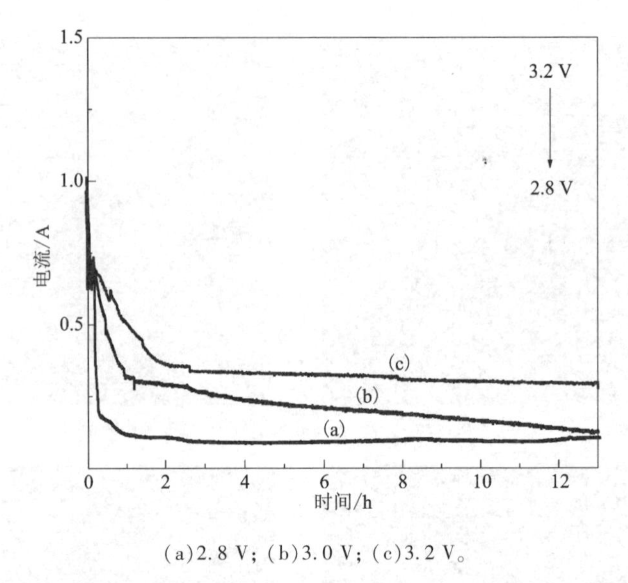

(a)2.8 V；(b)3.0 V；(c)3.2 V。

图 14-5　TiO_2-C 在 800℃的 $CaCl_2$ 熔盐中不同电压下电脱氧的电流-时间曲线

XRD 检测结果。从图 14-6(a)中可以看出在 2.8 V 电压下，TiO_2-C 的电脱氧反应基本没有发生，只有 TiO_2 与 CaO 发生反应形成 $CaTiO_3$，下式是该反应的吉布斯自由能计算过程：

$$TiO_2+CaO \xlongequal{} CaTiO_3$$

$$\begin{aligned}\Delta G^{\ominus} &= G^{\ominus}_{CaTiO_3}-G^{\ominus}_{TiO_2}-\Delta G^{\ominus}_{CaO}\\ &=-1829.46-(-1037.29)-(-706.29)\\ &=-85.88(kJ/mol)\end{aligned}$$

通过计算发现，该反应的吉布斯自由能小于零，说明该反应在 800℃下自发进行。

800℃、电压 3.0 V、电脱氧 12 h 后对电脱氧产物进行 XRD 检测，结果如图 14-6(b)所示，只有部分 TiC 形成，说明 3.0 V 电压能够满足 TiC 制备条件，但电脱氧速率很低，不满足生产工艺的要求。800℃、电压 3.2 V、电脱氧 12 h，产物的 XRD 结果如图 14-6(c)所示，阴极产物几乎全部为 TiC，说明在电压 3.2 V 条件下电脱氧 12 h，熔盐中自烧结电脱氧法制备 TiC 反应较为彻底，也就是说在电压为 3.2 V 时，能够满足阴极自烧结熔盐电脱氧法制备 TiC 的电压要求。由此可见，该实验在满足电脱氧实验要求的各电压中，电压越大，电脱氧速率越快。

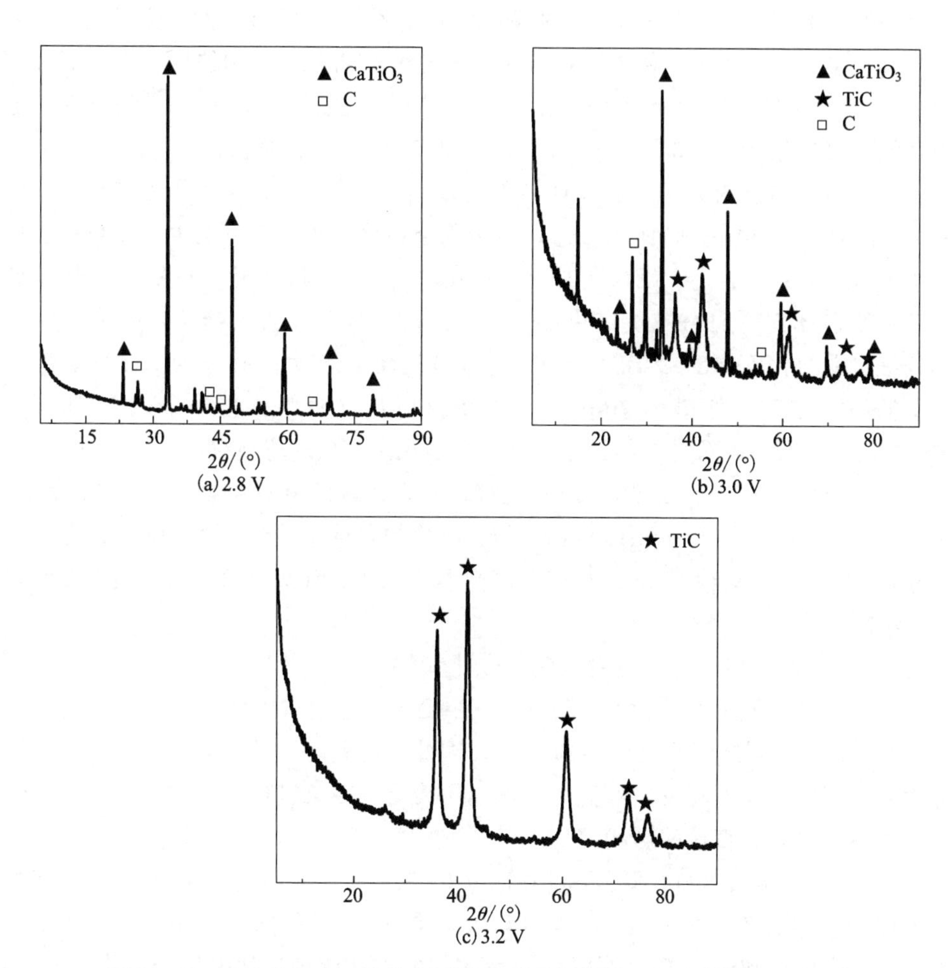

图 14-6　800℃的 $CaCl_2$ 熔盐中不同电压下电脱氧 12 h 产物的 XRD 图谱

另外：

$$CaCl_2 \xlongequal{\quad} Ca+Cl_2$$

$$\begin{aligned}\Delta G^{\ominus}_{(1073)} &= \Delta G^{\ominus}_{Ca}+\Delta G^{\ominus}_{Cl_2}-\Delta G^{\ominus}_{CaCl_2}\\ &= -62.32+(-261.25)-(-956.5)\\ &= 634.93(\text{kJ/mol})\end{aligned}$$

根据能斯特方程计算可得 $E=-\Delta G/nF\approx-3.25$ V。由此可见，由于熔盐体系 $CaCl_2$ 的分解电压所限，电脱氧过程中电压不得超过 3.25 V，因此最终本研究采用 3.2 V 为最佳电脱氧电压条件。

图 14-7 是不同电压下电脱氧产物的 SEM 检测结果。根据图 14-7，再结合图 14-6 的 XRD 检测结果发现，产物和原料相比，电脱氧前原料粒径为 100～200 nm，在电压为 2.8 V 和 3.0 V 条件下电脱氧 12 h 后，产物的粒径明显变大约为 1 μm。电脱氧前后没有发生明显变化，只是由于烧结作用，粒子之间出现一定程度的团聚现象，结果如图 14-7(a)和图 14-7(b)所示。通过图 14-8 的 EDX 图进一步分析并结合图 14-6 的 XRD 结果可以断定，产物颗粒基本为 $CaTiO_3$ 和 C，如图 14-8(a)和 14-6(a)所示。这是由于阴极在该电压下没有发生电解反应，只是 TiO_2 和 CaO 发生化学反应生成了 $CaTiO_3$。当电压调整至 3.0 V 时，电脱氧 12 h 后阴极产物的 SEM 检测结果如图 14-7(c)所示，除较大颗粒外产物生成了部分细小颗粒，经 XRD 及 EDX 检测分析发现，粒径较大的颗粒为 $CaTiO_3$，粒径较小的颗粒为 TiC，如图 14-6(b)、14-8(b)和 14-7(c)所示。说明在该电压下电脱氧 12 h，还原反应发生，但由于电压偏低，无法使反应进行彻底。

当电压为 3.2 V 时，阴极经 12 h 电脱氧还原后的 SEM 检测结果如图 14-7(d)显示，和原料及中间产物 $CaTiO_3$ 相比较，产物粒径明显变小至约 100 nm 且颗粒尺寸均匀，经 EDX 检测分析发现，该颗粒为 TiC，SEM 及 EDX，检测结果如图 14-7(d)和图 14-8(d)所示。

(3)脱氧时间对阴极片电脱氧制备碳化钛的影响

在熔盐电脱氧过程中随着电脱氧时间的延长，电脱氧体系中的电子不断地从阳极流向阴极，阴极还原反应不断发生。因此，阴极产物的物相、形貌、粒径等都随着时间的延长不断发生着变化。恒电压熔盐电脱氧过程中，不同电脱氧时间对电脱氧产物有着直接的影响。

图 14-9 是温度 800℃下，经过 0 h、1 h、3.5 h、5 h、8 h 和 12 h 不同时间恒电压脱氧后的阴极产物 SEM 图。图 14-9(a)是 TiO_2-C 原料的 SEM 图，从图中可见阴极片由较大和较小的两种粒径较为均匀的颗粒组成，其中粒径约为 200 nm 的较大颗粒是 TiO_2，粒径约为 100 nm 的较小颗粒是 C。图 14-9(b)是恒电位电解 1 h 后的阴极产物。产物的微观形貌和电脱氧前相比较没有发生明显变化，只是颗粒间发生了一定程度的烧结。之所以判断颗粒间是烧结而不是团聚，主要是由于团聚现象通常是由纳米级粒子之间的作用力，主要是粒子表面张力所导致，也就是说团聚现象只是物理过程，通过在乙醇溶液中超声波可以做分散颗粒处理。但本研究中产物通过该方法处理后，颗粒之间仍然联结，因此可以判断为烧结现象。图 14-9(c)是恒电压电脱氧 3.5 h 后的阴极产物，该条件下产物相对于电解 1 h 后产物的微观形貌来说粒径变化明显，出现了部分粒径为 0.5～1 μm 颗粒。随着电脱氧时间进一步延长至 5 h，这种较大颗粒的粒径增大至 1～2 μm，且逐渐增多，成为阴极产物的主要部分，如图 14-9(d)所示。一个明显的变化是随

(a) 原料　(b) 2.8 V

(c) 3.0 V　(d) 3.2 V

图 14-7　800℃的 $CaCl_2$ 熔盐中不同电解电压下电脱氧 12 h 的产物 SEM 照片

着恒电压电脱氧的继续进行，阴极产物中氧含量的进一步减少，产物中颗粒的粒径由较大颗粒逐渐转化成约 100 nm 小颗粒，如图 14-9(e)和图 14-9(f)所示，两图分别为恒电压电脱氧 8 h 和 12 h 后的阴极产物 SEM 图。从图中可以看出电脱氧 8 h 后的阴极产物，较大颗粒已经基本不存在，但通过 SEM 图可以分辨出粒径约为 100 nm 小颗粒烧结的形貌基本维持了大颗粒的形貌，由此可以断定大颗粒向小颗粒的转化是在原位完成的，随着恒电压电脱氧逐渐趋于完成，产物颗粒的粒径也较为均匀。

图 14-10 是电压 3.2 V、800℃恒电位电脱氧不同时间的阴极产物的 XRD 图。电脱氧前阴极片物相为 TiO_2-C，如图 14-10(a)所示。恒电压电脱氧 1 h 后，阴极片中的原料 TiO_2 几乎全部转化成为 $CaTiO_3$，如图 14-10(b)所示。当反应进行

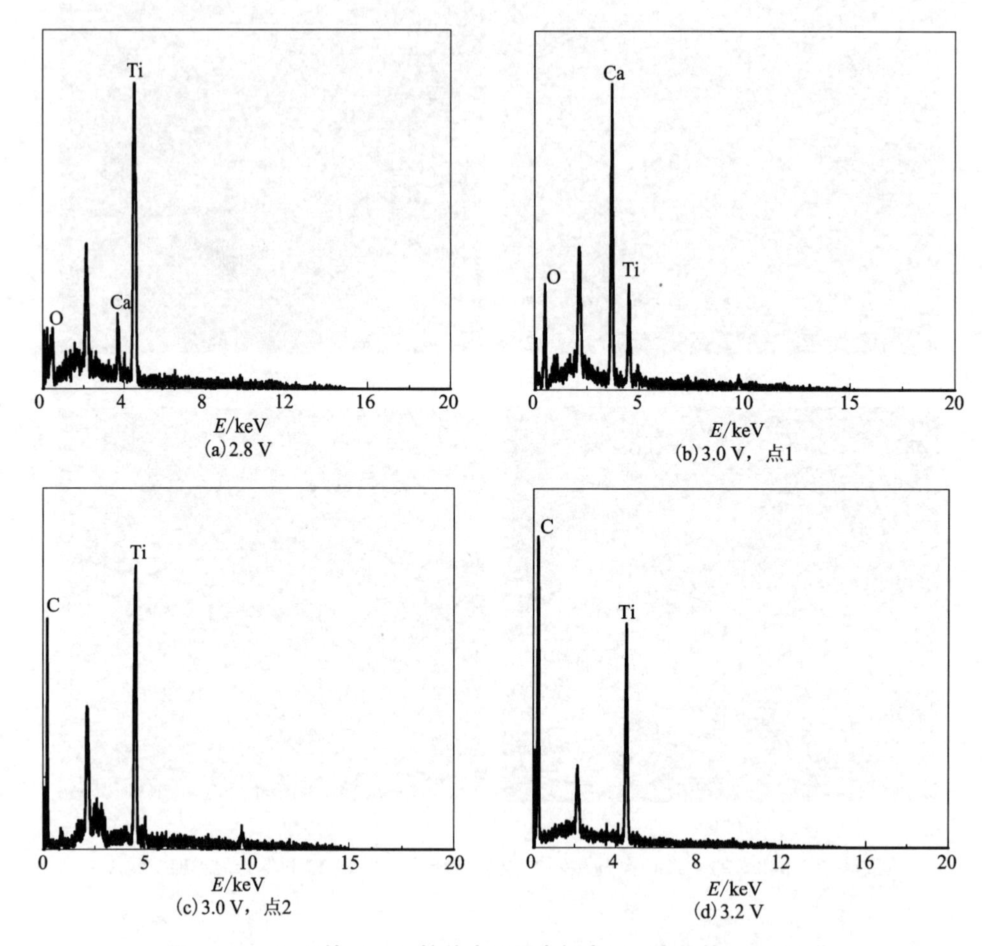

图 14-8　800℃的 $CaCl_2$ 熔盐中不同电解电压下产物的 EDX 图谱

至 3.5 h 时，阴极产物中出现了 TiC，除此之外，还有未反应的 $CaTiO_3$ 和 C，如图 14-10(c)所示。图 14-10(d)、(e)、(f)分别是恒电压电脱氧 5 h、8 h 和 12 h 后阴极产物的 XRD 图。通过 XRD 图的分析可以发现，随着恒电压电脱氧时间的延长，阴极产物中 TiC 组分不断增多，而 $CaTiO_3$ 和 C 的组分不断较少，反映出恒电压电脱氧趋向完成。

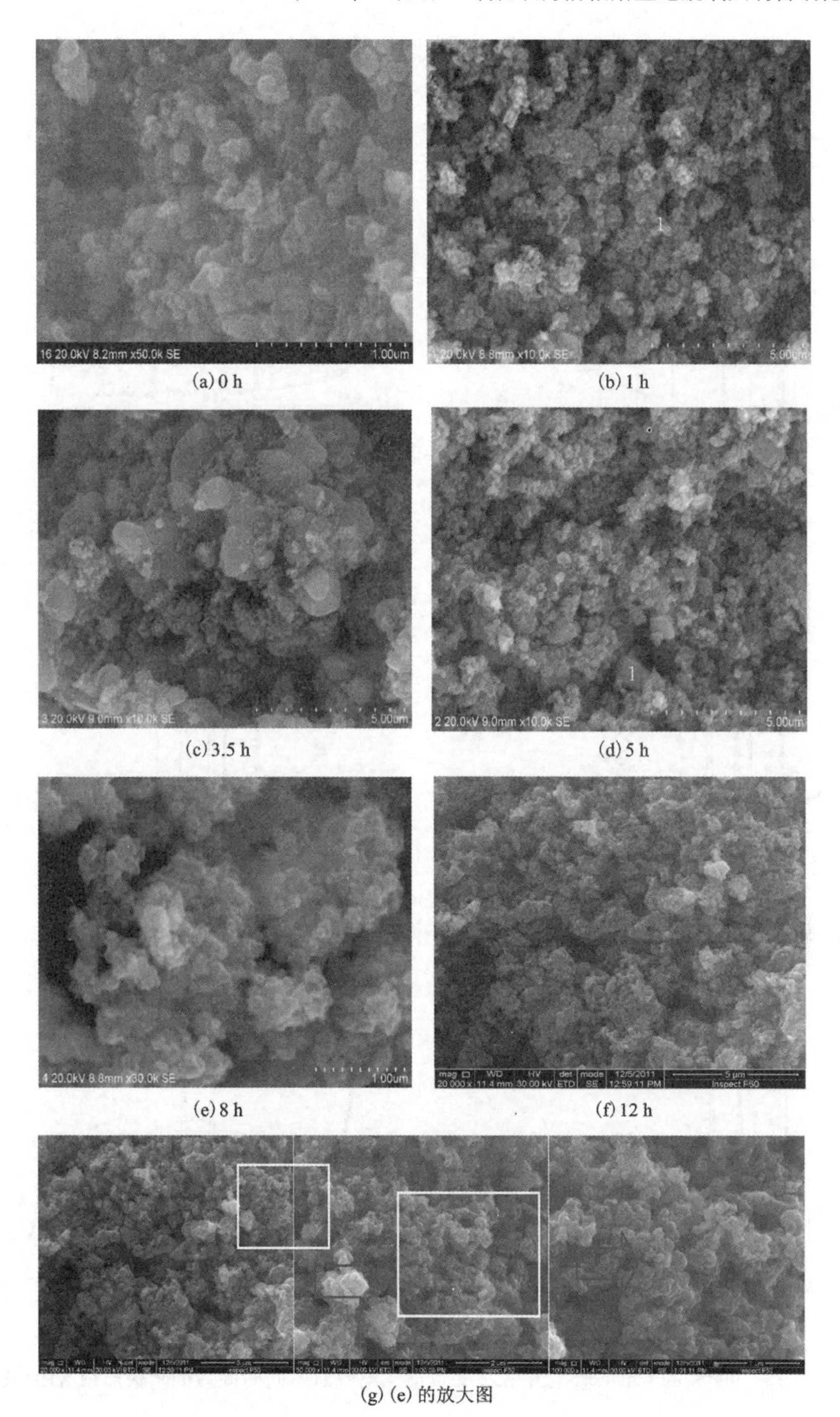

(a) 0 h　(b) 1 h

(c) 3.5 h　(d) 5 h

(e) 8 h　(f) 12 h

(g) (e) 的放大图

图 14-9　800℃的 $CaCl_2$ 熔盐中 3.2 V 恒电压电脱氧不同时间后的阴极产物 SEM 照片

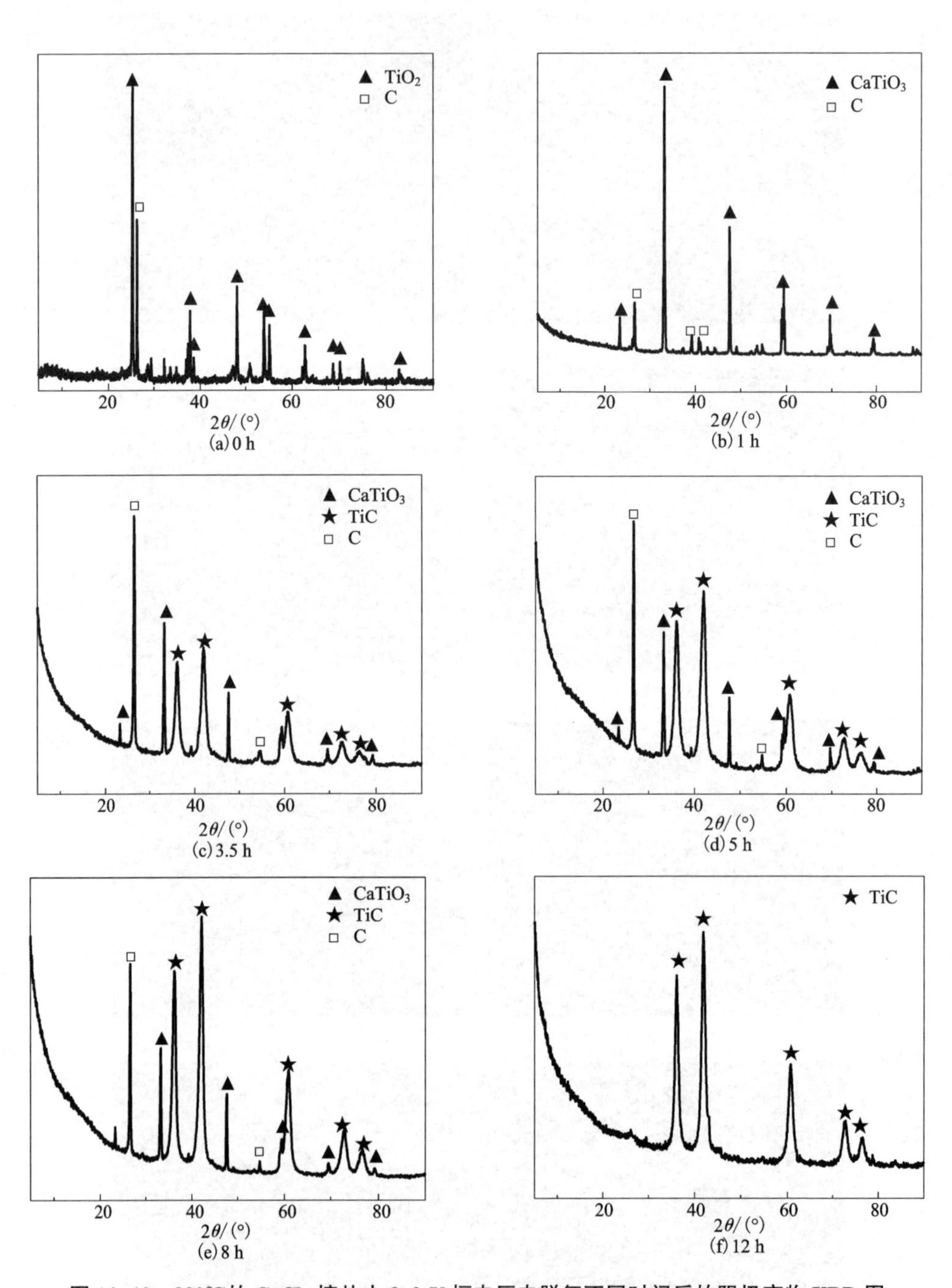

图 14-10　900℃的 $CaCl_2$ 熔盐中 3.2 V 恒电压电脱氧不同时间后的阴极产物 XRD 图

图 14-11 是在电压 3.2 V、温度 800℃电脱氧 12 h 的较优电脱氧工艺条件下制备 TiC 阴极片的实物图、阴极片截面图和阳极石墨的实物图。从图 14-11(a)中不难判断，电脱氧后阴极片完整无损，说明该工艺条件能够实现阴极片的自烧结，使阴极片的强度满足熔盐电脱氧过程中对阴极片强度的要求。从电脱氧后阴极片的截面图中可以看到，电脱氧后阴极片的孔隙明显变大，这是由于电脱氧过程中钛氧化物中的氧离子发生迁移至阳极，且阴极发生的是原位还原反应的缘故。图 14-11(c)是电解后阳极实物图。

(a) 电脱氧后阴极实物图

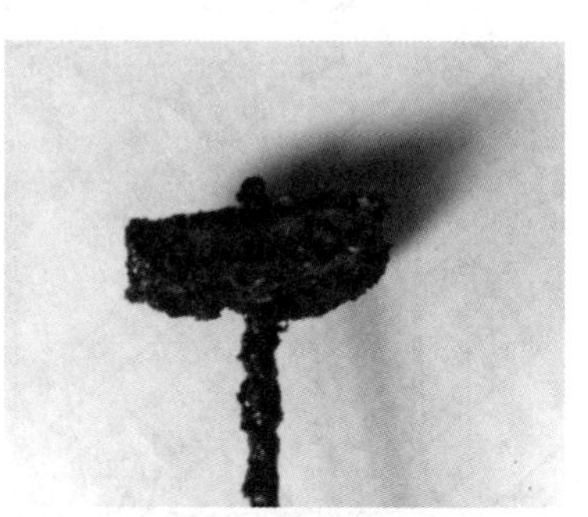

(b) 电脱氧后阴极截面图

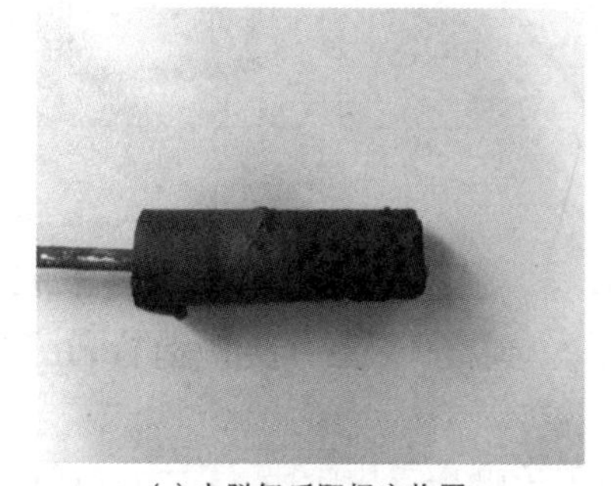

(c) 电脱氧后阳极实物图

图 14-11　电脱氧后阴极及阳极实物图

熔盐电脱氧过程中，阴极的还原反应通常首先发生在与阴极引线铁铬铝丝接触的周围及与熔盐直接接触的阴极片表面，然后逐渐向阴极片内部扩散。而本研究从不同电解阶段产物的截面发现，与熔盐接触的阴极片表面发生的还原反应更为明显。

同为熔盐电脱氧还原过程，与已报道的还原机理存在差异的主要原因是本研究阴极原料的成分中含有石墨。文献报道的熔盐电脱氧还原过程，阴极片通常为金属氧化物，导电性差或几乎不具备导电性，因此阴极片的导电性和熔盐的渗入速度均直接影响熔盐电脱氧的速率。还原反应首先发生在与阴极引线铁铬铝丝接触的周围及与熔盐接触充分的阴极片表面，随着还原反应的逐渐发生，发生还原反应的部位导电性逐渐增强，还原反应逐渐向阴极片的内部扩散。而本研究中阴极片的原料是金属氧化物和石墨，石墨具有良好的导电性能，在该前提下，熔盐向阴极片中的渗入速度即成为了熔盐电解还原过程的控制步骤之一。电脱氧初期，与熔盐充分接触的阴极片表面首先发生还原反应。随着熔盐向阴极片内部的渗入，还原反应逐渐在阴极片内部发生。该分析结果说明，阴极片合适的孔隙率对自烧结熔盐电脱氧制备 TiC 粉体是非常重要的。

图 14-12(a)是最终阴极产物的 XRD 图，图 14-12(b)是最终阴极产物的 EDX 图，综合分析两检测结果可以确定最终阴极产物是 TiC。

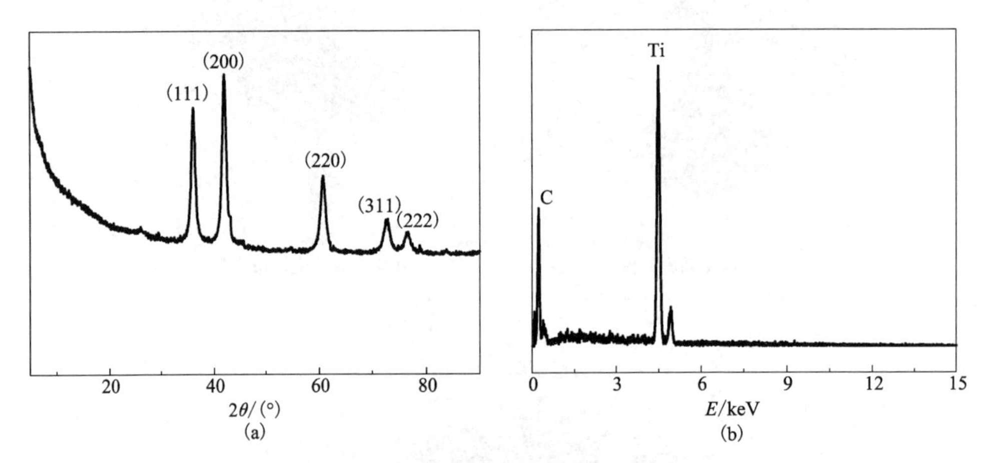

图 14-12　800℃的 $CaCl_2$ 熔盐中 3.2 V 恒电压
电解 12 h 最终阴极产物 XRD 图谱(a)和 EDX 图谱(b)

此处值得注意的是，无论哪个反应阶段，TiC 的衍射峰都出现了明显的宽化，通常能够引起衍射峰宽化的有晶粒细化和晶格畸变两个因素。由于本书中电脱氧产物为粉晶，无应变存在，因此晶粒细化在衍射峰宽化中起了主要的作用。

(4)熔盐温度对电脱氧制备碳化钛的影响

对于熔盐电脱氧实验来说，要求电解温度高于纯熔盐体系的熔点或混合熔盐体系的共熔点。熔盐电脱氧过程中，随着熔盐体系温度的升高，电解质的流动性更好，黏度下降，电导率增加，反应速率提高，可以说电脱氧速率与电脱氧温度成正比。然而温度过高会导致熔盐挥发严重，且能耗随温度升高大幅增加，除此之外副反应加剧；温度过低会导致熔盐熔化不良，熔盐黏度过大，影响离子在熔盐中的传导速率。综上所述，秉承提高电脱氧效率的同时降低能耗的原则，对熔盐电脱氧制备 TiC 的电脱氧温度进行优化研究。

熔盐 $CaCl_2$ 在常压下熔点为771℃，考虑到电脱氧设备及能耗等影响因素，决定将 800℃、850℃和 900℃作为电脱氧温度进行恒电压电脱氧 5 h，以考察温度对电脱氧结果的影响。图 14-13 为不同温度下电脱氧过程的电流-时间曲线。通过对比不同温度下的电流-时间曲线可以看出，随着温度的升高，电极表面发生的反应加强，熔盐中电子转移数增多，因此表现出电脱氧电流随着温度的升高略有增加。

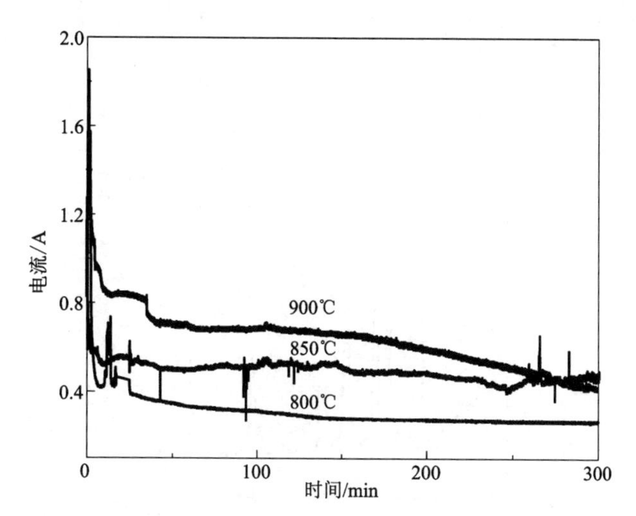

图 14-13　TiO_2-C 在不同温度 $CaCl_2$ 熔盐中 3.2 V 恒电压下电脱氧 5 h 的电流-时间曲线

800℃熔盐电脱氧制备 TiC 的电脱氧产物 XRD 检测结果如图 14-14(a)所示。在电压 3.2 V 条件下，经 5 h 电脱氧后阴极物相组分发生了很大变化。TiC 物相衍射峰出现，且为主要物相，$CaTiO_3$ 衍射峰明显减弱，说明在该实验条件下，大部分 $CaTiO_3$ 已经转化成目标产物 TiC，除此之外，产物中还有部分未反应完全的 C。850℃和 900℃下熔盐电脱氧制备 TiC 的电脱氧产物 XRD 检测结果如图 14-14(b)和图 14-14(c)所示，在电压 3.2 V，温度 800℃条件下，5 h 电脱氧后阴极产物的主要物相基本相同。

图 14-15 为阴极片在不同温度下电脱氧 5 h 后产物的 SEM 图。由图可见，当温度为 800℃时，电脱氧产物中存在粒径差别较大的两类颗粒。和图 14-14(a)的 XRD 检测结果综合分析可知，粒径较大的颗粒应为 $CaTiO_3$，粒径较小的颗粒为产物 TiC，另外一些粒径较小的颗粒是 C。这说明在温度 800℃时，经 5 h 恒电压电脱氧，还原反应发生。当温度为 850℃和 900℃时，产物组分与 800℃温度下的产物组分基本相同，只是随着反应温度的升高，反应速率略有提升，但提升幅度不大。

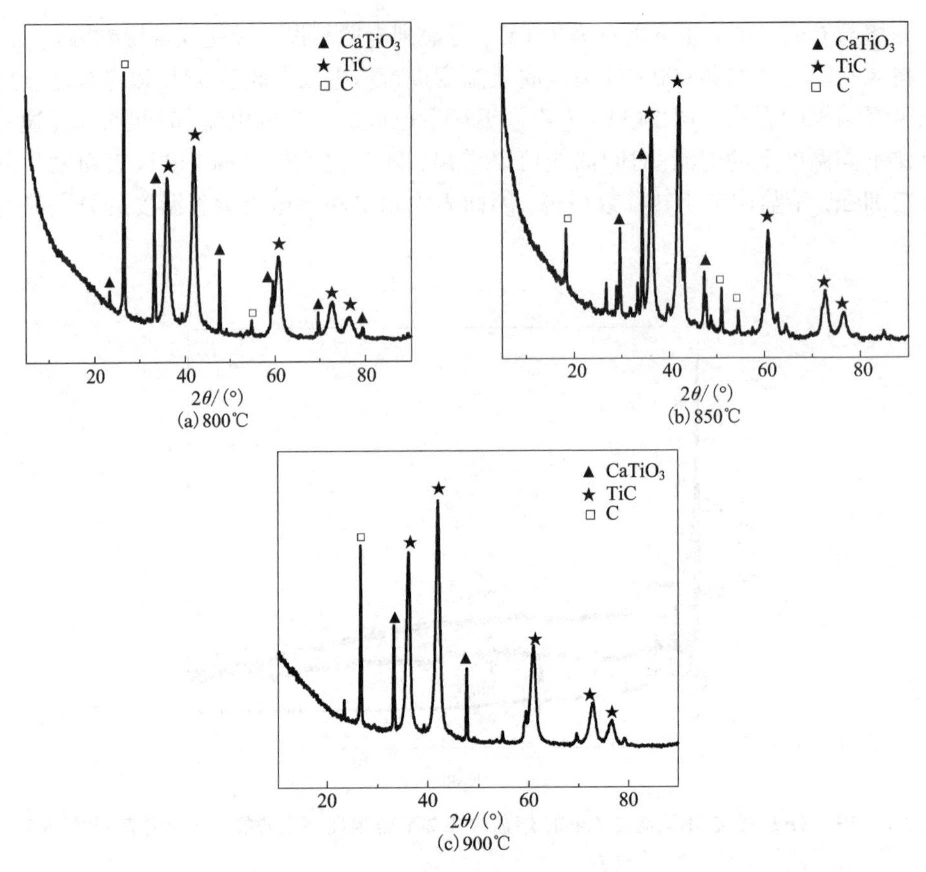

图 14-14　不同温度下 3.2 V 恒电压电脱氧 5 h 时阴极产物的 XRD 图谱

从以上 800℃、850℃和 900℃三个不同温度下电脱氧产物的 XRD、SEM 分析结果可以总结出，在 800℃以上，温度的增大对电脱氧速率提高略有帮助，但提升幅度不明显。而能耗的影响因素主要以温度和电脱氧所需时间为主。从电脱氧效率、实验设备及能耗几方面综合考虑，以温度 800℃作为本研究中熔盐电脱氧法制备 TiC 的较优电脱氧温度。

在熔盐电脱氧实验中熔盐体系的选择通常遵循两个基本原则，一是熔盐体系的熔点，另一个是熔盐体系对氧的溶解能力。由 $CaCl_2$-NaCl 相图可知，常压下纯氯化钙的熔点为 771℃，而 $CaCl_2$-NaCl 混合熔盐的熔点仅为 504℃。$CaCl_2$-NaCl 混合熔盐体系比 $CaCl_2$ 纯熔盐体系熔点低 267℃，说明恒电压电脱氧采用 $CaCl_2$-NaCl 作为熔盐体系将明显降低单位时间电耗。然而 $CaCl_2$-NaCl 混合熔盐的溶解氧离子的能力不及纯 $CaCl_2$ 熔盐，也就意味着电脱氧过程耗时更长，增加能耗。

(a) 800 ℃　　(b) 850 ℃

(c) 900 ℃

图 14-15　TiO_2-C 在不同温度下 3.2 V 恒电压电脱氧 5 h 产物的 SEM 照片

两种熔盐体系各有利弊，因此拟采用以 $CaCl_2$-NaCl 代替 $CaCl_2$ 作为恒电压电脱氧的熔盐体系，通过对比两熔盐体系下恒电压电脱氧制备粉体 TiC 的电脱氧产物，选择更优熔盐体系。具体实验操作步骤同 $CaCl_2$ 纯熔盐体系基本一致，只是将摩尔比为 1∶1 的 $CaCl_2$-NaCl 混合熔盐代替 $CaCl_2$ 纯熔盐作为恒电压电脱氧所需熔盐体系。

在温度 700℃下，$CaCl_2$-NaCl 混合熔盐能够熔化完全，满足恒电压电脱氧的要求。在该温度下进行恒电压电脱氧 12 h，产物 XRD 检测结果如图 14-16 所示。电脱氧后阴极 TiO_2-C 没有发生还原反应，仅 TiO_2 与 CaO 发生化学反应生成 $CaTiO_3$。

将温度调整至 800℃，考察阴极 TiO_2-C 在该温度下、$CaCl_2$-NaCl 混合熔盐体系中的电脱氧效果。电脱氧后产物水洗后经 XRD 检测，结果如图 14-17 所示。图中有 TiC、$CaTiO_3$、C 三种主要衍射峰，说明该恒电压电脱氧条件能够满足粉体 TiC 的制备，但与 $CaCl_2$ 熔盐体系电解结果相比，反应速率很慢。两反应在相同的电压和温度下进行，电能的消耗相同，说明 $CaCl_2$-NaCl 混合熔盐体系远不及

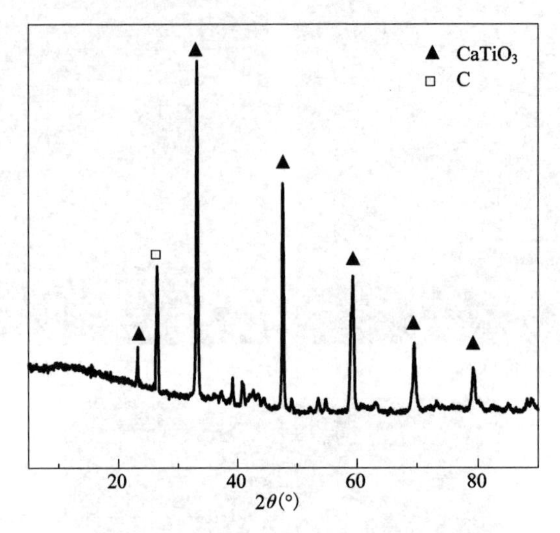

图 14-16 700℃的 $CaCl_2$-NaCl 熔盐中 3.2 V 恒电压电脱氧 12 h 产物的 XRD 图谱

$CaCl_2$ 熔盐体系的电脱氧效果。

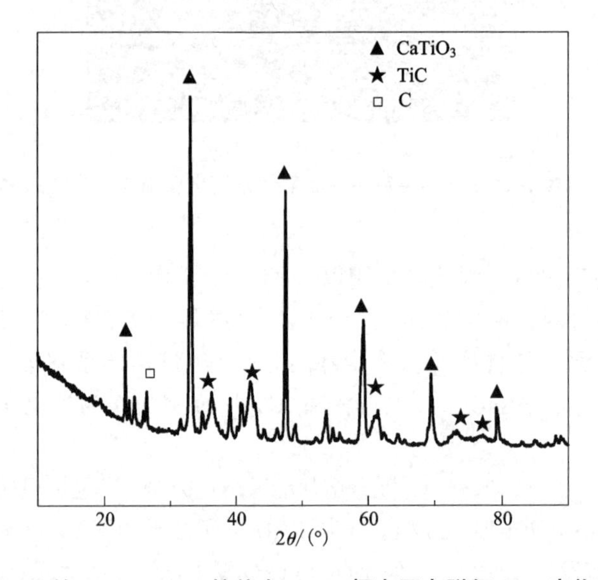

图 14-17 800℃的 $CaCl_2$-NaCl 熔盐中 3.2 V 恒电压电脱氧 12 h 产物的 XRD 图谱

图 14-18 是 TiO_2-C 分别在纯 $CaCl_2$ 和摩尔比为 1 : 1 的 $CaCl_2$-NaCl 两种熔盐体系中，同在电压 3.2 V 和温度 800℃下电脱氧 12 h 的电流-时间曲线。由图可见，在纯 $CaCl_2$ 熔盐中进行电脱氧的电流强度明显高于在摩尔比为 1 : 1 的

$CaCl_2$-NaCl 熔盐中的电流强度。XRD 检测结果和电流-时间曲线都充分地证明了在该实验条件下 $CaCl_2$ 具有更强的溶解氧离子的能力。因此，以 $CaCl_2$ 作为阴极自烧结熔盐电脱氧实验的熔盐体系，该体系溶解氧离子的能力更强，阴极电脱氧过程中产生的氧离子能够更为迅速地迁移至阳极，单位时间内阳极放电量更多，电脱氧过程中电流强度也就更大，电脱氧更为迅速。

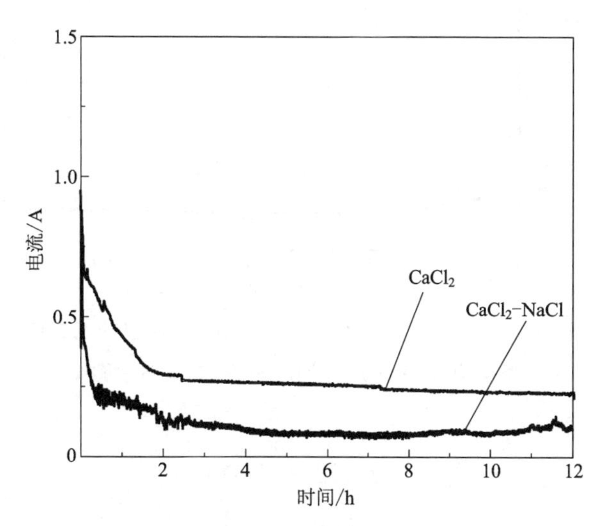

图 14-18　TiO_2-C 在 800℃不同熔盐体系中 3.2 V 电脱氧 12 h 的电流-时间曲线

在实际生产过程中，由于电脱氧过程中有一部分电流消耗于电极上产生副反应和漏电现象，电流不能 100%被利用，所以实际产量总比理论产量低，将实际产量和理论产量的比值称为电流效率，用 η 表示。以电脱氧温度 800℃、电脱氧 12 h 的电脱氧过程为例，电脱氧前阴极片称重质量为 1.92 g，电脱氧后称重质量为 1.24 g。图 14-19 为阴极片在 $CaCl_2$ 熔盐中、温度 800℃条件下电脱氧 12 h 的电流-时间曲线。图中可以看出恒电压电脱氧初期，电流值在 2 min 中内迅速从 0.5 A 升至 1.75 A，而后开始迅速下降，在开始电脱氧 10 min 后，电流值约为 0.3 A。之后电流值较为平稳，电脱氧过程中一直维持在 0.3 A 左右。

电流效率的计算过程如下：

$$\text{电流效率} = \frac{\text{实际产量}}{\text{理论产量}} \times 100\% \tag{14-29}$$

设实际产量为 m，通过电荷量 $Q=It$，电化当量为 k，则：

$$\eta = \frac{m}{kIt} \times 100\% = \frac{\left(\frac{m}{k}\right)}{It} \times 100\% = \frac{Q_c}{Q_a} \times 100\% = \frac{\text{理论所需电荷量}}{\text{实际电荷量}} \times 100\% \tag{14-30}$$

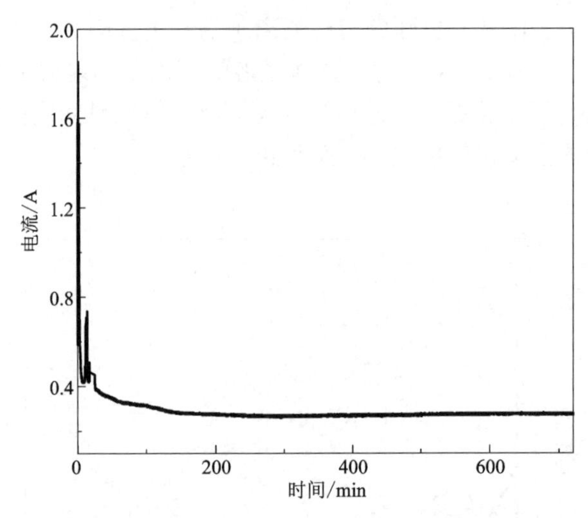

图 14-19　800℃ $CaCl_2$ 熔盐中 TiO_2-C 阴极在 3.2 V 恒电压电脱氧 12 小时的电流-时间曲线图

$$Q_a = \int_0^T I(t)\,dt = 19620(\mathrm{C}) \tag{14-31}$$

$$Q_c = \frac{m}{M} \cdot n \cdot F = \frac{1.24}{60} \times 4 \times 96500 = 7977(\mathrm{C}) \tag{14-32}$$

$$\eta = \frac{Q_c}{Q_a} \times 100\% = \frac{7977}{19620} \times 100\% = 40.67\% \tag{14-33}$$

由以上计算结果可知，实验室条件下熔盐中阴极自烧结电脱氧 TiO_2-C 制备 TiC 粉体的电流效率约为 40.67%。

单位电耗是反映能源消费水平和节能降耗状况的主要指标，其能够反映一个国家经济活动中对能源的利用程度，反映经济结构和能源利用效率的变化。成本降低空间和投资回报期在很大程度上依赖于能量成本，降低电耗能够显著地降低运行成本。因此有必要对本研究中自烧结熔盐电脱氧法制备 TiC 的制备工艺进行电耗计算。

功：

$$W = P \cdot t = U \cdot I \cdot t \tag{14-34}$$

电流为：

$$I = \frac{Q_a}{12 \times 3600} \tag{14-35}$$

每小时做功为：

$$W=U\cdot I\cdot t=U\cdot \frac{Q_{a}}{12\times 3600}\times 3600=U\cdot \frac{Q_{a}}{12}=3.2\times \frac{19620}{12}=5.232(\mathrm{J})=5.232(\mathrm{kJ}) \tag{14-36}$$

而：

$$1\ \mathrm{kW\cdot h}=3600\ \mathrm{kJ} \tag{14-37}$$

因此：

$$电能(W)=\frac{W(功)}{3600}=\frac{5.232}{3600}(\mathrm{kW\cdot h}) \tag{14-38}$$

因此可得制备每千克 TiC 消耗电能为：

$$电能(W)=\frac{5.232(\mathrm{kJ})}{3600\times 0.00124(\mathrm{kg})}\approx 1.17(\mathrm{kW\cdot h}) \tag{14-39}$$

以上计算结果得出，在实验室条件下，采用阴极自烧结熔盐电脱氧的方法制备 TiC，每千克的电能消耗约为 1.17 kW · h。

(5)熔盐中阴极自烧结电脱氧制备碳化钛的初步放大实验研究

制约 FFC 法工业化进展的因素很多，比如电脱氧速率、所需电脱氧过程细节设计及过程控制的改进，等等。这些影响因素致使大多数相关研究仍停留在实验室阶段，在放大实验中电脱氧效果始终无法令人满意。

本研究在实验室条件下进行了 100 倍放大实验。通过对电脱氧产品的物相表征，对比未放大实验和放大实验的电脱氧产物，初步探索 TiC 实现放大制备的可能性。

将 TiO_2、C 及少量黏结剂均匀混合后压制成片作为阴极，阴极片质量约为前述阴极片质量的 100 倍，压制成直径 50 mm、厚度约为 18 mm 的阴极片(上述恒电位电脱氧实验阴极直径为 15 mm、厚度约为 2 mm)，实物见图 14-20。

图 14-20　放大实验的阴极实物图

为便于同未放大实验结果比较，将放大实验在电压 3.2 V、温度 800℃ 条件下电脱氧 12 h。图 14-21 为电脱氧前后阴极片的实物图，左侧为电脱氧后阴极片，右侧为电脱氧前阴极片。通过图片可以看出，电脱氧后阴极片较为完整，颜色由灰色变为黑色。将电脱氧后产物经过水洗后进行 XRP 检测分析。

图 14-21　放大实验阴极电脱氧前后实物图

通过对比放大实验和未放大实验的 XRD 检测结果图 14-22(a)和图 14-22(b)可以发现，两电脱氧产物具有明显的区别。放大实验的阴极在电脱氧 12 h 后反应没有进行彻底，但粉体 TiC 能够生成，TiC 的衍射峰明显，且在电脱氧后的产物中为主要物相之一。这说明自烧结熔盐电脱氧实验在放大后能够发生同实验室规模小剂量实验一样的反应，得到相同的产物 TiC。

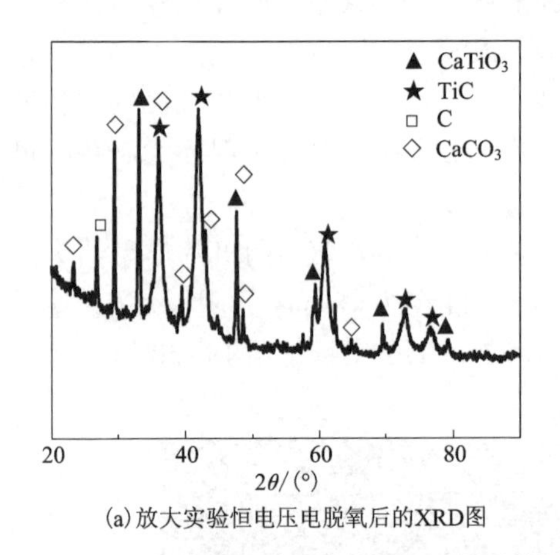

(a)放大实验恒电压电脱氧后的XRD图

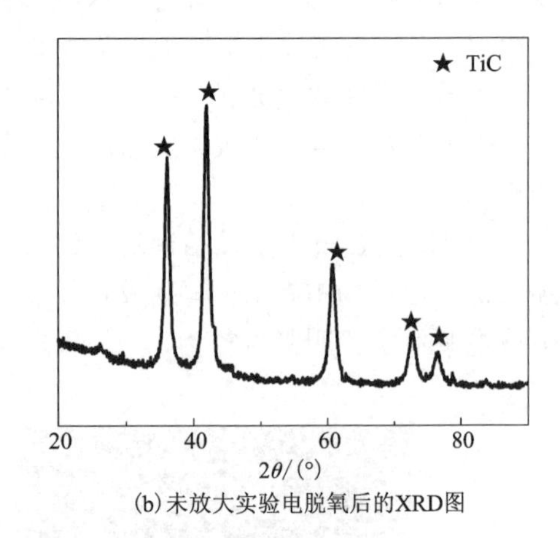

(b)未放大实验电脱氧后的XRD图

图 14-22　800℃的 $CaCl_2$ 熔盐中 3.2 V 恒电压电解 12 h 产物 XRD 图谱

将放大实验的阴极片在 800℃下电脱氧 32 h，再次进行 XRD 检测，发现电解基本完全，XRD 检测结果如图 14-23 所示。

经过 32 h 电脱氧完全的终产物称重质量约为 128.7 g，电脱氧过程电流效率和所耗电量可由下式计算得出。

电流效率的计算过程如下：

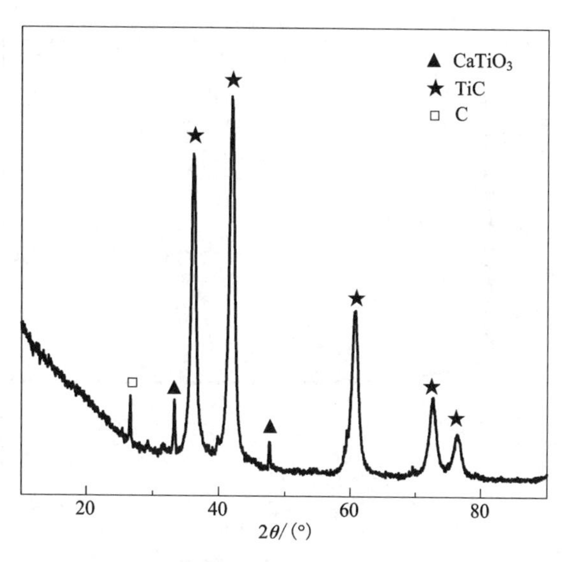

图 14-23　放大实验 800℃的 $CaCl_2$ 熔盐中 3.2 V 恒电压电脱氧 32 h 后的阴极产物 XRD 图谱

$$电流效率=\frac{实际产量}{理论产量}\times 100\% \tag{14-40}$$

设实际产量为 m，通过电荷量 $Q=It$，电化当量为 k，则

$$\eta=\frac{m}{kIt}\times 100\%=\frac{\frac{m}{k}}{It}\times 100\%=\frac{Q_c}{Q_a}\times 100\%=\frac{理论所需电荷量}{实际电荷量}\times 100\% \tag{14-41}$$

$$Q_a=\int_0^T I(t)\,\mathrm{d}t=1915860(\mathrm{C}) \tag{14-42}$$

$$Q_c=\frac{m}{M}\cdot n\cdot F=\frac{128.7}{60}\times 4\times 96500=827970(\mathrm{C}) \tag{14-43}$$

$$\eta=\frac{Q_c}{Q_a}\times 100\%=\frac{827970}{1751667}\times 100\%\approx 47.27\% \tag{14-44}$$

式中，Q_a 为电脱氧 32 h 过程所耗电量，t 为电脱氧所耗时间 32 h，m 为电脱氧终产物称重质量，M 为产物 TiC 摩尔质量，n 为电子转移数，F 为法拉第常数，取 96500 C/mol，η 为电流效率。根据图 14-24 的电流-时间曲线，经 Origin 软件计算求得电脱氧过程中所耗电量 Q_a 为 1915860 C，经式(14-43)计算求得理论耗电量 Q_c 为 827970 C，η 电流效率为 47.27%。

放大实验的电流效率与未放大实验的相比较，由 40.67%提升至 47.27%。这可能是由于相对而言，放大实验的副反应较少，使得电流效率有所提高。

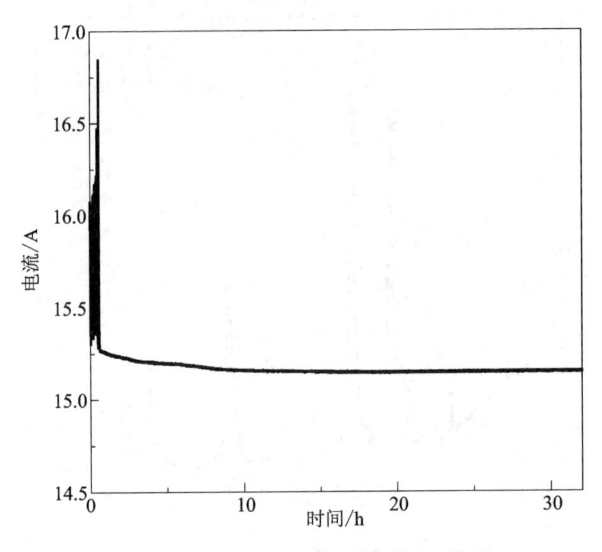

图 14-24　放大实验的电流-时间曲线

(6)钛酸钙-C 熔盐电脱氧制备碳化钛探索

FFC 法制备金属、合金及金属碳化物具有反应温度低、产物成分容易控制等优点。但反应时间较长也是制约该法发展的另一重要因素。FFC 法由金属氧化物制备对应金属、合金或金属碳化物的过程中，首先形成对应的金属钙酸盐，以 Ti 的制备为例，电脱氧初期 2 h 主要的反应即为 TiO_2 转化成 $CaTiO_3$。类似的反应也发生在熔盐电脱氧法制备 TiC 的过程中。基于此，本研究提出以 TiO_2、CaO 和石墨粉为原料烧结制备 $CaTiO_3$-C 复合体，并在 $CaCl_2$-NaCl 熔盐体系中电脱氧 $CaTiO_3$-C 复合体制备粉体 TiC。阴极片的制备与上述实验基本一致，只是在原料中加入与 TiO_2 等摩尔比的 CaO，其他制备工艺不改变。

图 14-25　烧结前阴极断面的 SEM 照片

图 14-25 为烧结前阴极断面的 SEM 照片。图 14-26(a)为在较优条件下烧结后阴极断面的 SEM 照片及 1、2 两点的 EDX 图谱。对比图 14-25 和图 14-26(a)可以看出，烧结前阴极片中

各物相颗粒分布较为均匀，而烧结后阴极中颗粒粒径大小约为 0.3 μm，但发生了一定程度的团簇现象，这主要是由于烧结导致晶界渐趋减小，且 CaO 和 TiO_2 的粒径不同所导致。由图 14-26(b)和图 14-26(c)可以看出，点 1 处含 C 元素，点 2 处含 Ca、Ti、C、O 四种元素。

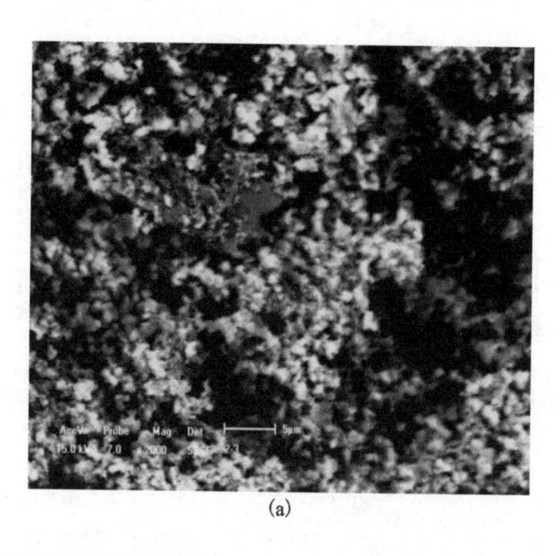

(a)

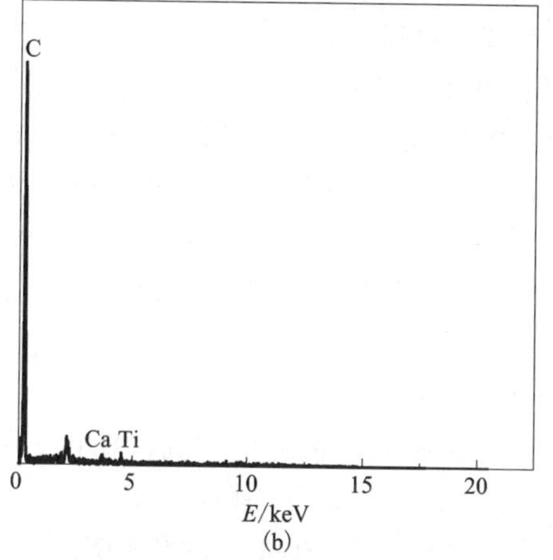

(b)

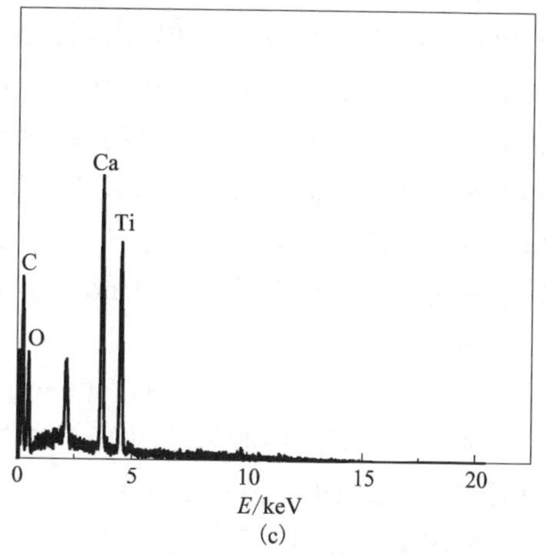

(c)

图 14-26　烧结后阴极断面的 SEM 照片(a)及点 1 处(b)和点 2 处(c)的 EDX 图

图 14-27 为在较优条件下烧结前后阴极的 XRD 图。由图 14-27 可见，在氩气气氛中，烧结前阴极中有 TiO_2、CaO 和 C 三种物相，烧结后阴极片中有新物相 $CaTiO_3$ 生成。可用反应式表达：$TiO_2+CaO \xlongequal{} CaTiO_3$，将复合物形式的产物写成 $CaTiO_3$-C。在熔盐电解过程中，$CaTiO_3$-C 是一重要的中间过程复合物，研究中烧结实验不仅细化了阴极片的粒度，提高了阴极片强度，同时制备出了重要复合

物 $CaTiO_3$-C。一方面 $CaTiO_3$ 是钛氧化物熔盐电解脱氧过程中的重要复合物，另一方面 C 的加入避免了熔盐电脱氧制备金属及合金导电性不佳的难题，缩短了电脱氧时间，提高了电脱氧效率。

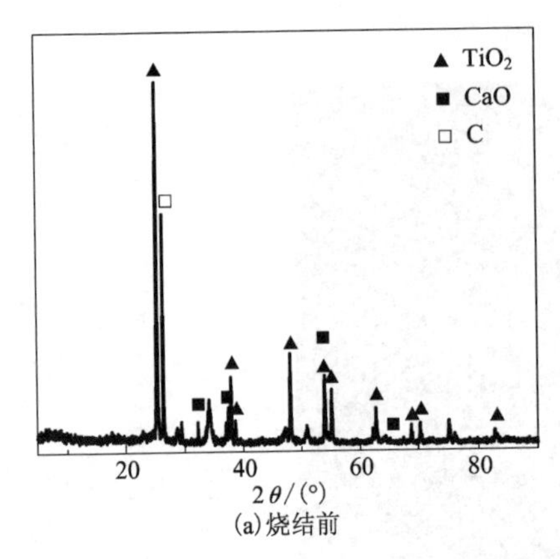

(a)烧结前

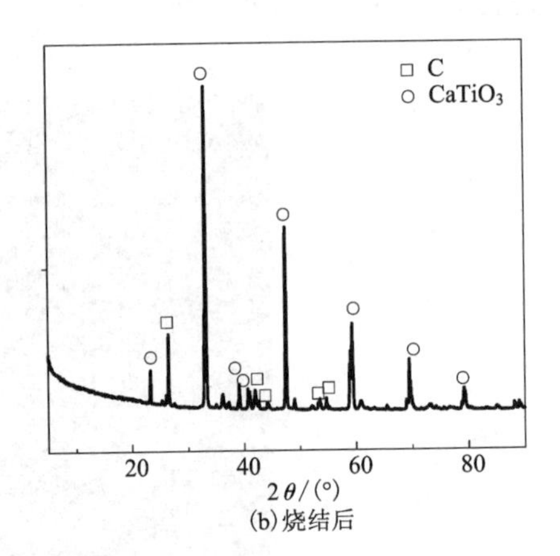

(b)烧结后

图 14-27　阴极片的 XRD 图谱

图 14-28 是在电压 3.2 V、温度 800℃下，恒电位电解 15 h 的阴极产物及其经水洗、水洗+酸洗后的 XRD 谱图。由图 14-28(a)可见，电脱氧后的阴极产物主要以 $CaCl_2$ 和 NaCl 熔盐的衍射峰为主，还存在 TiC 及 $CaCO_3$ 衍射峰；对阴极产物进行水洗，去除熔盐衍射峰的影响后，其物相中仅存在 TiC 及部分 $CaCO_3$，如图 14-28(b)所示。$CaCO_3$ 的形成可能有两种来源，一种是由于部分阳极气体 CO_2 溶于熔盐体系中，与熔盐中 CaO 发生化学反应所致。另一种则是由于阴极上钛氧化物还原过程伴随 CO_2 生成，与熔盐中 CaO 反应形成 $CaCO_3$ 所致。反应方程式如下：

$$CO_2+O^{2-}(CaO)=\!=\!=CO_3^{2-}(CaCO_3)$$

为进一步确定电脱氧后阴极产物的物相，对水洗后产物进行酸洗，结果发现只有单一物相 TiC，表明在该实验条件下可以制备出单一组分的粉体 TiC。

电脱氧后的阴极产物经水洗和酸洗后为黑色粉末，其 SEM 照片和 EDX 分析结果如图 14-29 所示。从图中可以看到，阴极产物的晶粒呈不规则球状，粒度分布均匀，且主要由 Ti、C 两种元素组成，该分析结果与图 14-28(c)的 XRD 分析结果基本相符，可确定该晶体为 TiC。

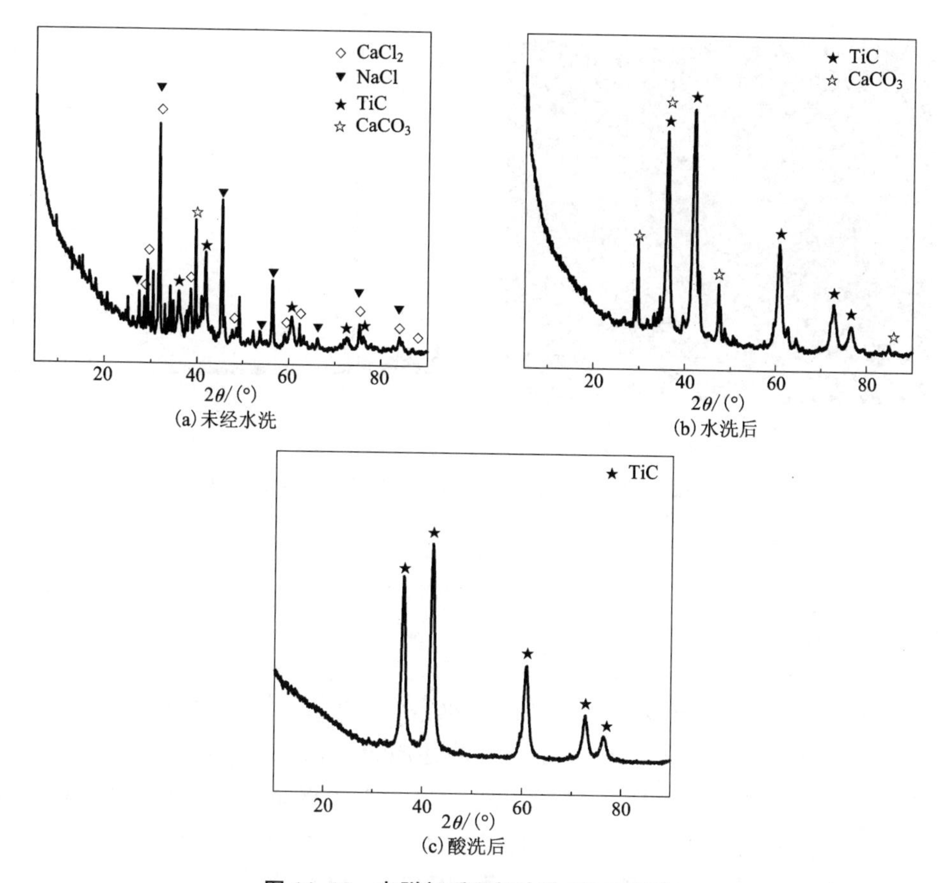

图 14-28　电脱氧后阴极产物 XRD 图谱

在 $CaCl_2$-NaCl 混合熔盐中恒电压电脱氧制备 TiC 经 12 h 电脱氧后产物中只有少量的 TiC，和纯熔盐体系相比，反应时间明显过长，电脱氧效率低下。本节实验中 CaO 的加入明显缩短了 $CaCl_2$-NaCl 混合熔盐中恒电压电脱氧制备 TiC 的电脱氧时间，并在电脱氧 15 h 基本完成电解反应。因此，可以说明 CaO 促进了电脱氧反应的发生。

将添加 CaO 至原料中的方法同样应用到纯熔盐体系中，反应时间略有缩短，但缩短幅度不大，并且恒电压电脱氧之前，另需先进行烧结实验，这就加长了制备工艺流程，增加了工艺能耗及工艺时间，因此阴极自烧结恒电压电脱氧法制备 TiC 最终采用 $CaCl_2$ 纯熔盐体系。

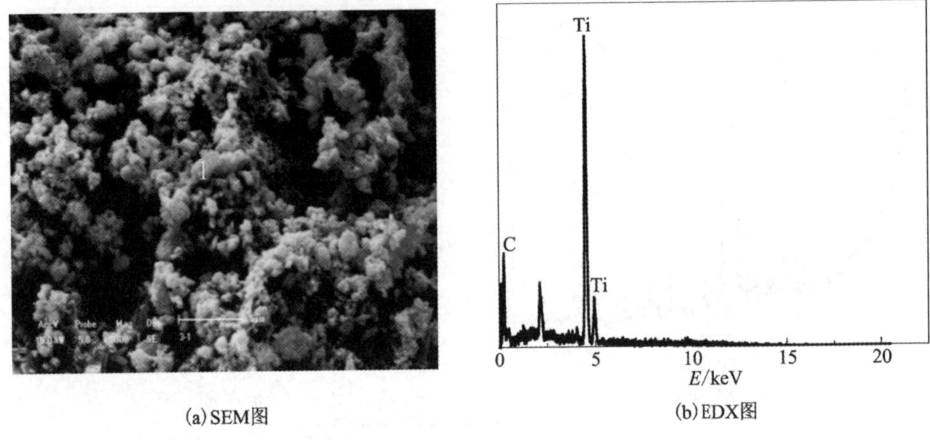

(a) SEM图　　(b) EDX图

图 14-29　经水洗、酸洗后产物的 SEM 和 1 点 EDX 图

14.5　结论

TiO_2-C 为原料，石墨为阳极，$CaCl_2$ 及 $CaCl_2$ 基熔盐中阴极自烧结电脱氧还原制备出 TiC 粉体；TiO_2-C ⟶Ti(C)的还原过程由 Ti^{4+}+(C)⟶Ti^{3+}+(C)，Ti^{3+}+(C)⟶Ti^{2+}+(C)，Ti^{2+}+(C)⟶Ti(C)三个步骤完成，该还原过程是不可逆过程；纯 $CaCl_2$ 熔盐中制备 TiC 的合适条件为：温度 800℃，电压 3.2 V，电脱氧时间 12 h。该条件下电脱氧效率约为 40.67%，电耗约为 1.17 kW · h/kg。阴极放大 100 倍的自烧结熔盐电脱氧实验能够制备出 TiC 粉体。800℃、电压 3.2 V 下，电脱氧进行彻底需要 32 h，电流效率略有提高，为 47.27%。添加 NaCl 的混合 $CaCl_2$-NaCl 熔盐中 TiC 制备效果较差。

TiO_2-CaO-C 混合粉体制备出复合体 $CaTiO_3$-C，电脱氧该复合体可制备出粉体 TiC；CaO 的加入提高了恒电压电脱氧制备 TiC 的电流效率。但由于烧结工艺的增加，导致总电耗与未添加 CaO 没有明显变化。

参考文献

[1] http：//www.factsage.cn.

[2] Woo Y C, Kang H J, Kim D J. Formation of TiC particle during carbothermal reduction of TiO_2 [J]. J Eur Ceram Soc, 2007, 27(2-3): 719-72.

[3] Razavi M, Rahimi Pour M R, Kaboli R. Synthesis of TiC nanocomposite powder from impure TiO_2

and carbon black by mechanically activated sintering[J]. J Alloys Compd, 2008, 460(1-2): 694-698.

[4]Koc R, Folmer J S. Synthesis of submicrometer titanium carbide powders[J]. J Am Ceram Soc, 1997, 80(4): 952-956.

[5]Alexandrescu R, Borsella E, Botti S, et al. Synthesis of TiC and SiC/TiC nanocrystalline powders by gas-phase laser-induced reaction[J]. J Mate Sci, 1997, 32(21): 5629-5635.

[6]胡晓力, 刘阳, 尹虹, 等. 微波烧结 Al_2O_3-TiC 复合材料的研究[J]. 中国陶瓷工业, 2002, 9(3): 1-4.

[7] 杜宇, 王升高, 许传波, 等. 微波法制备纳米碳管-碳化钛复合粉体[J]. 武汉工程大学学报, 2011, 33(4): 54-57.

[8] 黎茂祥, 苏国钧. 溶胶-凝胶和碳热还原法制备碳化钛的研究[J]. 无机盐工业, 2007, 39(7): 36-38, 47.

[9]Lee D W, Alexandrovskiib S V, Kim B K. Novel synthesis of substoichiometric ultrafine titanium carbide[J]. Mate Lett, 2004, 58(9): 1471-1474.

[10]Cliche G. Synthesis of TiC and (Ti, W)C in solvent metals[J]. Mat Sci Eng A, 1991, 148(2): 319-328.

[11] Koc R, Folmer J S. Carbothermal synthesis of titanium carbide using ultrafine titania powders[J]. J Mater Sci, 1997, 32(12): 3101-3111.

[12] Feng X, Bai Y J, Lü B, et al. Easy synthesis of TiC nanocrystallite[J]. J Cryst Growth, 2004, 264(1-3): 316-319.

[13] 梁英教, 车荫昌. 无机物热力学数据手册[M]. 沈阳: 东北大学出版社, 1993.

[14] 郎晓川. 熔盐中阴极自烧结电化学还原制备钛、钒及铬碳化物研究[D]. 沈阳: 东北大学, 2014.

第15章　以碳/五氧化二钒为阴极熔盐电脱氧法制备碳化钒

同其他过渡金属碳化物一样，碳化钒晶体通常亦为NaCl晶型结构[1,2]，成分为$VC_{0.9}$~$VC_{0.95}$，这是由于实际上碳化钒晶体中经常出现碳原子空位，当空位有序排列时，在面心立方初始点阵上形成两种亚点阵结构，一种是单斜晶系，另一种是简单的六角点阵，属三角晶系。碳化钒具有过渡金属碳化物的大多特性，例如硬度高、抗氧化、耐腐蚀、低密度、稳定性好等特点，因此在钢铁工业中得到广泛的应用[3-11]。除此之外，碳化钒作为硬质合金涂层或添加剂，用以提高合金表面的硬度[12-14]。

碳化钒粉末常作为添加剂在电化学、冶金、催化剂等领域得到广泛的应用[15-25]。一方面加入钢铁或硬质合金中起到硬化的作用，另一方面加入某金属基体中使基体的晶粒细化或抑制其生长。碳化钒作为钒钢的替代物，正逐渐成为钒合金的重要添加剂。硬质合金作为基础材料在现代工业生产中对机床、工程机械、兵器、汽车、航空航天、信息产业等领域有着重要的影响，被誉为现代工业的"牙齿"。碳化钒作为新兴硬质相应用于钢结硬质合金中使其具有一些特殊的组织与性能，达到了缓解W、Co等日益匮乏的传统硬质合金材料使用的目的。

碳化钒涂层具有高硬度、高耐磨性、低摩擦因数以及良好的化学稳定性和导热性与热稳定性，因而广泛应用于刀具、模具、超硬工具和耐磨耐蚀零件中。VC涂层可用多种方法制备，如磁控溅射[26]、激光涂层[27]等。经碳化钒涂层处理过的工具加工零件效率可提高几倍甚至几十倍，涂层的硬度可高达HRA>180且不易剥落，大大提高工具寿命。另外，碳化钒还可作为碳源用来合成金刚石[28]。质量比为1：6的VC和$Ni_{70}Mn_{25}CO_5$合金所组成的体系，经6 GPa压力和1500℃的高温处理20 min后，VC会发生分解，游离出的碳可变为石墨和金刚石。该体系生成的金刚石多呈侵蚀性表面，晶棱模糊，平均粒度约为20 μm。因此，碳化钒还可作为高压高温下合成金刚石的新碳源。目前碳化钒的制备方法按粒度分为微米级和超细晶粒(纳米级)两类。现代工程对于材料的性能要求日益严苛，所以如何制备超细碳化钒是今后碳化钒的重要研究方向之一。

15.1　碳化钒制备技术

对碳化钒制备方法的研究已经历数十载。迄今为止，碳热还原法仍是碳化钒的主要制备方法[29]。碳热还原法制备碳化钒的反应过程可由下式表达：

$$V_2O_5+C \longrightarrow VC_x+CO_2(CO)$$

该法最大的优势在于对设备要求不苛刻，操作简单，原料来源广泛且价格相对低廉。但该法亦有其缺点，如反应温度高，一般在 1500℃以上，即使在真空条件下也需要 1300~1400℃以上的高温；另一方面在还原过程中，由于粒子生长和粒子间的化学键作用，合成的碳化钒粉体粒度分布范围广，产品仍需球磨加工，即便如此加工后的产品仅能达到微米级。为解决上述问题，一些其他碳化钒的合成方法相继被提出，例如：机械合金法[30, 31]、程序升温法[32-34]、气相还原碳化法[35, 36]、水溶液前躯体法[37, 38]等。尽管这些制备方法都有其各自的优势，但各存难点，如能耗大，合成条件苛刻等情况，无法有效解决目前碳化钒制备存在的问题。

15.2　固态碳/五氧化二钒阴极熔盐电脱氧还原制备碳化钒原理

以碳/五氧化二钒混合物为阴极，石墨为阳极，施加高于碳-五氧化二钒且低于工作熔盐 $CaCl_2$ 分解的恒定电压进行电脱氧，将阴极上五氧化二钒的氧离子化，离子化的氧经过熔盐移动到阴极，在阳极放电除去，生成的碳化产物留在阴极。

电解池构成为

$$C_{(\text{阳极})} \mid CaCl_2 \mid C-V_2O_5 \mid Fe-Cr-Al_{(\text{阴极})}$$

制备碳化钒的反应过程中，由于反应速率不同，随着电解时间的延长产物中可能会相继出现 Ca_2VO_4Cl、V_2O_3、VO、VC_x、$CaCO_3$ 五个物相。由上述分析推测阴极反应过程存在下述反应：

$$3V_2O_5+4Ca^{2+}+2Cl^-+4e^- = 2Ca_2VO_4Cl+2V_2O_3+O^{2-} \quad (15-1)$$

$$V_2O_3+2e^- = 2VO+O^{2-} \quad (15-2)$$

$$V_2O_3+6e^-+2xC = 2VC_x+3O^{2-} \quad (15-3)$$

$$VO+2e^-+xC = VC_x+O^{2-} \quad (15-4)$$

$$Ca_2VO_4Cl+xC+Cl^-+5e^- = VC_x+2Ca^{2+}+2Cl^-+4O^{2-} \quad (15-5)$$

阴极的总反应：

$$2V_2O_5+xC+20e^- = 4VC_x+10O^{2-} \quad (15-6)$$

阳极反应是氧离子在石墨阳极失去电子，如反应式(15-7)和式(15-8)：

$$O^{2-}+C-2e^- = CO\uparrow \quad (15-7)$$

或

$$2O^{2-}+C-4e^{-}=\!=\!=CO_2\uparrow \tag{15-8}$$

查热力学手册[39]可知下式

$$H^{\ominus}_{V_2O_5}=\Delta H^{\ominus}_{V_2O_5(298)}+\int_{298}^{T}C_{p,\,V_2O_5}\mathrm{d}T \tag{15-9}$$

$$S^{\ominus}_{V_2O_5(T)}=\Delta S^{\ominus}_{V_2O_5(298)}+\int_{298}^{T}\frac{C_{p,\,V_2O_5}}{T}\mathrm{d}T \tag{15-10}$$

$$C_{p,\,V_2O_5}=a+b\times10^{-3}T+c\times10^{5}T^{-2}+d\times10^{-6}T^{2} \tag{15-11}$$

$$G^{\ominus}_{V_2O_5}=H^{\ominus}_{V_2O_5(T)}-TS^{\ominus}_{V_2O_5(T)} \tag{15-12}$$

$$\Delta G^{\ominus}=\left(\Delta H^{\ominus}_{298}-298a-\frac{b\times10^{-3}}{2}\times298^{2}+\frac{c\times10^{5}}{298}+\frac{d\times10^{-6}\times298^{2}}{3}\right)+\left(a-\Delta S^{\ominus}_{298}+a\ln298+b\times10^{-3}\times298-\frac{c\times10^{5}}{2\times298^{2}}+\frac{d\times10^{-6}\times298^{2}}{2}\right)T-\frac{b\times10^{-3}}{2}T^{2}-\frac{c\times10^{5}}{2}T^{-1}-\frac{d\times10^{-6}}{6}T^{-3}-aT\ln T \tag{15-13}$$

已知热力学参数如表15-1所示。

表15-1 V、V_2O_5的部分热力学参数

	$\Delta H/(\mathrm{J\cdot mol^{-1}})$	$\Delta S/(\mathrm{J\cdot mol^{-1}\cdot K^{-1}})$	a	b	c
V	0	28.91	26.489	2.632	-2.113
V_2O_5	-1557700	130.96	194.723	-16.318	-55.312

将相应参数代入式(15-13)得：

$$\Delta G^{\ominus}_{V}=-8722.312+148T-1.316\times10^{-3}T^{2}+1.056\times10^{5}T^{-1}-26.489T\ln T \tag{15-14}$$

$$\Delta G^{\ominus}_{V_2O_5}=-1633564+1168T+8.159\times10^{-3}T^{2}+27.656\times10^{5}T^{-1}-194.723T\ln T \tag{15-15}$$

另外：

$$\Delta G^{\ominus}_{O_2}=-9674.716-2.126T-2.092\times10^{-3}T^{2}+0.837\times10^{5}T^{-1}-29.957T\ln T \tag{15-16}$$

将温度 $T=1073$ K 代入以上关系式，即可得800℃时 V_2O_5 的标准吉布斯自由能变为2259.836 kJ/mol，由能斯特方程 $\Delta G^{\ominus}=-nEF$ 求得 V_2O_5 最大分解电压为-2.34 V。

15.3　固态碳/五氧化二钒阴极熔盐电脱氧[40]

15.3.1　研究内容

(1)固态碳/氧化钒熔盐电脱氧制备碳化钒的阴极过程

在前述的钼棒微孔工作电极(MCE)中分别填入 C、V_2O_5 和 V_2O_5-C 粉体，镍片作伪参比电极，石墨棒作辅助电极，在 800℃的 $CaCl_2$ 熔盐中，以扫描速率 50 mV/s 进行循环伏安曲线扫描，电位扫描范围设定为-2.5~-0.2 V。

(2)脱氧时间对固态碳/氧化钒熔盐电脱氧制备碳化钒的影响

将 V_2O_5-C 阴极片在 800℃的 $CaCl_2$ 熔盐中恒电压电脱氧 0 h、5 h、18 h，分析电脱氧产物物相组成，并计算电流效率。

15.3.2　结果与讨论

(1)固态碳/氧化钒熔盐电脱氧制备碳化钒的阴极过程

对于 V_2O_5 和 V_2O_5-C 熔盐电脱氧阴极过程的反应机理电化学研究还鲜有报道。通过对电极反应机理的研究，可以获得 V_2O_5-C 在恒电压电脱氧过程中阴极电化学还原反应步骤，从而弄清 V_2O_5-C 制备碳化钒的反应机理。综上所述，有必要通过电化学测量对 V_2O_5-C 在熔盐中的电化学行为进行研究，了解由 V_2O_5-C 熔盐电脱氧法制备 VC 的反应过程。

具体实验过程是以钼棒微孔电极(MCE)中填入 V_2O_5-C 粉末作为工作电极，对其还原过程进行循环伏安和计时电流的电化学测量来研究 V_2O_5-C 的反应过程。图 15-1(a)为 MCE 中填入 V_2O_5-C、C 的循环伏安曲线，电位扫描范围设定为-0.2 到-2.5 V。填入 V_2O_5-C 的曲线中电位负向扫描过程中出现了 C1、C2、C3、C4 四个明显的还原峰。而填入 C 粉末的循环伏安曲线上只有一个 Ca 的嵌入峰和一个 Ca 的还原峰，且 Ca 的嵌入峰电势与钒的还原峰电位相近。在电位正向扫描过程中，填入 C 粉末的循环伏安曲线出现钙的氧化峰和钙的脱嵌峰。而填入 V_2O_5-C 的循环伏安曲线中有除分别与 V_2O_5→V 三处还原峰对应的氧化峰 A1、A2、A3 外，还有钙的氧化峰和钙的脱嵌峰 A4、A5。

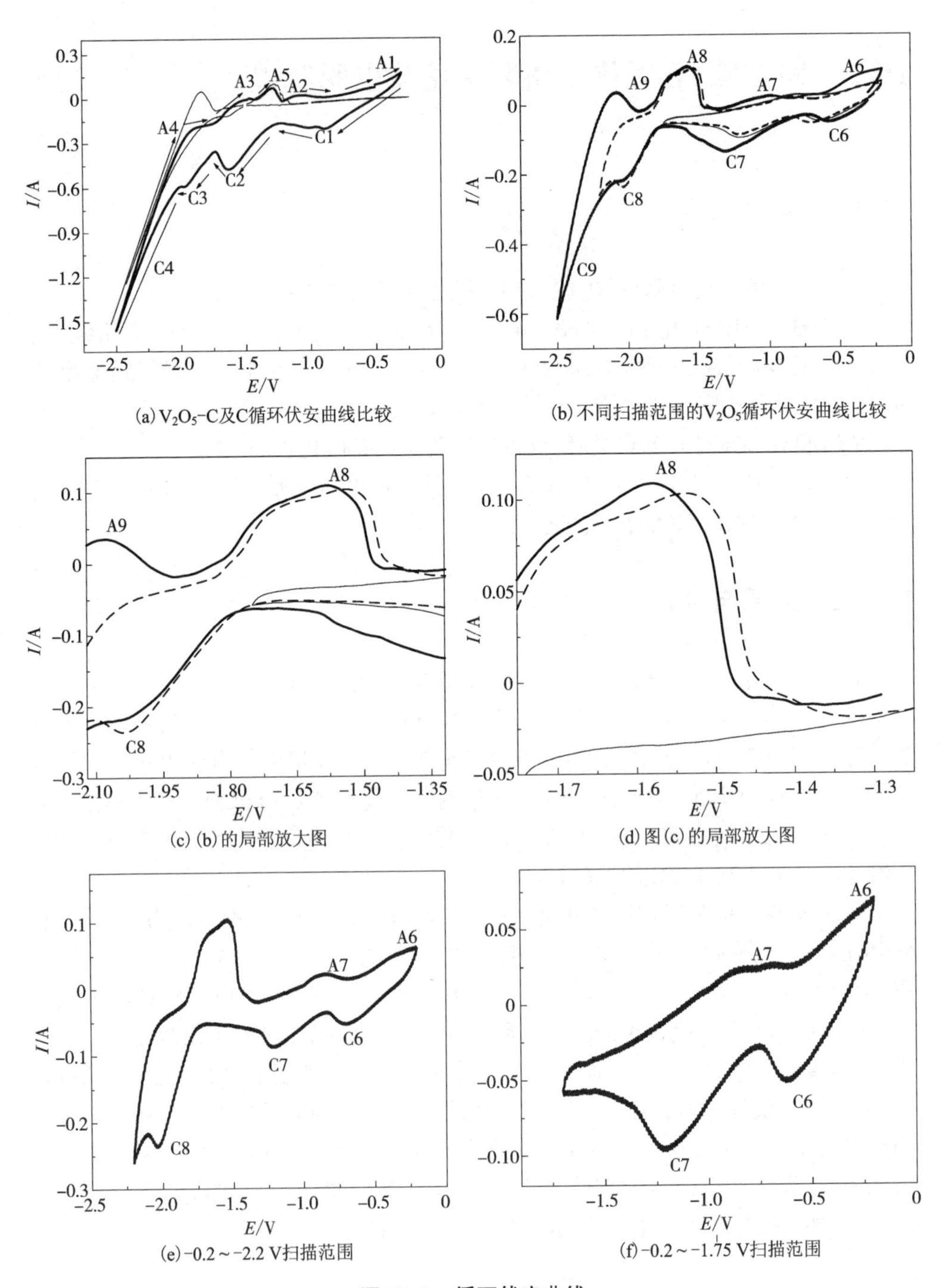

(a) V_2O_5-C及C循环伏安曲线比较

(b) 不同扫描范围的V_2O_5循环伏安曲线比较

(c) (b)的局部放大图

(d) 图(c)的局部放大图

(e) −0.2～−2.2 V扫描范围

(f) −0.2～−1.75 V扫描范围

图 15−1　循环伏安曲线

为了进一步研究确定 V_2O_5 氧化还原峰的对应关系，采用在不同扫描范围下对 V_2O_5 进行循环伏安电化学测量。图 15-1(b)为在不同扫描范围下，MCE 中只填入 V_2O_5 的循环伏安曲线，图 15-1(c)和(d)为图 15-1(b)在-0.2~-2.2 V 和-0.2~-1.75 V 两处扫描范围的局部放大图。将循环伏安扫描窗口调整到-0.2~-2.2 V 范围，如图 15-1(e)所示，在该扫描窗口下，氧化峰 A9 消失，说明 A9 是钙的还原峰。再次将扫描范围调整为-0.2~-1.75 V，如图 15-1(f)所示，氧化峰 A8 消失。以上电化学测量结果说明当氧化电位未达到还原峰 C8 处电位时还原反应未发生，导致 A8 处氧化峰消失。同时说明 A6 与 C6、A7 与 C7、A8 与 C8 是三对钒的氧化还原峰。由以上结果可以判断从 $V_2O_5-C \rightarrow VC_x$ 的反应过程分三步完成：$V^{5+}+(C) \longrightarrow V^{3+}+(C) \longrightarrow V^{2+}+(C) \rightarrow V(C)$。

图 15-2 是扫描速率为 50 mV/s 条件下连续扫描 3 次所得的循环伏安曲线。扫描 1 的还原峰较强，而随着连续扫描次数的增加，还原峰明显减弱。但在每次扫描过程中，氧化峰峰强与还原峰相比较，一直维持在较低的水平。连续扫描的循环伏安电化学检测结果说明由 $V_2O_5-C \longrightarrow VC_x$ 的反应过程是不可逆过程。

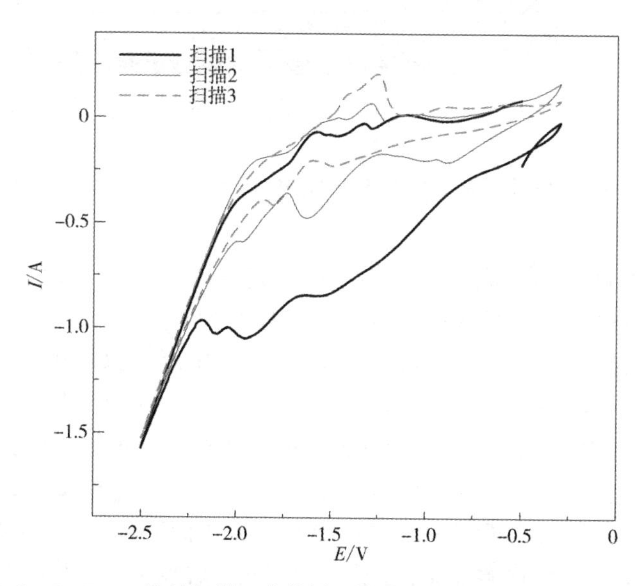

图 15-2　V_2O_5-C 连续扫描三次的循环伏安曲线图(扫描速率 50 mV/s)

采用计时电流法进一步研究电解过程中碳化钒的形成过程。图 15-3 为 800℃时不同电位下的计时电流曲线，从该计时电流曲线中可以看出在阶跃电位为-0.9 V 时，V_2O_5-C 开始还原。当施加更负的电位，电位从-1.5 V 阶跃到-1.6 V 时，电流密度显著增加，这表明还原反应进一步发生。当电位从-1.9 V

阶跃到-2.0 V 时，电流密度又明显增加，这表明该电压下发生还原反应的第三步骤。这与图 15-1(a)循环伏安曲线所测得的还原峰电位分别为-0.9 V、-1.6 V、-2.0 V 基本吻合，进一步验证了循环伏安电化学测量所分析的 V_2O_5-C 的还原步骤为三步。

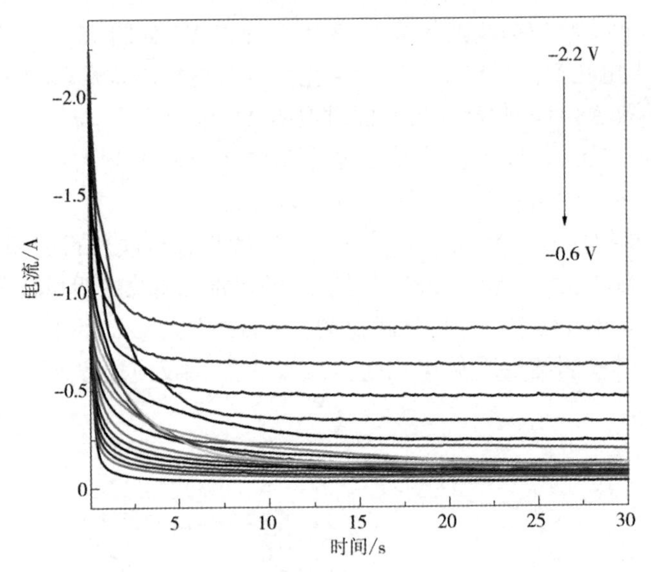

图 15-3 800℃时 $CaCl_2$ 熔盐中 V_2O_5-C 在不同电位下的计时电流曲线

(2)脱氧时间对固态碳/氧化钒熔盐电脱氧制备碳化钒的影响

利用恒电压电脱氧过程中不同电脱氧阶段产物不同的原理验证循环伏安电化学测量的分析结果。图 15-4 为熔盐中 V_2O_5-C 恒电压电脱氧 0 h、2 h、5 h、10 h 后阴极产物的 XRD 图。对比图 15-4(a)、(b)、(c)、(d)可以发现，电脱氧初期 2 h 产物以 Ca_2VO_4Cl、V_2O_3、VC、$CaCO_3$ 和 C 为主。然而通过热力学计算：

$$V_2O_5(s)+C(s) = V_2O_3(s)+CO_2(g) \qquad \Delta G^{\ominus}_{1073\ K}=-239.59\ kJ$$

由以上计算可知，该反应在 800℃吉布斯自由能变小于零，说明该温度下可自发发生 $V_2O_5 \rightarrow V_2O_3$ 化学反应，也就是说熔盐电脱氧中间产物中 V_2O_3 是电化学反应和化学反应的共同产物。V^{5+} 还原成 V^{3+} 后，再继续发生还原反应生成 VC_x。随着恒电压电脱氧实验继续进行，Ca_2VO_4Cl、V_2O_3 和 C 逐渐减少，VC_x 逐渐增加，直至反应进行至 10 h，电脱氧产物几乎全部为 VC_x(由于产物中还有少量 $CaCO_3$，水洗后产物另酸洗后进行 XRD 检测)，反应基本完成。以上分析表明在电脱氧过程中只存在 Ca_2VO_4Cl、V_2O_3 和 VC_x 三种价态钒化合物，并未发现其他价态的钒化合物，说明 V_2O_5-C 到 VC_x 的转化过程至少为两步还原：$V^{5+} \rightarrow V^{3+} \rightarrow V$

(C_x)。结合循环伏安电化学测量结果最终可以确定 V_2O_5-C 到 VC_x 实际的转化过程分为三步：V^{5+}+(C)→V^{3+}+(C)→V^{2+}+(C)→V(C)。终产物的 XRD 峰与碳化钒标准衍射峰相比，略微向大角度偏移，说明产物中可能含有微量的氧。

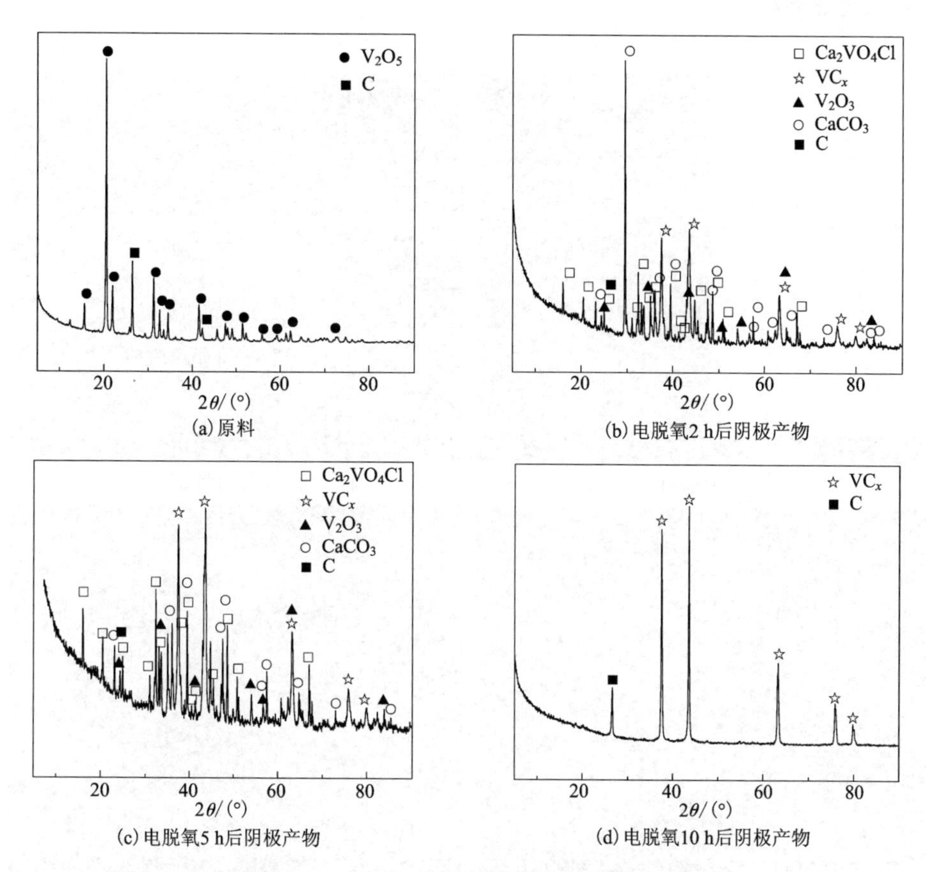

(a)原料　(b)电脱氧2 h后阴极产物　(c)电脱氧5 h后阴极产物　(d)电脱氧10 h后阴极产物

图 15-4　V_2O_5-C 恒电压电脱氧 XRD 图谱

图 15-5 为不同电脱氧时间产物的 SEM 检测结果。图 15-5(a)为恒电压电脱氧前 V_2O_5-C 阴极粉体的 SEM 图，图中右下角宽约 4 μm、长 7 μm 的长方体晶粒上，较均匀地黏附着粒径约 100 nm 的小颗粒。通过能谱分析知，大颗粒为 V_2O_5，小颗粒为石墨。电脱氧进行到 2 h，粒径较大的 V_2O_5 消失，出现了粒径不太均匀的块状小颗粒，且表层的粒径通常小于内部的粒径，如图 15-5(b)所示。结合图 15-4(b) V_2O_5-C 在熔盐中恒电压电脱氧 2 h 的 XRD 检测结果分析可知，电脱氧过程中粒径较大的 V_2O_5 首先由外向内被快速地电化学还原成低价态氧化物，部分低价态的钒被进一步还原并与碳反应形成颗粒细小的 VC_x。随着反应时间延

长，VC_x 逐渐增多，电脱氧产物颗粒尺寸逐渐变得均匀，且出现烧结迹象，如图15-5(c)恒电压电脱氧 5 h 产物 SEM 图所示。恒电压电脱氧 10 h 后反应基本完成，如图 15-5(d)所示产物粒径变得更均匀且烧结迹象明显，说明产物是表面能较大的超细颗粒。

(a) 电脱氧0 h　(b) 电脱氧2 h

(c) 电脱氧5 h　(d) 电脱氧10 h

图 15-5　电脱氧产物的 SEM 照片

传统 V_2O_5 的制备方法为碳热还原法。反应过程由下式表达：

$$V_2O_5(s)+C(s)\longrightarrow VC_x(s)+CO(g) \qquad (15-17)$$

而温度 800℃下该反应式吉布斯自由能变是大于零的，说明 800℃下该反应不能自发进行。通过循环伏安电化学测量结果和不同电脱氧时间产物的 XRD 分析结果可以将本研究中 V_2O_5-C 恒电压电脱氧的过程中可能发生的反应归纳如下：

$$3V_2O_5+4Ca^{2+}+2Cl^-+8e^- = 2Ca_2VO_4Cl+2V_2O_3+O^{2-} \qquad (15-18)$$

$$V_2O_3+6e^-+2xC \xlongequal{} 2VC_x+3O^{2-} \quad (15-19)$$

$$Ca_2VO_4Cl+xC+Cl^-+5e^- \xlongequal{} VC_x+2Ca^{2+}+2Cl^-+4O^{2-} \quad (15-20)$$

结合前面循环伏安曲线分析结果发现，电脱氧过程中不同电脱氧阶段的产物中只有 V_2O_3 一种钒的低价氧化物，但这并不与循环伏安曲线的分析结果相矛盾。究其原因，存在两种可能性：一是 V_2O_5-C 到 VC 的反应过程中，除 $V_2O_5 \rightarrow V_2O_3$ 反应步骤外，其他反应步骤较快，因此在 XRD 检测结果中未发现其他价态的钒氧化物衍射峰，而在循环伏安曲线中除钙的氧化还原峰和嵌入脱嵌峰外，另有明显的三对氧化还原峰。另一种可能是，钒的低价氧化物 XRD 标准峰很相近，较强的 V_2O_3 衍射峰掩盖了其他低价钒氧化物的衍射峰，或者相互重合，导致 XRD 分析结果只有 V_2O_3 衍射峰出现。

图 15-6 为经 10 h 电脱氧后产物的 SEM、XRD 图。XRD 结果表明产物为物相单一的 VC_x 晶体粉末，说明在该条件下电脱氧进行得比较彻底。由图 15-6 可见，SEM 检测结果显示产物颗粒大小较为均匀，有明显的烧结现象，呈多孔团聚状。EDX 分析结果如图 15-6(c)所示，电脱氧产物以 V 和 C 两种元素为主。这与 XRD 的检测结果基本相符，进一步说明电脱氧进行得较彻底，产物是组分单一的 VC_x。

在实际生产过程中，由于有一部分电流消耗于电极上产生副反应和漏电现象，电流不能 100%被利用，所以实际产量总比理论产量低，生产商将实际产量和理论产量的比值称为电解槽的电流效率，用 η 表示。

$$电流效率=\frac{实际产量}{理论产量}\times 100\% \quad (15-21)$$

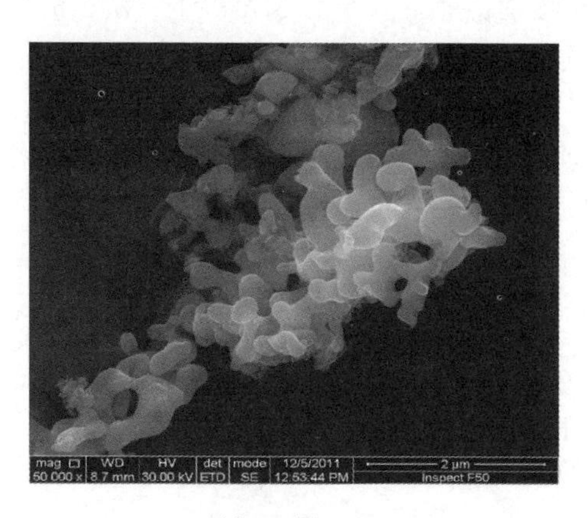

(a) SEM图

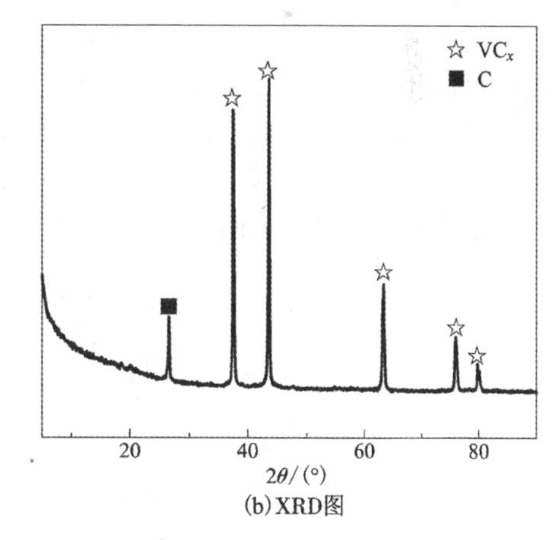

(b) XRD图

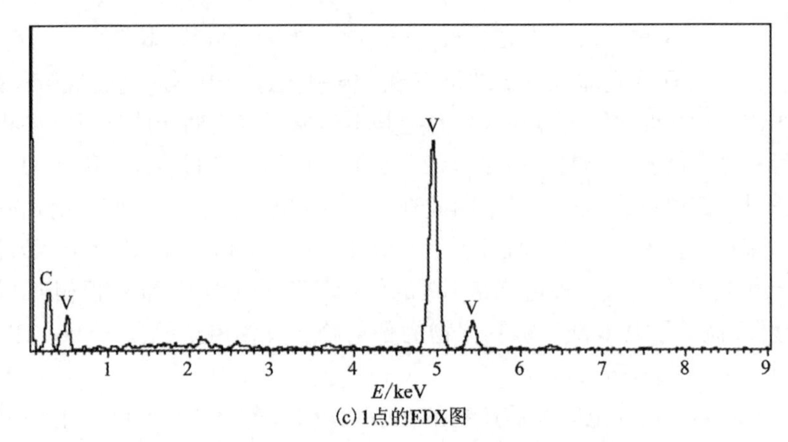

(c)1点的EDX图

图 15-6　800℃的 $CaCl_2$ 熔盐中 3.2 V 恒电压电解 10 h 阴极电脱氧产物

设实际产量为 m，通过电荷量 $Q=It$，电化当量为 k，则

$$\eta=\frac{m}{kIt}\times100\%=\frac{\frac{m}{k}}{It}\times100\%=\frac{Q_c}{Q_a}\times100\%=\frac{\text{理论所需电荷量}}{\text{实际电荷量}}\times100\% \quad (15-22)$$

以阴极片 V_2O_5-C 在 $CaCl_2$ 熔盐中、温度 800℃ 下恒电压电脱氧 10 h 的实验为例，图 15-7 为电脱氧过程的电流-时间曲线。由图可以看出，在 800℃、3.2 V 的条件下，电脱氧过程的电流整体呈逐渐下降的趋势。电脱氧初期，在 20 min 内电流迅速下降至 0.4 A，而后至 2 h，电流继续稳速下降至 0.3 A 以下，在 2 h 之后电流趋于平缓，稳定在 0.26 A 左右。其中，锯齿状微小的波动可能为还原反应在石墨阳极引起的阳极效应或者反应过程中炉膛中的杂质坠入熔盐所致。

经过 10 h 电脱氧完全的终产物称重质量约为 0.77 g。由于电脱氧产物碳化钒中碳与钒的比例通常介于 0.5 至 1 之间。因此设碳化钒为 VC_x，电脱氧过程所耗电量和电流效率可由下式计算得出：

$$Q_a=\int_0^T I(t)\,dt=16354\ C \quad (15-23)$$

$$Q_c=\frac{m}{M}\cdot n\cdot F=\frac{0.77}{51+12x}\times5\times96500 \quad (15-24)$$

将 $x=0.5$ 和 $x=1$ 分别代入上式，计算可得 $Q_c=6518$ C 和 $Q_c'=5897$ C。将 Q_c 和 Q_c' 分别代入式(15-22)可得：

$$\eta=\frac{Q_c}{Q_a}\times100\%=\frac{6518}{16354}\times100\%=42\% \quad (15-25)$$

和

$$\eta'=\frac{Q_c'}{Q_a}\times100\%=\frac{5897}{16354}\times100\%=36\% \quad (15-26)$$

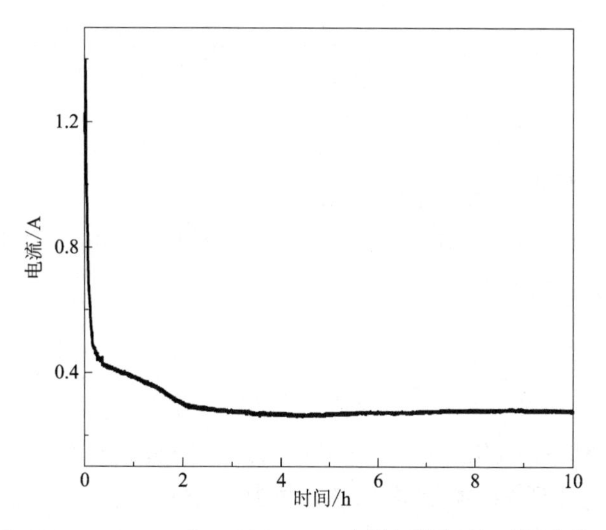

图 15-7　V_2O_5-C 在 800℃ $CaCl_2$ 电脱氧的电流-时间曲线图

式中，Q_a 为电脱氧 10 h 过程所耗电量，t 为电脱氧所耗时间 10 h，m 为电脱氧终产物称重质量(理论产物质量应为 0.95 g，经电解、洗涤、称重各环节损耗，实际产物质量较理论产物质量减少 0.18 g)，M 为产物 VC_x 摩尔质量，n 为电子转移数，F 为法拉第常数，取 96500 C/mol，η 为电流效率。经 Origin 软件计算求得电脱氧过程中所耗电量 Q_a 为 16354 C，经式(15-24)计算求得理论耗电量 Q_c 介于 5897 C 至 6518 C 之间，η 电流效率在 36%至 42%之间。

成本降低空间和投资回报期在很大程度上依赖于能量成本，降低电耗能够显著地降低运行成本。因此有必要对本研究中自烧结熔盐电脱氧法制备碳化钒的工艺进行电耗计算。

功：

$$W=P\cdot t=U\cdot I\cdot t \tag{15-27}$$

电流为：

$$I=\frac{Q_a}{12\times3600} \tag{15-28}$$

每小时做功为：

$$W=U\cdot I=U\cdot\frac{Q_a}{12\times3600}\times3600=U\cdot\frac{Q_a}{12}=3.2\times\frac{16354}{12}\approx4361(\text{J})=4.361(\text{kJ}) \tag{15-29}$$

而：

$$1\ \text{kW}\cdot\text{h}=3600\ \text{kJ} \tag{15-30}$$

因此：

$$电能(W)=\frac{W(功)}{3600}=\frac{4.361}{3600}(kW \cdot h) \tag{15-31}$$

因此可得制备每千克 VC_x 消耗电能为：

$$电能(W)=\frac{4.361(kJ)}{3600\times0.00077(kg)}\approx1.57(kW \cdot h) \tag{15-32}$$

以上计算结果得出，在实验室条件下，采用自烧结恒电位电脱氧方法制备碳化钒，每千克的电能消耗为 1.57 kW · h。

15.4 结论

V_2O_5-C 为原料，石墨为阳极，$CaCl_2$ 熔盐中阴极自烧结电脱氧还原制备出 VC_x 粉体；V_2O_5-C 到 VC_x 阴极电化学还原制备过程按：$V^{5+}+(C)\rightarrow V^{3+}+(C)\rightarrow V^{2+}+(C)\rightarrow V(C)$三步完成，还原过程是不可逆的。合适的制备工艺条件为温度800℃，电压 3.2 V，电脱氧时间 10 h，该条件下电流效率为 36%~42%，电耗约为1.57 kW · h/kg。

参考文献

[1]孙景，魏庆丰，郭小南，等. 碳化钒影响无磁硬质合金组织结构的机理研究[J]. 硬质合金，2004，21(1)：5-9.

[2] 赵长安. VC 有序和畴结构的电子衍射分析[J]. 兵器材料科学与工程，1990，13(7)：47-52.

[3] 孙凌云，柯晓涛，蒋业华. 钒氮合金的应用及展望[J]. 四川冶金，2005，27(4)：12-17.

[4]Dai L Y, Lin S F, Chen J F, et al. A new method of synthesizing ultrafine vanadium carbide by dielectric barrier discharge plasma assisted milling[J]. Int J Refract Met H, 2012, 30(1): 48-50.

[5]梁连科. 金属钒(V)、碳化钒(VC)和氮化钒(VN)制备过程的热力学分析[J]. 钢铁钒钛，1999，20(3)：43-46.

[6]Choi J G, Ha J, Hong J W. Synthesis and catalytic properties of vanadium interstitial compounds [J]. Appl Catal A—Gen, 1998, 168(1): 47-56.

[7] Preiss H, Schultzeb D, Szulzewskya K. Carbothermal synthesis of vanadium and chromium carbides from solution-derived precursors[J]. J Eur Ceram Soc, 1999, 19(2): 187-194.

[8]Ma J H, Wu M N, Du Y H, et al. Low temperature synthesis of vanadium carbide (VC)[J]. Mater Lett, 2009, 63(11): 905-907.

[9]Zhao Z W, Zuo H S, Liu Y, et al. Effects of additives on synthesis of vanadium carbide (V_8C_7) nanopowders by thermal processing of the precursor[J]. International Journal of Refractory Metals & Hard Materials, 2009, 27(6): 971-975.

[10] Chen Y J, Zhang H, Ye H N, et al. A simple and novel route to synthesize nano-vanadium carbide using magnesium powders, vanadium pentoxide and different carbon source[J]. Int J Refract Met H, 2011, 29(4): 528-531.

[11] 孙树文, 茅建富, 雷廷权, 等. 低合金 Cr-Mo-V 钢中 VC 沉淀相的精细结构[J]. 金属学报, 2000, 36(10): 1009-1014.

[12] Xiao D H, He Y H, Luo W H. Effect of VC and NbC additions on microstructure and properties of ultrafine WC-10Co cemented carbides[J]. Trans Nonferrous Met Soc China, 2009, 19(6): 1520-1525.

[13] Christensen M, Wahnström G. Strength and reinforcement of interfaces in cemented carbides [J]. Int J Refract Met H, 2006, 24(1-2): 80-88.

[14] 余立新, 胡惠勇. 世界硬质合金材料技术新进展[J]. 硬质合金, 2006, 23(1): 52-57.

[15] 沈洁, 李冠群, 李玉阁, 等. 溅射气压对碳化钒薄膜微结构与力学性能的影响[J]. 真空科学与技术学报, 2011, 31(2): 216-220.

[16] 孔德军, 周朝政. TD 处理制备碳化钒(VC)涂层的摩擦磨损性能[J]. 摩擦学学报, 2011, 31(4): 335-339.

[17] 赵志伟, 刘颖, 宋伟强, 等. 纳米碳化钒对超细 WC 基硬质合金的影响[J]. 功能材料, 2010, 41(2): 304-306, 310.

[18] 江书勇, 徐小玉, 朱国女. 反应烧结合成碳化钒颗粒增强铁基复合材料[J]. 热加工工艺, 2010, 39(2): 56-58.

[19] 张新庄, 魏世忠, 倪锋, 等. 稀土变质处理对高钒高速钢中碳化钒形态的影响[J]. 铸造技术, 2008, 29(7): 869-872.

[20] 赖丽, 王一三, 丁义超, 等. 碳化钒颗粒增强钢结硬质合金的研究[J]. 工具技术, 2007, 41(12): 25-28.

[21] 刘天模, 周守则, 左汝林, 等. 钒含量对 PD3 钢碳化钒析出的影响[J]. 重庆大学学报(自然科学版), 2011, 24(6): 78-81.

[22] 傅守默. 国产模具钢盐浴碳化钒涂覆工艺的研究[J]. 成都科技大学学报, 1989, 48(6): 131-136.

[23] 叶伟昌. 用碳化钒涂层延长工具的寿命[J]. 机械工艺师, 1994(1): 15.

[24] 王新瑞, 张晓荣. 钢中碳化钒行为的研究[J]. 电子显微学报, 1993, 12(2): 116.

[25] 孙荣耀, 郝士明, 张登绵. 冷作模具钢的碳化钒覆层扩散处理[J]. 东北工学院学报, 1990, 11(6): 575-579.

[26] Wu X Y, Li G Z, Chen Y H, et al. Microstructure and mechanical properties of vanadium carbide coatings synthesized by reactive magnetron sputtering[J]. Int J Refract Met H, 2009, 27(3): 611-614.

[27] Herrera Y, Grigorescu I C, Ramirez J, et al. Microstructural characterization of vanadium carbide laser clad coatings[J]. Surf Coat Tech, 1998, 108-109: 308-311.

[28] 李泽蓉, 曹知勤. 碳化钒在硬质合金中的应用及发展[J]. 机械制造, 2012, 50(575): 65-69.

[29]吴恩熙，颜练武，胡茂中. 直接碳化法制备碳化钒的热力学分析[J]. 粉末冶金材料科学与工程，2004，19(3)：192-196.

[30]颜练武，黄伯云，吴恩熙. 纳米 V_8C_7 粉末的结构、性能和应用研究[D]. 长沙：中南大学，2008.

[31] Zhang B, Li Z Q. Synthesis of vanadium carbide by mechanicalalloying[J]. J Alloys Compd, 2005, 392(1/2): 183-186.

[32] Iglesia E, Baumgartner J, Ribeiro F H, Boudart M. Bifunctional reactions of alkanes on tungsten carbides modified by chemisorbed oxygen[J]. J Catal, 1991, 13(2)1: 523-544.

[33] Lee J S, Oyama S T, Boudart M. Molybdenum carbide catalysts: I. Synthesis of unsupported powders[J]. J Catal, 1987, 106(1): 125-133.

[34] Kapoor R, Oyama S T. Synthesis of vanadium carbide by temperature programmed reaction[J]. J Solid State Chem, 1995, 12(2): 320-326.

[35] Lee J S, Locatelli S, Oyama S T, Boudart M. Molybdenum carbide catalysts turnover rates for the hydrogenolysis of n-butane[J]. J Catal, 1990, 125(1): 157-70.

[36] Lee J S, Volpe L, Ribeiro F H, Boudart M. Molybdenum carbide catalysts: II. Topotactic synthesis of unsupported powders[J]. J Catal, 1988, 112(1): 44-53.

[37] Preiss H, Schultze D, Szulzewskya K. Carbothermal synthesis of vanadium and chromium carbides from solution-derived precursors[J]. J Eur Ceram Soc, 1999, 19(2): 187-194.

[38] Mondal S, Banthia A K. Low-temperature synthetic route for boron carbide[J]. J Eur Ceram Soc, 2005, 25: 287-291.

[39] 梁英教，车荫昌. 无机物热力学数据手册[M]. 沈阳：东北大学出版社，1993.

[40] 郎晓川. 熔盐中阴极自烧结电化学还原制备钛、钒及铬碳化物研究[D]，沈阳：东北大学，2014.

第 16 章　以氧化钙/氧化硼为阴极熔盐电脱氧法制备六硼化钙

硼的金属化合物在材料化工及高新材料领域有着广泛的应用，硼基材料具有高熔点、高硬度、高耐磨损性、耐腐蚀性、优良的电导性及抗金属熔融的特性，是应用于表面工程的材料之一[1]。其中，稀土或碱土金属硼化物具有高熔点、高强度和高的化学稳定性，许多还具有特殊的功能性，如：低的电子功函数、比电阻恒定、在一定温度范围内热膨胀值为零、不同类型的磁序以及高的中子吸收系数等。这些优越性能决定其在现代技术各种器件组元中有广泛的应用前景。许多学者相继开展了该类材料的研究，其中 CaB_6、LaB_6、MgB_2 成为热点[2]。CaB_6 作为一种新型的硼化物陶瓷，其复合材料在防高能中子辐射方面的特殊性能，已引起各方重视[3]。该材料还具有良好的脱氧效果，在冶金工业中是一种很有发展前景的脱氧剂，高的硬度使其还可用作磨料。

目前，常用的制备 CaB_6 的方法主要包括：直接合成法、化学合成法以及各类热还原法[4]，其中元素直接合成法获得的粉末纯度最高，但由于单质硼的价格较贵，不适于大规模生产。各类热还原法均存在能耗高、工艺复杂的缺点，而且制备的产品纯度和性能也不理想。开发一条流程简单、环境友好的工艺路线和方法迫在眉睫。

16.1　六硼化钙制备技术

16.1.1　直接合成法

该方法为固相合成法，用金属 Ca 和单质 B 直接反应，适于制备高纯度的金属硼化物，基本反应通式为式(16-1)。但由于单质金属 Ca 非常活泼，容易氧化，同时单质 B 价格昂贵，反应过程的烧损严重，且金属 Ca 与 B 的高温蒸气压均不同，所以该法对设备要求高，工艺控制难度大[5,6]。通常采用预抽真空，随后在惰性气体保护下完成作业，一般可以获得高纯的金属硼化物产品。

$$Ca+6B \longrightarrow CaB_6 \tag{16-1}$$

16.1.2 化学合成法[7,8]

该方法以 $Ca(OH)_2$ 和无定型硼为原料，在真空中 1700℃加热 $Ca(OH)_2$ 和无定型硼粉的混合物合成 CaB_6，其反应式为：

$$Ca(OH)_2+7B = CaB_6+BO(g)+H_2O(g) \tag{16-2}$$

由此得到的 CaB_6 的相对密度为 40%，很容易用研钵将其磨碎成 60 目以下。

16.1.3 热还原法

热还原法的主要特征就是采用不同形式的还原剂通过高温还原硼化物而得到金属硼化物，主要包括：碳化硼法[9,10]、自蔓延高温合成法[11,12,13]、硼热还原法[14]、硼酸钙法[15,16]、硼酐法[17,18]。简要介绍如下：

(1)碳化硼法：将金属氧化物(如 CaO)、B_4C 和活性炭粉按比例混合后压片，放入坩埚中，在真空碳管电阻炉中反应合成，其反应式为式(16-3)。该过程是制备金属硼化物粉末的固相反应过程，其间要经过各种过渡相的生成过程。制备 CaB_6 要在高温(1500 K 以上)及真空环境下进行。

$$\alpha CaO+\beta B_4C+C \longrightarrow \gamma CaB_6+\delta CO(g) \tag{16-3}$$

(2)自蔓延高温合成法：B_2O_3 与金属氧化物混合后，在金属还原剂(如 Mg)存在时，在高温、氩气保护条件下合成，再通过精制粉碎、酸浸、分离除渣等即制得产品。此方法由于反应非常迅速，较难控制，制得的产物纯度不高，有较多的含镁(铝)氧化物杂质。

$$\alpha M_xO_y+\beta B_4O_3+\gamma Mg(Al) \longrightarrow \delta MB_k+\eta MgO(Al_2O_3) \tag{16-4}$$

(3)硼热还原法：将 CaO 和硼粉混合后进行烘干处理，在 1600℃反应合成 CaB_6 粉末，保温时间为 1 h，其反应式为式(16-5)。用此方法可以制得较纯的 CaB_6。

$$CaO+7B \longrightarrow CaB_6+BO(g) \tag{16-5}$$

(4)硼酸钙法：在 C 粉存在(或有含碳物质存在)的前提下，1400~1600℃煅烧硼酸钙，使硼还原，产物再精炼而得。

(5)硼酐法：B_2O_3 与 Ca_2C 或 CaO 混合后，在金属 Al 或 $CaAl_2$ 存在时，经高温反应合成，再经过精制(粉碎、酸浸、分离除渣等)即得纯品。

上述方法各有优缺点，目前常用的是碳化硼法。采用碳化硼法制备的 CaB_6 粉末的纯度不如直接合成法的高，但 B_4C 的价格较纯硼低得多，适于大规模生产。由于在常温下碱土金属的碳酸盐要比其氧化物稳定，多采用 $CaCO_3$ 代替 CaO。

16.2　固态三氧化二硼/氧化钙阴极熔盐电脱氧还原制备六硼化钙原理

采用FFC法合成CaB_6过程，阴极为B_2O_3和CaO烧结阴极，阳极采用碳质材料，施加高于三氧化二硼-氧化钙分解且低于工作熔盐$CaCl_2$分解的恒定电压电解，将阴极上三氧化二硼-氧化钙中的氧离子化，离子化的氧经过熔盐移动到阳极，在阳极放电除去，生成的六硼化钙产物留在阴极。

电解池构成为

$$C_{(阳极)} \mid CaCl_2 \mid B_2O_3\text{-}CaO \mid Fe\text{-}Cr\text{-}Al_{(阴极)}$$

电极区反应如式(16-6)~式(16-11)所示，其中式(16-6)、式(16-7)为阴极反应，式(16-8)为阴极后置反应，式(16-9)为阳极反应，式(16-10)、式(16-11)为阳极后置反应。

阴极区反应：

$$B_2O_3+6e^- \longrightarrow 2B+3O^{2-} \tag{16-6}$$

$$CaO+2e^- \longrightarrow Ca+O^{2-} \tag{16-7}$$

$$Ca+6B \longrightarrow CaB_6 \tag{16-8}$$

阳极区反应：

$$2O^{2-}+4e^- \longrightarrow O_2 \tag{16-9}$$

$$C+O_2 \longrightarrow CO_2 \tag{16-10}$$

$$2C+O_2 \longrightarrow 2CO \tag{16-11}$$

16.3　固态三氧化二硼/氧化钙阴极熔盐电脱氧[19]

预先将氩气经净化后通入密封反应器。温度控制仪表设置如图16-1所示的温度控制流程，a→b→c→d→e→f为温度控制流程，首先将温度由室温点a(20℃)经100 min升至b点(300℃)，在300℃恒温800 min(由点b至c)，使安装过程中体系吸收的水分排出。然后将温度由300℃经200 min升至750℃恒温(由点c至d)。在750℃恒温1500 min(d→e)，在此段进行电脱氧，首先施加1.5 V的直流电压(忽略电极极化作用对实际分压的影响，同时低于B_2O_3的理论分解电压，保持活性物质的稳定)预电解1~2 h除去体系中的杂质。经过预电解后，将电压调至3.0 V进行电脱氧。电脱氧结束后经300 min(e→f段)将温度降至室温。阴极周围的产物用去离子水浸泡洗去熔盐后，将产物刮下放入玛瑙研钵研磨成粉体。将研磨后的粉体放入盛有去离子水的烧杯后煮沸并加以搅拌。用稀盐酸(质量分数 5%)浸泡经去离子水煮沸的产物 2 h 后烘干得到最终产物。

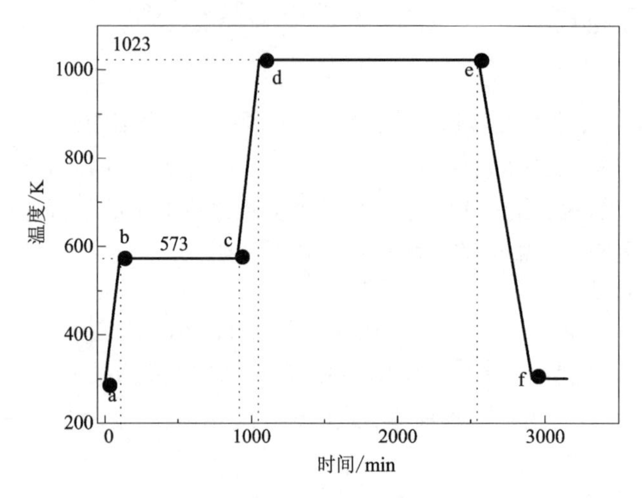

图 16-1 温度控制曲线

16.3.1 研究内容

(1)固态氧化钙-氧化硼熔盐电脱氧制备六硼化钙的阴极过程

与前述类似的玻璃碳微孔电极(MCE)孔中填入 $CaO-B_2O_3$ 粉体作为工作电极，铂丝(ϕ=1 mm)为伪参比电极，辅助电极为石墨棒(ϕ=10 mm)，在 750℃的 $CaCl_2$-NaCl 混合熔盐中进行循环伏安扫描，扫描速率为 50 mV/s。电位扫描范围设定为-2.5~0 V。

(2)脱氧时间对固态氧化钙-氧化硼熔盐电脱氧制备六硼化钙的影响

将摩尔比为 1∶3 的 $CaO-B_2O_3$ 阴极片，在 750℃的 $CaCl_2$-NaCl 混合熔盐中以 3.0 V 恒电压电脱氧 0 h、5 h、18 h，分析电脱氧产物物相组成，并计算电流效率。

16.3.2 结果与讨论

(1)固态氧化钙/氧化硼熔盐电脱氧制备六硼化钙的阴极过程

图 16-2 为空的工作电极上获得的循环伏安曲线。由图 16-2 可见：在-2.5~0 V 的负扫描范围内，曲线未见明显的氧化与还原电流峰，说明混合熔盐的稳定窗口在-2.5 至 0 V 范围内。

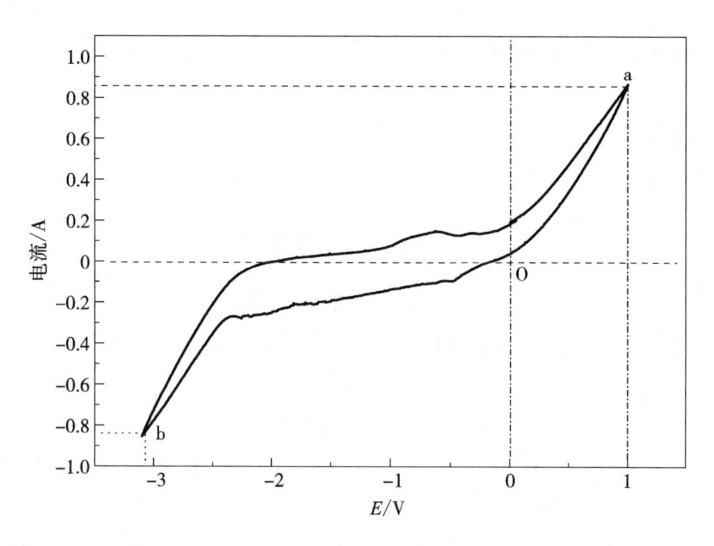

图 16-2　$CaCl_2$-NaCl 混合熔盐循环伏安曲线

图 16-3 为填入了 CaO-B_2O_3 的工作电极上在-3.2~1 V 的电位扫描范围内测得的循环伏安曲线。由图 16-3 可见，曲线在-2.5 至 0 V 范围内出现了还原峰 b 和对应的氧化峰 d，a 和 c 为还原峰的起始点和终止点。

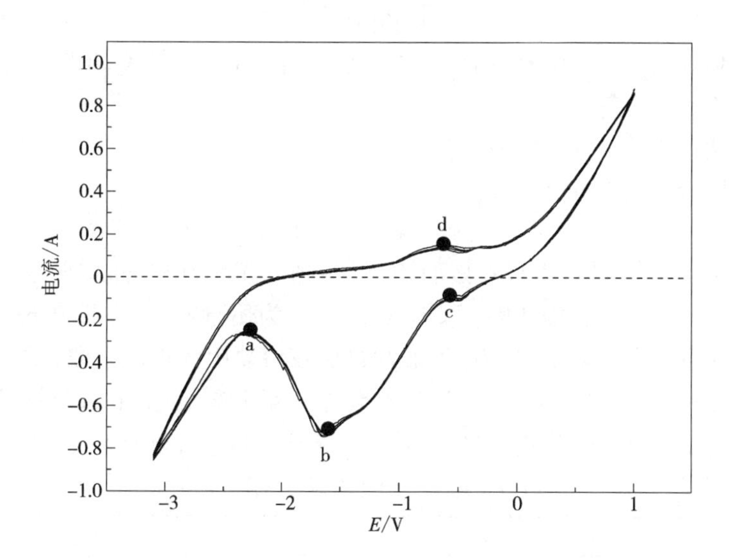

图 16-3　$CaCl_2$-NaCl-CaO-B_2O_3 体系循环伏安曲线

选取 a(还原峰终点)、b(还原峰顶点)、c(还原峰起点)三点的数据(见表16-1)根据文献[20]理论研究结果，可以对体系的电极过程进行如下计算和分析。

①阴极过程的可逆性

体系 $E_p=E_b-E_c=-1.028(\mathrm{V})$，$n=20$，$E_{p/2}=-0.427(\mathrm{V})$。

$$i_{p/2}=\frac{i_b-i_c}{2}=-0.316(\mathrm{A}) \tag{16-12}$$

$$|E_p-E_{p/2}|=0.601(\mathrm{V}) \tag{16-13}$$

由能斯特体系的判据式(16-14)，可以判定阴极还原过程不可逆。

$$|E_p-E_{p/2}|=\frac{2.2RT}{nF}=\frac{2.2\times8.31\times1023}{20\times96485}\approx9.69\times10^{-3}\ \mathrm{V} \tag{16-14}$$

式(16-14)中 E_p 为还原峰电压；$E_{p/2}$ 为线性伏安法 $i=i_{p/2}$ 处的电势；$i_{p/2}$ 为半峰电流；R 为气体摩尔常数，取 8.31 J/(mol · K)$^{-1}$；F 为法拉第常数，取 96485 C/mol；n 为电解过程中电解产物的得失电子数，取 20；T 为电解体系温度，取 1023 K。

②活性物质传递系数 α 与电解窗 E_W

由非能斯特体系公式(16-15)可以得到体系传递系数 α，见式(16-16)。

$$|E_p-E_{p/2}|=\frac{1.857RT}{\alpha F} \tag{16-15}$$

$$\alpha=\frac{1.857RT}{0.601\times F}=2.72 \tag{16-16}$$

活性物质反应的电压窗口 $E_W=|E_A-E_C|=1.709$ V，较宽的电解窗口说明参与反应的物相较为复杂。

③活性物质的扩散系数 D_0 与浓度 C_0

非能斯特体系峰电流公式(16-17)：

$$i_p=(2.99\times10^5)n\alpha^{1/2}AC_0D_0^{1/2}v^{1/2} \tag{16-17}$$

式(16-17)中，A 为电极有效面积，阴极插入深度为 50 mm、直径 8 mm，故 $A=1.31\times10^{-3}\ \mathrm{m}^2$；$v$ 为扫描速度，取 50 mV/s；i_p 为还原峰电流，取 0.631 A；C_0 为活性物质在电极表面的浓度；D_0 为活性物质在熔盐中的扩散系数；由于 C_0 难以确定，将公式(16-17)中 $C_0D_0^{1/2}$ 设为参数 K。通过变换式(16-17)计算可得 $K=2.18\times10^{-4}$，可以判断，较低的扩散系数 D_0 成为制约反应速率的动力学瓶颈。

表 16-1　还原峰始终点对应电压-电流值

	a	b	c
E(V)	−2.319	−1.638	−0.610
i(A)	−0.269	−0.730	−0.099

(2)脱氧时间对固态氧化钙/氧化硼熔盐电脱氧制备六硼化钙的影响

图 16-4 为烧结阴极产物的 XRD 谱，其主要物相为 B_2O_3、CaO，有少量的 CaB_2O_4 存在，由于在 450℃时 B_2O_3 已经开始软化，其主要起黏结作用。电脱氧阴极产物 XRD 结果如图 16-5 所示，其主要物相为 CaB_6，有少量杂质存在，通过定量检测表明产物中 CaB_6 的质量分数达到 97%，其他杂质质量分数低于 3%。

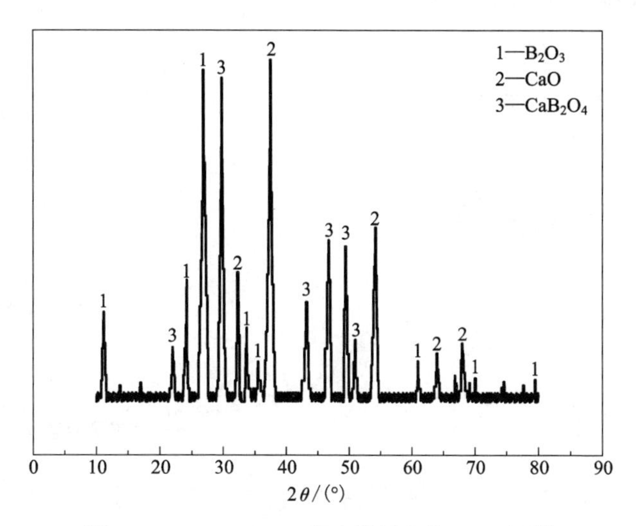

图 16-4　$CaO-B_2O_3$ 混合烧结产物 XRD 图谱

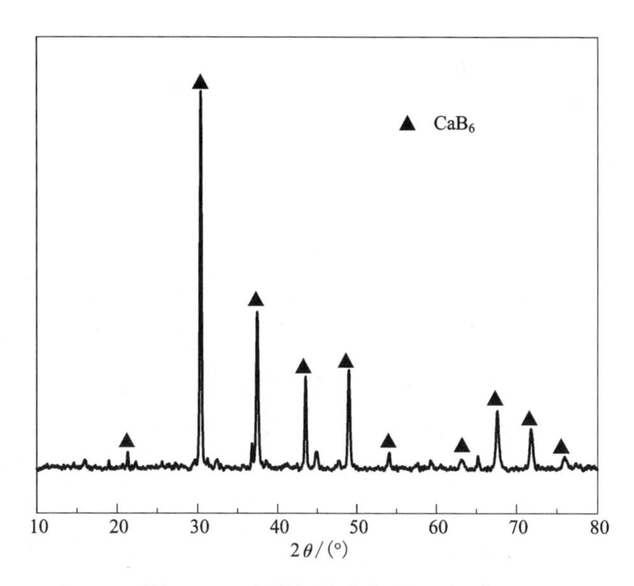

图 16-5　电脱氧终产物 XRD 图谱

电脱氧过程电流-时间曲线如图 16-6 所示。可以看出，在预电解(a→b)的 3 h 过程中，电流从 0.65 A 经 100 min 左右降至 0.45 A 左右，体系中的活性杂质被去除。当槽电压升至 3.0 V，电流在 c 点经 0.55 A 左右的峰值后缓慢降低，并伴有微小波动。电脱氧结束后的阴极较电解前变化较小，没有结构的破损和腐蚀，而阳极则出现了破损和腐蚀。电脱氧过程中的尾气经检测表明由 CO、CO_2 构成，经过 c→d 段 1000 min 后电脱氧基本结束。在曲线 d→e，电脱氧基本完成，背景电流在 0.1 A 左右。

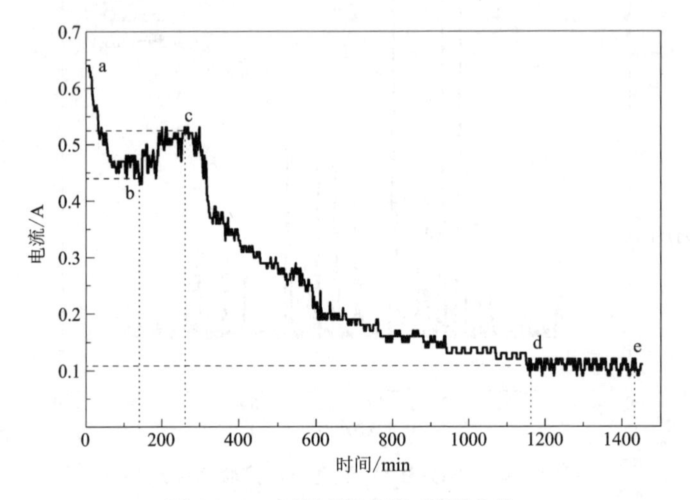

图 16-6　电解过程电流-时间曲线

忽略产物在收集过程中的损失，最终获得了 1.06 g 终产物，按纯度 97%计算，实际 CaB_6 含量为 1.03g。计算公式如下：

$$Q_a = \int_0^\tau I(t)\,dt \tag{16-18}$$

$$Q_c = \frac{m}{M} nF \tag{16-19}$$

$$\eta = \frac{Q_c}{Q_a} \times 100\% \tag{16-20}$$

上述(16-18)式中积分上限 τ 的电脱氧时间取 1000 min；$I(t)$ 为电脱氧过程中电流随时间变化的函数，是通过 Origin 软件对图 16-6 中的电流-时间数据进行统计计算获得的，不计算预电解部分的电流。Q_c 为生成 1.03 g 的 CaB_6 所需电量；m 为生成 CaB_6 的质量，1.06 g；M 为 CaB_6 的摩尔质量，取 104.9；n 为 20；F 为法拉第常数；η 为电流效率。通过式(16-18)对图 16-6 的电流与时间数据进行统计，可以得到 Q_a = 23684 C。同时，通过式(16-19)可计算出 Q_c = 18947 C，按式(16-20)可初步估算电流效率为 80%。

通过式(16-21)可计算 CaB_6 的实际收率，式中 σ 为 CaB_6 收率；m_1 为 CaB_6 理论生成量，为 3.96 g；m_2 为实际收量 1.03 g。实际收率仅为 25%。

$$\sigma = \frac{m_1}{m_2} \times 100\% \qquad (16-21)$$

终产物的 SEM 图像如图 16-7 所示，其中图 16-7(a)、(b)、(c)为 CaB_6 晶体，看出 CaB_6 晶粒形状为规则长方体。图 16-7(a)为典型晶粒团聚图像，晶粒大小为 1~5 μm 不等。从图 16-7(b) 的 SEM 图像可认为晶粒与晶粒之间以共格和择优取向的方式长大。图 16-7(c)为典型单晶粒图像，晶粒为规则的长方体。图 16-7(c)中晶粒的 EDS 分析结果显示，晶粒中只含有 B、Ca 两种元素，B、Ca 摩尔比为 84∶16，接近 6∶1，与 XRD 结果对照，可以认定该晶体为 CaB_6 单晶体。图 16-7(d)为终产物中的杂质 SEM 图像，形状不规则，呈细丝状，直径 0.2 μm 左右，含量较少，分析认为是电脱氧中间产物。图 16-7(d)中杂质的 EDS 分析结果表明所含元素主要为 B，质量分数与摩尔分数分别为 81.27%与 93.38%；Cl、Ca 两元素为体系原料中所含有，以何种形式存在不能给出结论；Mg、Al、Si 等元素则可能由反应原料、坩埚和环境引入。

(a) CaB_6 晶体　(b) CaB_6 晶体　(c) CaB_6 晶体　(d) 杂质

图 16-7　电脱氧终产物的 SEM 图像

电脱氧产品为 CaB_6 粉末，黑色，化学性质稳定，不溶于水、酸、碱及有机溶剂，粉末纯度大于 99%，含氧量低于 0.2%，主要杂质元素为 Mg，Al，Si，显微晶粒呈规则长方体，无团聚，粒度为 2~5 μm。

16.4 结论

在 $CaCl_2$-NaCl-CaO-B_2O_3 体系内制备 CaB_6 晶体粉末的温度条件应在 700 至 800℃范围内，电压应控制在 2.8 至 3.2 V 范围内较为合理。在 750℃温度、3.0 V 槽电压下进行电脱氧实验，验证了理论分析的结论，获得了较为规则的长方体 CaB_6 晶体颗粒。阴极进行循环伏安扫描分析，结果表明：活性物质 B_2O_3、硼酸盐和氯硼酸盐向阴极的扩散速度受阻，导致活性物质在熔盐底层黏结，是制约反应速率的关键因素。

参考文献

[1] Kapfenberger C, Hofmann K, Albert B. Room-temperature synthesis of metal borides[J]. Solid State Sci, 2003, 5(6): 925-930.

[2] 杨丽霞，闵光辉，于化顺，韩建德，王维倜. CaB_6 陶瓷研究的进展[J]. 硅酸盐学报，2003，31(7)：687-691.

[3] Tromp H J, Van G P, Kelly P J, Brocks G, Bobbert P A. CaB_6: A new semiconducting material for spin electronics[J]. Phys Rev Lett, 2001, 87(1): 016401.

[4] 魏江雄. CaB_6 粉体的制备及其电子结构研究[D]. 哈尔滨：哈尔滨工程大学，2014.

[5] 纪武仁. CaB_6 陶瓷制备技术的研究进展[J]. 甘肃冶金，2009，31(2)：62-65.

[6] Zhang L, Min G, Yui H. Sintering process and high temperature stability investigation for nanoscale CaB_6 materials[J]. Ceram Int, 2010, 36(7): 2253-2257.

[7] 曾桓兴. 溶液反应法合成氧化物类功能陶瓷粉料[J]. 硅酸盐通报，1984，13(6)：83-87.

[8] Suchanek W L, Riman R E. Hydrothermal synthesis of advanced ceramic powders[J]. Advances in Science & Technology, 2006(45): 184-193.

[9] 郑树起，闵光辉，邹增大，杨丽霞，王维倜. CaB_6 的反应合成[J]. 粉末冶金技术，2001，19(5)：259-261.

[10] 谷云乐，王吉林，潘新叶. 一种无机合成亚微米级 CaB_6 多晶粉的方法：CN101549872[P]. 2009-10-07.

[11] 豆志河，张廷安，牛丽萍，等. 焙烧对自蔓延法制备的 CaB_6 粉末中氯含量的影响[J]. 东北大学学报(自然科学版)，2010，31(2)：210-213.

[12] 黄霞. 自蔓延镁热还原法制备六硼化钙粉末研究[D]. 大连：大连理工大学，2009.

[13] 纪武仁. 镁热自蔓延法制备 CaB_6 粉末及对燃烧产物焙烧处理的研究[D]. 沈阳：东北大学，2006.

[14] Koc R, Mawdsley J R, Carter J D. Synthesis of Metal Borides: US20120315207[P]. 2012.

[15] Mathur S, Ray S S, Widjaja S. Synthesis of submicron/nano sized CaB_6, from carbon coated precursors[J]. Nanostructured Materials and Nanotechnology V: Ceramic Engineering and Science Proceedings, John Wiley & Sons, Inc., 2011, 32: 137-149.

[16] 岳新艳, 刘长江, 茹红强, 喻亮. 碳热还原法 CaB_6 粉体的制备[J]. 材料与冶金学报, 2010, 9(2): 105-108.

[17] Balci O, Agaogullari D, Duman I, et al. Synthesis of CaB_6 powders via mechanochemical reaction of Ca/B_2O_3 blends[J]. Powder Technol, 2012, 255: 136-142.

[18] 董鹏. 盐助燃烧合成超细 CaB_6、硼化钨、TiAl 与 TiC 粉体及其形成机理[D]. 兰州: 兰州理工大学, 2016.

[19] 王旭, 翟玉春, 谢宏伟. 熔盐电解法制备 CaB_6 及其表征[J]. 金属学报, 2008, 44(10): 1243-1246.

[20] (美)阿伦・J・巴德(Bard A J), (美)拉里・R・福克纳(Faulkner L R). 电化学方法原理和应用[M]. 2版. 北京: 化学工业出版社, 2005.

图书在版编目(CIP)数据

熔盐电脱氧法还原固态阴极制备金属、合金和化合物 / 翟玉春，谢宏伟著. —长沙：中南大学出版社，2022.10
(有色金属理论与技术前沿丛书)
ISBN 978-7-5487-4807-6

Ⅰ. ①熔… Ⅱ. ①翟… ②谢… Ⅲ. ①熔盐电解—还原—应用—有色金属—金属材料—制备 Ⅳ. ①TG146

中国版本图书馆 CIP 数据核字(2022)第 005136 号

熔盐电脱氧法还原固态阴极制备金属、合金和化合物

RONGYAN DIANTUOYANGFA HUANYUAN GUTAI YINJI ZHIBEI JINSHU、HEJIN HE HUAHEWU

翟玉春　谢宏伟　著

□出 版 人　吴湘华
□责任编辑　史海燕　雷　浩
□责任印制　唐　曦
□出版发行　中南大学出版社
　　　　　　社址：长沙市麓山南路　　邮编：410083
　　　　　　发行科电话：0731-88876770　　传真：0731-88710482
□印　　装　湖南省众鑫印务有限公司

□开　　本　710 mm×1000 mm　1/16　□印张 22.5　□字数 446 千字
□版　　次　2022 年 10 月第 1 版　□印次 2022 年 10 月第 1 次印刷
□书　　号　ISBN 978-7-5487-4807-6
□定　　价　100.00 元